실용전기기기

김성환 · 김종수 · 오세진 · 김현수 공저

도서출판 상 학 당

머리말

현재의 고도 산업사회는 전기 및 전기응용 분야를 기반으로 형성되고 움직이며 유지되고 있다고 해도 과언이 아닐 정도로 모든 산업에서 전기분야가 차지하는 비중은 높으며 이러한 추세는 앞으로도 더욱더 넓어지고 확대될 전망이다. 18세기 후반에 증기기관의 발명으로 산업혁명이 발생한 후 현재까지의 인류문명이 발전하여 왔으나, 앞으로의 세대에서는 산업혁명의 발단이 되었던 동력원조차도 철도, 자동차 등의 예에서 볼 수 있듯이 점진적으로 전기를 사용하는 동력으로 대체될 것이다.

미래에는 지구 온난화 등에 대비하여 화석연료를 사용하지 않는 친환경적 전력 생산기술이 필요한데 이 분야에서는 전력의 생산 및 변환장치 등에서 보다 향상된 전기관련 기술이 필요하므로, 이러한 시대적인 추세에 의해서도 전기 및 전기응용 기술 분야는 더욱더 발전될 것이다. 따라서 이러한 전기관련 기술 추세를 반영하고 나날이 중요성이 커져가는 전기관련 기술 및 지식의 수요를 조금이나마 충족시키기 위해 이 책을 저술하게 되었다.

이 책은 주로 전기, 전자공학 및 이와 관련된 분야의 기초를 학습하고자 하는 학생을 위해 집필하였으나, 전기공학을 전공하지 않는 전문대학 및 일반 대학생이나 전기공학에 관한 기초적인 배경지식이 없는 산업현장 기술자에게도 전기기기에 관한 일반적인 내용을 알기 쉽게 이해할 수 있도록 최대한의 배려를 아끼지 아니하였다.

이 책은 6장으로 구성되어 있다.

1장에서는 전자기의 기초적인 내용을 다루었다.

2장에서는 직류발전기, 직류전동기의 원리, 구조 및 관련 이론 등을 다루었다.

3장에서는 동기발전기, 동기전동기의 원리, 구조 및 각종 이론에 관하여 설명하였다. 2장과 3장을 통해 발전기 및 전동기에 관한 새로운 안목이 생기리라 확

신한다.

4장에서는 변압기의 원리 및 구조에 대하여 설명하였으며, 수식적으로 변압기와 유사한 유도전동기에 관한 내용을 5장에 기술하였다.

그리고 마지막으로 6장에서는 특수 전기기기에 관한 내용을 다루었다. 2장에서 6장까지의 내용을 학습한다면 전기기기에 관해 기초적인 내용부터 심화된 이론에 이르기까지 전반적인 내용을 이해할 수 있을 것이다.

부디, 독자들이 이 책을 통하여 전기기기에 관련된 이해의 폭을 다소나마 넓힐 수 있기를 진정으로 바란다. 또한 이 책이 출판되기까지 수고를 아끼지 아니한 도서출판 상학당 여러분들께 진심으로 감사를 드린다.

저자 일동

차 례

제 1 장 전자기의 기초

제2장 직류기

제 3 장 동기기

제 4 장 변압기

제 5 장 유도전동기

제 6 장 특수 전기기기

제1장 전자기의 기초

1. 자기장
2. 자기회로
3. 철 손
4. 자기회로 및 자력 해석
▮ 연습문제

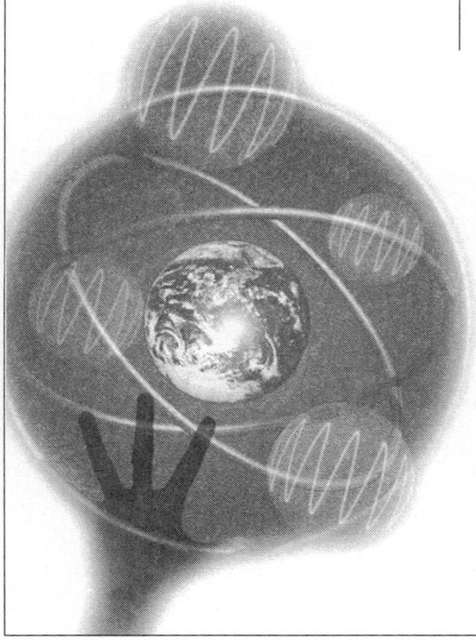

전기기계와 변압기에는 전기회로뿐만 아니라 자기회로도 공존하는데 이 두 회로는 자속을 매개로 서로 연관되어 있다. 전류는 권선으로 구성된 전기회로를 통해 흐르고 자속은 철심으로 이루어진 자기회로를 관통한다. 발전기와 전동기에서 일어나는 전기-기계에너지 변환과정은 이 전류와 자속의 상호작용에 의해 실현된다. 변압기도 동일한 작용에 의하지만 이 경우 에너지 전달의 수단으로 사용된다.

에너지 변환장치에 의해 기계에너지를 전기에너지로 바꿀 수 있을 뿐 아니라 그 역변환인 전기에너지를 기계에너지로 바꿀 수도 있다. 변압기는 전압과 전류의 크기를 변화시켜 에너지를 전달하는 장치이다. 즉, 자기회로는 전기기계와 변압기에서 핵심적인 역할을 한다.

이 장에서는 자기시스템에 적용되는 기본원리를 살펴본다. 릴레이, 솔레노이드, 리프팅 자석 및 전기기기(電氣機器) 등이 자속과 밀접한 관계를 가지므로 자기장에 대해 주의를 기울일 필요가 있다. 높은 자속밀도를 얻기 위해서는 투자율이 높은 자성재료를 사용해야 한다.

자기회로에서의 각 물리량의 관계는 전기회로와 아주 유사한 특성을 가진다. 등가자기회로 모델은 장치나 시스템의 현상을 표현하므로 대단히 유용하다. 자기회로의 수식적인 계산결과는 그 장치의 구성에 따라 달라질 수 있다. 이 장을 통해 복잡한 자기장 이론에 대한 기본적인 이해가 중요하다.

1. 자기장

기본 물리학에서 배웠듯이 막대자석이나 말굽자석 등 자석주위에는 자기장(magnetic fields)이 존재한다. 이 자기장의 방향은 오래전부터 사용되어 온 나침반에 의해 알 수 있다. 나침반의 바늘은 자성을 띠고 있고 자유롭게 움직일 수 있다. 자기력은 자석주위 각 위치에 따라 다르다.

나침반 바늘의 표시된 부분은 항상 지자기의 N극(북극)을 향한다. 서로 다른 자극은 인력이 작용하고 같은 자극은 척력이 작용하므로 나침반 바늘의 표시된 부분은 실제로 S극(남극)이다. 막대자석 주위 N극으로부터 S극까지 나침반을 서서히 움직이면서 바늘의 방향을 나타내면 자기장을 나타낼 수 있다. [그림 1-1]은 다양한 형태의 폐회로에 의해 자기장을 보여주고 각 지점에서 일정한 방향의 자기력이 존재한다는 것을 나타낸다. 즉, 자기력이 N극으로부터 S극까지 곡선을 따라 작용한다는 것을 알 수 있는데 이를 자기력선이라 한다.

자기력선은 가상적인 존재로서 자기장의 성질을 도식적으로 이해하는 데 도움이 된다. 자기력선은 N극에서 나와 S극으로 들어가고 자석내부에서는 S극으로부터 N극으로 접근하여 폐회로를 형성한다. 또한, 이 선은 서로 교차하지도 않고 사라지거나 새로 나타나지도 않는다. 쇳가루를 마분지위에 흩어놓고 자석을 그 마분지 아래에 위치시킬 때 배열되는 쇳가루의 상태를 주시하면 자석주위에 형성되는 자기장에 대한 보다 분명한 증거를 얻을 수 있다.

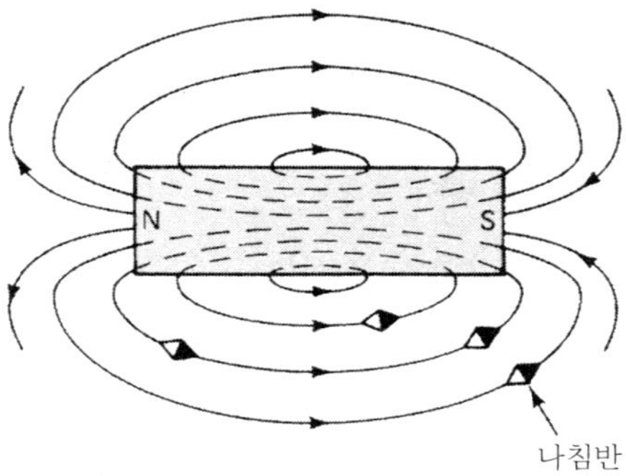

[그림 1-1] 자석주위의 자기장

자석주위 자기력선의 총 개수를 자속(magnetic flux)이라 하고, 기호는 Φ, 단위는 [Wb]이다. 자석주위의 자속은 균일하지 않으므로 각 지점의 자계효과를 보다 정확히 측정하기 위하여 자속밀도 B를 사용한다. 그것은 단위면적당 자기력선의 수이며, 다음 식과 같다.

$$B = \frac{\Phi}{A} \tag{1.1.1}$$

B의 단위는 [Wb/m^2]이고 테슬라 [T]를 쓴다.

$$1[\mathrm{Wb/m^2}] = 1[\mathrm{tesla}] = 1[\mathrm{T}]$$

A는 자속이 통하는 횡단면적이고 단위는 [m^2]이다. 엄밀하게 말하면 B는 각 지점에서 크기뿐만 아니라 방향도 가지므로 벡터량이다.

그러나 B는 자속이 관통하는 면과 수직이고 자기력선과 같은 방향으로 작용한다고 볼 수 있으므로 이러한 구분은 그다지 중요하지 않다.

전동기, 발전기 및 변압기 등 실용적인 기기는 1[T] 단위 정도의 자속밀도를 가질 수 있고 실험실에서 가능한 최대자속밀도는 10[T] 정도이다. 일반적으로 실험실에서 접할 수 있는 자속밀도는 10^{-2}[T]단위이다(지구의 자기장은 약 10^{-5}[T]이다).

1.1 전류가 흐르는 도체주위의 자기장

도체에 전류가 흐르면 그 주위에 자기장이 발생하는데 전자석은 이 현상을 응용한 것이다. 전류가 흐르는 도체주위에 나침반을 접근시키면 바늘은 도체와 직각을 이룬다. 이것은 자기장의 존재와 연관된다고 볼 수 있다. 나침반을 도체주위에 원형경로를 따라 이동시키면 바늘은 도체와 계속 직각관계를 유지한다. 도체로부터 다양한 거리에서 이 실험을 반복함으로써 자기장이 도체주위에 동심원 형태로 존재한다는 것을 알 수 있다. 또한, 도체로부터 거리가 멀어질수록 자기장의 세기가 약하다(도체로부터 가까운 거리에 있는 나침반의 바늘이 먼 거리에 있을 때보다 바늘의 방향을 바꾸기 어렵다). 전류의 방향이 바뀌면 자기장의 방향도 반대로 된다.

[그림 1-2]는 전류가 흐르는 도체주위에 발생하는 자기장을 나타낸다. "⊗"는 지면으로 들어가는 전류, "⊙"는 지면으로부터 나오는 전류를 표시하는 기호이다. 암페어의 오른손법칙에 의해 전류와 자기장 방향의 관계를 쉽게 판단할 수 있다. 즉, 오른손 엄지손가락을 펴 전류의 방향을 지시하면서 도체를 잡을 경우 손가락들은 도체주위에 발생하는 자기장의 방향을 가리킨다. [그림 1-2]는 이 법칙을 설명하고 있다.

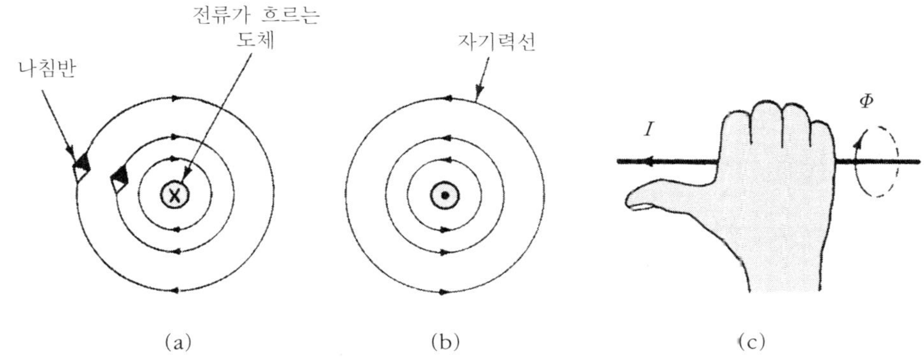

[그림 1-2] 전류가 흐르는 도체주위의 자기장의 방향

1.2 코일주위의 자기장

다수의 턴수를 가진 코일을 사용하면 자기장의 강도를 증가시킬 수 있다. [그림 1-3]은 스풀(spool)주위를 도선으로 감은 코일을 나타내고 있다. 자기장의 세기는 코일의 턴수와 전류의 크기에 비례한다. 자기장의 방향은 암페어의 법칙에 의해 알 수 있다. 즉, 전류가 흐르는 방향을 오른손 손가락으로 가리키면서 코일을 잡으으면 엄지손가락은 N극 쪽을 향한다.

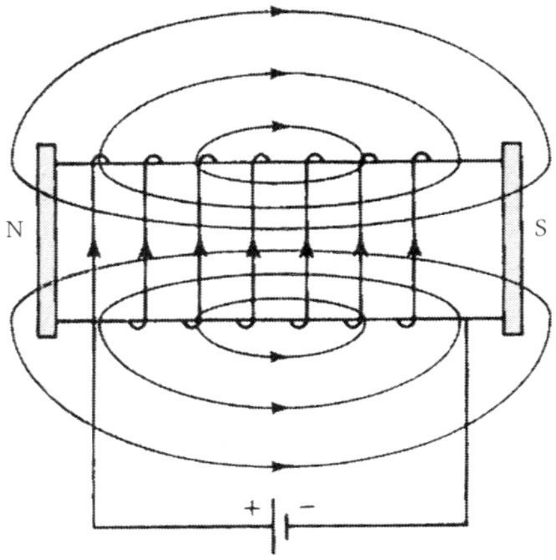

[그림 1-3] 전류가 흐르는 코일주위의 자기장

2. 자기회로

2.1 기자력

자속을 발생시킬 수 있는 능력을 기자력(MMF : Magneto Motive Force)이라 하며 단위는 [At](ampere-turns), 기호는 F 이며 다음 식과 같다.

$$F = NI \text{ [At]} \tag{1.2.1}$$

위 식에서 N은 코일의 턴수이고 I는 코일에 흐르는 전류이다.

코일에 흐르는 전류에 의해 발생하는 기자력은 전기회로에서 전기적인 압력을 의미하는 기전력(EMF : Electro Motive Force)과 유사하므로 자기적인 압력이라

간주할 수 있다. 즉, 전기회로에서 기전력은 전류를 발생시키고 자기회로에서 기자력은 자속을 발생시킨다. 강자성체내부를 제외하면 전류가 기전력에 비례하듯이 자속은 기자력에 비례한다.

예제 [그림 1-4]와 같이 재질이 나무인 원형환에 코일이 균일하게 감겨 있다. 턴수는 600, 환의 횡단면적은 1[cm^2]이며 코일에 800[mA]의 전류를 흘렸더니 자속이 0.2[μWb]이었다. 코일에 흐르는 전류를 2[A]로 증가시키면 자속밀도는 얼마가 되겠는가? 단, F 와 Φ의 관계는 선형적, 다시 말해서 $\Phi \propto F$ 라 가정한다.

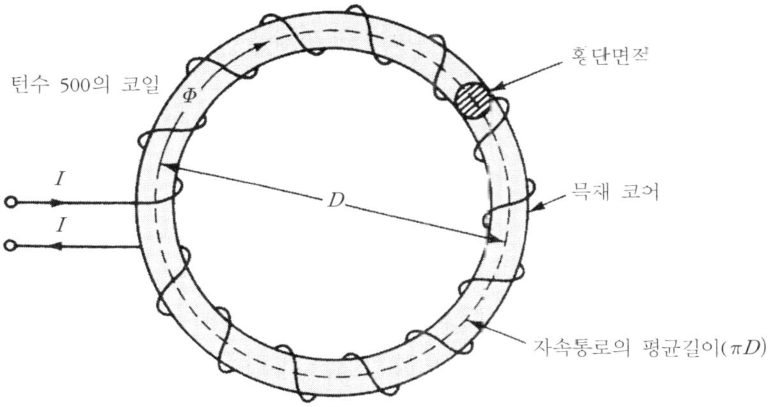

[그림 1-4] 원형환 코일

해설 초기의 기자력 : $F_1 = NI = 600 \times 800 \times 10^{-3} = 480$ [At]

초기의 자속 : $\Phi_1 = 0.2$ [μWb]

전류가 2[A]로 증가한 경우 기자력 : $F_2 = NI = 600 \times 2 = 1200$ [At]

증가한 자속 : $\dfrac{F_2}{F_1} \times \Phi_1 = \dfrac{1200}{480} \times 0.2 = 0.5$ [μWb]

자속밀도 : $B = \dfrac{\Phi}{A} = \dfrac{0.5 \times 10^{-6}}{1 \times 10^{-4}} = 0.005$ [T]

2.2 자계강도

예제에서 기술했듯이 자속은 기자력의 함수이다. 또 하나의 중요한 물리량이 있는데 이는 자계강도(magnetic field intensity : 자기력 또는 자기장의 세기)이다.

이것은 자속경로를 따라 단위길이당 기자력을 의미하며 다음 식과 같다.

$$H = \frac{F}{l} \quad [\mathrm{At/m}] \tag{1.2.2}$$

여기서 평균자속경로의 길이 l의 단위는 [m]이다.

2.3 자기저항

앞의 예제에서 회로내의 기자력은 480[At]로부터 1200[At]로 증가하였고 이로 인해 자속도 0.2[μWb]에서 $1200/480 \times 0.2 = 0.5$ [μWb]가 되었다. 즉, F와 Φ는 선형적인 관계가 있다. 따라서 이것을 다음 식으로 나타낼 수 있다.

$$F = R\,\Phi \; [\mathrm{At}] \tag{1.2.3}$$

위 식에서 R은 비례상수이고 일반적으로 자기저항(reluctance)이라 하며 단위는 [At/Wb]이다.

식 1.2.3은 전기회로의 Ohm의 법칙과 유사하여 자기회로 Ohm의 법칙이라 불린다. 코일에 흐르는 전류가 일정할 경우 발생자속은 회로를 구성하고 있는 재료의 자기저항에 의해 결정된다. 또한, 자속이 존재하는 경로의 자기저항은 구성성분의 물리적인 성질에 의존한다. 우선 여기서 자성체와 비자성체에 대하여 알아보자.

공기, 각종 절연체, 마분지, 나무, 플라스틱 및 구리 등 대부분의 재료들은 비자성체이다. 그러나 철강, 코발트, 니켈 및 그들의 합금 등 강자성을 나타내는 금속들도 있다. 코일에 흐르는 전류가 일정하면 이런 재료들 내부에는 비자성재료의 내부보다 자속밀도가 훨씬 크다.

자기회로의 자기저항은 자속이 존재하는 재료의 성질과 물리적인 치수에 의해 다음 식으로 나타낼 수 있다.

$$R = \frac{l}{\mu A} \; [\mathrm{At/Wb}] \tag{1.2.4}$$

여기서 l은 자속경로의 평균길이, A는 자속경로의 횡단면적이고, μ는 자기회로를 구성하고 있는 재료의 투자율로 단위는 [H/m](Henries/meter)이다.

여기에서는 자유공간과 비자성체의 투자율은 $\mu_0 = 4\pi \times 10^{-7}$ [H/m]로 일정하다고 간주한다.

자기회로의 자기저항은 전기회로의 저항과 유사하다. 그것은 자속경로의 길이에 비례하고 횡단면적의 크기에 반비례한다. 따라서 $F = \Phi R$은 자기회로의 Ohm의 법칙이라 할 수 있다. 즉, [그림 1-5]와 같이 전기회로와 비슷한 등가자기회로를 나타낼 수 있다.

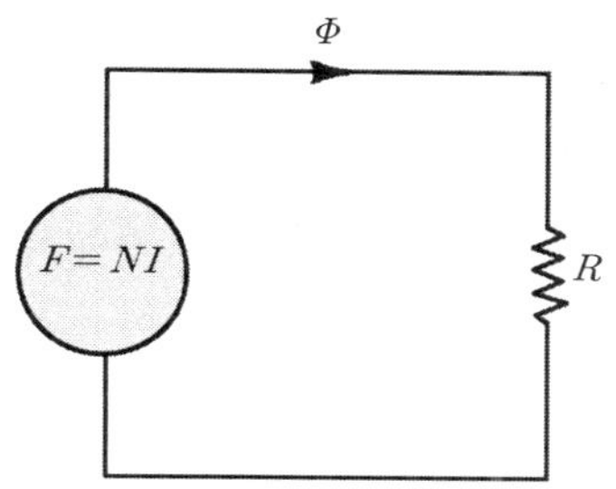

[그림 1-5] 자기시스템의 등가자기회로

또한 자기저항도 직렬 또는 병렬로 연결될 수 있다. 철심에 자속을 발생시키기 위해 다수의 코일을 직렬, 병렬, 직병렬 등으로 연결하는 것도 가능하다. 앞서 기술했듯이 자기저항은 재료의 투자율에 반비례하는데 이것이 재료를 선정할 때 아주 중요하다. 비자성재료는 R 이 대단히 크고 반면에 자성재료는 μ 가 크고 R 이 매우 작다.

예제 앞 예제의 원형환에 대해 코일에 흐르는 전류가 2 [A]인 경우 다음 값들을 구하여라.

1) 자속경로의 자기저항
2) 평균자속경로의 길이
3) 자계강도

해설 1) 비자성재료의 자기저항은 $R = \dfrac{l}{\mu_0 A}$ 또는 $R = \dfrac{F}{\Phi}$

$$\therefore R = \frac{600 \times 2}{0.5 \times 10^{-6}} = 2400 \times 10^{6} \text{ [At/Wb]}$$

2) $l = \mu_0 A R = 4\pi \times 10^{-7} \times 2400 \times 10^{6} = 0.3 \text{[m]} = 30 \text{[cm]}$

3) $F = Hl$, $H = 1200 / 0.3 = 4800$ [At/m]

2.4 투자율

비자성재료로 구성된 자기회로는 자속밀도 B와 여자전류 I사이에 선형적인 관계를 나타내므로 투자율(permeability)이 일정하다고 할 수 있다. 그러나 자성재료로 구성된 경우 자속밀도가 훨씬 높기 때문에 투자율도 μ_0에 비해 대단히 크다. 하지만, 투자율은 더 이상 선형적이 되지 않고 전류값에 따라 달라진다. 즉, 투자율은 자기회로를 구성하고 있는 재료의 고유한 성질이며 회로의 자기적인 특성을 좌우한다.

일반적으로 전기기계나 전자기 장치를 위해서는 B와 I의 관계가 다소 선형적인 것이 바람직한데 이는 여자전류를 일정범위내로 제한함으로써 가능하다. 이렇게 선형적인 영역에 사용하기가 비교적 용이한 재료를 연자성재료라 한다. 그러면 왜 이렇게 재료들의 자기적인 성질이 다른가?

예를 들어 철로 구성된 재료들이지만 각각 다른 자기적인 성질을 나타내는 것은 철 원자내부에 존재하는 전자들의 불규칙한 자전운동(spin)에 기인한다. 철은 수많은 전류루프(current loops)로 구성된 분자단위 자석들의 집합체와 같은 성질을 나타내고 있다. 철 결정체들은 1[mm]보다 작은 크기의 수많은 자구(磁區 ; domain)들로 구성되어 있다. 강한 분자 간의 자장으로 인해 각 자구내부 분자단위의 자석들은 통일된 배열을 이루고 있다.

따라서 모든 자구들의 자축이 무질서하게 나열되어 있을지라도 각 단일자구는 스스로 일정한 자축(magnetic axis)을 보유하게 된다([그림 1-6] 참조). 그 이유는 전체적인 시스템이 항상 내부에너지가 최소화되는 방향으로 배열되기 때문이다. 외부 자계가 가해지면 자구들의 자축들이 그쪽으로 정렬됨으로써 보다 강한 자기장이 존재하게 된다. 결국 모든 자구들이 외부자계방향으로 배열되면 그 자성재료는 포화되었다고 한다. 순수한 철은 B_{max}(최대자속밀도)가 약 2[T] 정도이다.

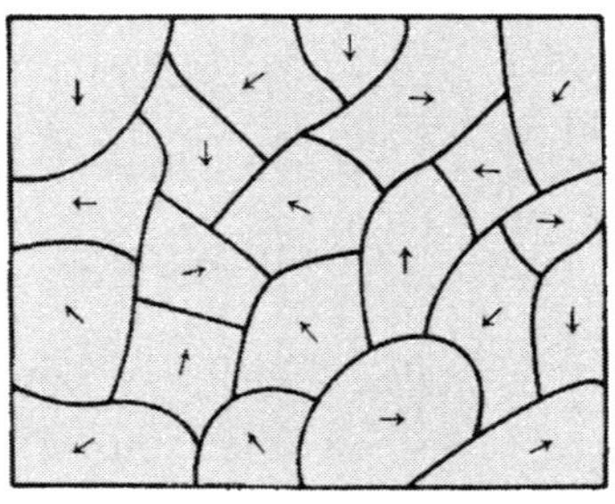

[그림 1-6] 자성재료 내 자구들의 자축

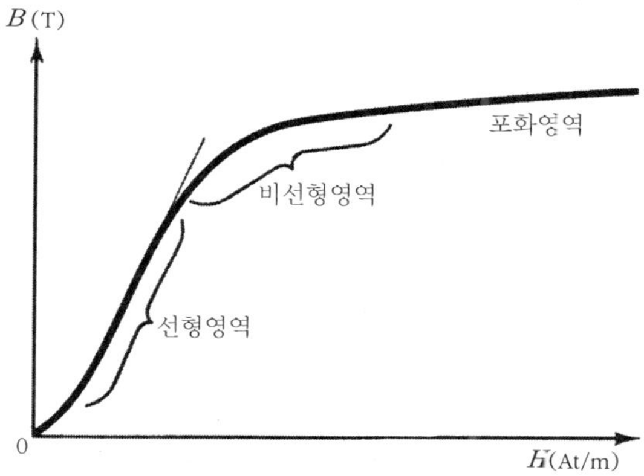

[그림 1-7] 일반적인 자성재료의 자화곡선

[그림 1-7]은 자성재료의 전형적인 포화곡선인데 B와 $H(= NI/l \propto I)$가 비선형적인 관계임을 볼 수 있다.

자구의 축들이 외부자계에 반응하여 배열되는 과정은 3단계로 뚜렷이 구별될 수 있다. 먼저 외부자계에 가장 근접한 자구들이 정렬되고, 곡선의 선형부분으로 표시된 중간정도의 자계강도가 가해지면 계속적으로 다음 자구들의 자축이 반응한다. 마지막 단계에는 모든 자구의 축이 함께 배열되므로 서서히 증가하는 양상을 띤다. 결국, 포화상태가 되면 모든 자구들이 외부자계와 같은 방향으로 자축을 회전한다. 곡선의 선형부분에 대해서는 $B-H$의 관계가 다음 식과 같다.

$$B = \mu_0 \mu_r H = \mu H \tag{1.2.5}$$

여기서 $\mu = \mu_0 \mu_r$, μ_r은 재료의 상대투자율이다.

특정 철심재료의 $B-H$곡선으로부터 자계강도와 그에 상응하는 자속밀도를 얻을 수 있다. 이때 투자율 $\mu = B/H$이다.

지금까지 기술한 관계식들을 정리해 보자. $B = \Phi/A$, 또한 $\Phi = F/R$이므로 $B = (F/R)/A$이다. 여기에 $R = l/(\mu A)$을 대입하면 다음 식이 된다.

$$B = \mu\frac{F}{l} = \mu H \tag{1.2.6}$$

B는 벡터량이고 μ는 스칼라량이므로 H는 벡터량이 되고 방향은 B와 같다.

2.5 히스테리시스

자화된 적이 없는 자성재료 원형 철심에 [그림 1-8]과 같이 자계강도를 서서히 증가시켜보자. 초기자화곡선을 따라 자속밀도는 증가하여 마침내 포화점에 이르게 될 것이다([그림 1-9] 참조). 이후 다시 코일에 가하는 전류를 감소시켜 자기력을 축소시킬지라도 자속밀도 B는 초기자화곡선을 따라 되돌아가지 않고 다른 경로, 즉 자구의 반전이 약간 지연되는 곡선을 따라 감소한다.

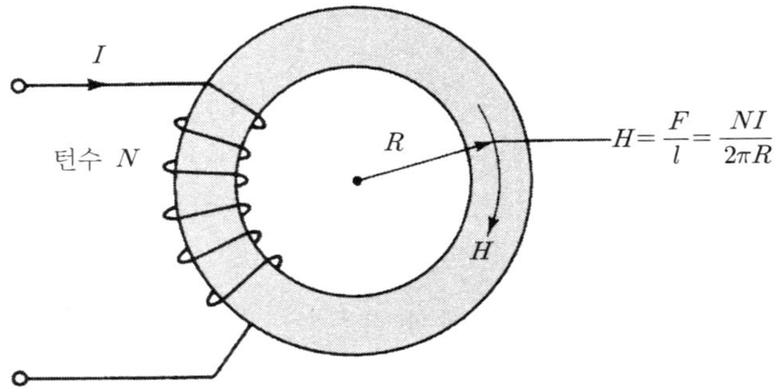

[그림 1-8] 자화특성곡선을 위한 원형 철심

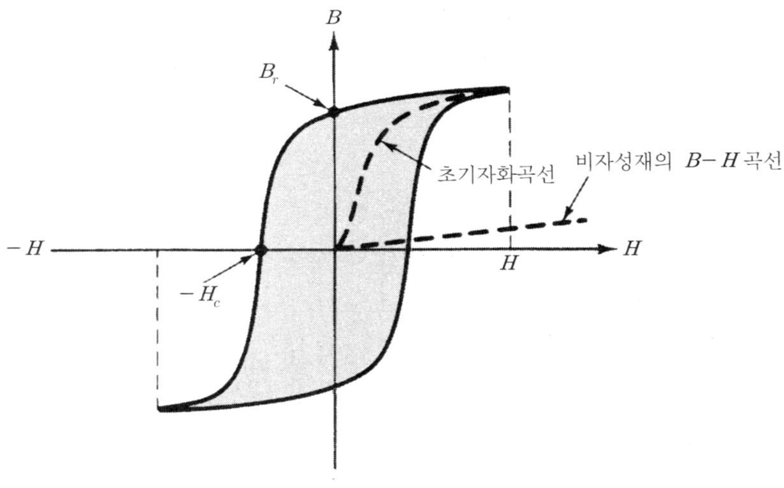

[그림 1-9] 자성재료 철심의 히스테리시스 곡선($B-H$ curve)

결국, 자기력 H가 0이 될 때 철심 내에는 자속밀도 B_r이 잔류하게 되는데 그 크기는 재료에 따라 다르다. 이렇게 하여 영구자석을 만들 수 있다. 자속밀도를

0으로 감소시키기 위해서는 항자력 $-H_c$가 요구된다. 이것은 역방향의 자기력이므로 코일에 흐르는 전류의 방향을 반대방향으로 바꾸어야 한다. 역방향의 전류를 더욱더 증가시키면 이전과는 반대방향으로 자구들의 자축이 모두 배열되는 포화점에 도달한다. 만일 주기적으로 코일에 가하는 전류의 방향을 바꾸든지 또는 코일에 저주파 교류전류를 인가하면 [그림 1-9]와 같은 히스테리시스 곡선이 나타날 것이다. 다시 말하면, 자성재료의 자화특성은 비선형이고 동일한 자계강도에 대해서 자속밀도는 다중 값을 나타낸다.

히스테리시스(hysteresis) 폐곡선의 면적은 매 주기마다 손실되는 열에너지의 값을 나타낸다. 교류자계를 받는 경우 이 열은 자성재료에 의해 소진되어야 하므로 실제로 매우 중요하다. 또한, 히스테리시스 현상이 없다면 발전기, 전동기 및 변압기의 효율은 더욱 증가할 것이다. 다른 한편으로, 차후 언급하겠지만 기동시 자기여자를 위해 잔류자속의 존재가 필수적인 기계들은 히스테리시스 현상을 유용하게 응용한다.

실제 응용분야에서는 정규화된(normalized) $B-H$곡선을 사용하는데 이는 재료의 자화특성을 단일곡선으로 나타낸다. 이 곡선은 H값을 변화시켜 여러 종류의 히스테리시스 루프를 얻음으로써 구할 수 있다. [그림 1-10]에서 볼 수 있듯이 정규화된 $B-H$곡선은 자속밀도의 최대값까지 그려진 폐루프들의 B_{max}궤적이다.

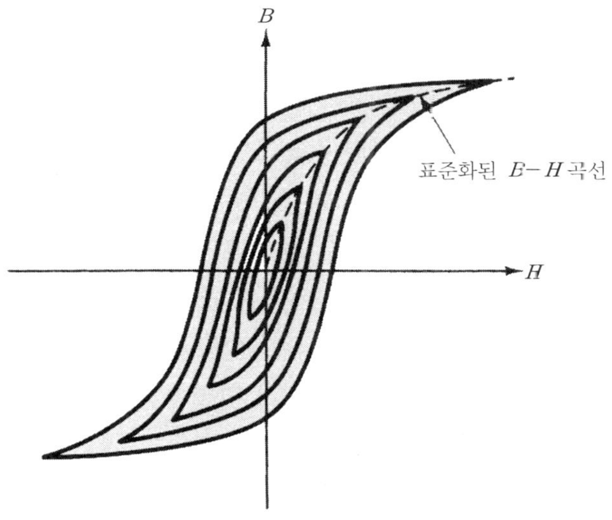

[그림 1-10] 정규화된 $B-H$곡선

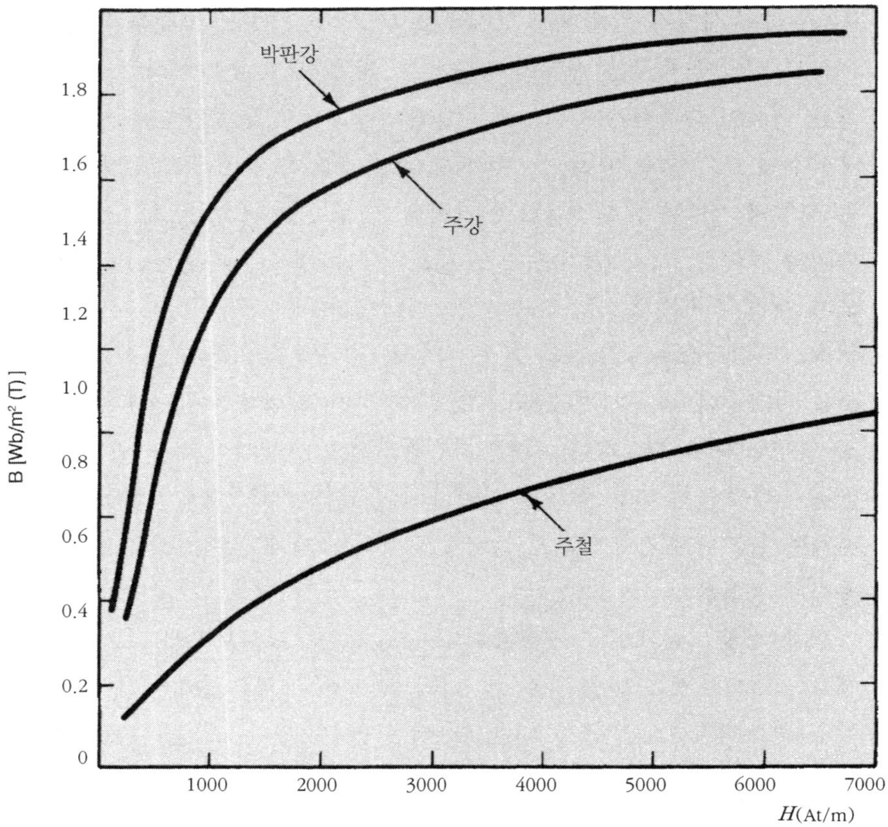

[그림 1-11] 자성재료들의 자화특성

[그림 1-11]은 전기기기에 자주 사용되는 자성재료들의 자화곡선을 보여준다. 공학적인 견지에서 볼 때 자성재료는 크게 연자성재료와 강자성재료로 분류된다. 전기기계와 변압기에 사용되는 실리콘-철(3~4[%] Si 함유)같은 연자성재료는 자화특성이 급변한다. 즉, 히시테리시스 루프의 높이가 높고 폭이 좁아 폐곡선의 면적이 적다는 특징이 있다([그림 1-12] 참조). 이런 응용부분에 적용되는 재료들은 항자력 H_c가 비교적 작고 구조가 균일하다.

반면에 영구자석이나 자기테이프 등에 사용되는 재료들은 전혀 다른 특성이 요구된다. 이것들은 자성이 소실되기 어려운 성질을 보유해야 하고 따라서 항자력 H_c의 값이 가능한 한 커야 한다. 이런 재료들은 강자성재료이고 특수하게 개발된 합금들이며 $B-H$곡선은 [그림 1-12]와 같다. 알루미늄, 니켈, 코발트의 합금인 알니코가 이런 재료들 중 하나이다.

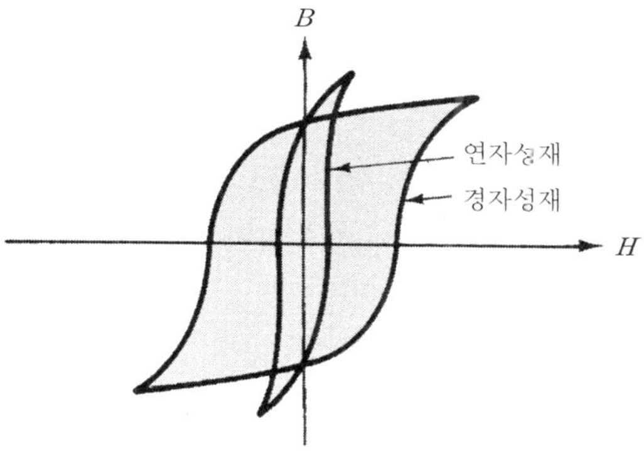

[그림 1-12] 연자성재료와 강자성재료의 $B-H$곡선

3. 철 손

3.1 히스테리시스손

히스테리시스 루프의 면적이 매 주기 재료 내에서 열로 소비되는 에너지의 크기를 나타낸다는 사실은 이미 언급되었다. 자구의 자축 회전 및 배열에 소비된 에너지의 일부만이 회생될 수 있다. 다음은 이것을 도식적(圖式的)으로 설명한다.

[그림 1-13](a)와 같이 자계강도를 0으로부터 H까지 증가시킬 때 이에 상응하는 자속의 변화를 고려해 보자. 철심을 자화시키기 위해서는 전류를 상승시켜야 하므로 일정량의 에너지가 필요하다. 이 에너지량은 $B-H$곡선과 B축 사이의 면적으로 표현된다. 다시 H로부터 0까지 감소시키면 이 에너지의 일부는 전원측으로 회수되는데 이 값도 역시 $B-H$곡선과 B축 사이의 면적이다([그림 1-13](b) 참조).

이 두 면적을 비교해 볼 때, 히스테리시스 루프의 절반에 해당하는 빗금쳐진 면적이 순수한 에너지 소비량이라는 것을 알 수 있다. 즉, 한 주기의 자화과정을 완료하기 위해서는 히스테리시스 루프 면적에 해당하는 에너지가 요구된다. 전기장비에 사용되는 자성재료는 고유의 히스테리시스 루프를 가지며 그 재료는 루프 면적에 비례하는 동력이 소비된다. 자성재료의 부피가 V, 초당 자화횟수 또는 주파수가 f 일 경우 히스테리시스 손실로 소비되는 동력은 다음 식과 같다.

$$P_h = k_h \ V f \ B_{\max}^n \ [\mathrm{W}] \tag{1.3.1}$$

여기서, k_h 는 히스테리시스 상수($B_{\max}$ 값에 따른 루프 면적에 비례), n 은 실험적으로 결정되는 상수로서 재료에 따라 1.5~2.5, f 는 전원주파수, $B_{\max}$ 는 최대 자속밀도이다.

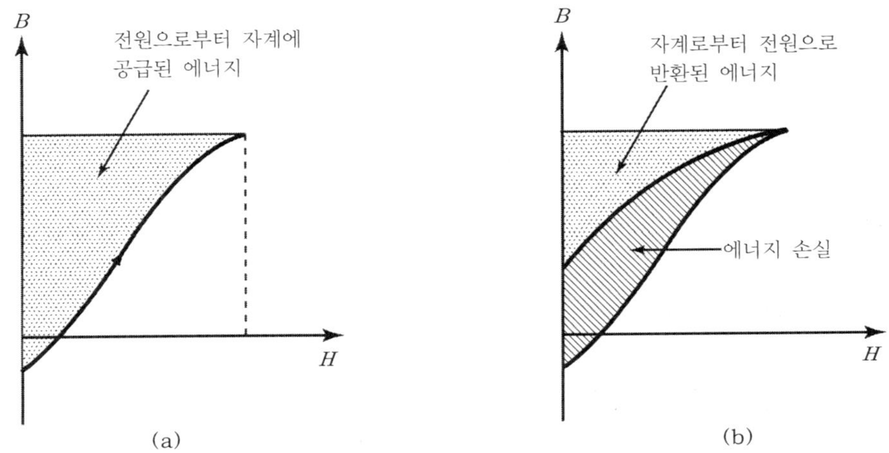

[그림 1-13] 히스테리시스 손실

3.2 와류손

자기장의 주기적인 변화로 말미암아 유발되는 또 하나의 손실은 와류손(渦流損 ; eddy current loss)이다. 철심의 재료인 철은 도체이기 때문에, 자속의 변화로 유기된 기전력에 의해 철심 내에는 전류가 흐르게 된다. 철의 저항이 낮기 때문에 이 달갑지 않은 순환전류(맴돌이전류 또는 와류)는 비교적 큰 값이 된다. 따라서 손실이 발생하고 철심의 온도를 상승시킨다. 그러므로 와전류의 크기를 감소시키기 위해 얇은 판을 적층(積層)하고 그 사이를 절연하여 철심을 제작함으로써 저항을 증가시키는 방식을 채용하는 것이 일반적이다.

적층면은 자속과 평행하므로 와전류의 통로는 적은 횡단면에 제한되어 저항이 크게 증가한 결과가 된다. 적층철심들은 얇은 종이나 니스 등에 의해 서로 절연되어 있다. 와류손은 적층판 두께의 제곱에 비례하므로 일반적으로 적층판 두께가 얇을수록 손실이 적다.

다음 식은 와류손을 실험식으로 나타낸 것이다.

$$P_e = k_e\,(B_{\max}\,t\,f)^2 \quad [\mathrm{W/m^3}] \tag{1.3.2}$$

여기서 k_e 는 재료의 종류에 따른 상수이다.

히스테리시스손(hysteresis loss)은 주파수에 비례하지만 와류손은 주파수의 제곱에 비례함을 식 1.3.2를 통해 알 수 있다.

와전류는 항상 자속과 직각을 이루며 자기장의 변화를 방해하는 방향으로 흐른다(Lenz의 법칙). [그림 1-14]는 적층철심을 사용함으로써 와전류를 제한할 수 있다는 사실을 보여준다. 와류손은 주파수 제곱에 비례하므르 고주파 응답특성을 저하시킨다. 그렇지만 와전류가 항상 불필요하거나 무익한 것은 아니다. 와전류 동력계, 자동차용 속도계 등 와전류를 응용하는 장치들도 있다.

히스테리시스손과 와류손의 합을 철손(鐵損 ; iron loss)이라 하는데 이는 시간에 따라 자속이 변하는 시스템에서 발생한다. 철손은 보통 실험적으로 측정할 수 있다. 히스테리시스손 성분과 와류손 성분을 명확히 구분하기 위해서는 각각 다른 주파수에서 두 번의 시험이 필요하다. 실제 응용분야에서 철손은 매우 중요하게 다루어져야 한다. 왜냐하면, 철손이 작동온도, 효율, 자기장치의 정격 등에 영향을 크게 미치기 때문이다.

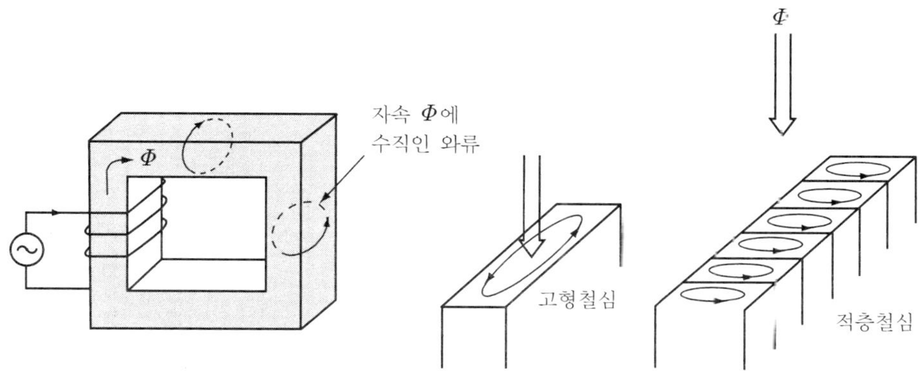

[그림 1-14] 와전류를 감소시키기 위한 적층철심

4. 자기회로 및 자력 해석

4.1 자기회로 해석

이제 실제 사용되는 자기회로들을 고찰해 보자. 중요한 것은 수치계산의 근거가 되는 원리이므로 문제를 단순화할 필요가 있다. 기본적으로 자기회로는 직렬, 병렬 두 종류가 있다. 전기회로와 유사하게, 직렬자기회로는 코일에 흐르는 전류에 의해 생성된 자속이 전 회로에 걸쳐 동일한 회로이다. 반면에, 병렬자기회로는 자속이 통하는 폐회로가 두 개 이상인 것이다.

[그림 1-15]가 이러한 개념을 보여 준다. 물리적인 치수가 달라지는 부분이라든지 회로를 구성하는 재료가 다른 부분들도 자기회로에 포함될 수 있다. 물론 필요한 여자전류의 크기에 큰 영향을 미치는 공극도 존재할 수 있다. 회전부분과 고정부분이 분리된 회전기계의 경우 공극의 존재는 불가피하다.

자기회로는 전기회로와 유사하게 나타낼 수 있다는 것을 이미 보았다. 따라서 전기회로에 적용할 수 있는 해법이 자기회로에도 확장될 수 있다. 이 두 회로의 가장 큰 차이는 자기회로의 경우 자성재료가 비선형특성을 지니고 있다는 것이다. 그러므로 재료에 따라 고유의 $B-H$곡선을 사용해야 한다. 다음 예제를 이용하여 이 곡선의 사용법을 알아본다.

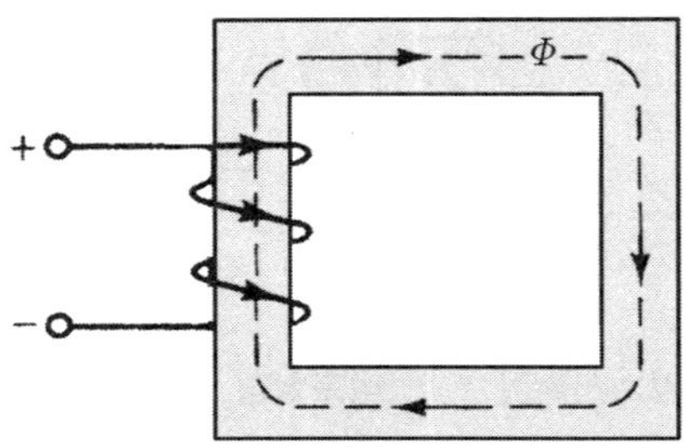

(a) 직렬

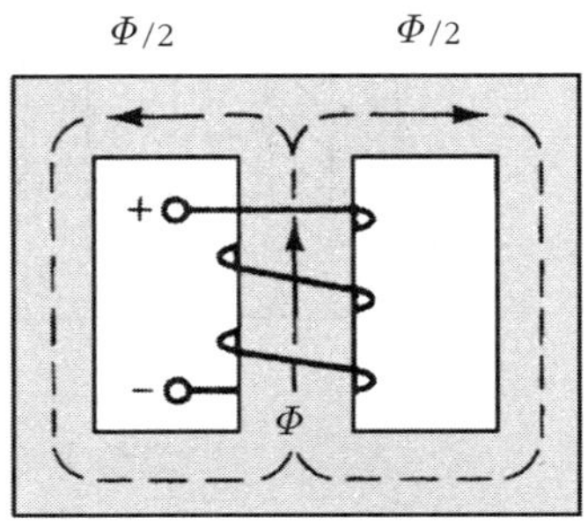

(b) 병렬

[그림 1-15] 자기회로의 종류

예제 [그림 1-16]에서 철심재료는 주강(cast steel)이고 턴수는 250이다. 철심에 0.48[μWb]의 자속을 얻기 위해 인가해야 할 코일전류는 얼마인가?

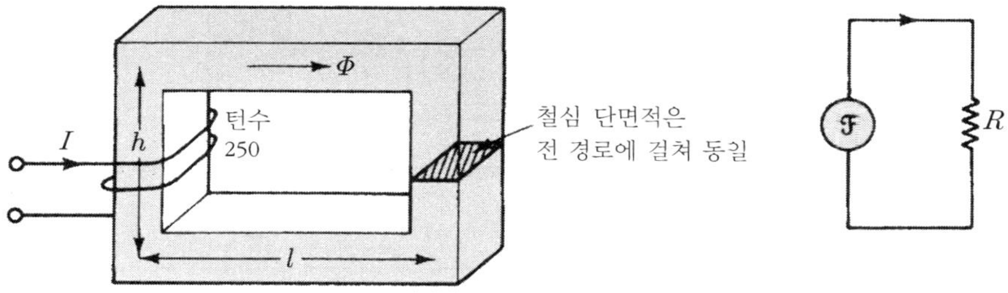

[그림 1-16] 자기회로(l : 10[cm], h : 8[cm], A : 4[cm^2])

해설 $B = \dfrac{\Phi}{A} = \dfrac{0.48 \times 10^{-3}}{4 \times 10^{-4}} = 1.20\,[\mathrm{T}]$

자속밀도 1.2[T]를 얻기 위해 가해야 할 자기력은 1240[At/m]이다([그림 1-11]의 주강 $B-H$곡선 참조).

자속경로의 평균길이 : $l + h + l + h = 2 \times 0.1 + 2 \times 0.08 = 0.36\,[\mathrm{m}]$

기자력 : $F = Hl = 1240 \times 0.36 = 446.4\,[\mathrm{At}]$

$\therefore$ 가해야 할 전류 : $I = \dfrac{F}{N} = \dfrac{446.4}{250} = 1.79\,[\mathrm{A}]$

4.2 Fringing effect와 누설자속

자기회로 특히 공극이 존재하는 회로에서는 주 자속경로를 벗어나 누설되는 자속과 공극에서 자속이 퍼지는 현상이 발생할 수 있다. [그림 1-17]은 이 두 가지를 나타내고 있다. 누설자속이 발생하면 여자코일에 의해 생성된 자속의 일부가 공극에 도달하지 못하기 때문에 이를 보상하기 위해 더 큰 기자력이 필요하므로 효율이 저하된다. 공극에서 자속이 퍼지는 현상을 fringing effect라 하는데 이 현상 또한 바람직하지 못하다. 왜냐하면 자속이 보다 넓은 영역으로 확장되어 공극자속밀도를 감소시키기 때문이다.

전자기 장치 설계자는 이런 비효율적인 자속을 최대한 감소시켜야 한다. 전동기 제작시 허용한계가 엄격한 것도 이런 이유 때문이다. 앞으로 자기회로의 해석 및 계산시 이런 현상들은 무시할 것이다. 이는 누설자속 경로와 다른 요소들은 불확실하기 때문에 이런 것들을 고려한다면 과정이 너무 복잡해지기 때문이다.

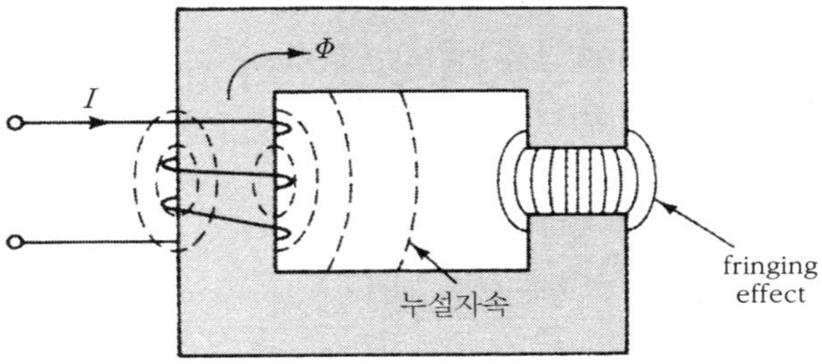

[그림 1-17] 누설자속과 공극자속의 fringing effect

예제 공극의 존재가 자기회로에 미치는 영향을 고찰하기 위해 앞의 예제에서 철심에 [그림 1-18]과 같이 1[mm] 길이의 갈라진 틈이 있다고 가정해 보자. 이 경우 같은 값의 자속을 얻기 위해 코일에 인가해야 할 전류는 얼마인가?

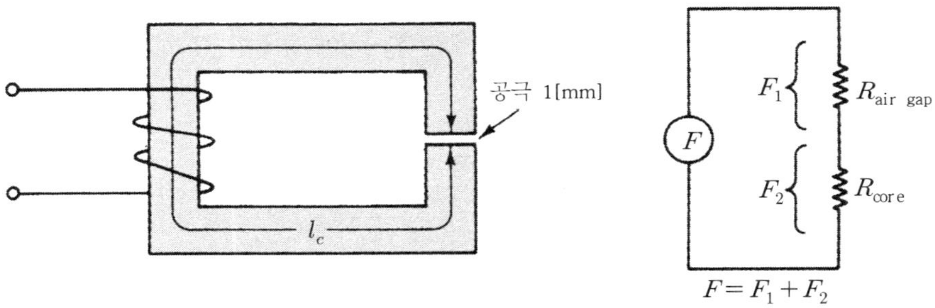

[그림 1-18] 자기회로와 등가전기회로

해설 앞의 예제에서 $B = \Phi/A = 1.2$ [T], $H = 1240$ [At/m]이었다. 따라서 철심에서 일어나는 기자력강하는 $F_2 = H_c l_c = 446.4$ [At]이다.

여기서 앞의 예제와 같이 $l_c = 0.36$ [m]를 그대로 사용하였다. 이는 실제 철심 자속경로의 평균길이는 $l_c = 0.36 - 0.001 = 0.359$ [m]이지만 공극의 길이가 철심의 길이에 비해 너무 짧기 때문이다.

fringing effect를 무시하면 철심의 자속과 공극의 자속은 동일하다.

공극자속밀도 : $B_g = \dfrac{\Phi}{A} = 1.2$ [T], $B_g = \mu_0 H_g$

$$\therefore\ H_g = \frac{1.2}{4\pi \times 10^{-7}} = 954.9 \times 10^3 \text{ [At/m]}$$

공극기자력 $F_1 = H_g l_g = 954.9 \times 10^3 \times 1 \times 10^{-3} = 954.9$ [At]

총기자력 $F = F_1 + F_2 = 954.9 + 446.4 = 1401\ [\text{At}]$

따라서 코일 전류는 $I = \dfrac{1401}{250} = 5.60\ [\text{A}]$

공극이 철심의 길이에 비해 극미할지라도 상당히 큰 기자력강하가 발생한다. 따라서 필요한 전류의 크기도 공극이 없는 경우에 비해 두 배 이상 증가한다. $H_c l_c$ 항은 철심에서, $H_g l_g$ 항은 공극에서 각각 발생하는 기자력강하이다.
식 1.2.3 $F = \Phi R$ 에 의해 다음 식이 성립한다.

$$F = \Phi\, R = H_c\, l_c + H_g\, l_g$$

$$R = \frac{H_c\, l_c}{\Phi} + \frac{H_g\, l_g}{\Phi} = R_c + R_g$$

R 은 기자력원에서 볼 때 총 자기저항이다. 등가자기회로에 Kirchhoff의 법칙, 즉 인가한 기자력은 각 소자에서 발생하는 기자력강하의 합과 같다는 법칙을 적용하면 다음식이 된다.

$$\begin{aligned} F &= \Phi\ R \\ &= \Phi\,(\,R_c + R_g\,) \\ &= \Phi \left(\frac{l_c}{\mu\, A_c} + \frac{l_g}{\mu_0\, A_g} \right) \end{aligned}$$

따라서 자기회로는 자기저항값을 사용해도 해석될 수 있다. 하지만 앞에서 설명했듯이 자속밀도에 따른 자성재료의 투자율 변화를 항상 고려해야 한다. 앞의 예제들은 자기시스템에서 공극의 중요성을 여실히 보여준다.

4.3 병렬자기회로

앞서 언급했듯이 병렬자기회로는 두 개 이상의 자속경로가 있다. [그림 1-19]의 중앙가지에 있는 코일에서 NI 의 기자력을 발성시킨다. 중앙가지에서 나온 자속은 우측과 좌측가지의 철심으로 분류된다. 양편 철심이 대칭이라면 자속은 두 가지에 균일하게 나누어질 것이다. 그러므로 다음 관계식이 성립한다.

$$\Phi_c = \Phi_l + \Phi_r \tag{1.4.1}$$

여기서 Φ_c는 중앙가지 자속, Φ_l은 좌측가지 자속, Φ_r은 우측가지 자속이다.

식 1.4.1은 Kirchhoff의 전류법칙과 비슷하다. 즉, 교차점으로 들어오는 자속의 양은 그 점을 떠나는 자속과 같다.

또한, [그림 1-19](b)를 주시하면 세 가지의 자속경로가 병렬로 연결되어 있으므로 A와 B사이의 기자력 F_{AB}는 세 가지에 공통이므로 다음 식이 된다.

$$H_l\, l_l = H_r\, l_r = F - H_c\, l_c = F_{AB} \tag{1.4.2}$$

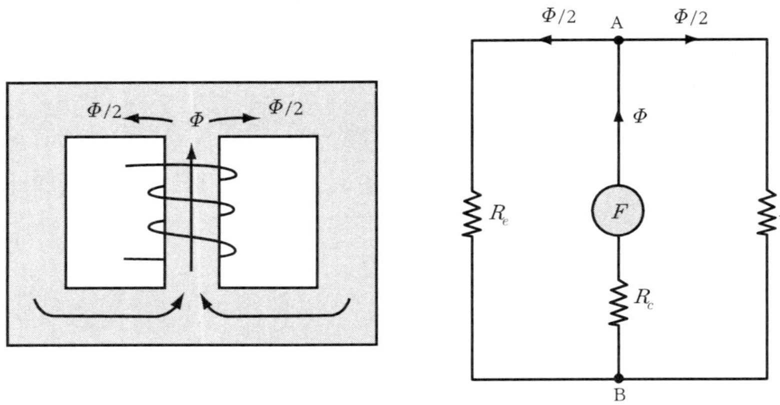

(a) (b)

[그림 1-19] 전기회로와 유사한 병렬자기회로

다음 예제에서 이 원리를 적용해 보자. 자기회로에서는 코일이 중앙가지에 감겨있지만, 등가전기회로에서는 중앙가지의 자기저항과 직렬로 나타난다는 것을 주목하여라.

예제 [그림 1-20](a)와 같이 박판강(sheet steel)으로 만들어진 자기회로가 있다. 중앙가지의 횡단면적은 10[cm^2], 좌, 우측면가지의 횡단면적은 6[cm^2]일 때, 1.2[mWb]의 중앙가지 자속을 얻기 위한 기자력은 얼마인가? 단, 누설자속은 무시한다.

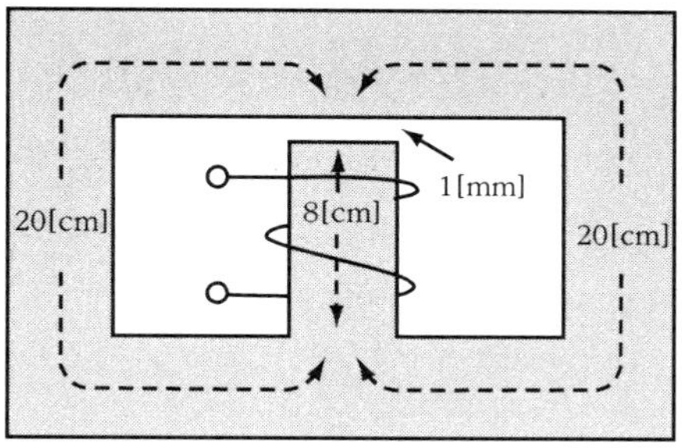

(a) 자기회로

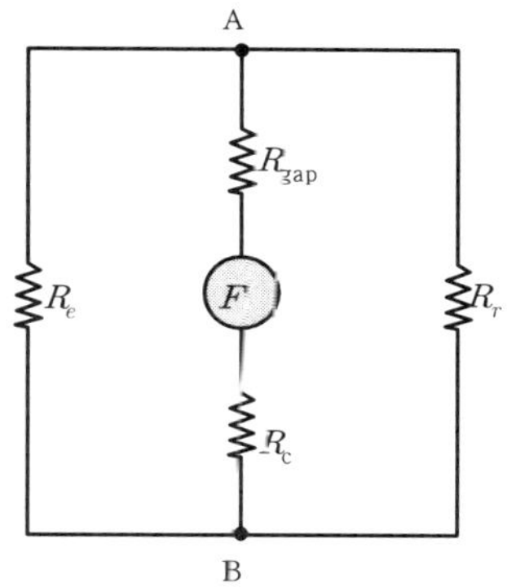

(b) 등가전기회로

[그림 1-20] 자기회로와 등가전기회로

해설 중앙가지 자속밀도 : $B_c = \dfrac{\Phi_c}{A_c} = \dfrac{1.2\times 10^{-3}}{10\times 10^{-4}} = 1.2\ [\text{T}]$

[그림 1-11]에서 박판강 자화곡선을 사용하여 자기장의 세기를 구하면 $H_c = 825\ [\text{At/m}]$이므로 중앙가지의 자기저항을 극복할 기자력은

$F_c = H_c\, l_c = 825\times 8\times 10^{-2} = 66\ [\text{At}]$

공극의 자속밀도 1.2 [T]를 유지할 자기장의 세기 및 기자력은

$$H_g = \frac{B}{\mu_0} = \frac{1.2}{4\pi\times 10^{-7}} = 0.955\times 10^6\ [\text{At/m}]$$

$$\therefore\ F_g = H_g\, l_g = 0.955\times 10^6\times 1\times 10^{-3} = 955\ [\text{At}]$$

좌우대칭이므로 총 자속의 절반이 각 측면가지로 통한다.

측면자속밀도 : $B_l = B_r = \dfrac{\Phi/2}{A_r} = \dfrac{0.6\times 10^{-3}}{6\times 10^{-4}} = 1\ [\text{T}]$

[그림 1-11]을 사용하여 이 자속밀도를 위한 자기력을 구하면 $H_l = H_r = 500\ [\text{At/m}]$이다. 따라서 측면가지를 위한 기자력은

$$F_{AB} = H_l\, l_l = H_r\, l_r = 500\times 20\times 10^{-2} = 100\ [\text{At}]$$

총 기자력 : $F = F_{AB} + F_g + F_c = 100 + 955 + 66 = 1121\ [\text{At}]$

4.4 철 표면사이에 작용하는 자력

여자코일이 감겨있는 고정철심과 움직일 수 있는 가동철심이 있고 두 철심의 횡단면적은 A [m^2]로 동일하며 철심은 서로 미소거리 l [m]떨어져 있다고 하자 ([그림 1-21] 참조). 코일에 전류를 인가하여 공극자속밀도 B가 생성되면 두 철 표면 사이에는 다음 식으로 표현되는 전자력이 발생한다.

$$F_M = \frac{B^2 A}{2\,\mu_0} \text{ [N/pole face]} \tag{1.4.3}$$

이 힘은 가동철심을 고정철심 쪽으로 당길 것이다. 이런 전자석의 자력(magnetic force)은 금속판 운송, 금속파편 수집, 철광석 분리, 릴레이 및 접점 등 다양한 분야에 응용된다.

공극의 양편에 서로 반대되는 극성의 자극이 존재하기 때문에 이런 인력이 작용한다. 양쪽은 서로를 당겨서 공극을 감소시키려는 방향으로 자력이 발생한다. 즉, [그림 1-21](a)의 접점을 닫을 수 있고 [그림 1-21](b)의 강판을 들어 올릴 수 있다.

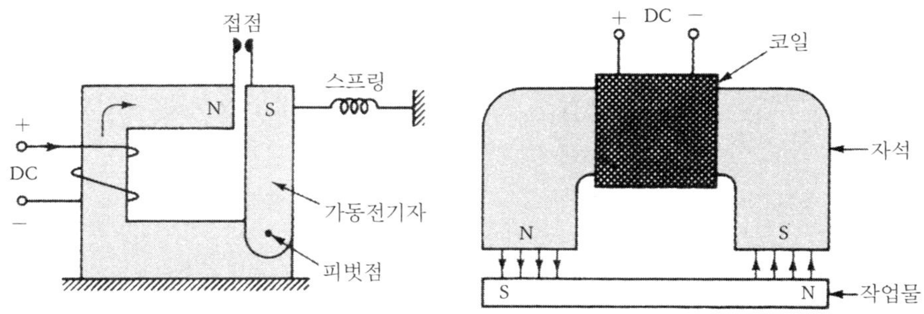

(a) 릴레이 (b) 전자석

[그림 1-21] 릴레이와 전자석

예제 [그림 1-22]와 같은 리프팅(lifting) 자석의 극면면적은 200[cm^2], 주강(cast steel)자석 내부의 자속경로는 60[cm]이며 극면사이의 거리는 30[cm]이다. 극면과 1 [mm]떨어진 주철판(cast iron plate)을 들어올리기 위해 2,670[N]의 힘이 필요하다면 코일에 가해야 할 전류는 얼마인가? 단, 코일 턴수는 500이다.

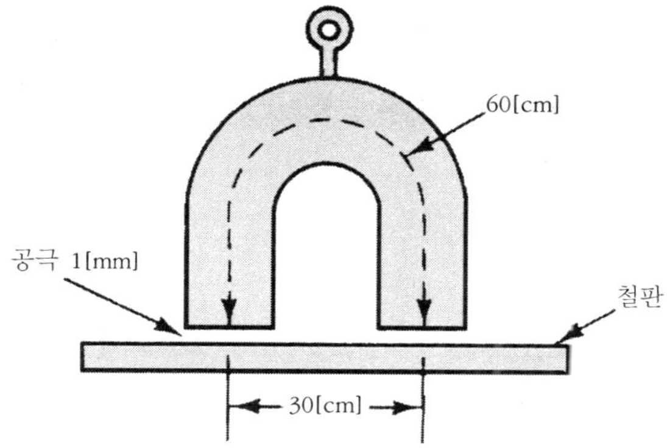

[그림 1-22] 리프팅 자석

해설 극면이 두 개이므로 작용하는 힘의 합은

$$F = 2\,\frac{B^2 A}{2\,\mu_0} = \frac{B^2 A}{\mu_0}$$

$$\therefore\ B^2 = \frac{2670 \times 4\pi \times 10^{-7}}{200 \times 10^{-4}} = 0.168,\ B = 0.41\ [\mathrm{T}]$$

$$NI = H_{cs}\,l_{cs} + 2\,H_g\,l_g + H_{ci}\,l_{ci}$$

[그림 1-11]의 해당 곡선을 사용하면 결과는 다음과 같다.

$$NI = 215 \times 0.6 + 2 \times \frac{0.41 \times 1 \times 10^{-3}}{4\pi \times 10^{-7}} + 1260 \times 0.3$$

$$= 129 + 653 + 378 = 1160\ [\mathrm{At}]$$

$N = 500$이므로 $I = 2.32$[A]이다.

실제 상황에서는 누설자속, fringing effect, 먼지와 운송 중 흔들림과 같은 불규칙성으로 인한 공극변화 등을 고려해야 한다. 즉, 필요한 전류의 2배 정도를 인가하여 안전성을 확보해야 한다.

연습문제

(주의) 철심재료의 자화곡선은 [그림 1-11]에 주어졌고 누설자속과 fringing effect는 무시한다.

1. 원형환 자성철심의 평균자속경로가 36[cm], 횡단면적 3[cm^2], 코일 턴수 400이다. 코일에 1.4 [A]의 전류를 흘렸더니 자속이 1.4 [mWb]이었다면 철심의 상대투자율은 얼마인가?

2. 주강링(cast steel ring) 평균길이가 30[cm], 공극길이는 2[mm]이다. 공극에 0.6[T]의 자속밀도를 얻기 위해 가해야 할 기자력은 얼마인가?

3. B_1 : 0.4[T], B_2 : 0.8[T], B_3 : 1.2[T], B_4:1.6[T]일 때 자속밀도에 대하여 박판강(sheet steel)의 평균투자율(B/H)을 구하여라.

4. 3번 문제의 각 값들에 대한 상대투자율을 구하고 이것을 자속밀도의 함수로 도면에 기입하여라. 이 곡선으로부터 어떤 결론을 얻을 수 있는가?

5. 횡단면적이 직사각형인 [그림 1-23]은 d_1 : 12[cm], d_2 : 10[cm], t : 2[cm] N : 100이다. 철심에 0.14[mWb]의 자속을 얻기 위해 코일에 인가해야 할 전류를 구하여라.

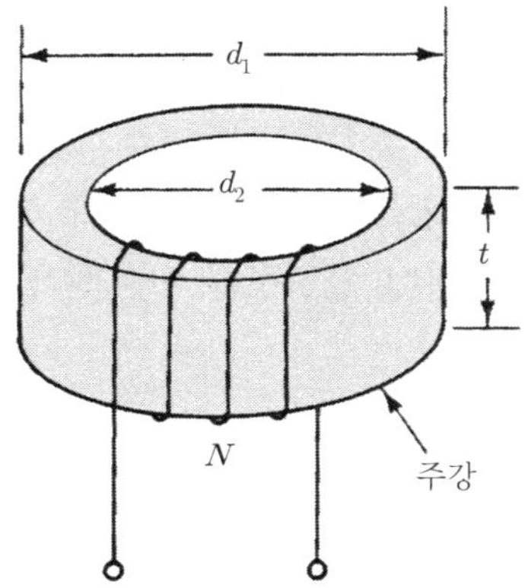

[그림 1-23]

6. 5번 문제에서 자속경로에 1.2[mm]의 공극이 있을 경우 동일한 자속을 얻기 위해 코일에 가해야 할 전류는 몇 [%] 증가시켜야 하는가?

7. [그림 1-24]와 같이 주철관(cast iron pipe)에 100바퀴의 코일이 감겨있다. 표시된 치수의 단위는 [cm]이다.

   1) 코일에 10[A]의 전류를 가했을 때 자속을 구하여라.
   2) 주강관(cast steel pipe)을 사용한다면 1)과 같은 자속을 얻기 위해 코일에 가해야 할 전류는 얼마인가?

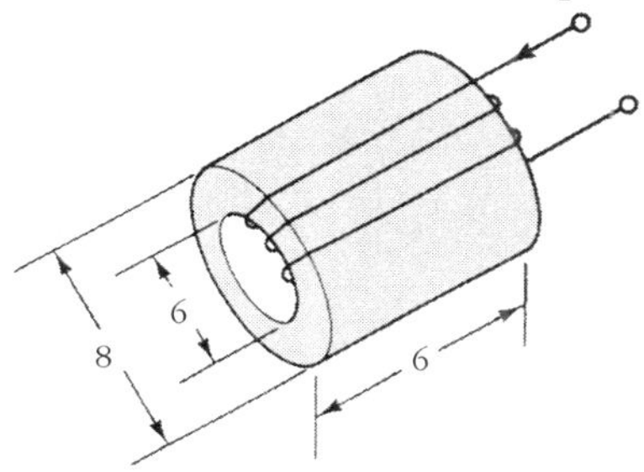

[그림 1-24]

8. 다음 각 회로에 대하여 자화곡선을 작성하여라.

   1) [그림 1-25]의 자기회로
   2) 그림에 점선으로 표시된 공극이 있는 회로

   턴수는 200, 자성재료는 박판강(sheet steel)이다. 4[mWb]에서 12[mWb]까지 2[mWb]단위씩 자속을 여자전류의 함수로 나타내어라.

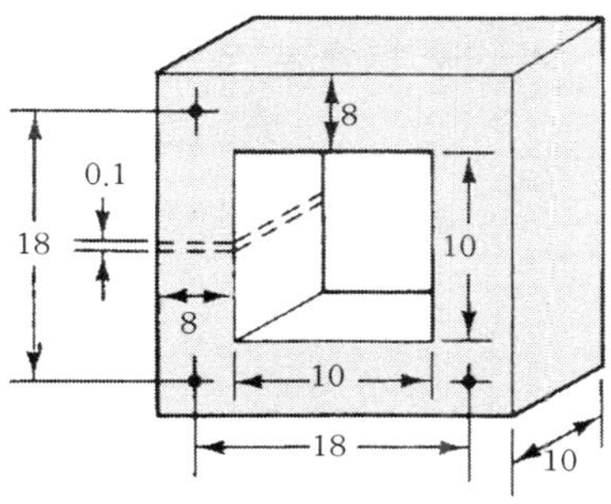

[그림 1-25]

9. [그림 1-26]에서 공극자속밀도가 1.2[T]일 때 주강(cast steel)전자석의 전기자 자력과 이 자속밀도를 얻기 위해 필요한 기자력을 구하여라.

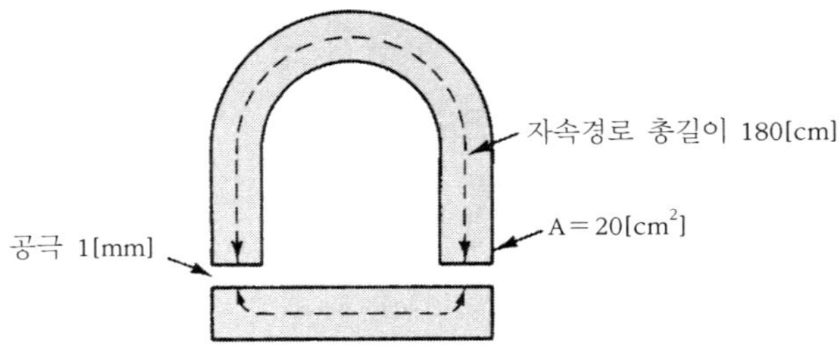

[그림 1-26]

10. [그림 1-27]의 릴레이는 주강(cast steel)철심과 박판강(sheet steel)의 전기자로 이루어져 있다. 공극자속밀도가 0.8[T]에 이르면 스프링 장력을 극복하고 전기자를 흡인한다.

1) 전기자를 끌어당기기 위해 필요한 전류는 얼마인가?
2) 스프링 장력을 극복하기 위해 전기자에 가하는 힘은 얼마인가?
3) 릴레이가 닫히면 공극이 0.1[mm]가 된다. 이 닫힌 상태를 유지하기 위해 코일에 인가해야 할 전류는 얼마인가? 닫힌 위치에서도 스프링 장력을 극복하는 데는 앞의 경우와 같은 힘이 요구된다고 가정한다.

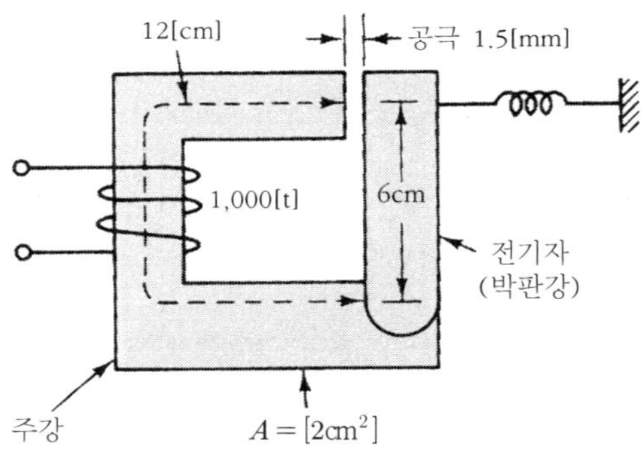

[그림 1-27]

11. [그림 1-28]의 철심은 자속경로 평균길이가 26[cm], 횡단면적이 4[cm^2]이고 재료는 박판강(sheet steel)이다. A코일에 0.8[A], B코일에 0.6[A]의 전류가 화살표 방향으로 흐를 때 철심에 발생하는 자속을 구하여라.

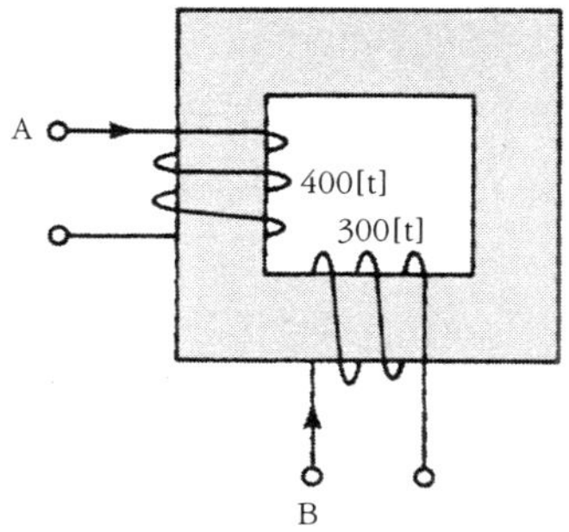

[그림 1-28]

12. 11번 문제에서 B에 흐르는 전류의 방향을 반전시켰을 경우 자속을 구하여라.

13. 공극길이 2 [mm], 자속경로 30 [cm]인 주강(cast steel)전자석의 공극에 1.2[T]의 자속밀도를 발생시키기 위해 필요한 기자력은 얼마인가?

14. 어느 자기시스템이 주파수 60[Hz]의 전원을 가했을 때 860 [W]의 철손(히스테리시스손+와류손)이 발생했고, 자속밀도를 변화시키지 않고 주파수 25 [Hz]의 전원을 가했더니 280 [W]의 철손이 발생하였다. 각 주파수에 대해 히스테리시스손과 와류손을 구하여라.

15. [그림 1-29]와 같은 박판강(sheet steel)철심의 중앙가지 위에 280 턴수의 코일이 감겨있고 철심의 두께는 3[cm]이다. 공극에 1 [mWb]의 자속을 얻기 위해 코일에 인가해야 할 전류를 구하여라.

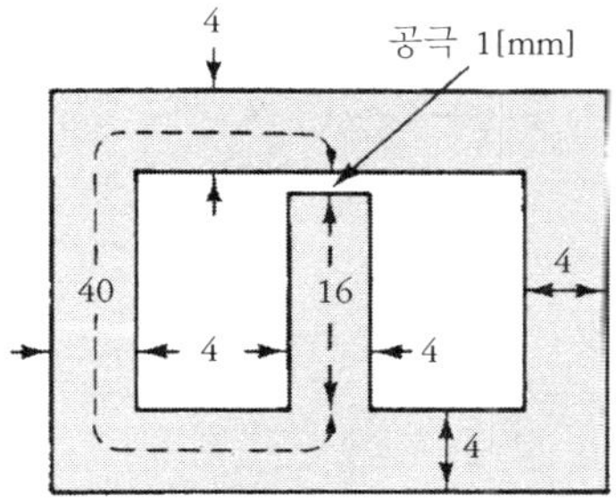

[그림 1-29]

16. 15번 문제에서 측면가지들에 0.8[T]의 자속밀도를 생성하기 위해 코일에 가해야 할 전류를 구하여라.

17. [그림 1-30]과 같은 2극 직류전동기 분권계자권선의 턴수가 1,200이다. 자로(flux path) 횡단면적이 200[cm^2], 철심부분 평균길이는 50[cm], 두 개의 공극길이는 각각 0.1[cm]이다. 공극에 0.02[Wb]의 자속을 얻기 위해 분권계자에 인가해야 할 전류를 구하여라. 단, 철심의 재료는 주강(cast steel)이다.

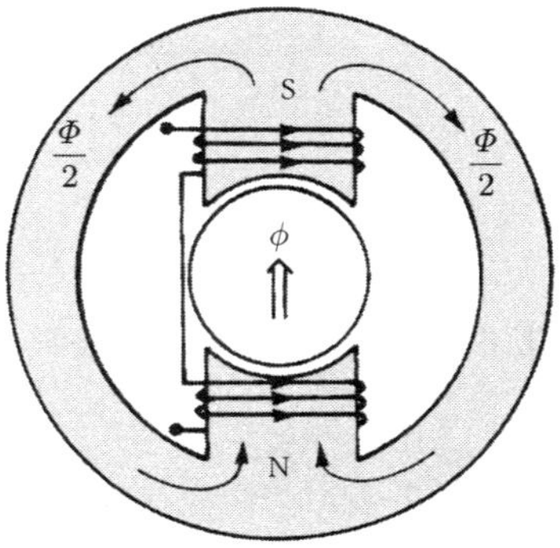

[그림 1-30]

18. [그림 1.31]과 같은 4극 직류전동기 극당 계자권선의 턴수가 260이다. 그림에 표시된 각 자로의 등가직렬 자기저항은 14,000[At/Wb], 공극길이는 1[mm], 극면 단면적이 280[cm^2], 여자전류가 1.6[A]일 경우 공극자속밀도를 구하여라.

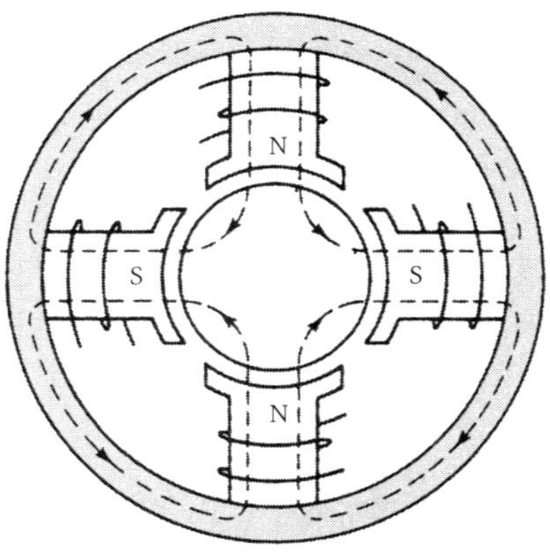

[그림 1-31]

제2장

직류기

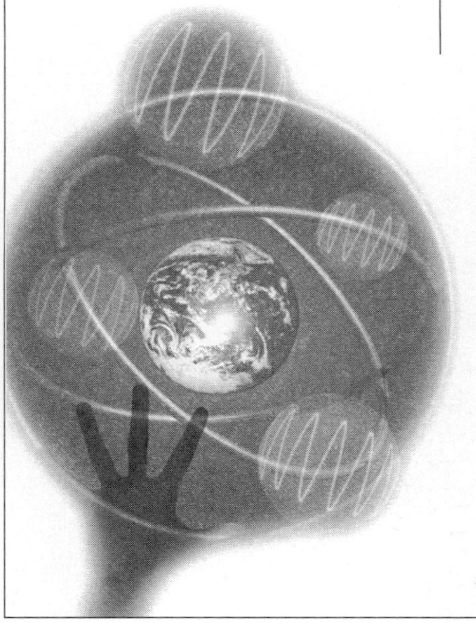

1. 직류기의 원리와 구조

1.1 직류발전기의 원리

직류발전기는 자계 내에서 도체에 기계적인 운동을 가함으로써 발생하는 교류 전압, 전류를 정류하여 방향이 변하지 않는 전압, 전류, 즉 직류 전압, 전류를 얻는 장치이다. 발전기는 기계에너지를 전기에너지로 변환하는 전기기기이며 이것을 그림으로 나타내면 [그림 2-1]과 같다. 전동기는 발전기와 정반대의 작용을 한다.

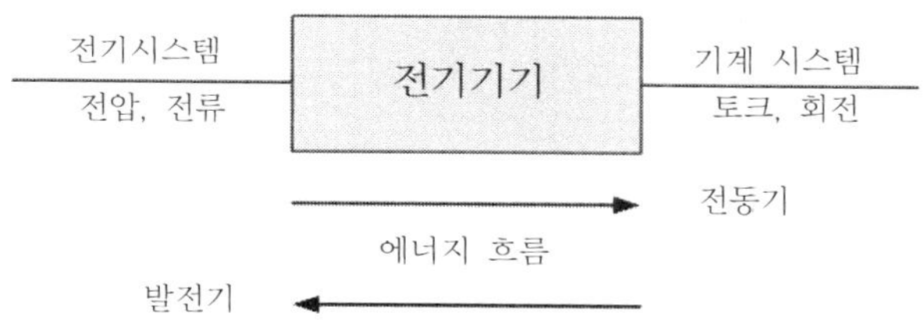

[그림 2-1] 전기시스템과 기계시스템 사이의 변환

자계 내에서 운동할 때는 패러데이의 전자유도법칙에 의해 도체가 단위시간당 쇄교하는 자속 수에 비례하여 도체에 기전력이 유도되며, 따라서 도체에 전류가 흐르게 된다. [그림 2-2]는 자기장 내에서 도체를 운동시켰을 때 도체에 발생하는 유도전압의 방향을 나타내는 그림이며, 이것을 플레밍의 오른손법칙이라고 한다.

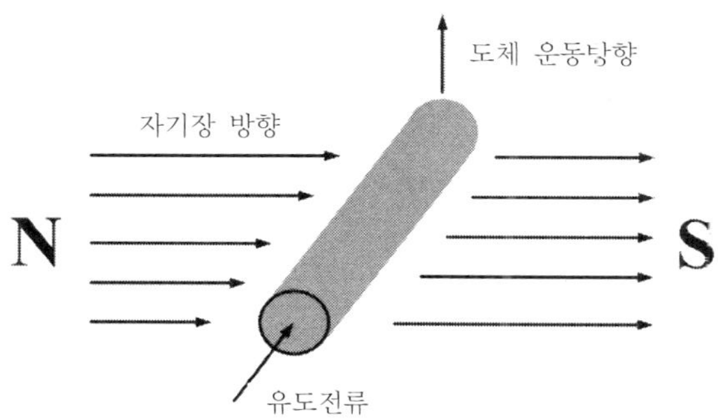

[그림 2-2] 플레밍의 오른손법칙

[그림 2-3]은 수평방향의 평등 자기장 내에서 도체를 시계방향으로 회전시켰을 때 도체에 유도되는 전압을 나타내는 그림이다. 도선이 자기장의 방향과 일치할 때는 도체가 자기장을 쇄교하지 못하므로 유도되는 전압은 영이 된다. 도선이 회전하면 도선의 자기장 쇄교율은 높아지고 따라서 유도전압도 커지게 되며, 그 크기는 코일이 90° 회전하였을 때 최대가 된다.

도선이 90°를 초과하여 회전하게 되면 유도전압은 감소하며 도선이 180° 회전하면 도선이 자기장을 쇄교하지 못하므로 도선에 발생하는 유도전압은 다시 영이 된다. 도선이 계속 회전하면 도선에 발생하는 유도전압은 다시 증가하여 270°에서 최대의 유도전압이 발생하는데 이때의 유도전압의 방향은 도선이 90° 회전하였을 때와 반대가 된다. 도선이 다시 회전하면 도선의 유도전압은 다시 감소하며 도선이 360° 회전하게 되면 도선에 발생하는 유도전압은 다시 영이 된다.

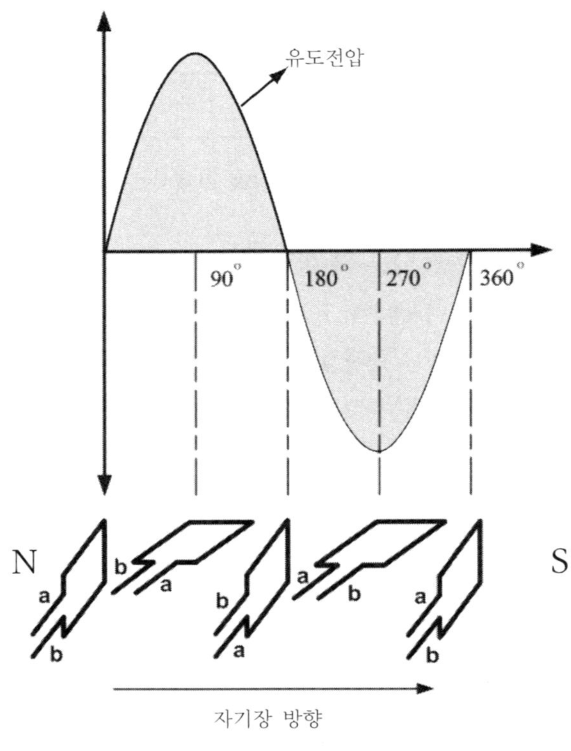

[그림 2-3] 도선의 회전에 의한 유도전압

[그림 2-4]는 교류발전기의 원리를 간략히 나타낸 그림이다. 그림에서 S는 슬립링이며 브러시와 습동접촉을 한다. 그리고 b는 브러시이며 실제의 발전기에는 탄소 또는 흑연제품을 사용한다. 그림에서 알 수 있듯이 회전자가 회전하면 슬립링과 브러시를 거쳐 부하에 교류전력이 가해진다.

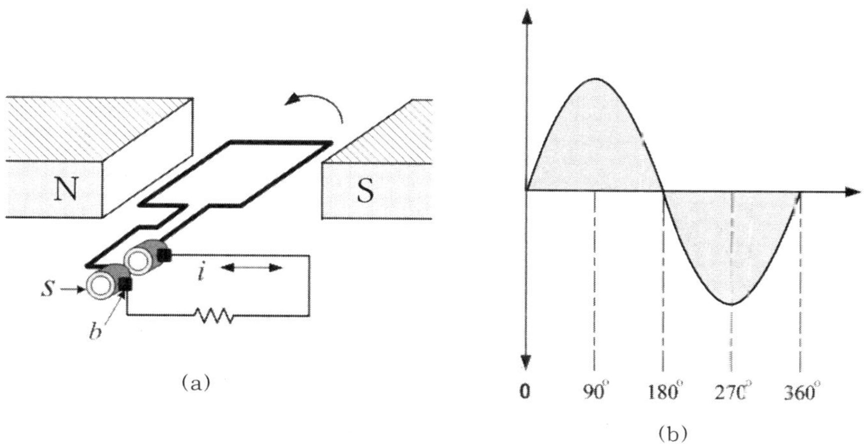

[그림 2-4] 교류발전기의 원리

교류발전기는 2개의 슬립링을 사용하지만 직류발전기는 1개의 슬립링을 사용한다. [그림 2-5]와 같이 1개의 슬립링을 2등분하여 서로 절연시키고 브러시를 연결하면 브러시를 통한 전압의 방향은 항상 일정하게 된다. 2등분된 슬립링은 정류자(commutator)라 하고 2등분된 각 편을 정류자편(commutator segment)이라고 한다. 그리고 자계 내에서 운동하여 전압이 유도되는 코일 및 코일을 지지하는 부분 전체를 전기자(armature)라고 한다.

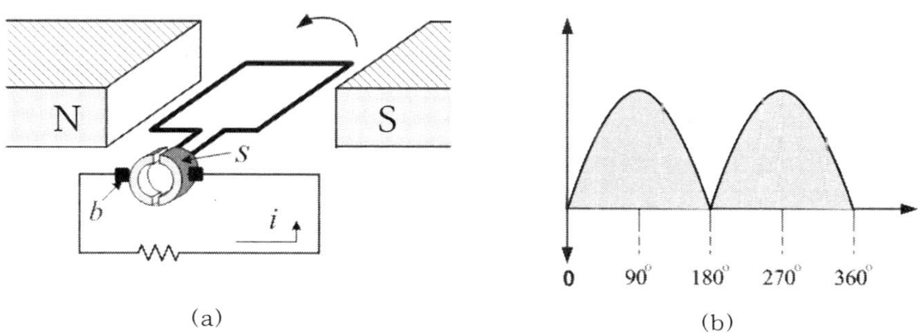

[그림 2-5] 직류발전기의 원리

[그림 2-5]에서 발생한 직류파형을 보면 방향이 일정한 직류는 만들어지지만 그 값이 영에서 최대치까지 변동이 대단히 심한 직류가 된다. 이와 같은 직류파형을 맥류(pulsating current)라고 한다. [그림 2-5]에서는 1개의 코일과 2개의 정류자편을 사용한 직류발전기를 나타내었는데 [그림 2-6]과 같이 4개의 코일과 4개의 정류자편을 사용하면 전기자에는 2개의 코일이 직렬로 연결된 회로가 2개 병렬로 존재하게 되어 발생되는 직류 전압파형은 상당히 개선된다.

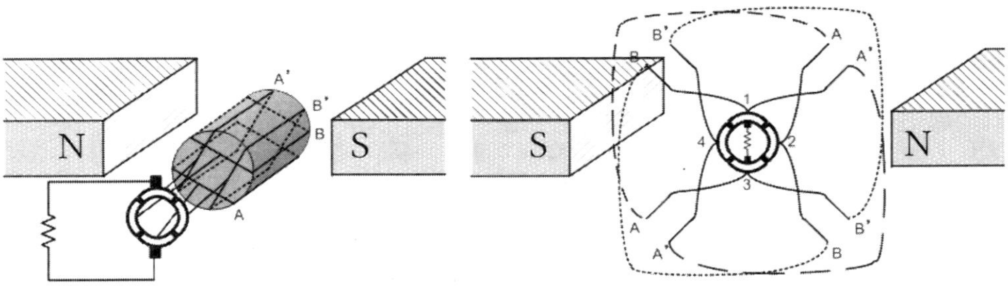

(a) (b)

[그림 2-6] 직류발전기의 원리

[그림 2-6](a)는 전기자에 감긴 4개의 코일을 표시하고 있고 [그림 2-6](b)는 이 코일을 전기자의 뒤쪽에서 바라보고 전개한 것이다. [그림 2-6]을 보면 브러시가 정류자편 1과 3에 위치하고 있고, 정류자편 1에서 3에 이르는 회로는 다음과 같이 2개가 병렬로 연결되어 있음을 알 수 있다.

1-BB-2-AA-3　　　　　　1-A'A'-4-B'B'-3

따라서 정 · 부극 브러시 사이에는 2개의 코일에 유도된 전압의 합성전압이 나타나게 된다.

[그림 2-7]에서 곡선 A를 코일 AA 및 A'A'의 유도전압이라 하고, 곡선 B를 코일 BB 및 B'B'의 유도전압이라고 하면 코일 AA, A'A'와 코일 BB, B'B'는 전기자에서 90° 떨어진 위치에 있으므로 전압의 위상도 [그림 2-7]의 곡선 A, B와 같이 90°의 위상차이가 나게 된다.

브러시 단자간에 발생되는 전압은 그림의 곡선 A와 B의 각 순시치를 합한 것이 되므로 그림의 C곡선과 같이 된다. [그림 2-7]을 보면 코일 1개만을 사용했을 때보다 발생 전압파형의 맥동이 감소되었음을 알 수 있다. 만약 코일 및 정류자의 수를 수십 개로 증가하면 발생되는 단자전압의 맥동은 대단히 감소하게 되며

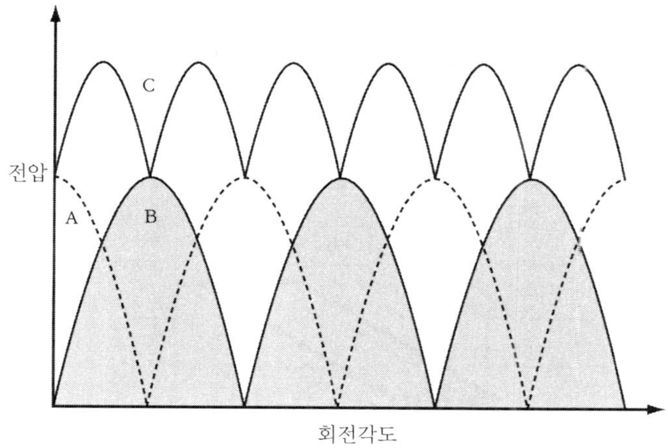

[그림 2-7] 두 코일의 합성전압

사실상 그 값은 일정한 값이라고 간주할 수 있게 된다. 이와 같은 전압을 직류전압이라 하고 직류전압을 발생하는 발전기를 직류발전기라고 한다.

1.2 직류전동기의 원리

자기장 가운데 놓여있는 도체에 전류가 흐르면 이 도체는 자기장의 세기와 전류와의 곱에 비례하는 힘을 받는데 이때, 힘의 방향은 자기장의 방향과 직각을 이룬다. 자속밀도가 B[T]인 자기장 내에서 이 자기장과 직각방향으로 놓여있는 길이 l[m]의 도체에 i[A]의 전류가 흐르고 있다면 이 도체에는 다음 식과 같은 힘이 발생한다.

$$F = Bil\,[\mathrm{N}] \qquad (2.1.1)$$

식 2.1.1에서 힘의 방향은 플레밍의 왼손법칙으로 설명할 수 있고 이것을 그림으로 나타내면 [그림 2-8]과 같다.

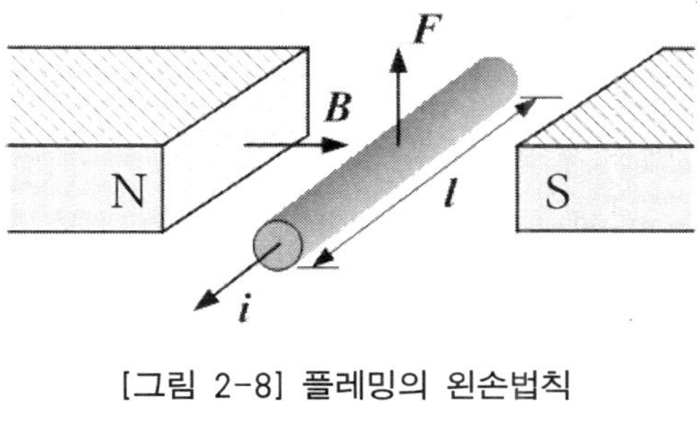

[그림 2-8] 플레밍의 왼손법칙

자기장 내에 직류전류가 흐르는 도선을 [그림 2-9]와 같이 위치시키면 전류가 흐르는 도선에는 위에서 설명한 힘이 발생하게 되며, 자기장 내로 전류가 들어가는 도선과 자기장에서 전류가 나오는 도선에는 전류의 흐름이 반대가 되어 이 도선에는 회전력이 발생하게 된다.

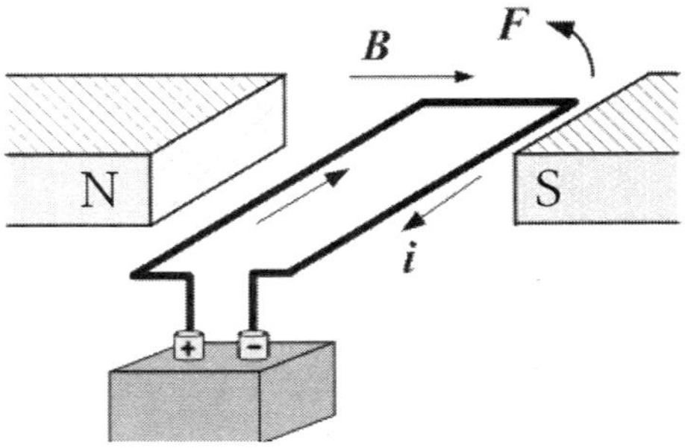

[그림 2-9] 직류전동기 회전원리(1)

[그림 2-9]의 도선에는 회전력은 발생하지만 도선이 고정되어 있어 회전하지 못한다. 도선을 회전시키고 또 연속적인 회전력을 얻기 위하여 [그림 2-10]과 같은 방법으로 직류전류를 흘려주면 도선에 흐르는 전류는 주기적으로 바뀌게 되며, 도선에는 연속적인 회전력이 발생하게 된다.

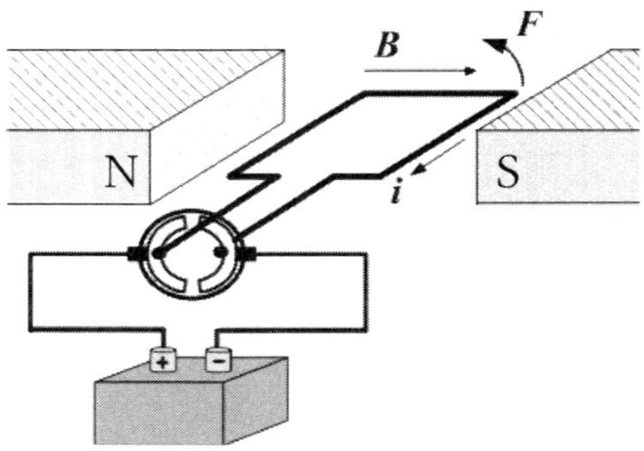

[그림 2-10] 직류전동기 회전원리(2)

직류전류가 양극에서 시작하여 음극으로 흐른다고 가정하면(관습적인 전류의 흐름방향) [그림 2-11]에서 전기자는 힘 F가 작용하여 반시계방향으로 회전한다(플레밍의 왼손법칙). 힘 F에 의하여 전기자 권선이 180° 회전했을 때 브러시와 정류자의 작용에 의해 전기자에 흐르는 전류의 방향이 반대로 되며 따라서 전기자 권선에는 동일한 방향의 힘 F가 계속해서 작용하게 되어 전기자 권선은 같은 방향으로 회전을 계속하게 된다. 전기자 권선이 180° 회전할 때마다 전기자에 흐르는 전류의 방향을 반전시키는 것을 정류(commutation)라고 한다.

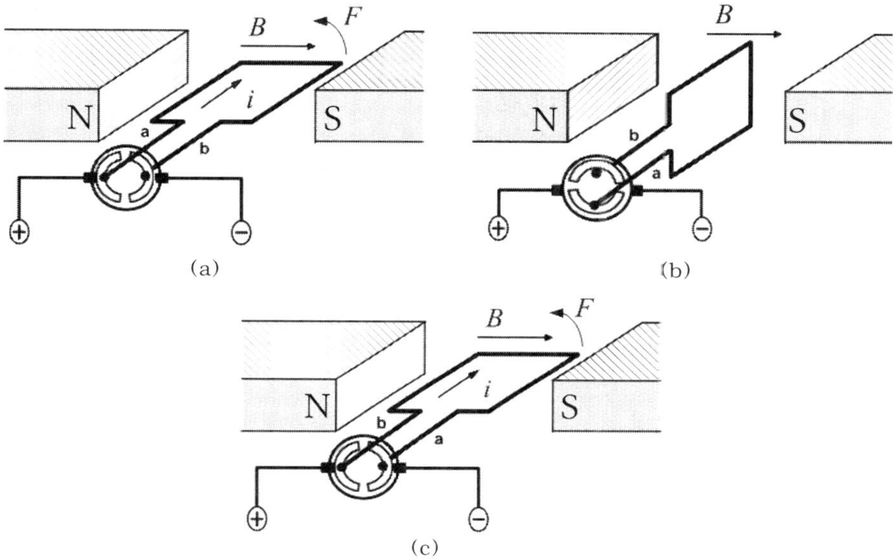

[그림 2-11] 직류전동기의 회전

직류전동기는 앞에서 설명한 원리로 회전하며 또한, 전력을 공급받아 기계적 에너지로 변환하는 장치라고 정의할 수 있다. 직류발전기와 직류전동기는 그 구조가 똑같으며 직류발전기를 직류전동기로 사용할 수도 있고 반대로 직류전동기를 직류발전기로도 사용할 수 있다.

1.3 직류기의 구조

직류기의 주요부분은 전기자(armature), 계자(field magnet) 및 계철(yoke)이다. 계자는 자속을 만드는 부분이고 전기자는 이 자속과 상대적인 운동을 하여 전압을 유도하는 전기자 선륜(armature coil)과 이것을 지지하는 전기자 철심 및 축의 총칭이다. 그리고 계철은 계자와 계자 사이를 연결하여 자기회로를 형성하고 동시에 기기 전체의 골격을 이루는 부분이다.

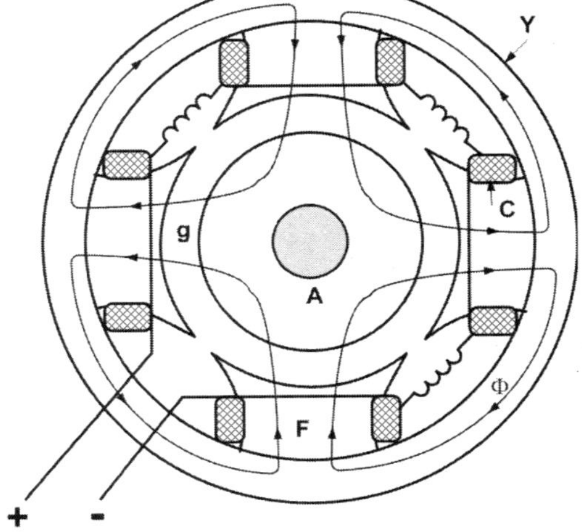

[그림 2-12] 직류기의 구조

[그림 2-12]에서 A는 전기자, g는 공극(air gap), F는 계자철심(field core), Y는 계철, C는 계자선륜(field coil), Φ는 이들 각부를 통하는 자속(magnetic flux)이다.

1.3.1 전기자 철심(armature core)

전기자 철심은 자속에 대해서 저항이 작은 자로를 형성하기 위해 철을 사용한다. 그런데 철도 도체이기 때문에 자기장 중에서 회전하면 전기자 철심에 전압이 유도되어 전류가 흐르게 된다. 이 전류를 와전류(eddy current)라 하는데 와전류가 흐르게 되면 철심에 열이 발생하여 전력손실이 발생하며 직류기의 효율을 떨어뜨린다. 이것을 방지하기 위하여 [그림 2-13]과 같은 얇은 전기강판(electrical sheet steel)을 적층(laminate)해서 철심을 만든다.

이렇게 하면 철심 내에 유도되는 전압에 의해 와전류가 흐르더라도 강판 한 장 한 장이 얇은 절연피막으로 덮여 있기 때문에 전기자를 일체인 철로 만들었을 때보다 흐르는 와전류는 대단히 감소하여 직류기의 효율이 높아지고 전기자의 온도상승도 방지할 수 있게 된다.

전기강판은 규소의 포함률에 의해서 B급(1.2%), C급(1.6%), D급(3%), T급(4.3%) 등의 구별이 있다. 소형회전기에는 B급, 대형회전기에는 D급이 주로 사용되고 T급은 변압기에 사용되는데 강판의 규소 함유량이 많아지면 히스테리시스 손실이 감소하게 된다.

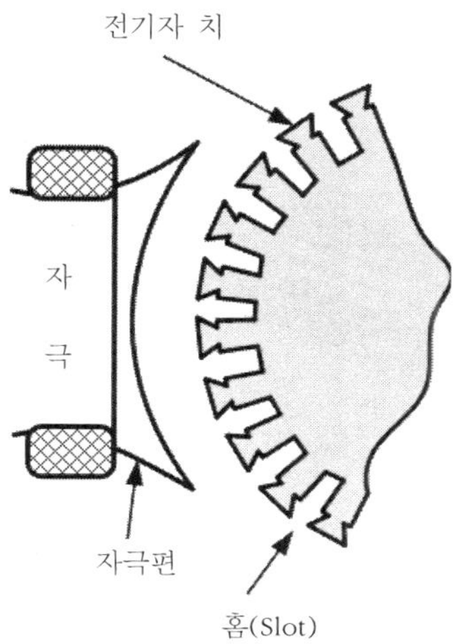

[그림 2-13] 전기자 철심

와류손실과 히스테리시스 손실과의 합을 철손(iron loss)이라고 하며 강판의 규소 함유량이 증가하면 철손을 감소시킬 수 있지만 투자율이 작아지고 재질도 약해지는 단점이 있다. [그림 2-13]에서 홈(slot)에는 전기자 코일이 위치하게 되며 홈과 홈 사이의 돌출된 부분은 전기자 치(armature tooth)라고 한다.

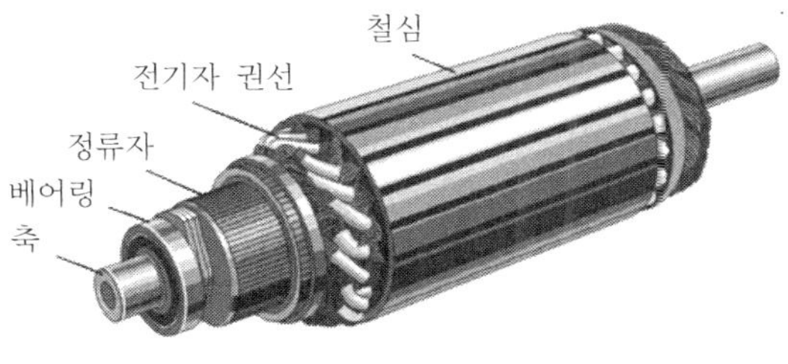

[그림 2-14] 직류전동기의 전기자

[그림 2-14]는 직류전동기의 전기자 구조를 나타내는 그림이다. 전기강판을 적층하여 전기자 철심을 만들고 홈에는 전기자 권선이 감겨있다. 그리고 브러시와 습동접촉을 하는 정류자가 있으며 전기자 권선은 이 정류자에 연결되어 있다. 축의 지지와 회전을 위해 베어링을 장착한다. [그림 2-15]는 직류전동기의 구조를 나타낸다.

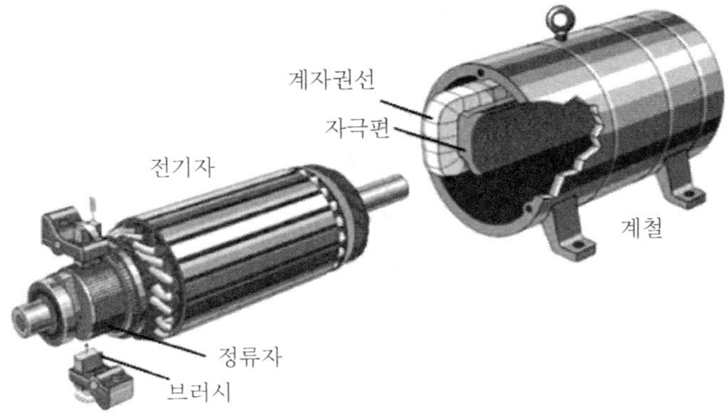

[그림 2-15] 직류전동기의 구조

1.3.2 계자와 계철

계자는 전기자 도체를 쇄교할 수 있는 자기장을 형성시키는 역할을 하며 철심(pole core)과 자극편(pole piece) 및 이것을 여자(excitation)시키는 계자권선(field winding)으로 구성되어 있다. 계철(yoke)은 계자 상호간을 자기적으로 연결함과 동시에 기계적으로 직류기의 외형을 형성한다. 그 재료는 주철 또는 주강을 사용하는데 주강은 주철에 비해서 자기적 특성이 우수하기 때문에 계철의 단면적을 작게 할 수 있어 기기의 중량이 감소된다.

계자의 철심으로는 단철괴 또는 적층철심을 사용하는데 적층철심은 강판을 적층하고 리벳(rivet)으로 고정한다. 자계와 계철내의 자속은 그 방향이 항상 일정하므로 철손은 생기지 않는다. 따라서 철심을 적층할 필요는 없으나 이 때는 공작상의 편의 때문에 적층하는 것이다. 그러나 전기자 치와 홈 때문에 공극에서 자속의 분포는 불균일하게 되고 전기자가 회전할 경우 자속이 진동하게 되며 자극편은 자속을 절단하여 와전류가 흐르게 되므로 이것을 방지하기 위해서 자극편만을 적층하는 경우가 있다.

직류기 내의 자속통로는 [그림 2-16]에서 점선으로 표시한 것과 같으며 그림에서 실선은 그 평균통로를 표시한다. 그림에서 AB 부분은 계철, BC 부분은 계자철심, CD 부분은 자극편, DE 부분은 공극, EF 부분은 치, FG 부분은 전기자철심이다. 이들 중 가장 큰 기자력이 소요되는 부분은 공극이다.

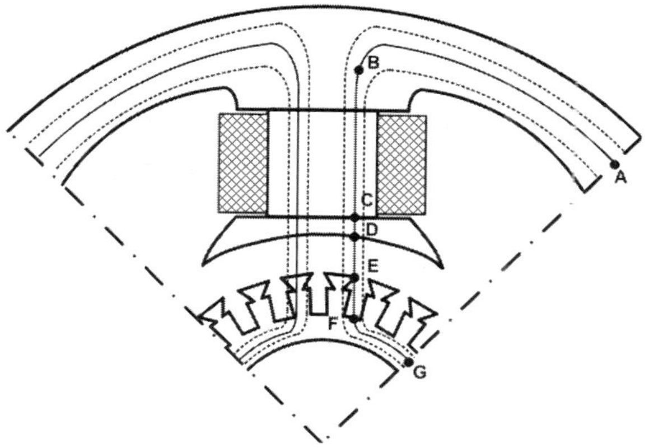

[그림 2-16] 자속통로

1.3.3 정류자 및 브러시

정류자편은 경도와 도전율이 높은 경동으로 만들고 전기자 권선과 동수의 정류자편을 양질의 마이카나이트(micanite)로 서로 절연하여 슬리브(sleeve)에 원통형으로 조립하여 정류자를 제작한다.

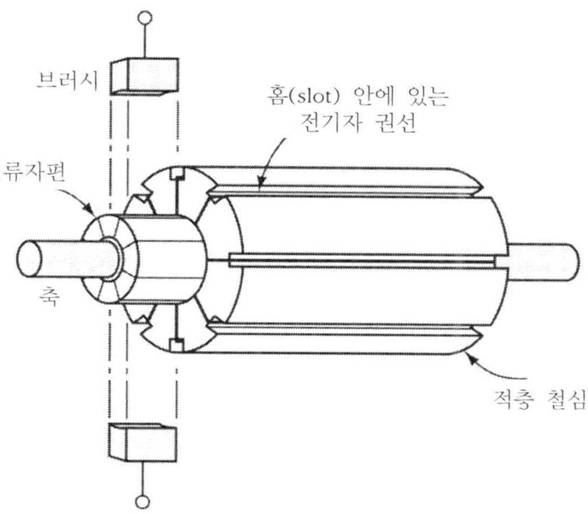

[그림 2-17] 정류자 및 브러시

정류자편 사이의 절연물의 마모가 정류자편의 마모보다 적으면 그 부분이 돌출해서 소위 하이마이카(high mica) 상태가 되어 정류자의 회전에 의해 브러시는 요동하게 되므로 접촉불량 때문에 심한 스파크가 생기고 그로인한 열 때문에 정류자와 브러시의 표면은 마모가 심하게 된다. 그러므로 정류자편 사이의 마이카를 정류자 표면보다 약간 낮게 깎아서 하이마이카로 되는 것을 방지하고 브러시와의 접촉을 양호하게 하는데 이것을 정류자의 언더컷(under cut)이라고 한다.

브러시는 정류를 양호하게 하기 위해서 정류자와의 접촉저항이 큰 탄소 브러시(carbon brush) 또는 흑연 브러시(graphite brush)를 사용하여 제작하며 스프링에 의해 적당한 장력으로 정류자 표면에 접촉시킨다.

2. 전기자 권선법

2.1 개 요

전기자 철심에 코일을 권선할 때 일정한 법칙에 따라서 권선하지 않으면 유도된 전압이 서로 상쇄가 되어 직류기의 역할을 수행할 수 없게 되는 경우가 발생하므로 주의해야 한다. 교류기기에 있어서는 개로권(open circuit winding)이라고 하여 발전기에 부하가 인가되지 않을 경우 전기자 회로는 개방되는 권선법을 사용하고 있으나 직류기에 사용하는 권선법은 폐로권(closed circuit winding)으로서 전기자 권선 자신이 폐로를 형성한다.

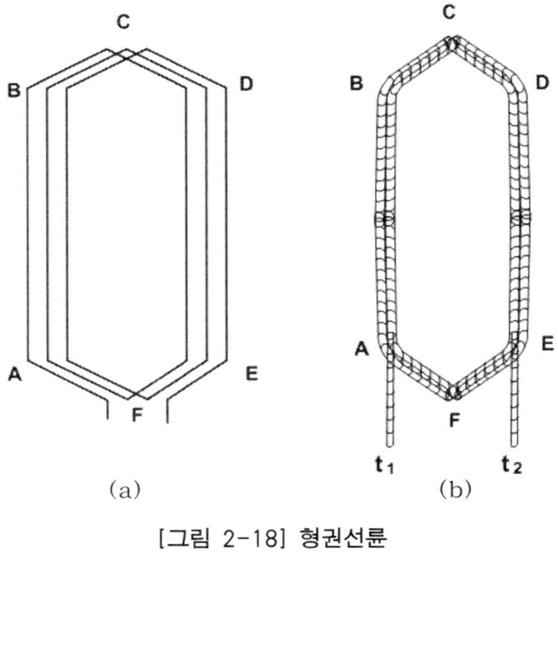

(a) (b)

[그림 2-18] 형권선륜

전기자를 권선하려면 먼저 코일을 [그림 2-18](a)와 같이 다이아몬드형으로 필요한 권수만큼 감아서 충분히 절연한 후에 전기자 홈에 설치하기 적합한 모양으로 정형한다. 이와 같이 정형한 코일을 형권코일(formed coil)이라고 한다.

[그림 2-18]에서 AB, DE 부분을 코일변(coil side)이라 하여 전압발생에 유효한 부분이고 BCD 및 AFE 부분은 코일변 사이를 연결해줄 뿐이며 전압발생에는 관계없는 부분으로 코일단(coil end)이라고 한다. 단자 t_1 및 t_2는 정류자편을 거쳐서 다른 코일에 연결되는데 이것을 연결하는 코일변 사이의 간격을 전절(front pitch)이라 하고, AB와 DE와의 간격을 후절(back pitch)이라 하며 이 코일단자를 다음 코일변에 연결하는 방법에 따라서 직류기의 전기자 권선법은 중권(lap winding)과 파권(wave winding)의 두 가지로 대별된다.

[그림 2-19](a)는 중권, (b)는 파권의 단자연결법을 나타낸다.

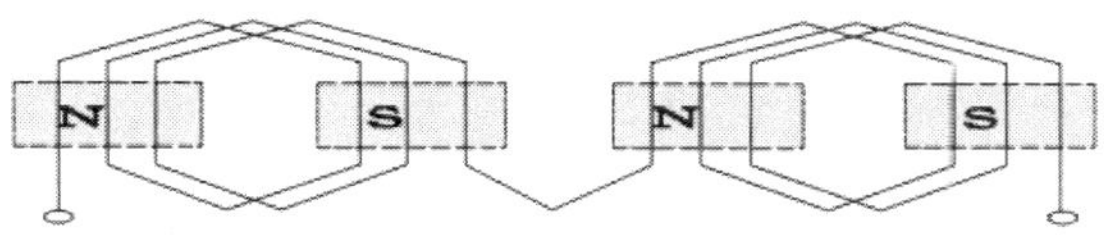

(a) 중권

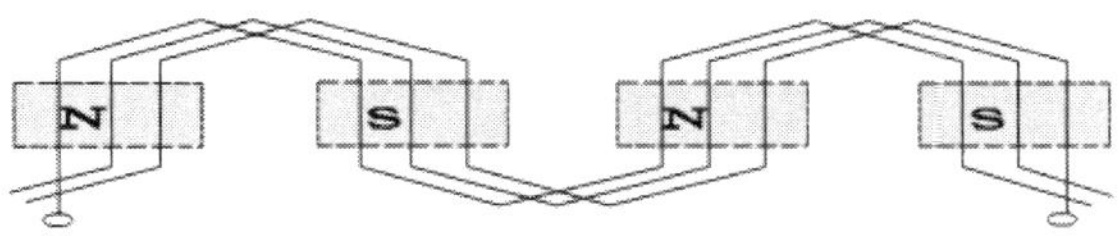

(b) 파권

[그림 2-19] 권선법

전절과 후절의 평균을 평균절(average pitch)이라 하며 평균절이 극간격(pole pitch)과 대략 같게 되는 권선법을 전절권(full pitch winding)이라 하고, 극간격보다 작게 되는 권선법을 단절권(short pitch winding, fractional pitch winding)이라고 한다.

코일변을 전기자 홈에 끼우는 방법은 [그림 2-20]과 같이 한 변은 홈의 상부에 끼우고 다른 한 변은 홈의 하부에 끼운다. 따라서 각 홈에 코일변을 상하 2층으로 끼우므로 이와 같은 권선법을 2층권(double layer winding)이라고 한다.

교류발전기에 있어서는 각 홈에 코일변이 한 개씩 들어가는 경우가 있으며 그와 같은 권선법은 단층권(single layer winding)이라고 한다. 2층권을 할 때 각 홈에 끼우는 코일변에는 [그림 2-20]과 같이 상층에 끼우는 코일변에 기수번호를,

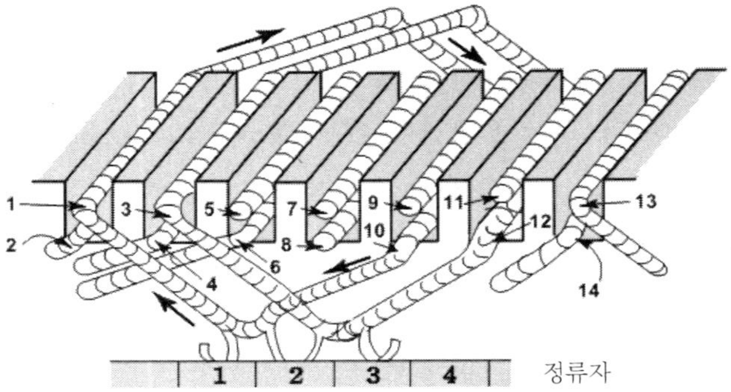

[그림 2-20] 중권의 권선법

하층에 끼우는 코일변에 우수번호를 붙여서 표시한다. 그리고 한 코일의 양단이 연결된 정류자편간의 간격을 정류자절(commutator pitch)이라 하고 정류자편수로 표시한다.

2.2 중 권

중권(lap winding)은 [그림 2-20] 또는 [그림 2-21]에서 볼 수 있듯이 전기적으로 서로 연결되는 2개의 코일이 서로 연접해서 겹쳐져 있다. 그리고 코일 1개의 양단자는 서로 연접해 있는 정류자편에 연결되어 있다.

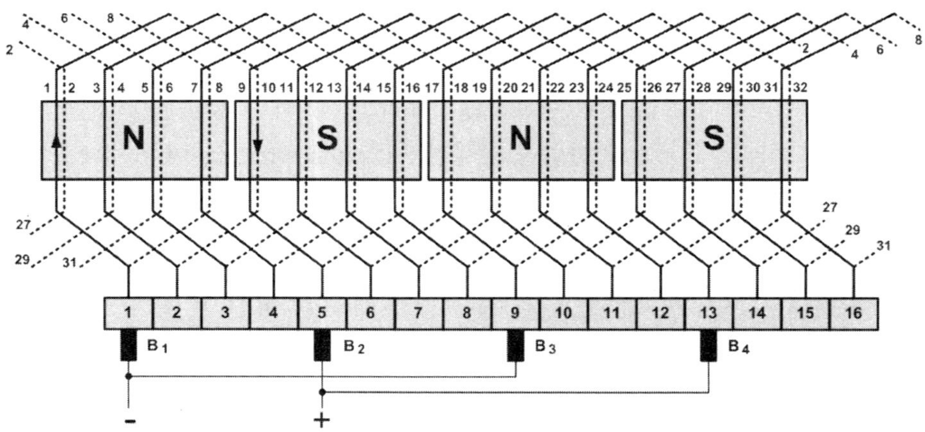

[그림 2-21] 4극 발전기의 중권 권선

정류자편 1에서 출발하여 연결된 코일변을 따라가 보면 코일변 1과 10을 거쳐서 이웃한 정류자편 2에 들어가고 다시 코일변 3과 12를 거쳐서 정류자편 3으로 들어간다. 이와 같은 방법으로 각 코일은 서로 겹쳐가며 전진하고 최후에 코일변 8을 통해 최초의 정류자편 1로 돌아와 전체가 한 개의 폐회로를 형성한다. 이와 같은 권선법을 중권 중에서도 특히 단중중권(simplex lap winding)이라고 한다. 그림에서 각 홈의 하부에 끼우는 짝수 코일변은 점선으로 표시되어 있다.

중권에서는 [그림 2-21]에서 볼 수 있듯이 각 도체에 유도되는 기전력의 방향이 N 극의 하부와 S 극의 하부에서 서로 반대방향이 되므로 기전력이 소멸되지 않게 하기 위해서 자극과 동수의 브러시를 그림과 같이 설치하여야 한다. 다시 말하면 전기자 코일은 자극과 자극 사이의 중성면을 통과할 때마다 유도기전력의 방향이 반대로 되므로 [그림 2-21]과 같이 4극 발전기이면 4개의 브러시가 필요하게 되며 그 중 2개의 브러시 B_1, B_3를 연결하여 음의 단자로 하고 2개의 브러시 B_2, B_4를 연결하여 양의 단자로 하면 음, 양의 단자 사이에 4개의 병렬회로가 존재하게 된다.

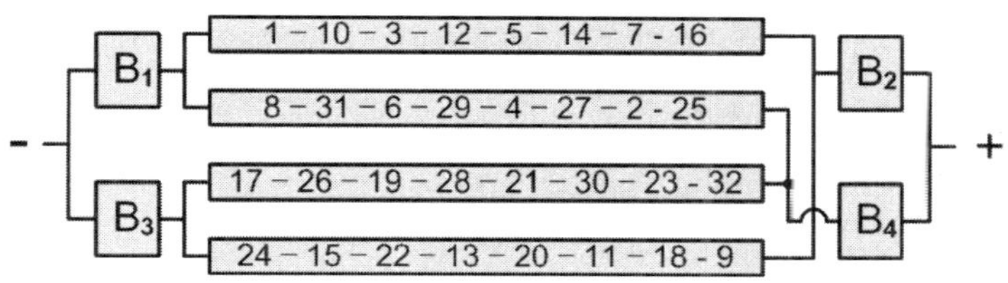

전기자에 단중중권을 2중으로 권선하면 전기자의 병렬회로는 극수의 2배가 되는데 이러한 권선법을 2중중권(duplex lap winding)이라 한다. 그리고 단중중권을 3중으로 권선하면 3중중권(triplex lap winding)이라고 하며 전기자의 병렬회로 수는 극수의 3배가 된다. 이와 같은 권선법을 통칭하여 다중중권(multiplex lap winding)이라고 한다.

2.3 파 권

파권(wave winding)에서 전기적으로 연결되어 있는 2개의 코일은 위치에 있어 대략 극간격의 2배 떨어져 있고, 한 코일의 양단자는 극간격의 2배 떨어진 위치에 있는 정류자편에 연결되며, 권선은 파형으로 앞으로 전진하는 모양이 된다.

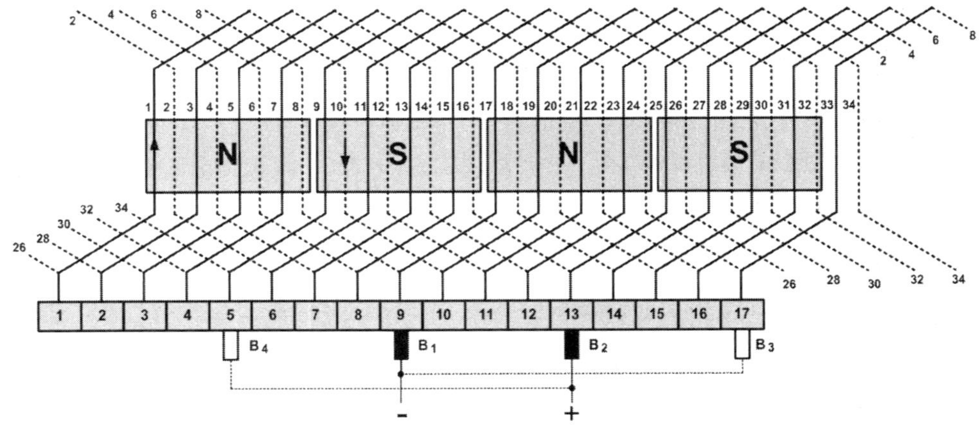

[그림 2-22] 4극 발전기의 파권 권선

[그림 2-22]는 파권의 예인데 그림에서 정류자편 1에서 출발하여 코일 단자가 연결된 순으로 코일변 1, 10, 19, 28과 같이 따라가면 파형(波形)을 그리면서 항상 전진하고 전기자를 일주한 후에 최초에 출발한 정류자편의 다음 정류자편 2로 들어간다. 다시 전진을 계속하면 전기자 주위를 수회 돌아서 모든 코일변을 거친 후에 최초 출발점인 정류자편 1로 돌아온다. 이와 같이 파권인 때에도 역시 전체가 1개의 폐회로를 형성한다. 이와 같은 권선법을 파권 중에서도 특히 단중 파권(simplex wave winding)이라고 한다.

[그림 2-22]에서 알 수 있듯이 파권에서는 직류기의 극수와 상관없이 브러시는 B_1, B_2 2개만 있으면 충분하고 전기자 회로도 다음과 같이 2개가 된다.

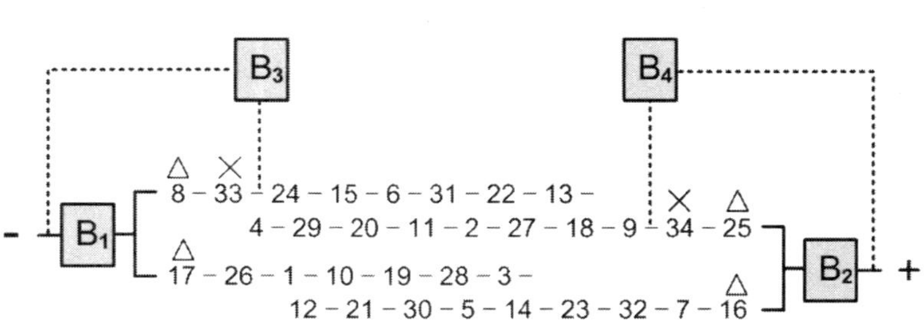

2개의 분로에는 코일변수에는 차이가 있지만 코일변 33, 34는 중성선상에 있기 때문에 기전력이 유도되지 않으므로 2개의 회로에 발생하는 유도기전력은 같게 된다. [그림 2-22]와 같이 브러시 B_1, B_2 외에 중성선상에 브러시 B_3, B_4를

점선과 같이 연결하여도 코일변 8, 25, 16, 17 등은 중성선 부근에 있어서 기전력은 거의 유도되지 않으므로 음, 양 단자간의 기전력에는 변화가 없으며 전류 분로는 여전히 2개이고 각 브러시의 전류 분담량은 절반으로 감소하여 브러시 접촉면의 과열을 방지할 수 있으므로 파권에 있어서도 극수와 같은 수의 브러시를 설치하는 것이 보통이다.

파권 권선법은 극수에 관계없이 항상 전체 절반의 도체가 직렬로 연결되어 있으므로 고전압 발전기를 만드는데 적합하며 중권 권선법은 다수의 병렬회로를 가지고 있어 대전류 발전기를 만드는데 적합하다.

중권법에서와 마찬가지로 파권에 있어서도 동일 전기자상에 단중파권을 2중, 3중으로 권선할 수 있으며 이와 같은 권선법을 각각 2중파권(duplex wave winding), 3중파권(triplex wave winding)이라고 한다.

2.4 균압환

다극 직류기 전기자에 중권 또는 다중파권을 권선할 경우 전기자 병렬회로의 전압이 같아지도록 설계하여도 공작상의 오차 또는 브러시의 접촉저항의 차이 때문에 각 회로의 전압에 불평형이 생길 수 있다. 이때에는 병렬회로 상호간에 브러시를 거쳐 횡류(cross current)가 흐르게 되고 심한 스파크가 생긴다. 중권은 병렬회로의 전압이 한 쌍의 자극에 의해서 결정되므로 특히 그 경향이 심하다.

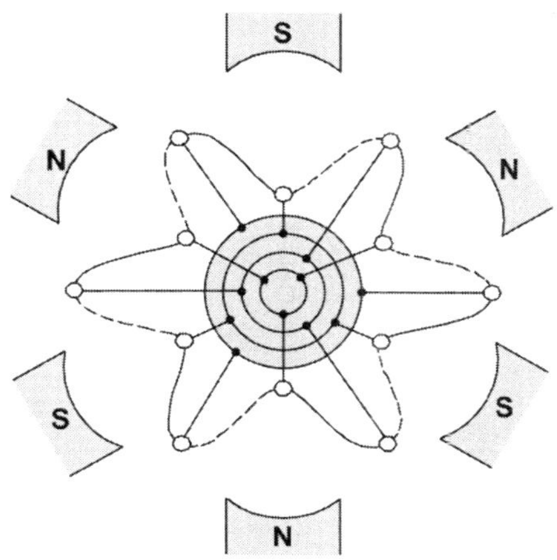

[그림 2-23] 균압환

이것을 방지하기 위해서 많은 균압환(equalizing ring)을 설치하고 병렬회로 중에서 전위가 같게 되어야 할 지점을 이곳에 연결한다. 만약 병렬회로 중에서 전위차가 생기면 전류가 균압환을 통해 흐르고 브러시로는 통하지 못하게 하여 스파크 발생을 방지할 수 있다. [그림 2-23]은 균압환의 연결상태를 나타낸다. 균압환이 많을수록 브러시를 통하는 불평형 전류를 감소시킬 수 있기 때문에 가능한 한 균압환을 많이 설치하는 것이 좋다.

3. 직류기 이론

3.1 유도기전력 및 단자전압

도체가 1초 동안에 1[Wb]의 비율로 자속을 절단하면 이 도체에는 전자유도법칙에 의해 1[V]의 기전력이 유도된다. P극 발전기 한 개의 자극으로부터 방출되고 있는 자속수를 Φ[Wb]라 하고 발전기의 회전수를 매초 n회전, 즉 n[rps] 이라면 한 개의 도체가 1초 동안에 절단하는 자속수는 $P\Phi n$[Wb]이므로 도체에 유도되는 기전력은 다음 식과 같다.

$$e = P\Phi n [\mathrm{V}] \tag{2.3.1}$$

전기자 도체의 총수를 Z, 전기자내 병렬회로수를 a라 하면 양, 음 양 단자 사이에는 Z/a 개의 도체가 직렬로 연결되어 있으므로 직류발전기의 유도기전력은 다음 식과 같게 된다.

$$E = e \times \frac{Z}{a} = \frac{P}{a} Z\Phi n [\mathrm{V}] \tag{2.3.2}$$

전기자 내의 병렬회로수 a는 단중중권에 있어서는 극수 P와 같고 단중파권에 있어서는 극수에 관계없이 항상 2가 된다.

직류발전기에 있어서 유도전압을 E[V], 전기자 권선의 저항을 $R_a[\Omega]$, 외부에 연결된 부하저항을 $R[\Omega]$, 전류를 I[A]로 하면 옴의 법칙에 의해서 다음 식의 관계가 성립한다.

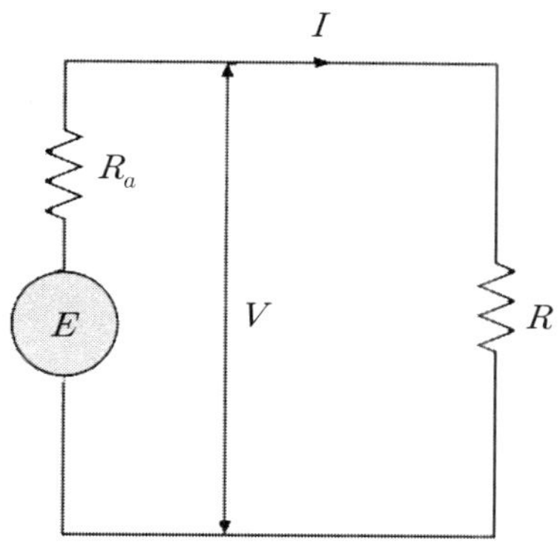

[그림 2-24] 기본적인 발전기 전기회로

$$I = \frac{E}{R_a + R} \tag{2.3.3}$$

$$E - IR_a = IR$$

식 2.3.3에서 IR은 부하저항 R 양단에 가해지는 전압이며 따라서 발전기 단자에 나타나는 전압, 즉 단자전압(terminal voltage)과 같다. 이것을 V로 표시하면 $V = E - IR_a$로 되는데 I는 전기자 전류와 같으므로 이것을 I_a로 표시하면 발전기의 단자전압은 일반적으로 다음 식과 같다.

$$V = E - I_a R_a \tag{2.3.4}$$

발전기의 단자전압은 유도전압에서 전기자 저항으로 인한 전압강하를 뺀 전압과 같으며 무부하시에는 유도전압과 같고 부하전류가 커질수록 단자전압은 감소한다.

예제 10극 직류발전기의 전기자 도체수는 400, 회전속도는 720[rpm]이며 전기자 권선은 단중중권으로 되어 있다. 극당 자속수는 0.05[Wb]라고 하면 브러시 사이의 유도기전력은 얼마인가?

해설 $P = 10$, $\Phi = 0.05$, $a = 10$(단중중권이므로 전기자 병렬회로수는 극수와 같다.)

$$n = \frac{720}{60} = 12\,[\text{rps}]$$

$$\therefore\ E = \frac{P}{a} Z \Phi\, n = \frac{10}{10} \times 400 \times 0.05 \times 12 = 240\,[\mathrm{V}]$$

3.2 전동기의 역기전력 및 속도

도체가 자계 내에서 운동하여 자력선을 절단하면 도체에는 기전력이 유도된다. 전동기가 전원으로부터 전류를 공급받아 회전하면 전기자 도체는 자계 중에서 운동하게 되므로 전기자 도체 자신에 기전력이 유도되는데 그 방향은 공급전압과 반대 방향이 된다. 그러므로 이것을 역기전력(counter electromotive force)이라고 한다.

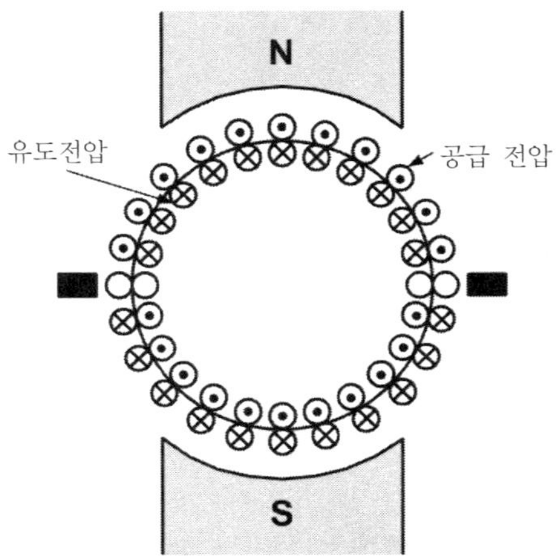

[그림 2-25] 전동기의 역기전력

[그림 2-25]에서 공급전압과 유도전압을 별개의 도체에 표시하였으나 실제로 양 전압은 같은 도체 내에 존재하게 된다.

역기전력을 E_c로 표시하면, 발전기의 유도기전력 식 2.3.2에 의해 다음 식과 같다.

$$E_c = \frac{P}{a} Z \Phi\, n = K_1\, \Phi N \tag{2.3.5}$$

여기서 N은 전동기의 매분 회전수[rpm]이다.

전기자 단자에 공급하는 전압은 이 역기전력을 극복하고 전기자 저항에 전류를 인가하기 위한 전압으로서 다음 식과 같은 관계가 성립한다.

$$V = E_c + I_a R_a \tag{2.3.6}$$

그러므로 식 2.3.5와 2.3.6에 의해서 다음 식을 유도할 수 있다.

$$N = \frac{E_c}{K_1 \Phi} = \frac{V - I_a R_a}{K_1 \Phi} \tag{2.3.7}$$

전기자의 속도는 역기전력에 비례하고 매극당 자속스에 반비례한다. 그런데 전동기에 인가되는 기계적 토크가 일정하면 전기자 전류 I_a는 일정하고 $I_a R_a$는 V에 비해서 작으므로, 결국 전동기의 속도는 대략 공급전압에 비례하고 매극당 자속수에 반비례한다고 할 수 있다. 식 2.3.7을 전동기의 속도식(speed equation)이라고 한다.

3.3 전동기의 토크 및 출력

자속밀도가 B[T]인 자계 내에 있는 도체에 i[A]의 전류가 흐르고 있을 때 그 도체의 유효길이를 l[m]라 하면 도체에는 $F = Bil$[N]과 같은 전자력이 발생하며 전동기는 이 힘을 이용해서 축주위로 연속적인 토크를 발생하게 한 것이다.

지금 평균자속밀도를 B[T], 전기자의 직경을 D[m]라 하면 한 개의 도체에 작용하는 토크 τ는 $\tau = F \times D/2 = Bil \times D/2$[Nm]이므로 전기자의 전 도체수 Z에 의한 전 토크 T는 다음 식과 같다.

$$T = Bil \times \frac{D}{2} \times Z \text{ [Nm]} \tag{2.3.8}$$

극수를 P, 매극의 자속수를 Φ[Wb]라 하면 공극을 통하고 있는 전 자속수는 $P\Phi$가 되며 이것은 πDlB와 같다. 즉, $P\Phi = \pi DlB$이므로 $Bl = P\Phi/\pi D$ 이다. 전기자 전류를 I_a[A]라 하고 전기자의 병렬회로수를 a라 하면 각 도체에 통하는 전류 i는 $i = I_a/a$가 된다. 이것을 식 2.3.8에 대입하면 전동기의 토크 T는 다음 식과 같다.

$$T = \frac{P\Phi}{\pi D} \times \frac{I_a}{a} \times \frac{D}{2} \times Z = \frac{1}{2\pi} \cdot \frac{P}{a} Z \Phi I_a [\text{Nm}] \tag{2.3.9}$$

식 2.3.9에서 P, a, Z는 상수이므로 다음 식과 같이 표시할 수 있다.

$$T = K_2 \Phi I_a \tag{2.3.10}$$

즉, 토크 T는 매극의 자속 Φ와 전기자 전류 I_a와의 곱에 비례한다.

모든 회전기계의 출력 P_o[W]를 토크 T[Nm]와 매초 회전수 n으로 나타내면 식 2.3.11과 같이 표현할 수 있다.

$$P_o = 2\pi n T \, [\text{Nm/s}] \tag{2.3.11}$$

식 2.3.11에 식 2.3.9를 대입하면 다음 식이 성립한다.

$$P_o = 2\pi n \cdot \frac{1}{2\pi} \cdot \frac{P}{a} Z \Phi I_a = \frac{P}{a} Z \Phi n I_a = E_c I_a \tag{2.3.12}$$

식 2.3.6에서 $E_c = V - I_a R_a$이므로 역기전력 식 양변에 I_a를 곱하여 주면 다음 식과 같다.

$$E_c I_a = V I_a - I_a^2 R_a \tag{2.3.13}$$

식 2.3.13에서 VI_a는 전동기의 전기자에 공급되는 전기적 입력이고 $I_a^2 R_a$는 전기자 저항손실로서 열로 소실되는 것이므로 전기적 입력에서 전기자 저항으로 인한 손실을 뺀 나머지 $E_c I_a$는 전동기에서 기계적 동력으로 변환되는 전력이 된다. 즉, 전동기 출력 $P_o = E_c I_a$로서 식 2.3.12와 일치한다. 이것을 전기적 출력이라고 한다.

전동기가 회전하면 기계손실과 철손이 생기므로 전기적 출력에서 이 손실들을 뺀 나머지가 축에 전달되는 유효적인 기계적 출력이 된다.

예제 직류전동기의 전기자가 전원에서 40[A]의 전류를 공급받고 있을 때 80[Nm]의 토크가 발생하고 있다. 계자가 75[%]로 감소하고 전기자 전류는 60[A]로 증가했다면 발생하는 토크는 몇 [Nm]로 되겠는가?

해설 토크는 계자자속과 전기자 전류와의 곱에 비례하므로 그하는 토크는 다음과 같다.

$$T = 80 \times 0.75 \times \frac{60}{40} = 90\,[\text{Nm}]$$

3.4 전기자 반작용

직류기의 전기자에 전류가 흐르게 되면 전기자에는 이 전류로 인한 자장이 생긴다. 그러므로 직류기가 회전하게 되면 계자전류에 의한 주자극의 자기장과 이 전기자 전류에 의한 전기자 자기장이 같은 장소에 발생하게 되므로 주자계가 어느 정도 영향을 받게 된다. 이와 같이 전기자 자계가 주자계에 끼치는 영향을 전기자 반작용(armature reaction)이라고 한다.

계자전류만으로 생긴 자속의 분포는 [그림 2-26](a)와 같이 된다. 이것을 전개한 것이 그림 (b)이다. 전기자 표면상에서 자속분포가 영이 되는 곳, 즉 자속이 들어오는 면과 나가는 면의 경계선을 중성선(Neutral line)이라고 하는데 이 선을 기점으로 전기자 도체에 유도되는 기전력의 방향은 반대로 된다.

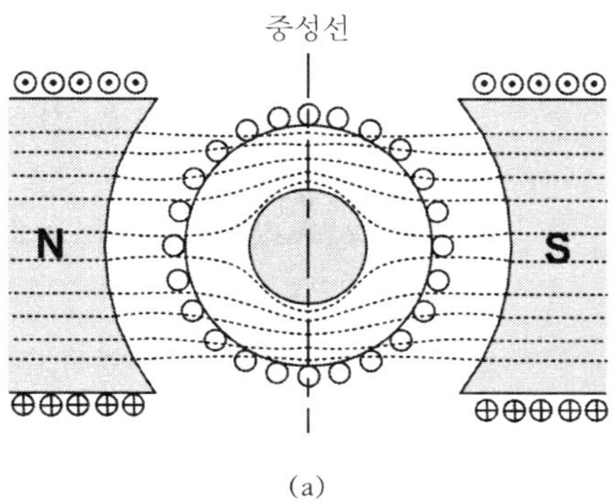

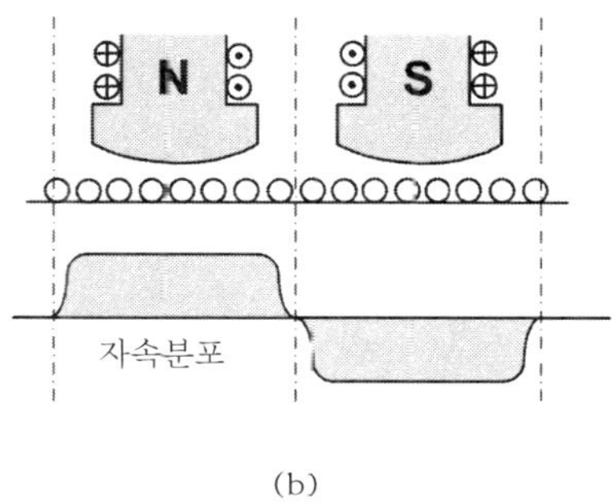

[그림 2-26] 주자극에 의한 자속과 분포

전기자 전류만에 의한 자속분포는 [그림 2-27](a)와 같게 되며 전기자 전류의 크기에 따라 그 강도가 달라진다.

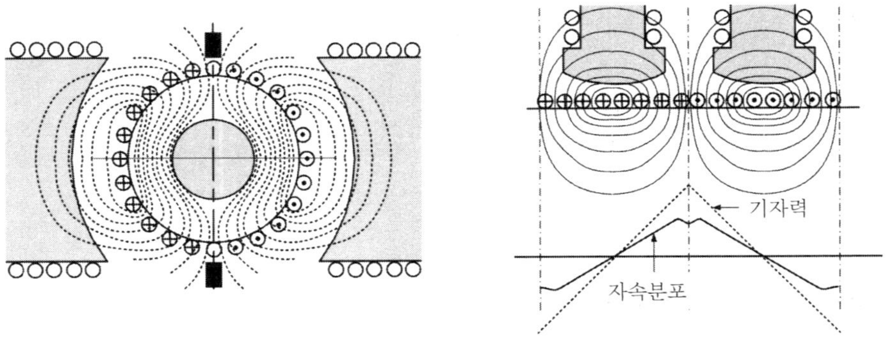

(a) (b)

[그림 2-27] 전기자 전류에 의한 자속과 분포

부하상태에 있어서의 직류기는 이 두 종류의 자속이 동시에 존재하므로 이것을 합성하면 [그림 2-28]과 같은 분포상태로 된다. 즉 주자극에 의한 자속분포는 왜곡되고 중성선은 발전기에 있어서는 전기자의 회전방향으로, 전동기에 있어서는 전기자의 회전방향과 반대방향으로 이동하여 새로운 중성선을 생성한다.

원래의 중성선 ab를 무부하 중성선(no load neutral line) 또는 기하학적 중성선(geometrical neutral line)이라고 하고 새로운 중성선 a′b′를 부하 중성선(load neutral line) 또는 전기적 중성선(electrical neutral line)이라 한다.

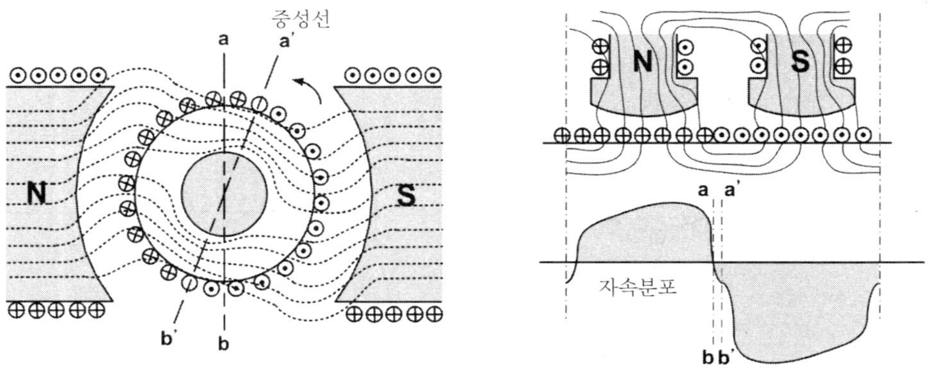

(a) (b)

[그림 2-28] 합성 자속과 분포

전기적 중성선에 브러시를 위치시키면 전기자 자계는 [그림 2-29](a)와 같이 되고 이것을 벡터로 표시하면 그림 (b)와 같이 브러시 축방향의 벡터 F_A로 된다.

이 벡터 F_A는 주자계에 직각방향의 성분 F_C와 평형방향의 성분 F_D로 분해할 수 있다. F_C는 교차성분이라 하며 이 성분이 [그림 2-28]과 같이 주자계의 분포를 왜곡시키는 것인데 이 작용을 교차자화작용(cross magnetizing action)이라고 한다. F_D는 계자에 의한 주자계와 반대방향이므로 감자성분이라 하며 이것이 계자에 의한 주자계의 강도를 감소시키고 따라서 유도기전력도 감소되므로 이 작용을 감자작용(demagnetizing action)이라고 한다.

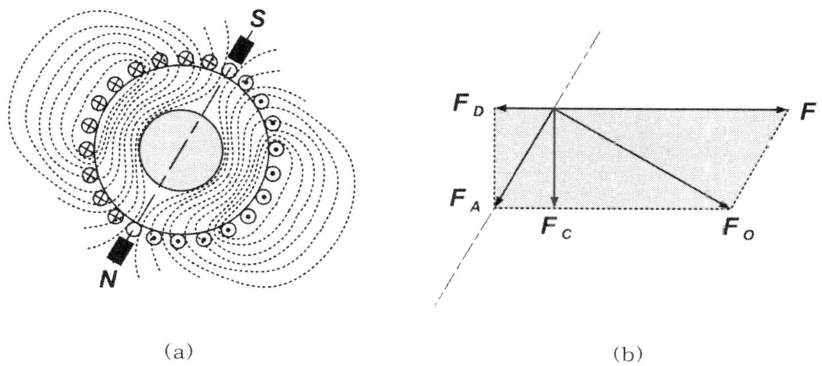

[그림 2-29] 전기자 전류에 의한 자속 및 주자계와의 합성 자계

브러시를 무부하 중성선상에 놓으면 공극에 있어서의 자속분포상태는 전기자 반작용 때문에 왜곡되지만 자속량에는 변화가 없다. 즉 교차자화작용은 있어도 감자작용은 없다. 그런데 [그림 2-29]와 같이 브러시를 부하 중성선으로 이동시켜 놓으면 감자작용도 일어나게 된다.

4. 정 류

4.1 정류곡선

직류발전기 또는 직류전동기에 있어서 전기자 권선이 중권으로 되어 있을 때 1개 코일의 양단이 서로 이웃에 있는 2개의 정류자편에 연결되어 있는데 전기자가 회전하면 이 정류자편이 브러시에 의해 단락되므로 그 코일도 역시 브러시에 의해서 단락되게 된다. 이와 같이 한 개의 코일이 단락되는 것은 그 코일의 양변이 중성선을 통과할 때 일어나며 이 때 그 코일변은 N극에서 S극으로 또는 S극에서 N극으로 이동하므로 전류의 방향이 반전하게 된다. 이와 같이 코일변이 중성선을 통과할 때 그 코일이 브러시에 의해서 단락된 후 전류방향이 반전하는 것을 정류(commutation)라고 한다.

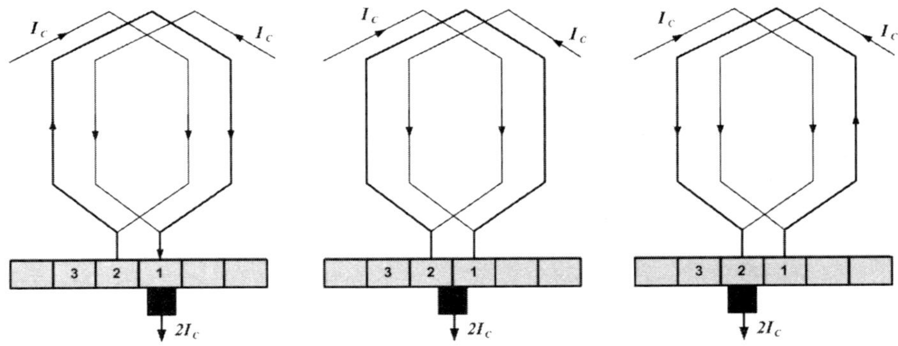

[그림 2-30] 중권의 정류

[그림 2-30]에는 중권의 정류를 나타낸 것인데 브러시는 고정되어 있고 전기자와 정류자가 우측으로 회전할 때 굵은 선으로 표시된 코일은 (a)위치에서 (c)위치까지 이동하는 동안 브러시에 의해서 단락되고 그 동안에 코일의 전류가 반전된다. 정류현상은 파권의 경우에도 중권과 동일하게 된다.

한 개의 코일이 브러시에 의해서 단락되어 있는 주기를 정류주기(commutating period)라고 하며 정류주기 중 단락 코일의 전류변화는 [그림 2-31]의 a, b, c, d와 같은 곡선으로 표시되며 이와 같은 곡선을 정류곡선(commutation curve)이라 한다.

이 곡선 중 a와 같이 직선상으로 전류가 변화할 때를 직선정류(linear commutation)라고 하고 곡선 b와 같이 전류변화가 뒤지는 경우를 부족정류(under commutation)라 하고 곡선 c와 같이 전류변화가 지나치는 경우를 과정류(over commutation)라고 한다. 코일에는 인덕턴스가 있어 이것이 전류의 급변을 방해하는 작용하기 때문에 적당한 수단을 강구하지 않으면 부족정류로 된다.

곡선 b의 경우는 브러시의 후단에서 스파크가 나기 쉽고 곡선 c의 경우는 브러시의 전단에서 스파크가 일어나기 쉽다. 직선정류 a 또는 이보다 약간 전류변화가 앞서는 곡선 d의 경우에 스파크가 일어나지 않는 이상적인 정류가 된다.

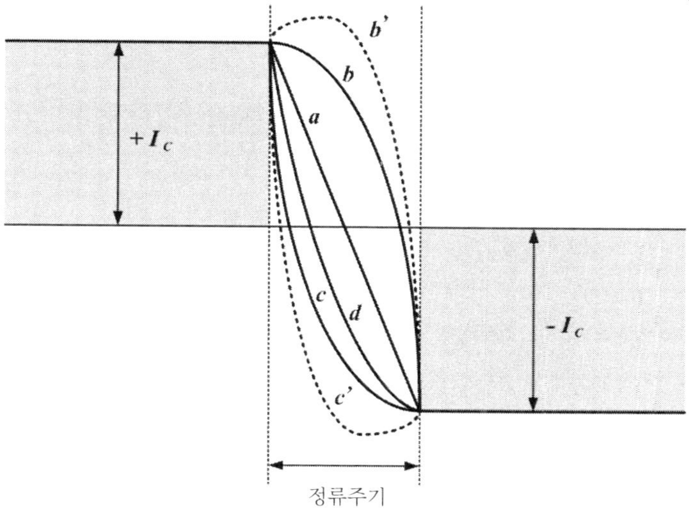

[그림 2-31] 정류곡선

4.2 저항정류

단락코일의 저항이나 인덕턴스에 비해서 브러시의 접촉저항이 클 때에는 코일의 저항과 인덕턴스를 무시하고 브러시의 접촉저항을 고려함으로써 정류작용을 단순화시킬 수 있다.

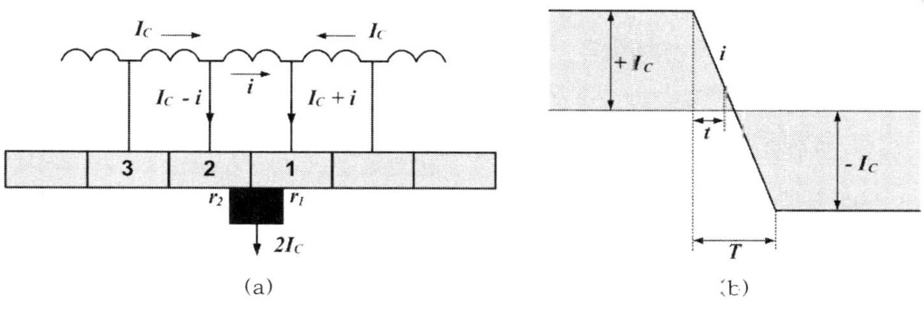

[그림 2-32] 직선 정류

[그림 2-32]에서 브러시와 정류자편의 전접촉저항을 R_c, 브러시와 정류자편 1과의 접촉저항을 r_1, 브러시와 정류자편 2와의 접촉저항을 r_2라 하고 정류주기를 T, 코일의 정류가 시작한 순간부터 경과한 시간을 t라 하면 다음과 같은 관계가 있다.

$$r_1 = \frac{T}{T-t} R_c, \qquad r_2 = \frac{T}{t} R_c \tag{2.4.1}$$

이 저항은 병렬로 연결되어 있으므로 양측의 전압강하는 같다고 생각하면 다음 식으로 표현할 수 있다.

$$(I_c + i) r_1 = (I_c - i) r_2, \qquad i = \frac{T-2t}{T} I_c \tag{2.4.2}$$

즉, 정류중인 코일에 통하는 전류는 식 2.4.2와 같으므로 [그림 2-32](b)와 같은 직선적 변화를 하게 된다. 이것은 이상적인 정류의 일종이며 탄소 브러시를 사용하는 것은 탄소가 금속보다 접촉저항이 커서 정류가 용이하기 때문이다. 이와 같이 접촉저항이 큰 브러시를 사용해서 정류를 양호하게 한 것을 저항정류(resistance commutation)라고 한다.

실제의 전기자 코일은 상당한 인덕턴스를 가지고 있으므로 이것을 L이라 하면 단락 코일의 전류 i의 변화에 의해서 $e_r = -L\ di/dt$와 같은 리액턴스 전압이 유도되어 전류의 변화가 뒤지게 되므로 정류곡선은 [그림 2-31]의 곡선 b와 같이 된다. L이 클수록 이 경향은 심하게 되며 정류의 말기에 전류변화가 크게 되어 브러시의 후단에서 스파크가 발생하게 된다.

4.3 전압정류

정류중에는 코일의 인덕터로 인한 리액턴스 전압 때문에 정류가 나빠지게 된다. 따라서 리액턴스 전압을 상쇄시키기 위해서 적당한 방법으로 정류중인 코일에 리액턴스 전압과 방향이 반대이고 크기가 같은 전압을 가해줌으로써 직선정류에 가까운 양호한 정류를 할 수가 있다. 이와 같은 정류를 전압정류(voltage commutation)라 하며 이 때 정류를 개선하기 위해서 가해주는 전압을 정류전압(commutating voltage)이라고 한다.

리액턴스 전압의 방향은 원 전류를 지속하려고 하는 방향이므로 정류전압은 이것과 방향이 반대이어야 한다. 이 전압을 일으키는 가장 간단한 방법은 브러시를 발전기에 있어서는 회전방향으로, 전동기에 있어서는 회전과 반대방향으로 약간 이동하여 정류중인 코일이 다음 극의 자속을 절단하게 하는 것이다. 전기자 반작용만을 생각하면 브러시는 부하 중성선상에 옮겨 놓으면 되는데 리액턴스

전압까지 고려하면 그 보다도 약간 더 이동시켜 놓아야 한다.

그러나 이 방법은 부하의 변화에 따라서 브러시의 위치를 변화시켜야 할 필요가 있고 역전하는 기계에 있어서는 특히 불편하다. 그러므로 브러시는 무부하 중성선에 고정해 놓고 보극에 의해서 필요한 자속을 단락코일에 공급하는 방법을 사용한다.

4.4 보극 및 보상권선

정류개선법에서 가장 효과적이고 또 가장 많이 사용되고 있는 방법은 보극(inter pole)을 사용하는 것이다. 보극은 [그림 2-33]과 같이 주자극 N, S의 중간, 즉 기하학적 중성선에 소자극 n, s를 설치하고 그 여자권선을 전기자 권선과 직렬로 연결하여 전기자 자속 Φ_a와 반대방향으로 크기가 같은 자속 Φ_c를 발생하게 한 것이다.

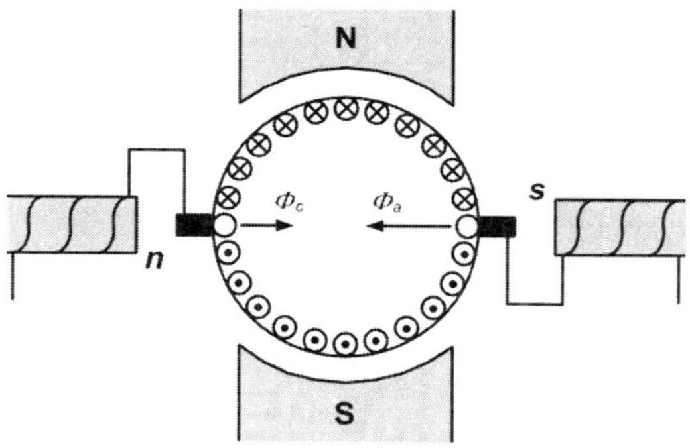

[그림 2-33] 보극의 작용

이와 같이 하면 보극의 강도는 항상 전기자 반작용에 비례해서 증감하므로 부하의 대소에 관계없이 언제나 전기자 반작용을 상쇄할 수 있다.

보극의 기자력을 전기자 기자력보다 30~40[%] 크게 해주면 보극은 전기자 반작용을 상쇄시키고 동시에 정류중인 코일에 유도되는 평균 리액턴스 전압을 상쇄할 수도 있게 된다. 보극의 기자력을 증가시키거나 감소시키기 위해서 보극 여자권선에 저항을 연결하여, 이 저항값을 가감함으로써 보극의 기자력도 증가하거나 감소시킬 수 있다. 보극 기자력이 적당할 경우에는 [그림 2-31]의 a 곡선과 같은 직선정류가 되고 이 기자력이 부족할 경우에는 b 곡선과 같은 부족정류가 되며 기자력이 과대할 경우에는 c 곡선과 같은 과정류가 된다. 보극을 다른 용어로 정류극(commutating pole)이라고도 한다.

보극에 의해서 전기자 반작용을 상쇄할 때에는 그 작용이 보극의 바로 아래, 즉 브러시가 있는 장소에만 한정되며 전기자 전 원주에는 미치지 못한다. 그런데 부하의 변화가 급격한 경우에는 자기유도에 의한 전압이 정류중인 코일뿐만 아니라 원주상의 모든 코일에 유도되어 정류자편 사이의 전압이 높아진다. 이 전압이 브러시 부근에 생기는 전도성 가스를 통해서 아크 방전을 발생시키고, 이 아크 방전은 브러시 부근과 정류자의 전 원주에 퍼져서 정·부의 브러시 사이를 단락하게 된다. 이것을 섬락(flash over)이라고 하는데 직류기에 있어서 대단히 해로운 현상이다. 이를 방지하기 위해서는 정류시 이외에는 작용이 미치지 못하는 보극만으로써는 불충분하며 보상권선(compensating winding)을 사용해야 한다.

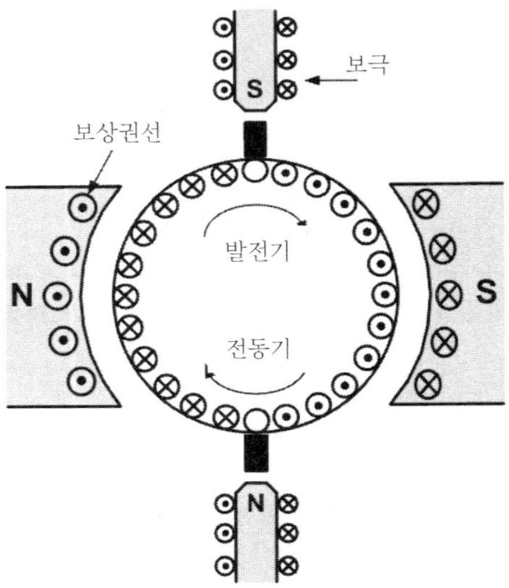

[그림 2-34] 보상권선

보상권선은 [그림 2-34]와 같이 주자극이 전기자에 면하고 있는 극편면에 권선하며, 전기자와 직렬로 연결하고 전기자 전류와 반대방향으로 전류를 통하게 한다. 그리고 보상권선의 암페어 턴수를 전기자와 같게 해 놓으면 부하의 대소에 상관없이 전기자 기자력은 전원주에 걸쳐서 항상 상쇄된다. 그러므로 전기자는 완전히 무유도성으로 되어 급격한 부하의 변화에 대해서도 자기유도에 의한 유도전압은 없어진다.

위의 정류에 관해서는 발전기를 예를 들어 설명하였는데 전동기에 대해서도 회전방향이 반대일 뿐 그 외에는 다를 것이 없다. 보상권선을 하려면 구조가 복잡하고 가격이 고가로 되므로 보통의 경우에는 보극만을 설치하는데 부하의 변동이 급격하고 사용조건이 가혹한 전동기에 대해서는 브극과 보상권선을 같이 설치해야 한다.

5. 직류발전기의 종류 및 특성

5.1 직류발전기의 종류

발전기의 주자극에는 영구자석을 사용할 수도 있고 전자석을 사용할 수도 있는데 전자는 소형의 특수 발전기에 사용할 뿐이고 대부분은 후자인 전자석을 사용한다. 발전기의 계자권선에 전류를 흘려서 전자석이 되게 하는 것을 여자(excitation)라고 말하며 따라서 계자전류(field current)를 여자전류(exciting current)라고도 한다. 발전기는 이 여자전류를 취하는 방법, 즉 여자방식에 의해서 분류하는 것이 보통이며 이 방식에 의해서 직류발전기를 분류하면 다음과 같은 종류가 있다.

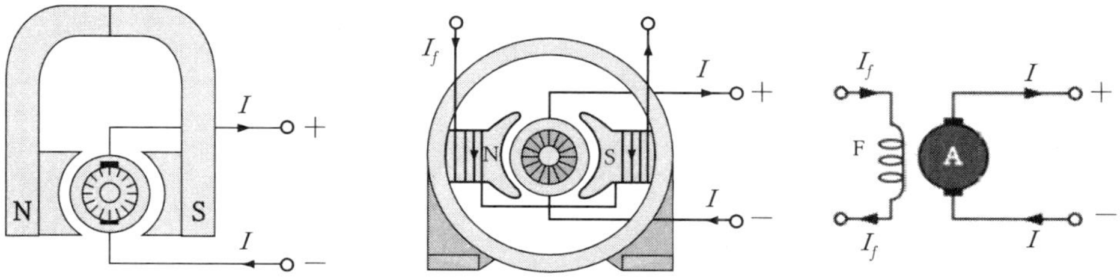

(a) 영구자석 발전기 (b) 타려발전기

[그림 2-35] 직류발전기

5.1.1 타려발전기

여자전류를 다른 직류전원, 즉 축전기 또는 다른 직류발전기 등에서 취하고 있는 발전기를 타려발전기(separately excited generator)라고 하며, 이 발전기의 결선도는 [그림 2-35](b)와 같다.

5.1.2 자려발전기

발전기는 자기 자신이 기전력을 유도하는 장치이므로 이것을 이용하여 자기의 계자권선에 전류를 통하게 할 수 있다. 이와 같은 발전기를 자려발전기(self excited generator)라고 한다. 그런데 이 자려발전기도 여자전류를 취하는 방법에 따라 여러 가지가 있다. 즉, 부하전류와 별도로 취하는 방법, 부하전류를 그대로 여자전류로 사용하는 방법, 이 두 가지를 병용하는 방법 등이 있으며 그 방법에 의해서 다음과 같이 나뉜다.

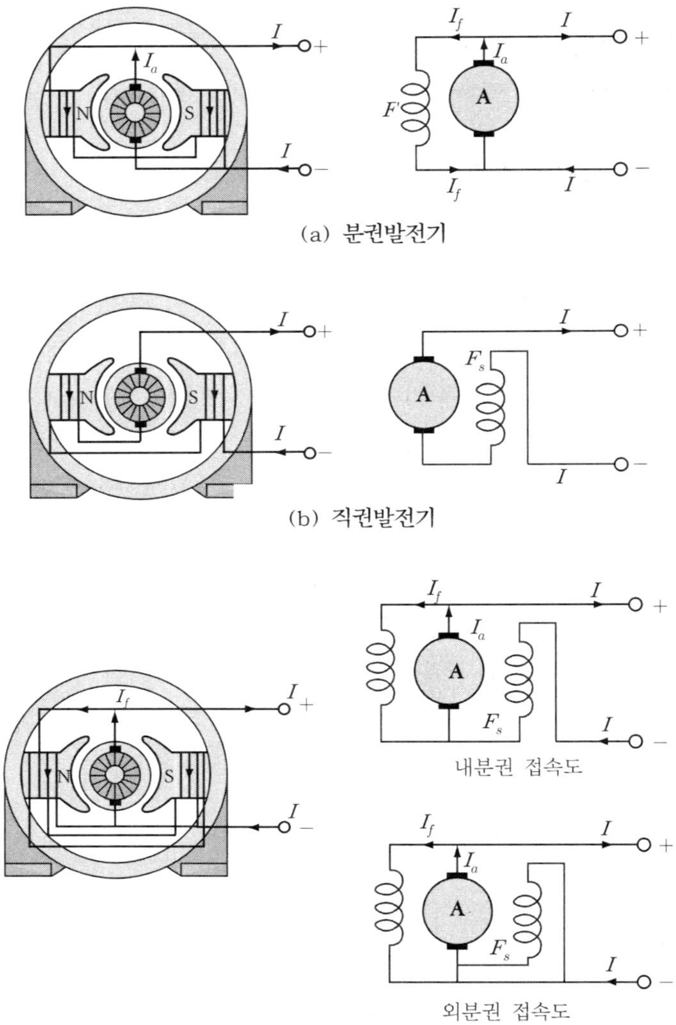

[그림 2-36] 자려발전기의 종류

(1) 분권발전기

분권발전기(shunt generator)는 여자전류를 부하전류와 별도로 취하는 방법인데 [그림 2-36](a)와 같이 계자권선이 전기자권선과 병렬로 연결되어 있다. 여자전류는 계자회로만을 통할 뿐이므로 될 수 있는 대로 전류를 작게 해주고 그 대신 권수를 많게 하여 필요한 기자력을 일으키게 한다. 이 때의 계자권선을 분권계자권선(shunt field winding)이라고 한다.

(2) 직권발전기

직권발전기(series generator)는 [그림 2-36](b)와 같이 계자권선을 전기자권선과 직렬로 연결하여 부하전류를 그대로 여자전류로 사용하는 것이다. 여자전류는 상당히 크므로 계자권선은 굵은 선을 사용하고 권수는 적게 하며 이 때의 계자권선을 직권계자권선(series field winding)이라고 한다.

(3) 복권발전기

[그림 2-36](c)와 같이 분권계자권선과 직권계자권선을 모두 가지고 있어 부하전류와는 관계없는 일정전류와 부하전류와 동일한 전류의 두 전류로써 여자하는 발전기를 복권발전기(compound generator)라고 한다. 이 두 계자권선의 자극방향이 동일한 것을 화동복권발전기(cumulative compound generator), 반대방향인 것을 차동복권발전기(differential compound generator)라고 한다 그리고 [그림 2-36](c)에서 볼 수 있듯이 전기자와 분권계자가 병렬로 연결된 것에 다시 직권계자가 직렬로 연결된 것을 내분권복권발전기(short shunt compound generator)라고 하고, 전기자와 직권계자가 직렬로 연결된 양단에 분권계자가 병렬로 연결된 것을 외분권복권발전기(long shunt compound generator)라 한다.

5.2 직류발전기의 특성곡선

5.2.1 무부하 특성곡선

발전기를 정격속도로 운전하면서 무부하 상태로 계자전류 I_f를 변화시킬 때 유도기전력 E가 어떻게 변화하는지를 표시하는 곡선을 무부하 특성곡선(no load characteristic curve)이라고 한다. 발전기의 정격전압이 이 곡선상의 어느 부분에 있는가에 의해서 그 발전기의 자기적 포화정도를 알 수 있다.

5.2.2 외부특성곡선

지정된 운전상태에서 발전기 단자전압이 부하전류의 변화에 따라서 어떻게 변화하는지를 표시하는 곡선을 외부특성곡선(external characteristic curve)이라고 한다. 그러나 보통은 발전기가 정격속도, 정격 부하전류시에 정격단자전압이 되도록 계자전류를 조정한 후 계자회로의 저항은 일정으로 유지하면서 부하전류를 변화시킬 때 단자전압이 어떻게 변화하는지를 나타내는 곡선을 외부특성곡선으로 한다.

5.2.3 내부특성곡선

외부특성곡선을 구할 때와 같은 상태로 발전기를 운전할 때 부하전류의 변화에 따라서 유도기전력이 어떻게 변화하는지를 나타내는 곡선을 내부특성곡선(internal characteristic curve)이라고 한다.

5.2.4 부하포화곡선

발전기를 정격속도로 운전하고 부하전류를 일정한 값으로 유지하면서 계자전류를 변화시킬 때 단자전압이 어떻게 변화하는지를 나타내는 곡선을 부하포화곡선(load saturation curve)이라고 한다.

5.2.5 계자조정곡선

발전기를 정격속도로 운전하고 전기자 전류가 변화할 때에 단자전압을 정격전압으로 유지하기 위해서는 계자전류를 어떻게 조정해야 하는지를 표시하는 곡선을 계자조정곡선(field regulation curve) 또는 전기자 특성곡선(armature characteristic curve)이라고 한다.

이상 5가지 종류의 특성곡선 중에서 중요한 것은 무부하 특성곡선과 외부특성곡선이며 다음에 발전기의 종류별로 특성에 대해서 고찰하기로 한다.

5.3 타려발전기의 특성

5.3.1 무부하특성

[그림 2-37]과 같은 타려발전기의 회전속도를 정격으로 유지하고 무부하($I_a=0$)

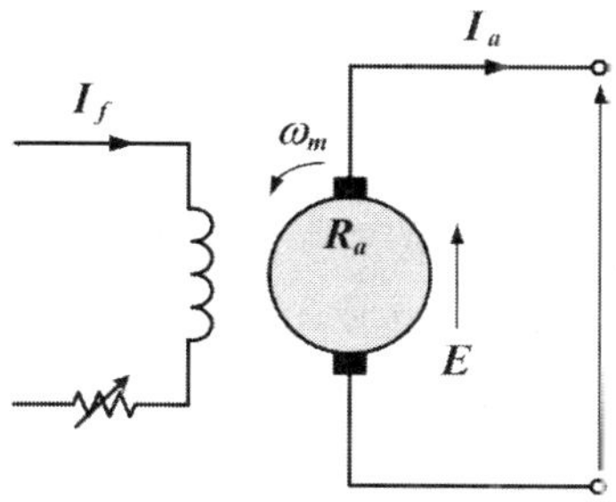

[그림 2-37] 타려발전기

상태로 계자전류 I_f를 변화시키면서 각 계자전류 I_f에 대한 유도기전력 E를 측정하면 E와 I_f와의 관계곡선을 얻을 수 있다. 이 때는 무부하이기 때문에 단자전압을 측정하면 이것이 유도기전력 E와 같다. 식 2.3.2에서 $E=(P/a)Z\Phi n$이므로 발전기의 회전속도 n이 일정할 때 유도기전력 E는 매극당 자속 Φ에 비례한다.

그러므로 E와 I_f와의 관계곡선은 Φ와 I_f와의 관계곡선과 같으며 이 곡선은 철의 자기포화현상 때문에 직선이 되지 않고 [그림 2-38](a)와 같은 포화곡선이 된다. 이것이 타려발전기의 무부하 특성곡선이다. 이 곡선이 원점을 통과하지 않는 것은 잔류자기 때문이며 $I_f=0$시 잔류자기에 의한 유도기전력을 잔류전압(residual voltage)이라고 한다.

그리고 자기 히스테리시스 때문에 I_f의 증가시와 감소시 같은 I_f에 대한 기자력이 약간 다르다. 그러므로 무부하 특성곡선은 I_f를 증가시키면서 구할 때와 I_f를 감소시키면서 구할 때 그림과 같이 약간 차이가 생기나 단순화하기 위해서 양자의 평균을 취하여 한 개의 곡선으로 나타내는 경우가 많다.

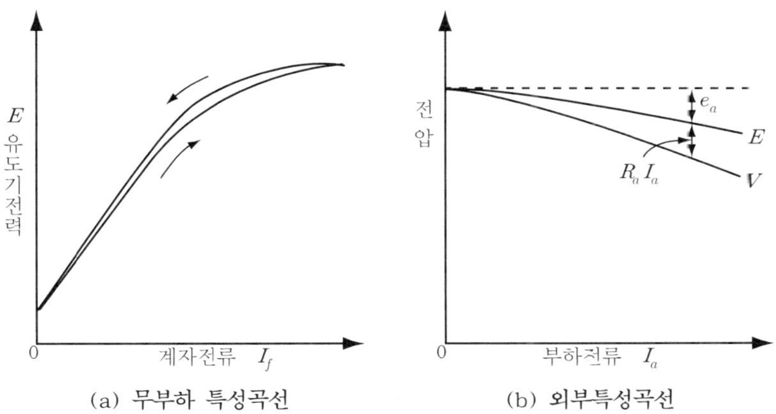

[그림 2-38] 타려발전기의 특성곡선

5.3.2 외부특성

타려발전기를 정격속도로 운전하고 정격부하를 가하였을 때 정격단자 전압이 되도록 계자전류 I_f를 조정해 놓고 부하전류 I_a를 감소시키면서 각 부하전류에 대한 단자전압 V를 측정하여 V와 I_a와의 관계를 그리면 [그림 2-38](b)와 같이 된다. 이것이 타려발전기의 외부특성곡선이며 무부하 상태로부터 부하전류 I_a가 커질수록 단자전압은 감소한다는 것을 알 수 있다. 그 이유는 부하시의 단자전압 V는 부하시의 유도전압 E보다 전기자 저항(보극권선 및 보상권선 저항포함)에 의한 전압강하 R_aI_a만큼 작고 또 부하시의 유도전압 E는 전기자 반작용 때문에 무부하시의 유도전압 E_o보다 작기 때문이다. 전기자 반작용으로 생기는 유도전압의 감소분을 e_a라 하면 부하시의 단자전압 V는 다음 식과 같다.

$$V = E - I_aR_a = E_o - e_a - I_aR_a \tag{2.5.1}$$

이것이 타려발전기의 외부특성을 표시하는 식이다. 그런데 완전한 보상권선을 가지고 있는 직류발전기에 있어서는 $e_a = 0$으로 된다.

타려발전기에 있어서 부하전류가 증가할수록 단자전압이 강하하는 원인은 전기자 반작용에 의한 유도전압의 감소와 전기자 저항에 의한 전압강하 이외에 양, 음 2개의 브러시의 접촉저항에 의한 전압강하가 있는데 그 값은 흑연 브러시의 경우 약 2[V], 금속 브러시의 경우에는 0.5~1[V] 정도이다.

5.4 분권발전기의 특성 및 자기여자

5.4.1 무부하 특성

분권발전기는 [그림 2-39]와 같이 자신의 전기자에 발생한 기전력에 의해서 계자권선에 전류를 공급한다. 분권발전기의 무부하 특성은 타려발전기의 경우와 같은 요령으로 구할 수 있는데 타려발전기에 있어서는 전기자에 통하는 전류가 영이지만 분권발전기의 경우 계자전류 I_f가 전기자에 흐르고 있으므로 타려발전기의 특성곡선보다 전기자 저항에 의한 전압강하 I_fR_a만큼 낮은 기전력을 나타낸다. 그러나 실제 I_f는 정격 전기자 전류에 비해서 대단히 작고 I_fR_a는 무시해도 별다른 지장이 없으므로 계자를 타여자로 해서 얻은 [그림 2-38](a)와 같은 무부하 특성곡선을 분권발전기의 무부하 특성곡선으로 사용한다.

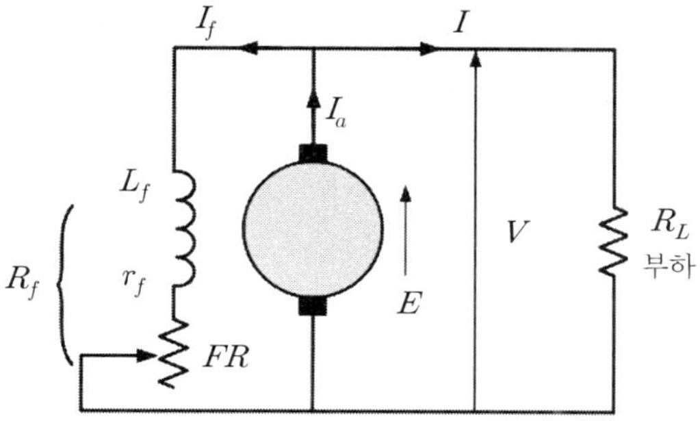

[그림 2-39] 분권발전기

5.4.2 자기여자

[그림 2-40]에서 $O'M$은 분권발전기의 무부하 특성곡선이고 OF는 계자전류와 분권계자 회로전압과의 관계를 표시하는 직선이다. 이 직선을 계자저항선(field resistance line)이라고 하며 그 경사는 계자회로의 전저항 R_f가 클수록 급하게 된다.

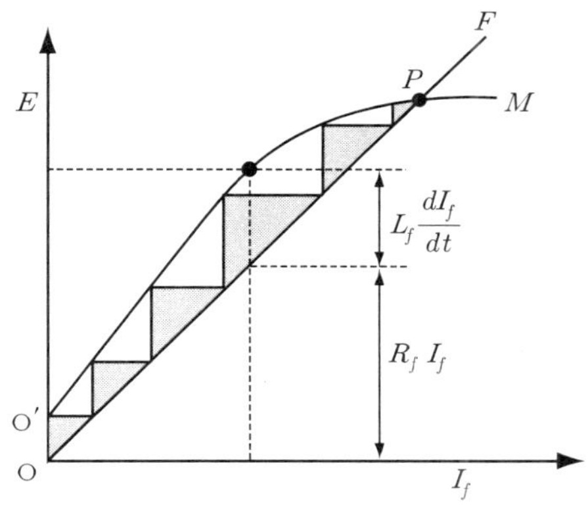

[그림 2-40] 자기여자의 과도현상

발전기를 회전시키면 계자전류가 통하지 않아도 잔류자기에 의해서 전압 OO'(잔류전압)가 유도되고 이 전압에 의해서 계자회로에 계자전류가 통하게 되면 OO'보다도 큰 전압이 유도된다. 그러면 계자전류는 더 증가하고 따라서 유도전압도 더 상승한다. 이와 같이 하여 계자전류와 유도전압은 점점 상승하여 무부하 특성곡선과 계자저항선의 교점 P에 도달하여 안정된다. 이와 같은 현상을 자려발전기의 전압확립(voltage building-up)이라고 한다.

[그림 2-40]에서 발전기의 기전력이 어느 순간 E가 되었다고 가정하자. E는

저항전압강하 $I_f R_f$보다 크고 전기자 저항에 의한 전압강하를 무시하면 그 전압차는 계자권선의 인덕턴스 L에 의한 역기전력과 같게 되어 식 2.5.2가 되므로 이때 계자전류 I_f는 증가하게 된다. 따라서 I_f는 점점 증가하여 $O'M$과 OF와의 교점 P에 이르러서 안정된다.

$$L\frac{dI_f}{dt} = E - I_f R_f > 0 \tag{2.5.2}$$

전압확립이 되기 위해서는 첫째로 잔류자기에 의한 잔류전압([그림 2-40]의 OO')이 존재해야 되고, 둘째로 잔류전압에 의해서 통하는 계자전류가 그 잔류전압을 증대시키는 방향이어야 한다. 만약 분권계자권선의 결선을 반대로 하거나 발전기의 회전방향을 반대로 하면 계자전류는 잔류자기를 상쇄시키는 방향이 되므로 발전하지 못한다. 셋째로 계자권선회로의 저항이 어느 일정 값보다 작아야 한다. 이 최후 조건은 [그림 2-41]에서 이해할 수 있다.

R_f가 작으면 계자저항선은 OF_1과 같이 되어 무부하 특성곡선과의 교점 P_1에 상당하는 높은 전압을 발생한다. R_f가 커져서 계자저항선이 OF_2와 같이 무부하 특성곡선과 대략 접하게 되면 교점 P_2는 불확실하게 되어 계자저항의 근소한 변화에 의해서 유도전압은 크게 변한다. R_f가 좀 더 커지면 계자저항선은 OF_3가 되어 무부하 특성곡선과 낮은 점에서 교차하게 되므로 유도전압은 그 이상 증가하지 못한다.

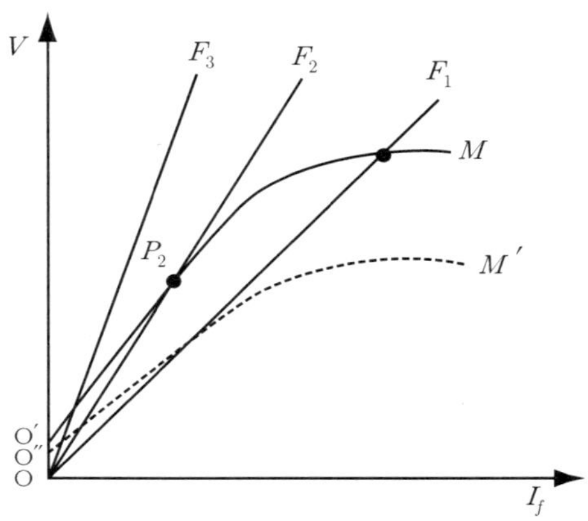

[그림 2-41] 임계저항

OF_2에 상당하는 계자저항 값을 임계저항(critical resistance)이라고 한다.

분권발전기에 있어서 계자저항에 의해 안정된 전압조정을 할 수 있는 것은 임계저항 이하의 범위에서만 가능하다. 그리고 회전속도가 강하하면 무부하 특성곡선이 $O''M'$와 같이 변하므로 임계저항의 값도 변한다.

5.4.3 외부특성

분권발전기의 외부특성은 부하전류가 작은 범위에 있어서는 타려발전기와 흡사한데 단자전압의 강하에 따라서 계자전류가 감소하게 되므로 전압의 강하정도는 타려발전기보다 크다.

부하저항을 점점 감소시켜서 부하전류가 대단히 커지면 계자전류의 감소도 심하게 되므로 전압은 급격히 강하하며 어느 점부터는 [그림 2-42]와 같이 부하저항을 감소시킬 경우 부하전류는 오히려 감소하게 된다. 그리하여 최후에 출력단자를 단락하면 계자전류는 영이 되고 전기자 권선에는 잔류전압에 의한 단락전류 I_s가 통하게 된다.

단락전류 I_s는 대략 정격전류 정도의 값이 되고 일반적인 사용범위는 [그림 2-42]의 실선부분이다. 그러므로 분권발전기는 처음부터 출력단자를 단락하고 운전하는 것도 위험은 없다. 하지만 발전기가 정상운전하고 있는 상태에서 출력단자를 단락시키면 계자권선의 인덕턴스 때문에 계자전류는 순간적으로 영이 되지 않아 과대 전류가 흘러 위험하므로 주의해야 한다.

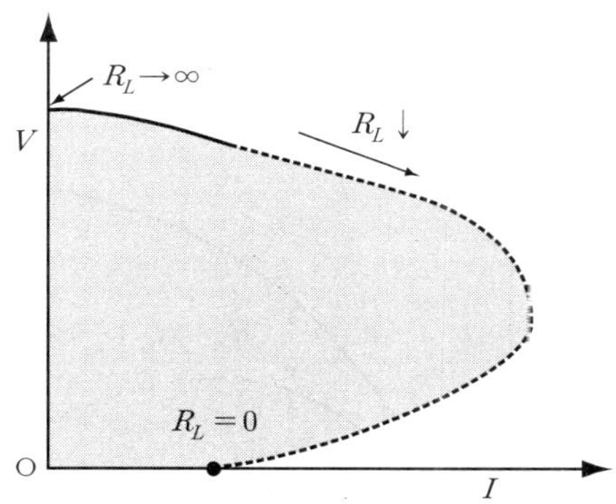

[그림 2-42] 분권발전기의 외부특성곡선

5.5 직권발전기의 특성

5.5.1 무부하 특성

직권발전기는 [그림 2-43]과 같이 계자권선이 전기자, 부하와 직렬로 연결되어 있고 부하전류를 사용해서 여자하므로 무부하시에는 계자권선에 전류가 흐르지 않아 잔류자속에 의한 기전력 밖에 얻을 수 없다. 그러므로 이대로는 무부하 특성곡선을 구할 수 없으며, 무부하 특성곡선을 얻으려면 직권계자권선을 임시로 직렬회로에서 떼어내고 다른 전원에 의해 전류를 공급하여 타여자 상태로 무부하 특성을 얻어야 한다. 이 때 직권계자권선의 권수는 적기 때문에 여자전류는 대전류가 되지만 특성곡선은 타려발전기의 경우와 같은 곡선이 된다. [그림 2-44]의 곡선 E_0는 이와 같은 과정을 거쳐서 얻은 무부하 특성곡선이다.

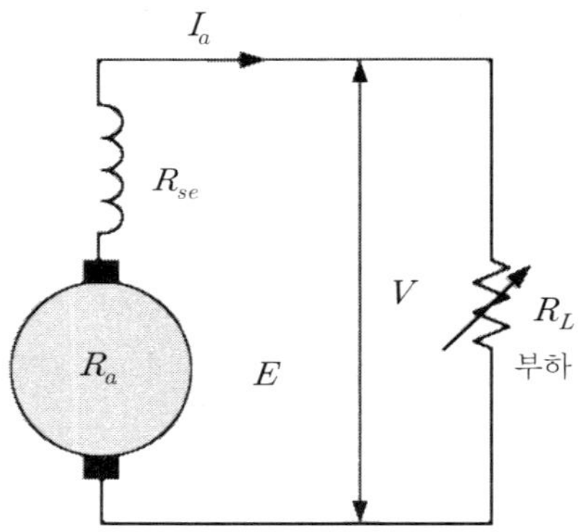

[그림 2-43] 직권발전기

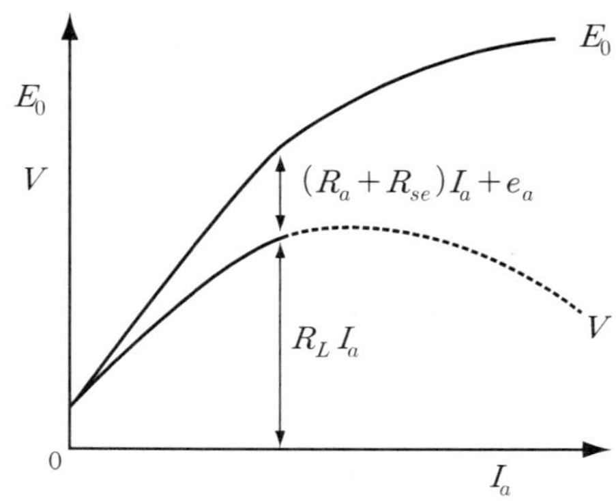

[그림 2-44] 직권발전기의 특성곡선

5.5.2 외부특성

직권발전기의 직권계자권선 저항을 R_{se}라 하면 [그림 2-43]에서 단자전압 V는 다음 식과 같다.

$$V = E - (R_a + R_{se})I_a = E_0 - e_a - (R_a + R_{se})I_a \tag{2.5.3}$$

그러므로 외부특성은 [그림 2-44]의 곡선 V와 같다. 즉, 직권발전기는 부하전류가 증가함에 따라 단자전압이 상승하는 특징을 나타낸다. 단, 점선부분은 전류가 커서 실용될 수 없는 부분이다. 여기에서는 양, 음 2개의 브러시 접촉저항에 의한 전압강하는 생략했다.

5.6 복권발전기의 특성

복권발전기는 무부하시 직권권선에 전류가 통하지 않으므로 무부하 특성곡선은 분권발전기의 경우와 같고 분권발전기에서 얻은 무부하 특성곡선을 복권발전기의 무부하 특성곡선으로 사용한다. 그러나 외부특성곡선은 대단히 다르다. 일반적으로 화동복권발전기를 사용하므로 직권계자권선의 기자력은 분권계자권선의 기자력에 가하여지며 분권발전기의 특성과 직권발전기의 특성이 동시에 존재하게 된다.

전술한 바와 같이 분권발전기는 부하전류의 증가에 따라서 단자전압이 점점 감소하지만 직권발전기에 있어서는 반대로 단자전압이 상승하는 특성을 가지고 있다. 그러므로 화동복권발전기는 이 양자를 적당하게 절충하여 다음의 3가지 특성을 갖게 할 수 있다.

직권권선의 권수를 적당히 선정하여 부하전류에 의한 단자전압의 강하를 이것으로 보충해 주면 단자전압은 거의 일정하게 유지할 수 있으며 이와 같은 직권권선을 가지고 있는 발전기를 평복권발전기(flat compound generator)라고 한다.

직권권선의 기자력이 보다 강하게 되도록 권수를 증가해 주면 부하가 증가함에 따라서 단자전압이 상승하게 되며 이와 같은 특성을 가지고 있는 발전기를 과복권발전기(over compound generator)라고 한다. 또 직권권선의 기자력이 평복권보다 작으면 분권발전기의 특성에 가까워진다. 이와 같은 특성을 가지고 있는 발전기를 부족복권발전기(under compound generator)라고 한다.

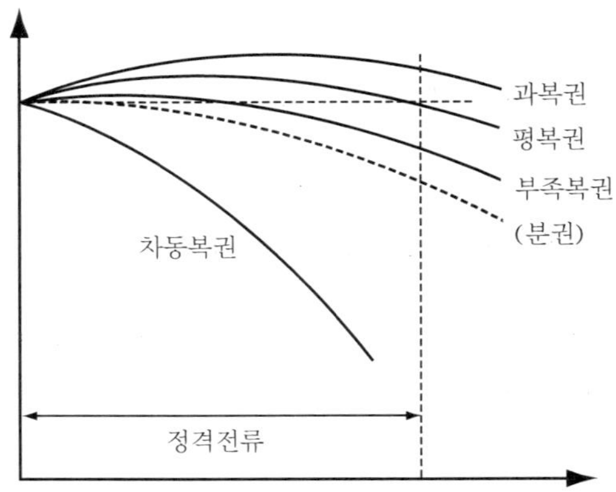

[그림 2-45] 복권발전기의 외부특성곡선

차동복권발전기는 직권계자권선에 의한 자속방향이 분권계자권선에 의한 자속방향과 반대방향이므로 직권계자의 기자력이 큰 발전기는 부하전류가 증가하면 출력전압의 강하가 심하므로 일반적인 용도로는 사용되지 않고 용접기용 발전기와 같은 특수한 경우에만 사용된다.

예제 어느 내분권 복권발전기가 부하에 160[A]를 공급하고 있을 때 단자전압은 240[V]이고 분권계자전류는 2.5[A], 전기자 저항은 0.04[Ω], 직권계자 저항은 0.015[Ω], 분류가감 저항은 0.03[Ω]이다. 이것을 이용하여 다음의 값들을 구하여라.

1) 전기자의 유도기전력
2) 전기자에 유도된 전체 전력
3) 이 전력의 배분상태

〈주〉 분류가감 저항(Diverter)은 직권계자 권선과 병렬로 연결하여 저항값을 가감함으로써 직권계자의 기자력을 조정하는데 사용되는 저항을 말한다.

해설 1) 직권계자 전류 : $I_s = 160 \times \dfrac{0.03}{0.015 + 0.03} = 107\,[\text{A}]$

분류가감기 전류 : $I_d = 160 \times \dfrac{0.015}{0.015 + 0.03} = 53\,[\text{A}]$

분류가감기와 직권계자의 합성저항 : $\dfrac{1}{R'} = \dfrac{1}{0.015} + \dfrac{1}{0.03} = \dfrac{1}{0.01}$

$\therefore\ R' = 0.01\,[\Omega]$

직권계자와 분류가감 저항기에 발생하는 전압강하

$E' = IR' = 160 \times 0.01 = 1.6[V]$

전기자 전류 : $I_a = I + I_f = 160 + 2.5 = 162.5[A]$

유도기전력 : $E = 240 + 1.6 + 162.5 \times 0.04 = 248.1[V]$

2) 전체 전력 : $P_a = EI_a = 248.1 \times 162.5 = 40316.3[W] = 40.3[kW]$

3) 전기자 동손 : $P_a' = I_a^2 R_a = 162.52 \times 0.04 = 1056[W]$

직권계자 동손 : $P_s = I_s^2 R_{se} = 1072 \times 0.015 = 172[W]$

분류가감기손 : $P_d = I_d^2 R_d = 532 \times 0.03 = 84[W]$

분권계자 동손 : $P_{sh} = V' I_{sh} = (240 + 1.6) \times 2.5 = 604[W]$

공급전력 : $P = VI = 240 \times 160 = 38400[W]$

합계는 40316[W] = 40.3[kW]

5.7 전압변동률

정전압회로에 전력을 공급하는 발전기는 부하가 변하여도 단자전압은 변화하지 않는 것이 이상적이다. 그러나 이미 설명한 것과 같이 전기자 저항과 전기자 반작용 때문에 전압강하가 생기므로 전압변동이 생기지 않을 수는 없다. 전압변동률은 발전기의 부하가 변동하였을 때 단자전압이 어느 정도로 변화하는가를 나타내는 것으로 다음과 같이 정의한다.

발전기의 전압변동률(voltage regulation)이란 정격속도 정격전압으로 정격출력을 내도록 계자저항과 부하를 조정해 놓은 후 발전기를 다시 무부하상태로 변화시킬 경우 발생하는 전압변동을 정격전압의 퍼센트로 표시한 것이다. 즉 발전기의 전부하시 단자전압이 정격전압 V와 같게 계자전류를 조정해 놓고 무부하 상태가 되었을 때 단자전압(유도전압과 같다)이 E_0가 되었다면 전압변동률 ε은 다음 식과 같다.

$$\varepsilon = \frac{E_0 - V}{V} \times 100\ [\%] \tag{2.5.4}$$

타려발전기 및 분권발전기의 전압변동률은 3~10[%] 정도이며 발전기의 용량이 커질수록 작아진다. 이것은 발전기가 정격속도로 일정하게 회전하고 있을 때의 발전기 자체만의 전압변동률이기 때문에 고유전압 변동률(intrinsic voltage regulation)이라 하고 발전기의 부하에 의해서 속도가 변하면 전압변동률에 원동기의 속도변동률까지 포함하게 되므로 이 때의 전압변동률을 종합 전압변동률(gross voltage regulation)이라고 한다.

발전기의 전압변동률은 그 발전기의 특성을 표시하는 하나의 지표가 되는데 이것을 감소시키기 위해서는 전기자 저항 및 전기자 반작용을 작게 해야 한다. 전기자 저항을 작게 하기 위해서는 굵은 도체를 사용해야 하며 굵은 도체를 일정 권수만큼 권선하기 위해서는 큰 홈이 필요하게 된다. 큰 홈을 일정 수만큼 가진 전기자 직경은 당연히 크게 되고 전기자 직경이 큰 발전기는 축이나 프레임도 크게 되어 많은 재료가 필요하게 되므로 가격이 상승한다. 또 일정한 전기자 전류에서 그 반작용을 작게 하기 위해서는 공극을 크게 해야 하며 큰 공극을 통해서 일정한 자속을 공급하기 위해서는 큰 기자력이 필요하게 된다. 이를 위해서는 계자 권선의 권수를 증가시켜야 하므로 많은 동이 필요하게 된다. 그러므로 발전기를 주문할 때 필요 이상의 전압변동률을 지정하게 되면 발전기의 값이 상승한다.

5.8 전압조정

부하에 공급하는 전압을 소정의 값으로 유지하는 것을 전압조정(voltage adjustment or voltage control)이라고 한다. 발전기의 회전속도는 원동기에 의해 정해져 있으므로 타려계자 또는 분권계자와 직렬로 가변저항기를 연결하여 계자 전류를 변화시켜서 전압조정을 하는 것이 가장 간단하다. 이를 위한 저항기를 계자저항기(field rheostat)라고 한다.

출력전압을 자동적으로 일정하게 유지하기 위한 장치를 자동전압조정기(AVR : Automatic Voltage Regulator)라고 하며 저항형, 무접점형, 진동형의 3가지가 있다. 저항형은 발전기의 전압변동에 따라서 발전기의 계자저항 또는 그 여자기의 계자저항을 서보모터에 의해서 자동적으로 조정하는 것이다. 무접점형은 트랜지스터, 사이리스터, 자기증폭기, 증폭발전기와 같은 전력증폭 장치를 사용해서 계자전류를 조정하는 것이다. 진동형은 계자저항기의 일부 또는 전부를 단락하는 접점이 항시 진동해서 개폐를 반복하여 출력전압이 낮을 때는 그 단락시간이 길어지고 출력전압이 높을 때는 단락시간이 짧아지도록 만들어진 조정기이다.

6. 직류전동기의 종류 및 특성

6.1 직류전동기의 종류

직류전동기도 직류발전기와 같이 여자방식에 의해서 분류하면 다음과 같은 종류가 있다.

6.1.1 타려전동기

타려전동기(separately excited motor)는 전기자 전류의 전원과 별개의 전원에서 계자전류가 공급되며 이 계자권선은 가는 도선으로서 권수가 많다.

6.1.2 분권전동기

분권전동기(shunt motor)는 계자권선이 전기자와 병렬로 연결되어 있으며 이 분권계자권선은 가는 도선으로서 권수가 많다.

6.1.3 직권전동기

직권전동기(series motor)는 계자권선이 전기자와 직렬로 연결되어 있으며 이 직권계자권선은 굵은 도선으로서 권수가 적다.

6.1.4 복권전동기

복권전동기(compound motor)는 분권계자권선과 직권계자권선을 모두 가지고 있으며 이들 계자권선의 자속방향이 같은 방향인지 또는 반대방향인지에 따라서 다음 2종류의 전동기가 있다.

① 화동복권전동기(cumulative compound motor)
② 차동복권전동기(differential compound motor)

앞에서 설명한 것처럼 각종 직류전동기에 있어서 계자권선의 결선법은 각 전동기에 대응하는 각종 직류발전기의 계자권선의 결선법과 등일하다. 그러므로 발전기를 전동기로 사용할 수도 있고 또 전동기를 발전기로 사용할 수도 있다.

그러나 복권직류기의 경우에는 화동복권 발전기를 그대로 전동기로 사용하면 직권계자 권선의 전류방향이 반대로 되므로 차동복권 전동기가 된다.

직류전동기 중에서 분권전동기, 직권전동기, 복권전동기는 계자전류가 전기자 전원과 동일 전원으로부터 공급되고 있는 전동기로서 자려전동기(self excited motor)라고 하다.

6.2 직류전동기의 특성곡선

발전기는 외부회로에 전력을 공급하는 장치이므로 부하가 변할 때 단자전압이 어떻게 변화하는지가 문제였다. 그런데 전동기는 다른 물체를 기계적으로 회전시키는 것이 목적이므로 특성으로서는 부하의 변동에 따라 그 속도와 발생 토크가 어떻게 변화하는가가 문제이며 기본적인 특성곡선으로서는 다음의 2가지가 있다.

6.2.1 속도특성곡선

속도특성곡선(speed characteristic curve)은 입력전압을 일정하게 유지할 때 부하전류와 회전속도와의 관계를 표시하는 곡선을 말한다.

6.2.2 토크특성곡선

토크특성곡선(torque characteristic curve)은 입력전압을 일정하게 유지할 때 부하전류와 토크와의 관계를 표시하는 곡선을 말하며, 여기서 부하전류(load current)는 전동기에 부하를 인가하였을 때의 입력전류 I 를 말하는데 이 전류는 직권전동기의 경우 전기자 전류 I_a와 같고 분권전동기와 복권전동기에 있어서는 전기자 전류 I_a와 분권계자 전류 I_{sh}와의 합과 같다.

$$I = I_a + I_{sh} \tag{2.6.1}$$

식 2.6.1에서 I_{sh}는 I_a에 비해서 대단히 작으므로 $I \fallingdotseq I_a$이다. 따라서 전기자 전류 I_a 자체를 부하전류라고 하기도 하고 속도특성곡선 및 토크특성곡선에서 편의상 전기자 전류 I_a를 가로축으로 취하는 경우가 많다.

6.3 타려전동기의 특성

타려발전기와 분권발전기는 중부하 상태의 경우 외부특성이 대단히 다르다. 그 원인은 타려발전기는 여자전압이 일정하지만 분권발전기는 여자전압이 부하에 따라 변하기 때문이다.

그런데 전동기가 일정한 공급전압에 의해 동작하고 있을 때 타려전동기와 분권전동기의 여자전압이 일정하므로 타려전동기의 특성과 분권전동기의 특성은 같다. 그러나 실용상 타려전동기는 여자전압에 관계없이 전기자 공급전압만을 마음대로 가감할 수 있다는 것이 특징이며, 따라서 전동기의 속도제어에 많이 이용되고 있다.

6.4 분권전동기의 특성

분권전동기는 [그림 2-46]과 같이 결선되어 있으며 일정한 공급전압에 의해 계자전류가 일정하고 따라서 자속 Φ도 일정하므로 식 2.3.7의 $N=(V-I_aR_a)/K_1\Phi$에 의해 속도 N은 I_a의 증가에 따라서 직선적으로 감소해 감을 알 수 있다.

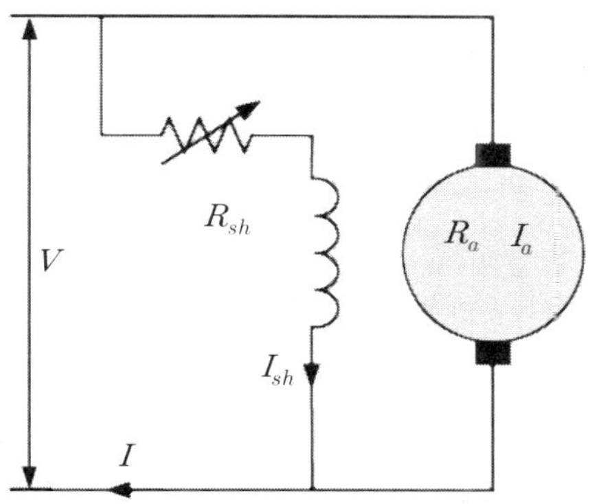

[그림 2-46] 분권전동기

그런데 I_aR_a는 공급전압 V에 비해서 작은 값이고 드 I_a가 증가함에 따라서 전기자 반작용의 감자작용 때문에 Φ는 약간 감소하므로 N은 I_a의 증가에 따라 감소하는 정도가 대단히 작으며 그 속도특성은 [그림 2-47](a)와 같은 곡선으로 표시된다. 이와 같은 특성을 분권특성이라고 한다.

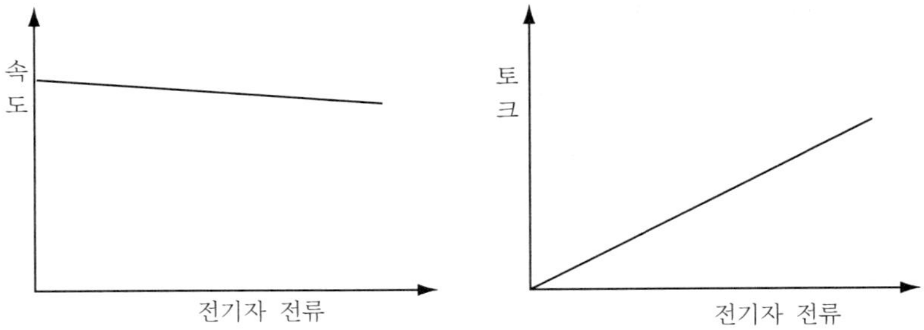

(a) 속도특성 (b) 토크특성

[그림 2-47] 분권전동기 특성

일반적으로 전동기의 무부하 속도를 N_0, 전부하 속도를 N으로 하면 $\varepsilon = (N_0 - N)/N$을 속도변동률(speed regulation)이라고 한다.

분권전동기의 토크특성은 식 2.3.10에서 Φ가 일정하므로 토크는 [그림 2-47](b)와 같이 I_a에 비례해서 직선적으로 증가하게 되는데 실제로는 전기자 반작용의 감자작용 때문에 전기자 전류가 증가할 때 Φ의 값은 약간 감소하므로 토크특성은 [그림 2-47](b)보다 아래 방향으로 조금 굽은 곡선이 된다.

전동기에 부하를 가하면 전기자 전류로 인한 전기자 반작용 때문에 감자작용이 발생하는데 특히 내부저항이 작고 전기자 반작용이 큰 전동기에 있어서는 식 2.3.7의 $N = (V - I_a R_a)/K_1 \Phi$에서 $I_a R_a$의 영향이 작고 분모 Φ는 크게 감소하므로 속도특성은 상승곡선이 된다. 즉, 부하가 증가하면 속도는 상승하게 된다. 이와 같은 전동기로 부하를 구동하면 속도의 상승과 토크의 증가가 서로 인과관계가 되어 전동기의 속도와 부하전류가 계속 상승하여 운전이 불안정하게 된다. 이것을 방지하려면 자속 Φ의 감소가 생기지 않도록 보상권선을 감아서 전기자 반작용을 상쇄시키든지 또는 직권권선을 추가하여 Φ의 감소를 보상해 주면 된다. 후자와 같이 전기자 반작용에 의한 감자를 보상할 정도의 근소한 기자력을 일으키기 위해서 직권권선(안정권선)이 감겨있는 분권전동기를 안정분권전동기(stabilized shunt motor)라고 한다.

6.5 직권전동기의 특성

직권전동기의 속도식은 다음과 같다.

$$N = \frac{E_c}{K_1 \Phi} = \frac{V - I_a (R_a + R_{se})}{K_1 \Phi} \qquad (2.6.2)$$

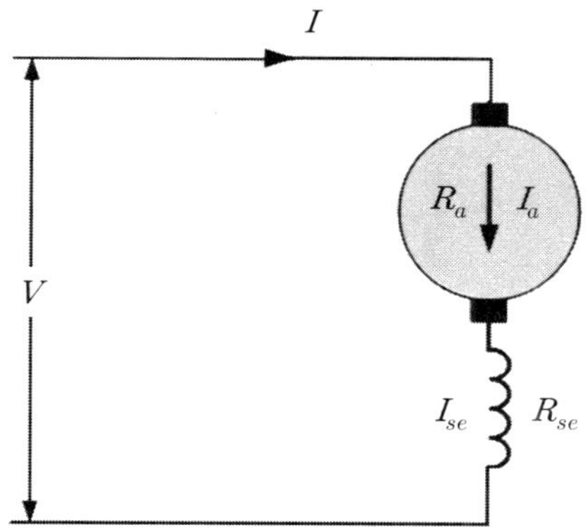

[그림 2-48] 직권전동기

그런데 직권전동기는 [그림 2-48]에서 알 수 있듯이 여자전류가 전기자 전류와 같기 때문에 부하에 의해서 자속이 변하며 I_a의 작은 범위에 있어서는 자기포화는 없고 Φ는 I_a에 대략 비례하므로 식 2.6.2는 식 2.6.3과 같이 다시 쓸 수 있다.

$$N = \frac{V - I_a(R_a + R_{se})}{K_1 \Phi} = \frac{V - I_a(R_a + R_{se})}{K_1' I_a} = \frac{V}{K_1' I_a} - \frac{R_a + R_{se}}{K_1'} \qquad (2.6.3)$$

따라서 속도 N은 대략 부하전류 $I(=I_a)$에 반비례하므로 속도특성곡선은 [그림 2-49](a)와 같은 쌍곡선으로 된다. 부하가 증가하면 동시에 계자전류도 증가해서 자기포화가 생기는데 완전히 포화되면 식 2.6.2에서 분모 Φ가 일정하게 되므로 속도특성은 직선적으로 된다. 이와 같이 부하에 의해서 속드가 대단히 크게 변화하는 특성을 나타낸다. 경부하 또는 무부하에 있어서 I_a는 대단히 작으므로 식 2.6.3에서 알 수 있듯이 속도는 대단히 높게 되어 기계적으로 위험한 상태에 도달한다. 이와 같은 속도를 무구속속도(runaway speed)라고 한다. 그러므로 직권전동기는 무부하 또는 경부하로 운전해서는 안 되고 부하와 직결하든지 또는 기어로 부하와 연결해야 하며 벨트에 의해서 부하를 구동하는 것이 금지되어 있다.

직권전동기가 미포화상태에 있을 때에는 자속 Φ가 I_a에 비례하므로 토크식은 다음과 같이 된다.

$$T = K_2 \Phi I_a = K_2' I_a^2 \qquad (2.6.4)$$

즉, 토크 T는 대략 전류의 제곱에 비례해서 증가하므로 토크특성곡선은 [그

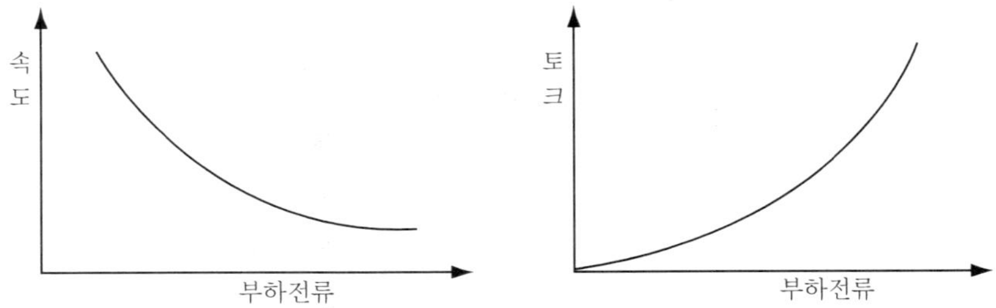

(a) 속도특성 (b) 토크특성

[그림 2-49] 직권전동기 특성

림 3-49](b)와 같이 포물선 모양으로 상승하지만 전류가 증가하여 자기포화상태가 되면 Φ는 일정한 값이 되어 토크식은 다음과 같다.

$$T = K_2 \Phi I_a = K_2'' I_a \tag{2.6.5}$$

따라서 토크특성곡선은 직선으로 된다. 그러므로 직권전동기는 기동전류에 의해서 자기포화가 생기지 않도록 하면 기동토크는 전류의 제곱에 비례하므로 앞에서 설명한 분권전동기에 비해서 훨씬 큰 기동토크가 생긴다는 것을 알 수 있다.

6.6 복권전동기의 특성

화동복권전동기에 있어서 전자속 Φ는 분권계자자속 Φ_{sh}와 직권계자자속 Φ_{se}와의 합과 같으므로 속도식과 토크식은 다음과 같이 된다.

$$N = \frac{V - I_a(R_a + R_{se})}{K_1 \Phi} = \frac{V - I_a(R_a + R_{se})}{K_1(\Phi_{sh} + \Phi_{se})} \tag{2.6.6}$$

$$T = K_2 \Phi I_a = K_2(\Phi_{sh} + \Phi_{se}) I_a \tag{2.6.7}$$

따라서 화동복권전동기는 무부하시 식 2.6.6에서 Φ_{se}가 영이 되어도 분권전동기로서의 속도로 회전하고 부하가 가하여지면 직권전동기로서의 속도특성이 중복되므로 분권전동기와 직권전동기의 중간이 되는 속도특성을 갖게 된다. 그러므로 무부하에서 무구속속도로 운전되는 일은 없다.

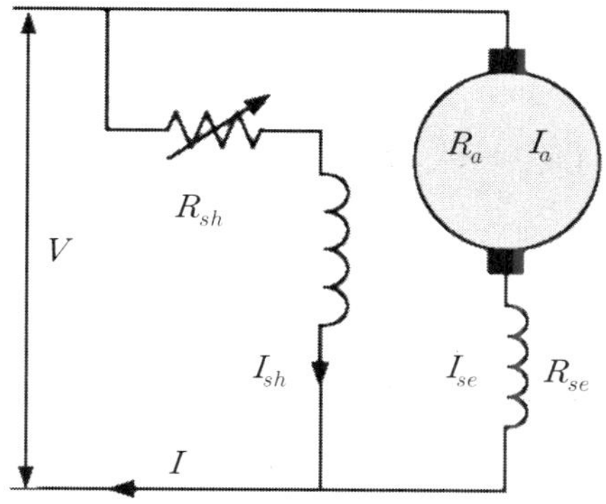

[그림 2-50] 복권전동기

분권전동기, 직권전동기, 화동복권전동기의 각 속도특성을 비교해 보면 [그림 2-51](a)와 같고 토크특성도 식 2.6.7에서 알 수 있듯이 분권전동기와 직권전동기의 중간특성을 갖게 되며 분권전동기에 비해서 기동토크도 상당히 큼을 알 수 있다. [그림 2-51](b)에 세 가지 종류의 전동기 토크특성을 비교하여 나타낸다.

복권전동기는 부하의 증감에 의해서 속도는 변하지만 무구속속도로 되는 일은 없고 기동토크도 비교적 큰 전동기라고 말할 수 있다. 또 직권계자권선과 분권계자권선 기자력의 정도에 의해서 직권전동기와 분권전동기 중 어느 것에 가까운 특성의 전동기가 될 수 있다.

차동복권전동기는 직권계자자속이 분권계자자속과 반대방향으로 작용하기 때문에 속도식과 토크식은 다음과 같다.

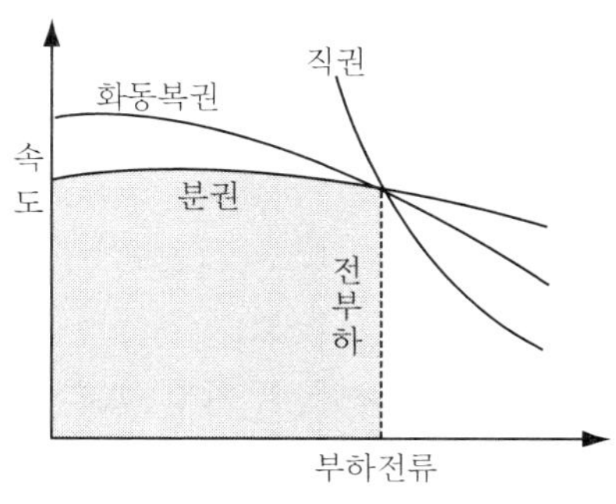

(a) 속도특성

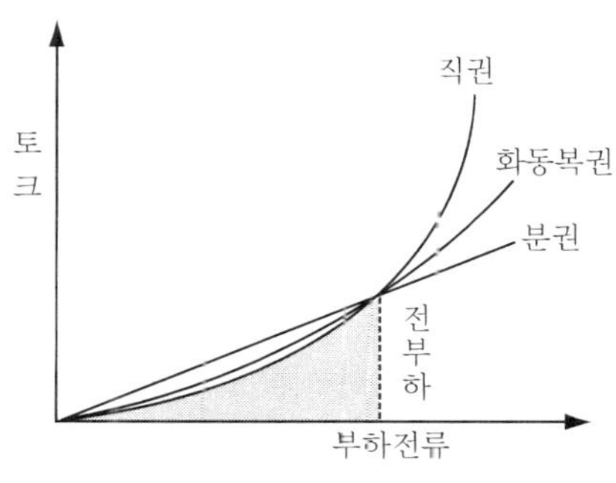

(b) 토크특성

[그림 2-51] 직류전동기 특성

$$N = \frac{V - I_a(R_a + R_{se})}{K_1 \Phi} = \frac{V - I_a(R_a + R_{se})}{K_1(\Phi_{sh} - \Phi_{se})} \tag{2.6.8}$$

$$T = K_2 \Phi I_a = K_2(\Phi_{sh} - \Phi_{se}) I_a \tag{2.6.9}$$

식 2.6.9에서 알 수 있듯이 차동복권전동기는 화동복권전동기에 비해서 토크가 작고 출력도 작으므로 전동기로서는 부적합하다. 그러나 여자전류가 일정한 분권전동기의 속도가 부하의 증가에 의해 강하하는 것을 자동적으로 회복시키기 위해서 직권계자를 반대방향으로 감아 부하에 비례하는 감자를 일으키게 하면 식 2.6.8에서 알 수 있듯이 무부하시의 속도와 전부하시의 속도를 같게 할 수 있다. 이와 같은 속도특성이 필요한 곳에 차동복권전동기를 사용하는 경우가 있으나 이 전동기는 운전이 불안정하게 되기 쉬우므로 거의 실용화되지 않고 있다.

차동복권전동기는 기동시에 [그림 2-52]와 같이 스위치 K에 의해서 직권계자를 단락시키지 않으면 큰 기동전류 때문에 직권계자가 분권계자보다도 강하게 되어 주자극의 극성이 반대로 되고 전동기를 역전시키는 경우가 있으므로 주의해야 한다.

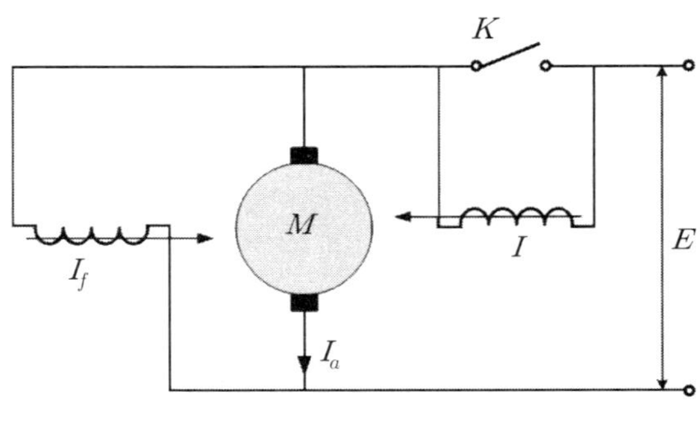

[그림 2-52] 차동복권전동기

6.7 직류전동기의 용도

분권전동기는 대략 전류에 비례하는 토크를 발생하고 또 가장 넓은 범위로 속도를 조정할 수 있는 전동기이다. 그리고 그 조정된 속도에서는 부하변동에 대하여 대략 일정한 속도를 갖는다. 그러므로 송풍기, 펌프, 공작기계 등 그다지 큰 기동토크를 필요로 하지 않고 동시에 거의 일정한 속도를 필요로 하는 경우에 사용된다.

직권전동기는 전차, 크레인 등과 같이 큰 기동토크를 필요로 하고 일정한 속도를 필요로 하지 않는 경우에 사용된다. 전동기의 사용목적상 단속사용(intermittent service)이 많고 정격도 연속정격이 아닌 1시간 정격, 반시간 정격 등의 단시간 정격이 많다. 직권전동기가 가장 많이 사용되는 곳은 전기철도이다. 전차는 정류기가 설치되어 있고 이 직류전원으로 직류직권전동기를 구동시켜 전차를 움직인다.

차동복권전동기는 정속도 전동기인데 그 정속도 특성은 동기전동기에 미치지 못하므로 중요한 정속도 운전에는 동기전동기를 사용하고 일반적인 정속도 용도에는 직류분권전동기가 사용되므로 차동복권전동기의 용도는 별로 넓지 않다.

화동복권전동기는 분권전동기로서 기동토크가 부족할 때 또는 부하변화로 인한 전류의 변화가 큰 경우에 사용된다.

직류전동기는 일반적으로 속도제어가 용이하고 각종 용도에 적응성이 넓고 양호한 전동기이지만 일반 송·배전이 교류를 사용하고 있기 때문에 직루전동기를 사용하려면 특별히 정류장치를 필요로 하는 불리한 점이 있다. 그러드로 직류전원을 많이 사용하는 곳이나 또는 다른 사정에 의해서 직류전원을 용이하게 사용할 수 있는 경우를 제외하고는 교류전동기로 대체되는 경향이 있다.

6.8 직류전동기의 자기조절

운전중인 직류전동기에서 부하가 변화하면 전동기는 자동적으로 속도, 전류 및 회전력이 변화되어 새로운 안정상태로 운전을 계속하게 된다. 운전중인 전동기가 부하에 공급하는 회전력을 가동회전력(driving torque)이라 하고 부하가 방해하는 회전력, 즉 가동회전력에 저항하는 것을 부하회전력(load torque)이라고 한다. 이 양자가 평형되었을 때 전동기는 안정된 상태로 운전된다.

만약 전동기의 부하가 갑자기 증가했다고 가정하면 부하회전력이 가동회전력보다 크게 되므로 전동기 속도가 감소하게 된다. 그러면 역기전력 $E_c = K_1 \Phi N$이 감소하고 따라서 전기자 전류 $I_a = (V - E_c)/R_a$는 증가하여 가동회전력 $T = K_2 \Phi I_a$가 증가한다. 그리하여 가동회전력이 부하회전력과 평형을 이루게 되면 안정된 운전상태가 된다. 즉, 직류전동기에 있어서 부하가 증가하면 자동적으로 속도가 감소되고 전류가 증가하여 새로운 안정점에서 운전된다. 또 반대로 부하가 갑자기 감소되면 위에서 설명한 것과 반대되는 반응이 발생하여 전동기의 속도는 상승하고 전류는 감소하여 다른 안정점에서 전동기가 운전된다. 이와 같이 운전 중인 직류전동기는 부하에 대응하여 자동적으로 그 입력과 속도를 변동하여 항상 안정된 운전을 유지한다. 이것을 직류전동기의 자기조절(self control)이라고 한다.

7. 직류전동기의 운전

7.1 기 동

회전기계를 정지상태에서 운전상태로 가속하는 것을 기동이라고 한다. 직류전동기의 기동방법은 전전압 기동(starting), 저항기동 및 감압기동의 3가지로 분류할 수 있다.

7.1.1 전전압 기동

전전압 기동(full-voltage starting)은 기동을 위한 특별한 장치를 사용하지 않고 전동기를 직접 전원에 연결하여 기동시키는 방법을 전전압 기동이라고 한다. 전기자 전류는 일반적으로 다음 식과 같다.

$$I_a = \frac{V - E_c}{R_a} \tag{2.7.1}$$

전동기 기동 초기에는 $E_c = 0$이므로 $I_a = V/R_a$로 되어 전전압 기동시에는 I_a가 대단히 크게 된다. 그 값은 출력 1[kW]인 전동기에 있어서 정격전류의 약 10배가 되고 용량의 큰 전동기의 경우 정격전류의 약 60배가 된다. 이와 같은 대전류가 흐르면 전기자 권선 및 브러시가 손상을 입고 전원에 큰 충격을 주며 대단히 큰 토크가 발생하므로 전동기 및 전동기에 연결된 작업기계가 파손될 우려가 있다. 이와 같은 이유로 직류전동기의 전전압 기동은 0.5[kW] 이하의 분권전동기 또는 1[kW] 이하의 직권전동기에 한해서만 사용된다.

7.1.2 저항기동

직류전동기의 가장 일반적인 기동방법으로서 과대한 기동전류를 억제하기 위해 [그림 2-53](a)와 같이 전기자와 직렬로 가변저항기를 설치하고 그 저항값을 최대로 하여 전동기를 기동시킨 후 전기자가 가속됨에 따라서 저항을 점차 감소시켜 최후에 저항을 모두 단락시키면 정상 운전상태가 된다. 이와 같은 저항기를 기동저항기(starting rheostat)라고 한다. 분권전동기 및 복권전동기의 경우에 기동저항을 [그림 2-53](b)와 같이 분권계자권선과 전원과의 사이에 연결해서는 안 된다. 왜냐하면 기동저항을 그림과 같이 연결하였을 때 분권계자권선의 단자전압이 낮아져서 계자전류가 감소하고 따라서 발생 토크가 작아서 기동이 곤란하게 되거나 또는 기동시간이 길어지기 때문이다.

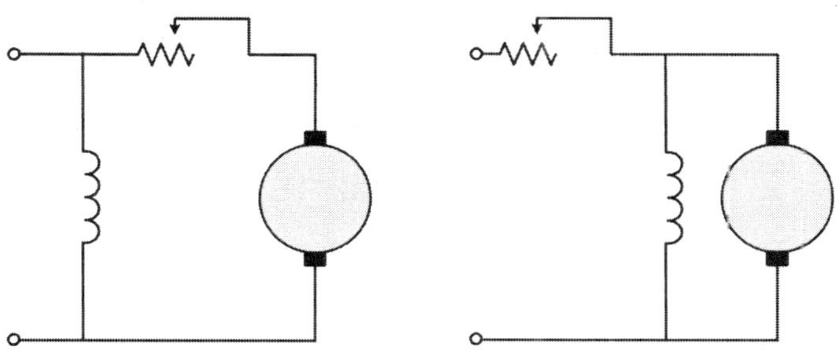

(a) 올바른 위치 (b) 잘못된 위치

[그림 2-53] 기동저항의 연결위치

전동기의 속도증가에 따라서 기동조작이 전자접촉기(electromagnetic contactor)에 의해 자동적으로 수행되는 자동가속 방법에는 3가지가 있다.

(1) 역기전력법

역기전력법(counter e.m.f method)은 전동기의 속도상승에 따라서 역기전력도 상승하는 것을 이용하여 차례로 전자접촉기를 동작시켜 기동저항을 감소시켜 기동하는 방법이다.

(2) 한류법

한류법(current limit method)은 전동기의 속도상승에 따라 기동전류가 소정의 값으로 감소할 때마다 전자접촉기를 조작하여 기동저항을 감소시켜주는 방법이다.

(3) 한시법

한시법(time limit method)은 기동전류와는 관계없이 일정시간 후에 전자접촉기가 차례로 닫혀서 기동저항을 감소시켜주는 기동방법이다.

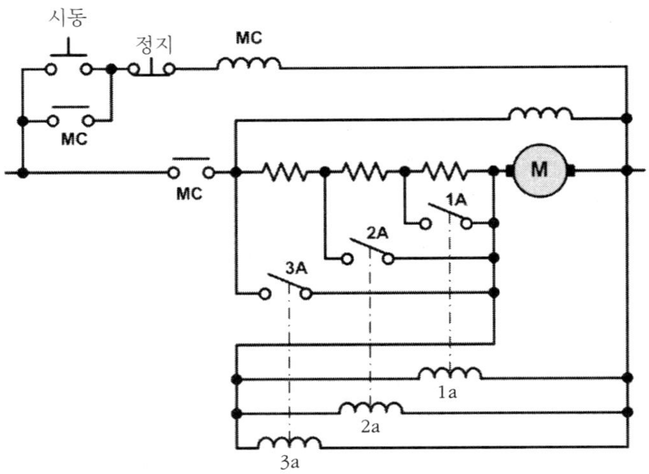

[그림 2-54] 자동 기동기

[그림 2-54]에는 역기전력법의 예를 보여주는데 가속용 전자접촉기의 동작 코일은 전기자의 양단에 연결되어 그 역기전력에 의해서 여자되도록 되어 있고 1a, 2a, 3a의 흡인전압은 단자전압의 50, 80, 90[%]로 동작되도록 조정해 놓는다. 전동기의 시동용 스위치를 누르면 코일 MC에 전류가 통하여 주접촉기 MC 및 보조접점이 닫히고 기동저항을 직렬로 모두 거쳐 전동기는 기동된다. 전동기가 가속되어 역기전력이 증가함에 따라서 1A, 2A, 3A가 순서대로 동작하면 기동저항은 차례로 단락되어 기동이 완료하게 된다.

7.1.3 감압기동

기동시의 전원전압을 낮추어서 기동전류를 제한하는 방법인데 다음에 기술하는 워드 레너드 방식과 같이 전압을 영으로부터 점점 높여서 전동기를 기동시키는 방법으로 기동저항은 필요하지 않게 된다. 또 전기철도에서 사용되고 있는 직병렬제어(series parallel control)는 기동의 전반은 2대의 전동기를 직렬로 전원에 연결하고 후반은 각 전동기를 병렬로 연결하여 전전압을 가하는 방법이다. 이 방법은 기동 초기 전동기 1대당의 전압이 전전압의 반이므로 감압기동(reduced-voltage starting)의 일종이며 기동저항도 병용한다. 기동 초기에 전원으로부터 취하는 전류가 처음부터 병렬로 기동시킬 때의 반이 되고 또 기동시의 전력손실도 약 반이 되는 이점이 있다.

7.2 속도제어

전동기의 운전에서 속도를 희망하는 값으로 조정하는 것을 속도저어(speed control)라고 한다. 전동기의 속도는 타려전동기와 분권전동기에서 $N=(V-I_aR_a)/K_1\Phi$로 표시되고, 직권전동기와 복권전동기에서는 $N=(V-I_a(R_c+R_{se}))/K_1\Phi$로 표시된다.

전동기의 속도를 변화시키려면 자속 Φ, 전기자 공급전압 V, 전기자 저항 R_a 등을 변화시키면 되므로 속도제어방법은 다음과 같은 3가지로 대별할 수 있다.

① 계자제어법
② 전압제어법
③ 전기자 저항제어법

7.2.1 계자제어법

극당 자속 Φ를 변화시켜서 속도를 제어하는 방법이며 이를 위해서는 분권계자의 계자저항기 또는 직권계자의 병렬가감 저항기를 조정함으로써 계자전류를 변화시킨다.

계자제어법(field control)은 속도를 상승시킬 때 사용하는 방법으로서 전류가 작은 계자회로 저항에 의해 용이하게 속도를 변화시킬 수 있고 또 저항에 의한 전력손실이 크지 않다는 것이 장점이다. 그러나 속도를 증가시키기 위해 어느 정도 이상 주자속을 감소시키면 전기자 반작용의 영향이 커져서 정류가 곤란하게 된다. 즉, 속도의 증가와 주자속의 감소는 정류를 곤란하게 하는 원인이 되기 때문에 일반 전동기에 있어서 이 방법으로 속도를 변화시킬 수 있는 범위는 별로 크지 않다. 그러나 보극 또는 보상권선을 가지고 있는 전동기에 있어서는 3~4배까지 속도를 상승시킬 수 있다.

예제 어느 직류 분권전동기를 120[V]의 전원에 연결하였을 때 전기자 전류는 25[A], 회전수는 1600[rpm]이었다. 계자를 10[%] 증가시켰더니 전기자 전류는 60[A]였다. 전동기의 회전수를 구하여라. 단, 전기자 저항은 0.1[Ω]이다.

해설 회전수가 1600[rpm]일 때의 자속을 Φ[Wb]라 하고 구하는 회전수를 N[rpm]이라 하면 식 2.3.7에 의해서 다음과 같이 구할 수 있다.

$$\frac{N}{1600} = \frac{\dfrac{120 - 60 \times 0.1}{K_1 \Phi \times 1.1}}{\dfrac{120 - 25 \times 0.1}{K_1 \Phi}} = \frac{114}{117.5} \times \frac{1}{1.1}$$

$$\therefore\ N = 1600 \times \frac{114}{117.5} \times \frac{1}{1.1} = 1411\,[\mathrm{rpm}]$$

7.2.2 전압제어법

전압제어법(voltage control)은 전기자에 공급하는 전압 V를 변화시켜서 속도를 제어하는 방법으로 주로 속도를 강하시킬 때 사용한다. 이 방법은 다음과 같이 4가지 방법이 있다.

(1) 다전압방식

다전압방식(multi-voltage system)은 직류 3선식에서 2~3종의 직류전압을 전기자에 공급함으로써 전동기의 속도를 2~3단으로 조정할 수 있다. 이 때에 계자제어법까지 병용하면 넓은 범위에 걸쳐서 안정된 속도제어를 할 수 있다.

(2) 워드 레너드 방식

타려전동기의 전기자 전원용으로 전용 전동발전기를 설치하고 이 발전기로부터 가변 직류전압을 공급하여 전동기의 속도제어 및 역전을 행하는 것을 워드 레너드 방식(Ward-Leonard system)이라고 하며 속도제어시스템은 주전원이 직류일 때 [그림 2-55]와 같다.

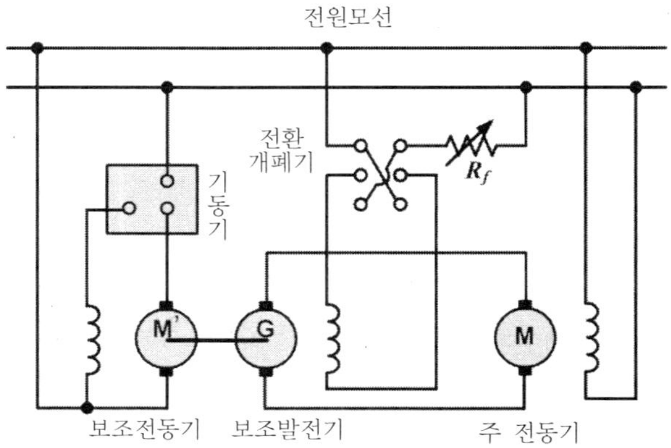

[그림 2-55] 워드 레너드 방식(1)

[그림 2-55]에서 주전원의 직류전력에 의해 보조전동기 M′가 보조발전기 G를 구동하고 G의 계자저항 R_f 에 의해 계자전류를 가감하여 G의 유도전압을 조정한다. 이 조정된 전압을 주전동기 M의 전기자에 공급하여 속도를 제어할 수 있다. 또 G의 계자전류는 전환개폐기에 의해 그 방향을 반대로 할 수 있으므로 전동기 M의 속도와 방향이 원활하고 폭넓게 조정되며 운전효율도 대단히 높다.

주전원이 교류인 경우 워드 레너드 방식의 결선도는 [그림 2-56]과 같다. 3상 유도전동기 IM은 보조발전기 G와 여자기 E를 구동하고 여자기 E의 유도전압에 의해 보조발전기 G 및 주전동기 M의 계자에 전류를 공급해 주는 점이 다를 뿐 보조발전기 G의 계자전류 방향과 크기를 조정하여 주전동기 M의 속도를 제어하는 방법은 [그림 2-55]의 방법과 같다.

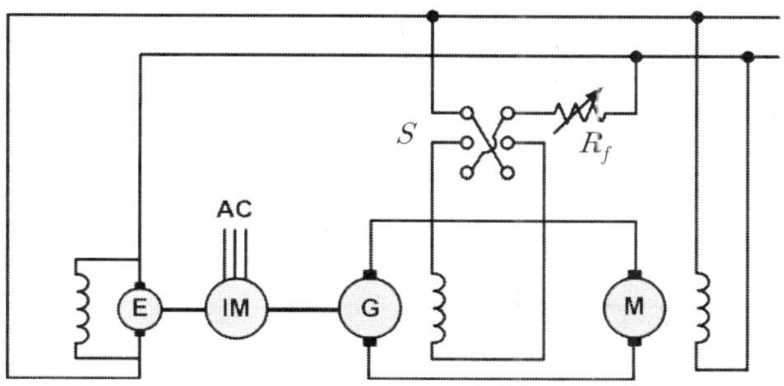

[그림 2-56] 워드 레너드 방식(2)

이 방식은 주전동기 M보다 용량이 큰 기기가 2대 필요하여 설치비가 상승하는 결점이 있으나 속도제어 방식으로는 이상적이므로 압연기, 크레인 등의 속도제어에 넓게 응용되고 있다. 디젤기관차도 [그림 2-56]의 유도전동기 IM을 디젤엔진으로 대체한 방식을 사용하고 있다.

[그림 2-56]에서 농형 유도전동기 IM 대신 전동기축에 큰 플라이휠(fly wheel)이 부착된 권선형 유도전동기를 사용할 경우 큰 토크가 걸릴 때에는 전동기에 장치된 슬립 조정기에 의해 슬립을 증대시키면 플라이휠에서 에너지가 방출되고 부하가 감소하면 플라이휠에 에너지가 축적되므로 전원으로부터의 공급 전력변동을 완화시킬 수 있다. 이와 같은 방식을 일그너 방식(ilgner system)이라고 하며 압연기 등에 사용되고 있다.

(3) 정지 레너드 방식

워드 레너드 방식의 전동발전기를 사이리스터(thyristor) 장치 등의 정지형 기기로 대체한 방식을 정지 레너드 방식이라고 한다. 이 방식의 결선도는 [그림 2-57]과 같으며 사이리스터에 의해 교류전원의 위상을 제어함으로써 가변 직류 전압을 얻을 수 있으므로 이 전압을 전동기의 전기자에 공급하여 속도를 광범위하게 제어할 수 있고 또 주회로 전환개폐기에 의해 전기자 전류를 반대로 인가하여 역전시킬 수 있다. 그리고 역전 개폐기를 사용하지 않고 또 다른 한 쌍의 사이리스터 브리지 회로를 역병렬로 연결하여 전기자에 공급되는 전압의 극성을 바꿔서 역전시킬 수도 있다.

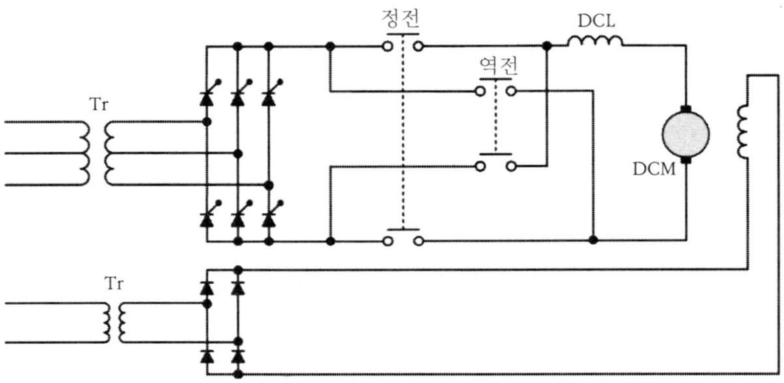

[그림 2-57] 정지 레너드 방식

(4) 가감압기 방식

[그림 2-58]과 같이 속도제어하려는 주전동기와 직렬로 타려발전기를 연결하여 주전동기의 전기자에 가해지는 전압을 가감하는 방식을 가감압기법(booster system)이라고 한다. 발전기 여자전류의 방향과 크기를 변화시켜서 그 기전력 e의 방향과 크기를 변화시키면 전원전압 V에 대해서 전동기에 가해지는 전압은 $V \pm e$가 되고 넓은 범위에 걸쳐 원활하게 속도를 제어할 수 있다.

이와 같이 선로 전압을 가감하기 위해서 사용되는 발전기를 가감압기(booster)라고 한다. 이 방식은 워드 레너드 방식에 비해서 속도제어 범위가 좁기는 하지만 가감압기와 보조전동기의 용량을 주전동기보다 작게 할 수 있는 장점이 있다.

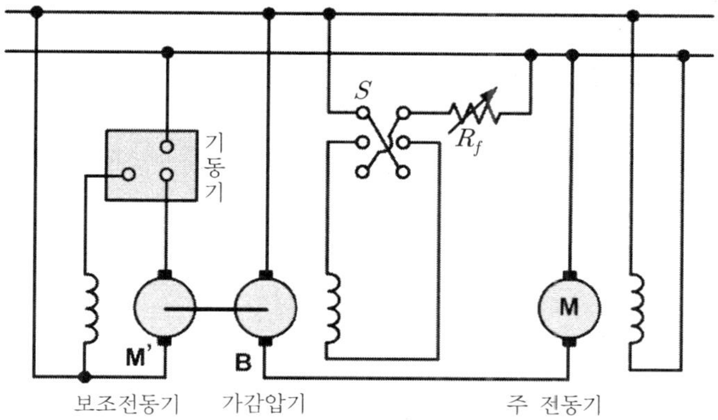

[그림 2-58] 가감압기법

7.2.3 전기자 저항제어법

전동기의 전기자 저항 자체는 변화시킬 수 없지만 전기자 회로에 전류용량이 큰 가변저항 R을 직렬로 설치하면 전기자의 속도식은 다음과 같다.

$$N = \frac{V - I_a(R_a + R)}{K_1 \Phi} \tag{2.7.2}$$

그러므로 저항 R의 값을 가감함으로써 전동기의 속도를 제어할 수 있으며, 이와 같은 속도제어법을 전기자 저항제어(armature rheostatic control)법이라고 한다. 이 방법은 저속도에 이르기까지 넓은 범위에 걸쳐서 속도제어를 할 수 있는 가장 간단한 방법이지만 속도변동률 및 저항 열손실이 증가하여 효율이 나빠지며 또 경부하시에는 제어효과가 감소하는 결점이 있다.

예제 220[V], 8[HP]의 직류전동기 전기자 저항은 0.3[Ω]이고 무부하시의 회전수는 1400[rpm], 전기자 전류는 7[A]이다. 이것을 이용하여 다음을 구하여라. 단, 전기자 반작용은 무시한다.

1) 전기자 전류가 35[A]일 때 회전수를 700[rpm]으로 감소시키기 위하여 전기자에 직렬로 연결해야 할 저항
2) 직렬저항에 발생하는 전력손실
3) 전기자 단자에 공급되는 전력의 전기자 회로전력에 대한 비율
4) 속도변동률

해설 1) 무부하시의 역기전력 : $E_1 = 220 - 7 \times 0.3 = 217.9$[V]

700[rpm]일 때의 역기전력 : $E_2 = 217.9 \times \dfrac{700}{1400} = 109$[V]

전기자 회로의 전체 저항 : $R + R_a = \dfrac{220 - 109}{35} = 3.17$[Ω]

직렬저항 : $R = 3.17 - R_a = 3.17 - 0.3 = 2.87$[Ω]

2) 직렬저항 중의 전력손실 : $P_1 = 35^2 \times 2.87 = 3515$[W]

3) 전기자 회로에 공급되는 전력 : $P_2 = 220 \times 35 = 7700$[W]

전기자에 공급되는 전력 : $P_3 = 7700 - 3515 = 4185$[W]

전기자에 공급되는 전력의 비율 : $\dfrac{4185}{7700} = 0.544$ 즉, 54.4[%]

4) 속도변동률 : $\dfrac{1400 - 700}{700} = 100$[%]

7.3 제 동

회전하고 있는 전동기를 정지시키기 위해 전기자 회로만 전원으로부터 차단한다면 관성 때문에 전동기는 즉시 정지하지는 못한다. 전동기를 즉시 정지시키거나 또는 회전속도를 어느 정도 이상으로 상승하지 못하게 하는 것을 제동이라고 하며 이를 위해서는 회전하는 전동기가 가지고 있는 에너지를 적당한 방법으로 소비시켜야 한다. 제동(braking)은 기중기, 전차전동기, 전동양화기 등의 안전운전에 필수 요소이며, 전동기의 제동법에는 다음과 같은 종류가 있다.

마찰제동(friction braking)	전기제동(electric braking)
• 기계적 제동(mechanical braking)	• 와전류제동(eddy current braking)
• 공기제동(air braking)	• 발전제동(dynamic braking)
• 전자제동(magnetic braking)	• 회생제동(regenerative braking)

7.3.1 기계적 제동

이 방법은 가장 간단한 제동법으로서 기계적 마찰에 의해서 운동에너지를 열로 변환하여 제동시키는 방법인데 보통 전자제동 및 전기제동과 병용되고 있다.

7.3.2 공기제동

이 방법은 주로 전기철도에 사용되며 압축공기에 의해서 제동기를 동작시키는 방법이다.

7.3.3 전자제동

이 방법은 스프링에 의해 제동판을 압착시켜 전동기를 제동시키고 여자코일에 전류가 흐르면 전자력이 스프링 장력을 제거시켜 제동력이 해제된다. 이 제동법의 여자코일을 양화기 등의 전동기와 직렬로 연결해 놓으면 전동기가 운전중에는 전자코일에 전류가 흘러 제동력이 해제되지만 정전 또는 단선 등의 원인으로 전동기의 토크가 발생하지 않을 때에는 전자코일의 전자력이 상실되어 스프링의 힘으로 전동기가 정지하게 된다.

7.3.4 와전류 제동

[그림 2-59]와 같이 전자석의 일부에 만든 공극에 도체판(제동판)을 설치하고 이 도체판에 발생하는 와전류와 자계 사이에 작용하는 전자력에 의해 제동하는 방법을 와전류 제동이라고 한다. 이 방법은 기계적으로 마모되는 부분이 없고 전자석 코일에 인가하는 전류를 조절함으로써 제동력을 임의로 변화시킬 수 있는 장점이 있으나 전동기의 속도가 낮은 범위에서는 제동력이 약해지는 결점이 있다.

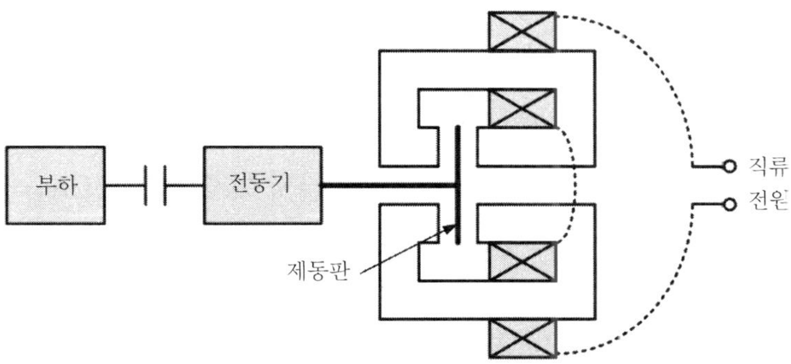

[그림 2-59] 와전류 제동

7.3.5 발전제동

전동기 운전중에는 발전기 작용에 의해 역기전력이 발생하므로 전동기를 전원에서 차단하면 전동기는 역기전력의 방향으로 기전력이 유도되는 발전기가 된다.

따라서 [그림 2-60](b)와 같이 전기자의 양단에 저항(제동저항) R을 연결하여 그 전기적 에너지를 소비할 회로를 만들면 결국 전기자축에 제동을 가하게 된다. 전동기를 전원에서 차단할 때 계자권선은 전원에 그대로 연결해 두고 전기자만을 전원에서 차단하여 그 양단에 제동저항을 연결하면 [그림 2-60](b)와 같이 연결했을 경우보다 계자자속이 크므로 제동력도 크게 된다.

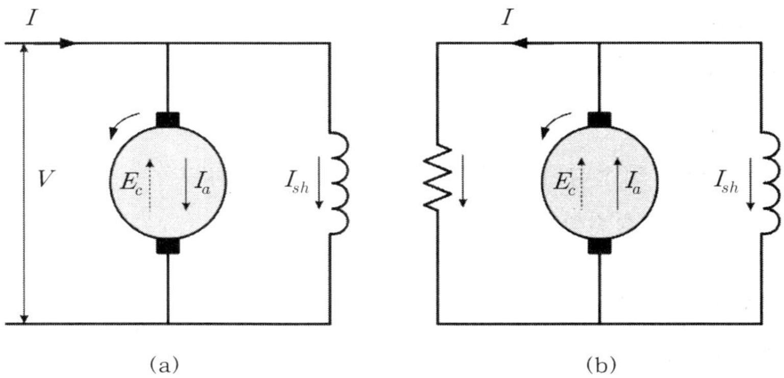

[그림 2-60] 분권전동기의 발전제동법

이와 같이 전동기가 가지고 있는 회전에너지를 전기에너지로 변환하여 회로중의 저항에서 열에너지로 발산시키는 제동법을 발전제동이라 한다.

7.3.6 회생제동

이 방법은 제동에너지를 전기에너지 형태로 전원에 반송하여 전동기의 제동을 실현하는 방법이다. 회생제동에 있어서는 역기전력이 공급단자전압 이상이 되지 않으면 에너지를 전원으로 반송할 수 없기 때문에 역기전력의 식 $E_c = (P/a)Z\Phi n = K_1\Phi N$에서 속도 N이나 자속 Φ를 증가해야 한다. 그러므로 운전중인 전동기가 외력에 의해서 현재의 속도 이상이 되면 제동작용이 나타나고 또 계자저항을 감소시켜 자속을 증가시키면 속도가 어느 값 이하로 강하될 때까지 회생제동을 할 수 있다. 이것은 고개를 내려가는 전차나 양화기가 짐을 내릴 때에 적용할 수 있으며 경제적으로 유효한 제동방법이다.

8. 직류기의 손실 및 효율

8.1 직류기의 손실

직류기는 직류기의 내부에서 약간의 에너지가 소비되므로 직류기에 공급되는 에너지가 전부 출력으로 사용될 수는 없다. 따라서 직류기의 출력은 입력보다 약간 작은 값이 된다. 직류기 내에서 소비되는 에너지를 손실(loss)이라고 하고 그 단위는 와트[W] 또는 킬로와트[kW]를 사용한다. 이 손실은 거의 전부가 열에너지로 변환되어 전기기기를 가열하게 되므로 될 수 있는 한 이것을 감소시켜야 한다. 직류기의 손실을 분류하면 다음과 같은 종류가 있다.

8.1.1 동 손

① 전기자 권선(보극 및 보상권선 포함)의 저항에 의한 동손(copper loss)

② 계자권선(계자저항기를 포함)의 저항에 의한 동손, 이것을 여자동손(excitation loss)이라고도 한다.

③ 브러시와 정류자와의 접촉저항에 의한 손실, 즉 브러시 접촉손(brush contact loss)이다.

8.1.2 무부하 철손

① 무부하시에 전기자 철심 및 치에 발생하는 히스테리시스손(hysteresis loss)

② 무부하시에 전기자 철심, 치 및 극편 면에서 발생하는 와전류손(eddy current loss)

8.1.3 기계손

① 베어링에서의 마찰손(friction loss)

② 가동부분과 공기와의 마찰손, 즉 풍손(windage loss)

③ 브러시에서의 마찰손

8.1.4 표류부하손

부하상태에서 발생하는 직류기의 전손실에서 동손, 무부하 철손(no load iron loss) 및 기계손(mechanical loss) 세가지를 뺀 나머지 손실을 말한다. 이 손실은 측정하기가 어려운 손실이며 다음과 같은 종류가 있다.

① 전기자 반작용에 의해 자속이 왜곡되기 때문에 전기자 치 또는 극편 면에 생기는 히스테리시스손 및 와전류손의 증가분
② 전기자 치중에서 자속이 변화하기 때문에 전기자 도체 중에 생기는 와전류손
③ 전기자 단판 및 적층철심을 죄어주는 볼트 중에서 생기는 와전류손
④ 정류시 브러시에 의해서 단락된 선륜 중의 단락전류에 의한 동손

이상의 손실 중 무부하 철손과 기계손의 합을 표류손(stray loss)이라고 하는데 이것은 전기자가 자계 내에서 회전하기만 하면 발생되는 손실이므로 회전손(rotation loss)이라고도 하며 부하전류의 대소에 관계없이 대략 일정한 값이다. 이 회전손은 전기기기를 전동기로서 무부하 운전할 때에 소비되는 전력으로부터 계자동손과 전기자 동손을 제하면 쉽게 구할 수 있다.

표류부하손(stray load loss)은 측정하기가 어려우나 200[HP] 또는 그 이상의 직류기기에 있어서 전부하시의 표류부하손은 출력의 약 1[%] 정도라고 알려져 있다. 또 전기기기를 무부하로 운전할 때의 전손실을 무부하손(no load loss)이라 하고 부하를 인가했을 때 증가하는 손실을 부하손(load loss)이라고 한다. 무부하손에는 무부하시의 철손, 계자동손 및 기계손이 포함되고 부하손에는 주로 부하시의 전기자 회로 저항손과 표류부하손이 포함되는데 부하손은 일반적으로 부하전류의 제곱에 비례한다.

8.2 효 율

기계의 출력과 입력의 비를 효율(efficiency)이라고 한다.

$$\text{효율} = \frac{\text{출력}}{\text{입력}} \tag{2.8.1}$$

효율은 또 다음과 같은 식으로 표시할 수도 있다.

$$\text{효율} = \frac{\text{출력}}{\text{출력} + \text{손실}} \tag{2.8.2}$$

$$\text{효율} = \frac{\text{입력} - \text{손실}}{\text{입력}} \tag{2.8.3}$$

그러므로 전기기기의 손실만 알면 주어진 출력 또는 입력에 대한 효율을 구할 수 있다.

소형 전기기기에 있어서는 입력과 출력을 직접 측정해서 효율을 구할 수 있으나 대형 전기기기에 있어서는 입력 또는 출력의 직접측정이 어려우므로 손실을 계산하여 발전기의 효율은 식 2.8.2를, 전동기의 효율은 식 2.8.3을 사용하여 구한다. 이때 발전기의 출력과 전동기의 입력은 전압계와 전류계를 사용하여 쉽게 측정할 수 있다.

예제 230[kW], 220[V], 1200[rpm]의 내분권 복권발전기가 있다. 이 발전기의 전기자 저항(브러시 저항을 포함)은 0.0045[Ω], 보극권선 저항은 0.001[Ω], 직권계자 저항은 0.0008[Ω], 분권계자 저항은 50[Ω]이고 철손과 기계손의 합, 즉 표류손은 6500[W]라고 한다. 표류부하손을 출력의 1[%]로 취하던 전부하에서 전체 손실과 효율은 얼마가 되는가?

해설 전부하 전류 : $220 \times I = 230000$, $I = 1045$[A]

분권계자 전류 : $I_f = \dfrac{220}{50} = 4.4$[A]

전기자 전류 : $I_a = 1045 + 4.4 = 1049.4$[A]

전기자 동손 : $1049.4^2 \times (0.0045 + 0.0010) = 6057$[W]

직권계자 동손 : $1045^2 \times 0.0008 = 874$[W]

분권계자 동손 : $220 \times 4.4 = 968$[W]

표류손 : 6500[W]

표류부하손 : $230000 \times 0.01 = 2300$[W]

전체 손실 : $6057 + 874 + 968 + 6500 + 2300 = 16699$[W]

효율 : $\eta = \dfrac{230000}{230000 + 16699} = 93.2$[%]

직류기에서는 무부하손과 부하손이 같을 경우에 기기의 효율이 최대가 된다. 이것을 나타낸 것이 [그림 2-61]이다. 그림에서 P_0는 무부하손, RI_a^2은 부하손을 나타낸다. 그림에 나타낸 것과 같이 이보다 경부하일 때 또는 과부하일 때는 효율이 저하한다.

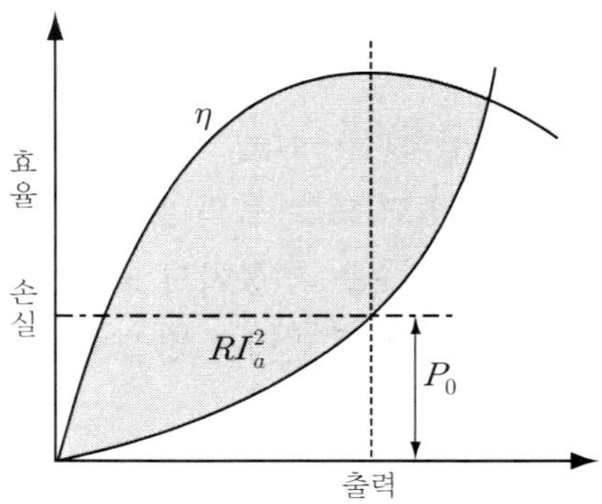

[그림 2-61]

연습문제

1. 12극 직류발전기의 전기자 도체수는 2880, 회전수는 200[rpm]이며 전기자 권선은 단중파권으로 되어 있다. 극당 자속이 0.05[Wb]라면 전기자에 몇 [V]의 전압이 발생하는가?

2. 문제 1에서 발전기에 1000[Ω]의 부하가 연결된다면 발전기의 축에는 얼마의 역토크가 발생하는가? 단, 전기자 저항은 무시한다.

3. 10극 50[kW], 120[V] 단중중권 직류발전기가 있다. 전기자 도체수는 640, 회전수는 3600[rpm]일 때 이 발전기가 무부하에서 정격전압을 만드는데 필요한 극당 자속은 얼마인가?

4. 보상권선이 설치된 타여자 직류발전기의 정격이 176[kW], 440[V], 400[A], 1800[rpm]이다. 발전기의 전기자 저항은 0.05[Ω], 계자저항은 20[Ω], 여자전압은 430[V], 계자회로 전류를 제어하기 위한 가변저항값이 65[Ω]일 때 무부하 단자전압은 440[V]이었다. 원동기의 속도가 1600[rpm]일 때 이 발전기의 무부하 단자전압은 얼마인가?

5. 문제 4에서 계자전류는 얼마이며, 부하에 5[Ω]의 저항이 연결된다면 이때의 단자전압은 몇 [V]가 되는가?

6. 내분권 복권발전기가 부하에 150[A]를 공급하고 있을 때 단자전압은 230[V] 분권계자 전류는 2.5[A], 전기자 저항은 0.03[Ω], 직권계자 저항은 0.015[Ω], 분류가감 저항은 0.03[Ω]이다. 이때 전기자의 유도기전력 및 전기자에 유도된 전체 전력은 얼마인가?

7. 문제 6에서 전기자에 유도된 전체 전력의 분배상태는 어떻게 되는지 설명하여라.

8. 타려직류발전기가 1200[rpm]으로 회전하면서 부하에 단자전압 125[V], 180[A]의 전력을 공급하고 있다. 자속을 일정하게 유지한 채 회전속도를 1050[rpm]으로 감소시키면 부하전류는 얼마인가? 단, 전기자 저항은 0.06[Ω]이다.

9. 정격출력 100[kW] 복권발전기가 무부하시와 전부하시 정격전압 230[V]를 유지하기 위해 5800[At]과 7200[At]의 기자력이 요구된다면 필요한 직권권선의 턴수는 얼마인가?

10. 회전속도 850[rpm], 계자전류 1.8[A], 무부하 단자전압 148[V]인 타려발전기가 있다. 계자전류를 2.4[A]로 증가시켰을 경우 및 계자전류 2.2[A], 회전속도 950[rpm]인 경우의 기전력을 각각 구하여라. 단, 자속과 전류의 관계는 선형적이다.

11. 2극 직류전동기의 전기자 도체수는 260, 도체길이 16[cm], 반경 12[cm], 자속밀도 0.8[T]이며 전기자 도체의 70[%]가 자극면 아래 위치하고 있다. 전기자전류 60[A], 회전수 1600[rpm]이라면 전기자에서 발생하는 힘과 토크 및 역전기력은 얼마인가?

12. 직류전동기에 240[V]의 전압을 가하였더니 전기자 전류는 20[A], 회전수는 960[rpm]이다. 전기자 저항이 0.2[Ω]이라면 무부하시 회전속도는 얼마인가? 단, 손실은 무시한다.

13. 전기자 저항 0.4[Ω], 계자저항 120[Ω], 회전손실 240[W]인 직류분권전동기에 120[V]의 전압을 가했을 때 전부하선전류는 19.5[A], 회전속도는 1200[rpm]이었다. 다음 값들을 구하여라.

1) 발생동력 2) 출력 3) 토크 4) 전부하시 효율

14. 직권전동기에 460[V]의 전압을 가하여 6[m/s]의 속도로 중량물을 끌어올리고 있다. 속도를 4[m/s]로 낮추기 위해 직렬로 가해야 할 저항값을 구하여라. 단, 전기자 저항과 직권계자권선의 합성저항은 0.48[Ω]이고 자화곡선은 선형이라 가정한다.

15. 전기자 저항이 0.3[Ω]인 분권전동기에 220[V]의 전압을 가할 때 기동 시 전기자 전류를 80[A]로 제한하기 위해서 전기자에 연결해야 할 직렬저항을 구하고 전기자 전류가 30[A]로 감소된 상황에서 기동저항이 분리되지 않는 경우 역기전력을 구하여라.

16. 분권직류발전기가 회전속도 600[rpm]으로 250[V] bus에 100[kW]의 전력을 이송하던 중 벨트가 절단되어 전동기로 구동되면서 8[kW]의 전력을 소모하고 있다. 회전속도를 구하여라. 단, 전기자 저항은 0.02[Ω], 계자저항은 125[Ω]이다.

17. 전기자 저항이 0.05[Ω]인 50[HP], 250[V], 1200[rpm]의 분권직류전동기가 있다. 이 전동기의 계자회로 전체 저항은 50[Ω], 무부하 속도는 1200[rpm]이다. 만약 전동기에 입력되는 전류가 200[A]라면 이때의 전동기 속도는 얼마가 되는가? 이 전동기는 보상권선이 있으며, 전기자 저항에는 브러시, 보상권선, 보극의 저항값이 포함되어 있다.

18. 전기자 저항이 0.03[Ω]이고 계자저항은 42[Ω]인 100[HP] 250[V], 1200[rpm] 분권직류전동기가 있다. 이 전동기가 입력전류 126[A], 계자전류 6[A], 속도 1100[rpm]으로 회전중 계자회로 가변저항을 증가시켜 계자전류가 5[A]로 감소했다면 전동기의 회전수는 얼마가 되겠는가? 단, 전기자 전류는 동일했으며 기계손 및 철손은 무시하고, 전동기의 무부하 특성곡선은 선형이라고 가정한다.

19. 문제 18의 전동기를 타여자 직류전동기라고 가정한다. 전동기가 일정 토크 및 자속상태에서 전기자 전압 250[V], 전기자 전류 120[A], 1100[rpm]으로 회전하고 있다. 만약 전기자 전압이 200[V]로 감소한다면 전동기의 속도는 얼마가 되는가?

20. 50[HP], 250[V], 1200[rpm]인 분권직류전동기의 정격 전기자 전류는 170[A], 정격 계자전류는 5[A]이다. 회전자를 구속하였을 경우 10.5[V]의 전기자 전압에서 170[A]의 전기자 전류가 흐르고 250[V]의 계자전압은 5[A]의 계자전류를 공급한다. 무부하시 단자전압이 240[V]일 때 전기자 전류는 13.5[A]일 경우, 정격 운전조건에서 이 전동기의 출력 및 효율을 계산하여라. 브러시에서 발생하는 손실은 무시하고 표류부하손은 출력의 1[%]로 가정한다.

제3장 동기기

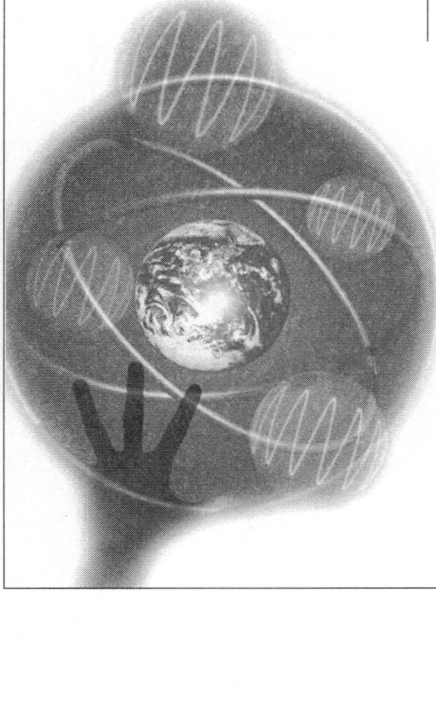

1. 동기발전기의 원리 및 구조

1.1 동기기 개요

전압의 주파수와 회전기계의 극수만으로 결정되는 회전속도 $N_0 = (120f)/P$를 동기속도(synchronous speed)라 하고 동기속도로 회전하는 발전기를 동기발전기(synchronous generator)라고 한다. 대출력의 수력발전소 및 화력발전소의 발전기 또는 선박에서 사용하는 발전기는 모두 동기발전기이다.

[그림 3-1] 디젤 발전기의 외관

동기발전기에 교류전압을 공급하면 동기속도로 회전하는 교류전동기가 되는데 이것이 동기전동기(synchronous motor)이다. 즉, 동기발전기와 동기전동기의 구조는 동일하다. 500[kW] 이상 대형전동기의 경우 동기전등기가 유도전동기보다 경제적인 면 등에서 이점이 많으므로 펌프, 송풍기, 전동발전기 등의 운전에 사용되고 있다. 또, 소형 또는 극소형인 동기전동기도 일정속도가 필요한 곳에 사용된다.

동기속도로 회전하는 교류기계를 총칭하여 동기기(synchronous machine)라고 하며 동기기에는 동기발전기, 동기전동기 외에 동기조상기(synchronous phase modifier or synchronous condenser), 동기주파수변환기(synchronous frequency changer), 동기변류기(synchronous converter) 등이 있다.

1.2 동기발전기의 원리

[그림 3-2](a)와 같이 일정 자계 내에서 코일 $abdc$가 화살표 방향으로 회전하고 있다고 가정하면 코일변 ab 및 cd에는 코일이 반회전할 때마다 그 방향과 크기가 주기적으로 변화하는 기전력 e가 유도되고 코일의 양단 a, c 사이에는 이 기전력의 합이 전압으로 나타난다. 따라서 코일 a, c를 슬립링(slip ring) s 및 이것에 접촉하고 있는 브러시 b에 의해서 외부부하 R에 연결하면 R에는 크기와 방향이 주기적으로 변화하는 교류전압이 연속적으로 공급되고 이 전압에 의해 R에는 교류전류가 흐르게 된다. 이것이 단상 동기발전기의 원리이다.

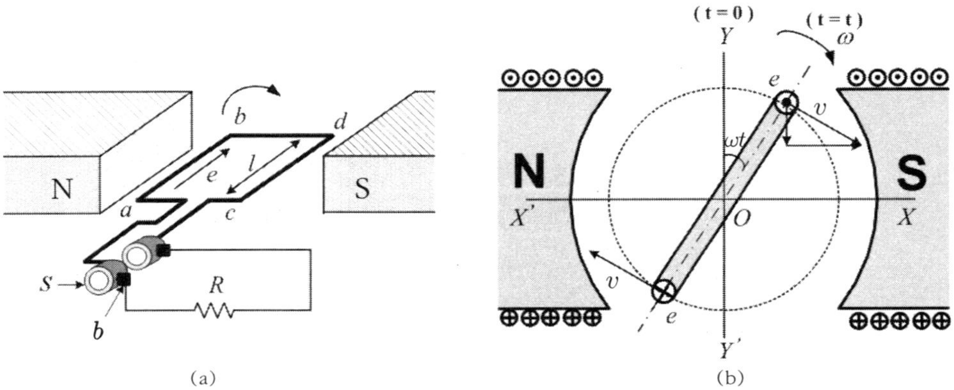

[그림 3-2] 교류발전기의 원리 및 교류기전력의 발생

[그림 3-2](a)와 같은 교류발전기를 단면도로 나타내면 (b)와 같게 되는데 이 그림에서 N, S 자극 사이의 자속밀도를 B[T], 코일 반경을 r[m], 코일변의 유효 길이를 l[m]라 하고 코일이 YOY' 축을 기점($t=0$)으로 하여 일정각속도 ω [rad/s]로 회전하고 있다고 하면 코일이 기점을 지난 t초 후에 있어서의 코일변의 선속도를 v[m/s]라 할 때 자속과 직각방향의 속도성분 $v'=v\sin\omega t$가 되고 또 $v=r\omega$이므로 각 도체에 유도되는 기전력 e는 다음 식과 같다.

$$e = Blv' = Blv\sin\omega t = Blr\omega\sin\omega t \text{[V]} \qquad (3.1.1)$$

코일의 권수가 N일 경우 그림 (a)의 브러시 사이에는 다음과 같은 전압 e_t가 발생한다.

$$e_t = 2Ne = 2NBlr\omega\sin\omega t = \omega N\Phi_m\sin\omega t = E_m\sin\omega t \qquad (3.1.2)$$

단, $\Phi_m = 2Blr$은 코일이 기점 YOY' 축에 있을 때 코일을 관통하는 자속수이고 $E_m = wN\Phi_m$은 코일에 유도되는 기전력의 최대치이다.

식 3.1.2에서 알 수 있듯이 교류발전기가 발생하는 기전력은 E_m을 최대값으로 하는 정현파 기전력이고 시간에 따라서 그 크기와 방향이 주기적으로 변화하며 이 기전력은 자속과 도체와의 상대운동에 의해 유도되므로 [그림 3-3](a)와 같이 전기자 코일이 회전하여 자속을 절단하거나 또는 그림 (b)와 같이 전기자 코일은 고정되어 있고 그 내부를 자속이 회전하여도 도체가 자속을 절단하는 것에는 하등의 차이가 없다. 전자와 같은 형식의 발전기를 회전전기자형 교류발전기라 하고 후자와 같은 형식의 발전기를 회전계자형 교류발전기라고 하는데 그 유도기전력의 파형은 그림 (c)와 같이 모두 정현파가 된다.

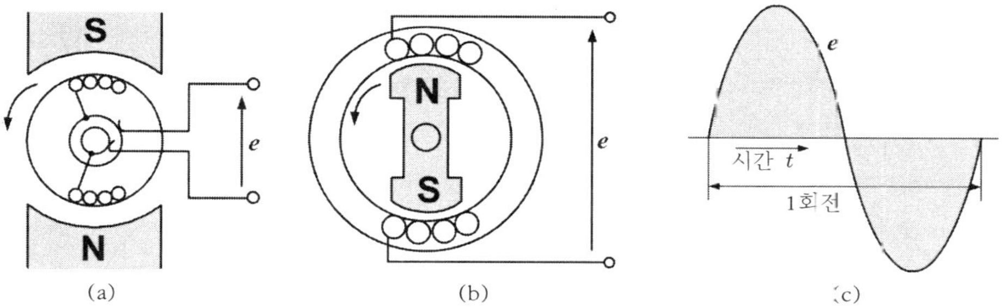

[그림 3-3] 회전전기자형과 회전계자형 교류발전기 및 기전력의 파형

3상 교류를 얻기 위해서는 [그림 3-4](a)와 같이 고정자에 공간적으로 120°의 간격을 두고 3개의 코일 a, b, c를 결선하면 되는데 3상의 각 코일에 유도되는 기전력 e_a, e_b, e_c는 그림 (b)와 같이 된다.

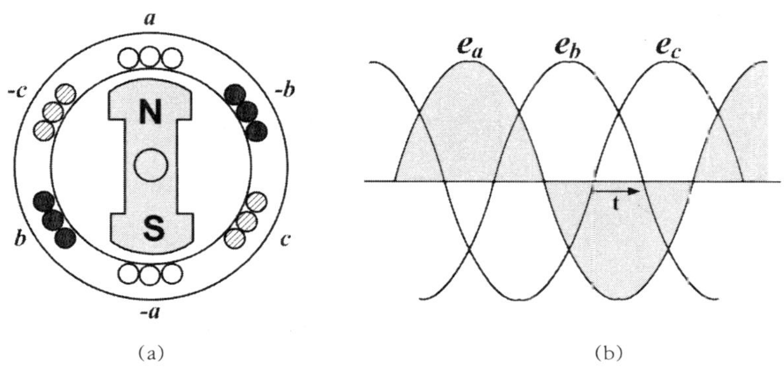

[그림 3-4] 3상 교류발전기

1.3 동기속도

[그림 3-5](a)와 같이 2극 발전기의 회전자가 1회전하면 코일 aa'에 유도되는 기전력은 1사이클을 완료하므로 회전속도가 n[rps]일 때 주파수는 n[Hz]가 된다. 따라서 주파수 60[Hz]의 기전력을 얻기 위해서는 60[rps]의 속도로 발전기의 회전자는 회전해야 한다. 그림 (b)와 같이 발전기가 4극일 때는 회전자의 1/2회전에 의해 기전력은 1사이클을 완료하므로 회전속도가 n[rps]일 때 주파수는 $2n$[Hz]가 된다. 이와 같이 동기발전기에 있어서는 회전자(자극)의 회전속도와 기전력의 주파수 사이에는 일정한 관계가 있으며 일정주파수의 기전력을 얻기 위해서는 극수와 주파수에 의해 결정되는 일정한 회전속도로 발전기를 운전해야 한다. 동기발전기의 이와 같은 회전속도를 동기속도(synchronous speed)라고 한다.

이상에서 기술한 관계에 의해서 발전기의 극수가 P, 회전속도가 n[rps]일 때 기전력의 주파수는 $f = Pn/2$[Hz]가 되므로 회전자의 매분회전수를 N[rpm]으로 하면 기전력의 주파수는 다음과 같이 표현된다.

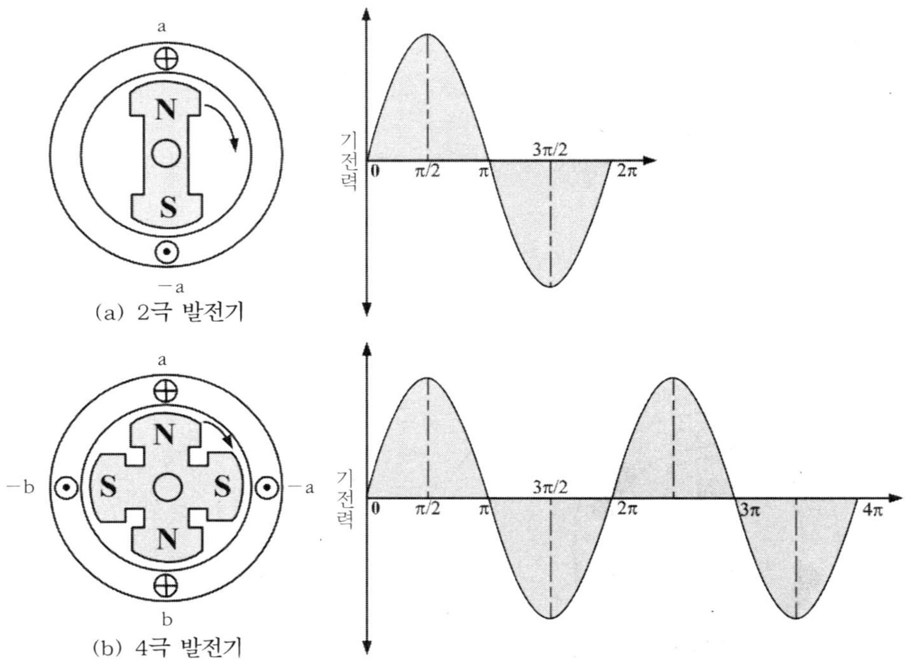

[그림 3-5] 극수와 주파수와의 관계

$$f = \frac{P}{2}n = \frac{P}{2} \cdot \frac{N}{60} = \frac{PN}{120}[\text{Hz}] \tag{3.1.3}$$

따라서 동기속도는 다음 식과 같다.

$$N_0 = \frac{120}{P}f[\text{rpm}] \tag{3.1.4}$$

1.4 동기발전기의 종류

1.4.1 회전자의 형식에 의한 분류

(1) 회전계자형 교류발전기(revolving field type alternator)

이 형식의 교류발전기는 [그림 3-6](a)와 같이 고정전기자의 안쪽을 계자가 회전하는 형식이며 계자권선의 각 단자는 각각 슬립링에 연결되고 그 위에 접촉되어 있는 브러시를 거쳐서 바깥의 직류전원으로부터 계자권선에 여자전류를 공급하도록 되어 있다. 전기자는 고정되어 있으므로 전기자 권선은 원심력을 받지 않고 충분한 절연을 할 수 있으며 기계적인 손상을 받지 않으므로 고전압용으로 적합하다.

또, 전기자 전류는 슬립링을 거치지 않고 정지하고 있는 전기자 단자로부터 직접 외부회로에 공급할 수 있으므로 대전류용으로도 적합하다. 회전자(계자)는 전기자보다도 구조가 간단하므로 고속도에 대해서도 충분히 견고하게 제작할 수 있고 또한 여자전류를 공급하기 위해서 슬립링이 필요하나 이것은 교류 출력전압에 관계없이 여자전압이 직류 440[V] 이하이므로 절연문제도 생기지 않는다. 그러므로 회전계자형 발전기는 고전압 대용량의 발전기에 널리 사용된다.

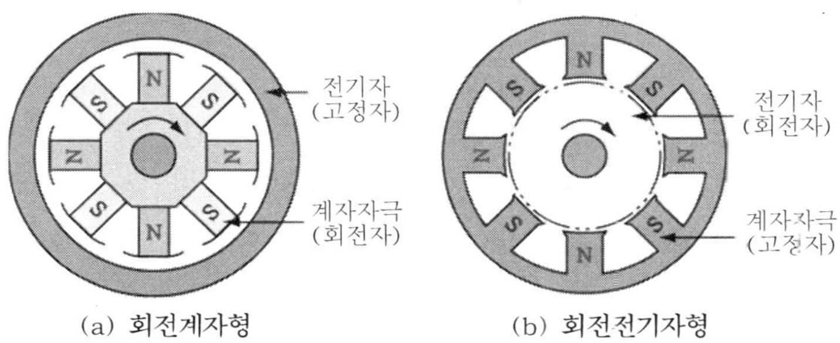

(a) 회전계자형 (b) 회전전기자형

[그림 3-6] 발전기의 회전자 형식

(2) 회전전기자형 교류발전기(revolving armature type alternator)

이 형식의 발전기는 [그림 3-6](b)와 같이 고정계자의 안쪽을 전기자가 회전하는 형식으로서 그 구조가 직류발전기와 거의 같으며 다른 것은 정류자 대신에 슬립링이 있다는 것이다. 이 형식은 10[kVA] 이하의 저압소용량 발전기에 사용될 뿐 대용량의 발전기에는 사용되지 않는다. 그 이유는 발생전력을 외부로 공급하기 위해 상수와 같은 수의 슬립링을 필요로 하는데 이것은 어느 정도 이상의 고전압, 대전류에는 적합하지 못하기 때문이다.

또 회전자는 고속에서 회전자에 가해지는 원심력을 충분히 견디도록 설계되어야 하는데 계자보다 전기자를 견고하게 제작하는 것이 훨씬 어렵다.

1.4.2 원동기의 종류에 의한 분류

(1) 디젤 발전기(diesel generator)

원동기가 내연기관으로서 보통 150~900[rpm] 정도의 저속이므로 발전기는 48~8극의 다극발전기가 된다.

(2) 터빈 발전기(turbine generator)

원동기가 증기터빈으로 운전되는 것으로서 1800~3600[rpm]의 고속이므로 발전기는 4~2극의 고속발전기가 된다.

(3) 수차 발전기(water wheel generator)

수차에 의해서 운전되는 수력 발전기로서 회전속도는 보통 200~1000[rpm] 정도인데 매분 수회전하는 것도 있다.

1.4.3 여자방식에 의한 분류

(1) 직류여자기 부착 교류발전기

교류발전기에 여자전류를 공급해 주기 위해 사용되는 소용량의 직류발전기 또는 교류발전기를 여자기(exciter)라고 한다. [그림 3-7](a)는 여자기로서 소용량의 직류발전기를 주발전기축과 직결한 것으로 이것을 직류여자기 부착 교류발전기라고 하는데 이 발전기와 같이 자기자신이 발생한 전력과는 별개의 전원에서 여자전류의 공급을 받고 있는 발전기를 타려발전기라고 한다. 직류여자기 부착 발전기는 발전기의 부하변화에 수반되는 원동기의 속도변동 영향을 직접 받게 되므로 여자전압의 변화로 인해 발전기의 전압변동이 커지고 또 저속 발전기의 경우에는 여자기도 저속이 되어 필요한 여자전압을 얻기 위해서는 한 극당 자속 Φ와 자극수 P를 증가해야 하므로 여자기의 부피가 커져서 철손증가 등에 의한 효율저하를 초래하게 되는 등의 결점이 있다. 또 정류자와 브러시로 인한 수리가 번거롭고 부하변화로 인한 전압변동이 심하며 AVR을 병용하여도 전압조정에 대한 응답속도가 늦는 등 여러 가지 단점 때문에 현재 이 발전기는 거의 사용되지 않고 있다.

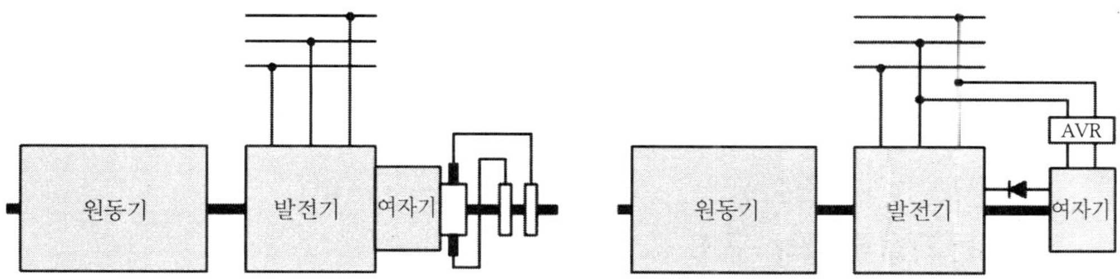

(a) 직류여자기 부착 교류발전기 (b) 브러시리스 교류발전기

[그림 3-7] 교류발전기 여자방식

(2) 브러시리스 교류발전기

[그림 3-7](b)와 같이 회전전기자형 교류발전기를 여자기로서 주발전기의 축에 직결하고 여자기의 회전자에 발생한 교류전력을 회전축에 설치한 실리콘 정류기(회전정류기) 또는 사이리스터에 의해 정류하여 주발전기의 계자에 공급해주는 발전기는 슬립링이나 브러시 등이 없으므로 브러시리스 교류발전기(brushless AC generator)라고 한다. 이 발전기는 정류자와 슬립링으로 인해 발생하는 사고가 없어지고 동시에 브러시의 마찰분말에 의해 발전기가 오손되는 일이 없으므로 운전에 대한 신뢰성이 향상되며 또 정류자, 브러시, 슬립링 기타 부속장치가 불필요하기 때문에 경제적이고 보수점검이 용이한 장점이 있다. 이 발전기는 수리가 거의 불필요한 장점이 있기 때문에 현재 널리 사용된다.

(3) 자려 교류발전기

동기발전기 발생전력의 일부를 [그림 3-8]과 같이 반도체 정류기에 의해서 정류하여 이것을 동기발전기의 계자권선에 공급해 주는 발전기를 자려 교류발전기(self excited AC generator)라고 한다. 이 발전기는 타려 교류발전기에 있어서의 회전여자기를 정지여자장치로 대체한 것으로 전압변동률이 작은 장점이 있다.

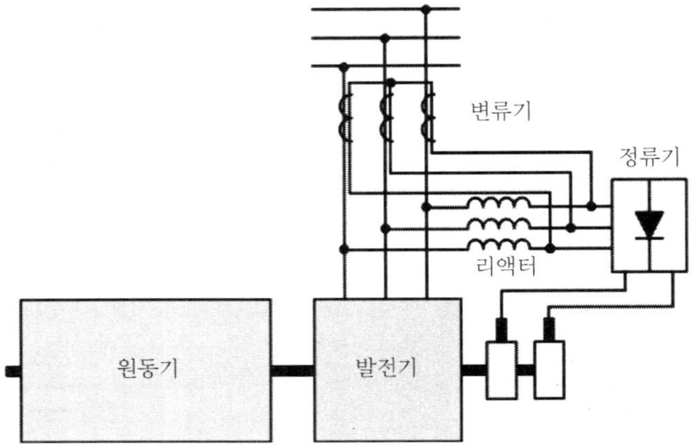

[그림 3-8] 자려발전기

1.5 동기발전기의 구조

1.5.1 고정자

고정자 프레임(stator frame)은 전기자 철심을 지지하고 기계 전체를 보호하며 자로를 형성하기 때문에 투자율이 높고 강한 재료를 사용할 필요가 있다. 그러므로 프레임은 주철을 사용하거나 또는 연강판을 용접하여 조립하고 그 프레임의 내주에 고정자 철심(stator core)을 끼운다. 고정자 철심은 전기자 철심(armature core)이라고도 하며 와전류 손실을 감소시키기 위해서 0.35[mm] 또는 0.5[mm]의 규소강판을 [그림 3-9]와 같이 부채모양으로 분할하여 펀칭(punching)한 것을 적층하여 조립한다.

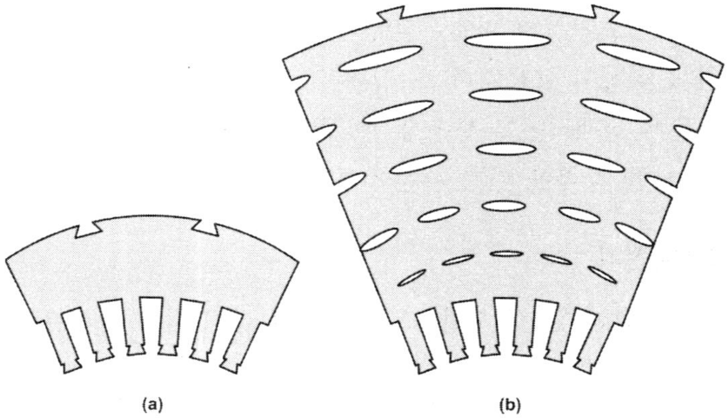

[그림 3-9] 전기자 철심으로 펀칭된 전기강판

[그림 3-9](a)는 디젤 발전기 또는 수차 발전기용 전기자 철심이고 그림 (b)는 고속 터빈 발전기용인데 터빈 발전기는 전기자 철심이 축방향으로 길기 때문에 전기자 철심을 냉각시키기 위해서 축방향으로 통풍도가 필요하드로 그림과 같이 강판면에 구멍을 만든다.

고정자 철심의 내주에는 [그림 3-9]에서 볼 수 있듯이 전기자 코일을 설치하는 홈이 있는데 이 홈안에 형권코일을 절연하여 넣고 쐐기로 고정하여 코일이 이탈되는 것을 방지한다. 전기자 코일은 소형 발전기에 있어서는 환동선을 사용하고 중형이상의 발전기에 있어서는 각동선을 사용한다 [그림 3-10]은 발전기의 고정자를 보여주는 그림이다.

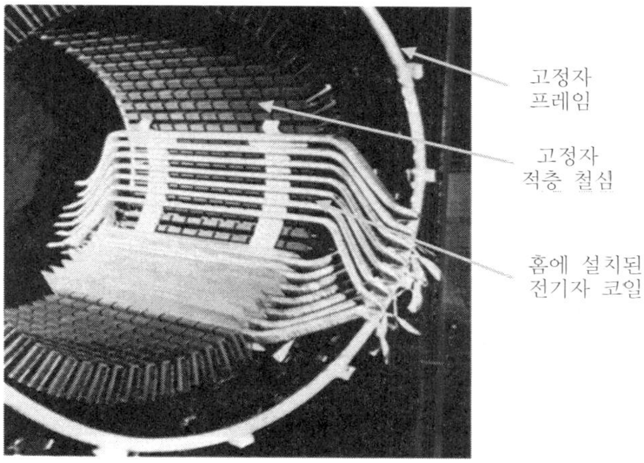

[그림 3-10] 발전기의 고정자

1.5.2 회전자

회전자(rotor)는 돌극형과 원통형으로 대별되는데 돌극형은 디젤 발전기, 수차 발전기 등의 저속 발전기에 사용되고 원통형은 고속으로 원심력이 큰 터빈 발전기 및 고속 디젤 발전기에 사용된다.

(1) 돌극형 회전자(salient pole rotor)

저속 발전기의 회전자는 단강으로 만든 축에 플라이 휠(fly wheel) 모양의 단강 또는 주강제의 스파이더를 키(key)로 고정시키고 스파이더에 계자환(field ring, 계철)을 끼운다. 계철은 주강으로 만들고 그 외주에 계자철심이 더브테일(dove tail) 또는 볼트에 의해서 견고하게 부착된다.

[그림 3-11] 돌극형 회전자(1)

계자철심은 공극자속의 맥동에 의해 발생하는 와전류를 방지하기 위해 1.6~3.2[mm]의 강판을 [그림 3-13]과 같이 펀칭한 것을 적층하여 그 양단에 단강 또는 주철제의 단판을 대고 볼트로 죄어 고정한다. 계자권선은 동선을 절연하여 형권코일을 만들어 계자철심에 끼운다.

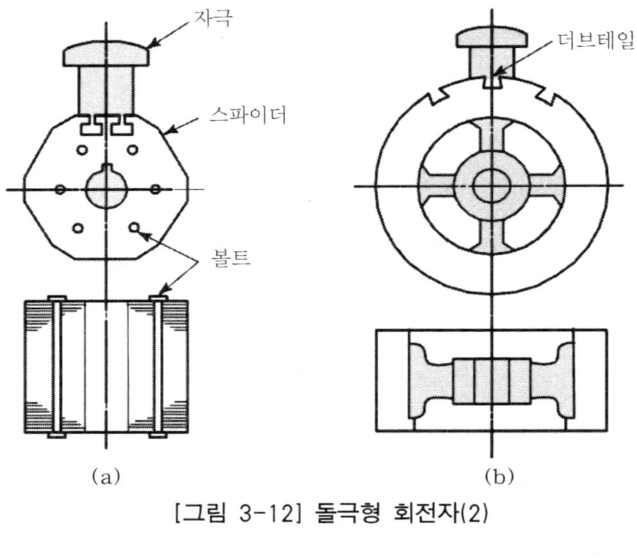

[그림 3-12] 돌극형 회전자(2)

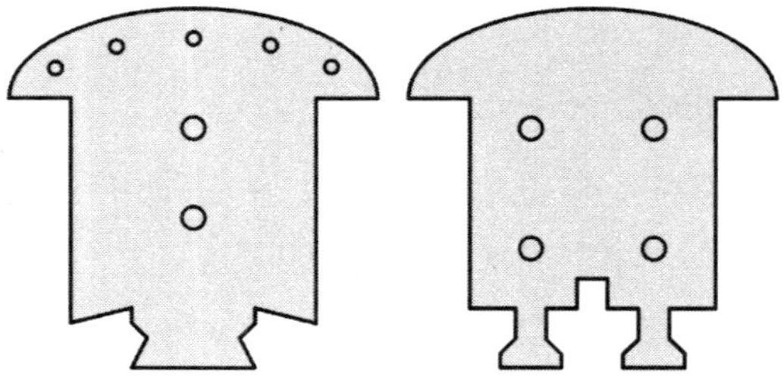

[그림 3-13] 계자철심용 강판(돌극형 회전자용)

(2) 원통형 회전자

고속 터빈 발전기는 원심력과 풍손이 크기 때문에 원통형 회전자가 사용된다.

원통형 회전자의 일반적인 구조는 니켈, 크롬을 단조하여 주축과 계자철심을 단일체로 만들고 그 주위에 방사상으로 홈을 가공하며 이 홈에 계자권선을 설치한다. 홈의 입구에는 계자권선이 원심력에 의해 이탈되는 것을 방지하기 위하여 비자성체 금속으로 만든 쐐기를 끼운다.

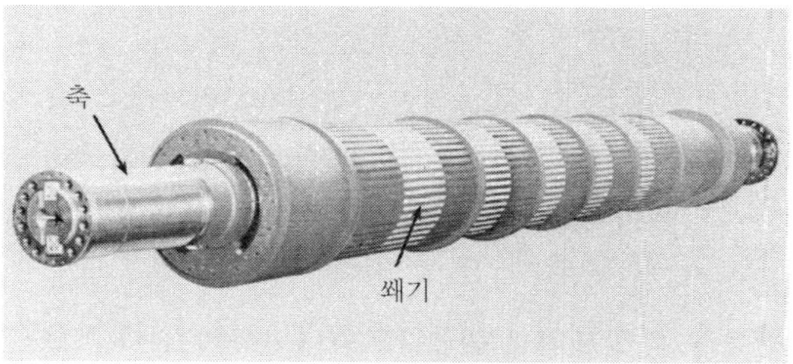

[그림 3-14] 원통형 회전자

(3) 디젤 발전기용 원통형 회전자

과거에는 디젤 발전기의 회전자로 모두 돌극형을 사용하였지만 근래에는 디젤 발전기도 고속화됨에 따라 6극에서 16극까지의 고속 또는 중속 발전기의 경우에는 구조가 견고하고 소형 경량인 원통형 회전자(cylindrical rotor)가 많이 사용된다. 원통형 회전자의 철심은 전기강판을 [그림 3-15]와 같이 펀칭한 것을 적층하여 축에 고정시켜 만든다.

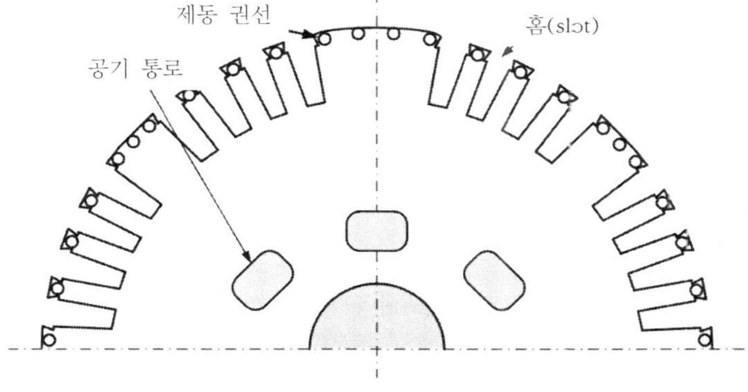

[그림 3-15] 계자철심용으로 펀칭된 강판(원통형 회전자용)

[그림 3-16] 디젤 발전기의 원통형 회전자

병렬운전용 발전기에 있어서는 제동권선(damper winding)을 설치하고 계자권선은 특수한 쐐기에 의해 홈안에 견고하게 고정시켜 놓아야 하며 계자코일 끝부분은 원심력에 의해서 움직이지 않도록 피아노줄 또는 특수한 테이프로 주변을 견고하게 감아야 한다.

이와 같은 원통형 회전자의 외관은 [그림 3-16]과 같다. 그림은 브러시리스 발전기용 회전자로서 교류여자기의 회전자(전기자)와 회전정류기가 같은 축에 설치되어 있고 슬립링은 없다.

최근 디젤 발전기에 돌극형 회전자 대신 원통형 회전자를 사용하는 이유는 원통형 회전자가 돌극형 회전자에 비해서 기계적으로 견고할 뿐만 아니라 계자의 시정수가 대단히 감소하므로 전압조정시의 과도특성이 향상되는 장점이 있기 때문이다.

1.5.3 기타 부속장치

발전기축에 사용하는 베어링에는 볼베어링(ball bearing)과 슬리브베어링(sleeve bearing)이 있다. 볼베어링은 소형, 중형 발전기에, 슬리브베어링은 대형 발전기에 사용된다.

브러시리스 발전기의 여자기로는 3상 회전전기자형 교류발전기가 사용되는데 이것을 주발전기의 피동측 베어링과 회전자(계자)사이의 축에 설치하고 여자기의 고정자(계자)는 주발전기의 고정자 프레임에 견고하게 고정시킨다. 여자기의 회전자(전기자)권선은 Y결선을 하고 그 단자는 회전정류기(rotating rectifier)에 연결한다. 회전정류기는 전기적으로 절연된 2개의 방열판에 실리콘 다이오드를 3개씩 설치하여 3상 브리지 회로를 형성하도록 접속하고 이 회전정류기의 양, 음 단자를 주발전기의 계자에 연결한다.

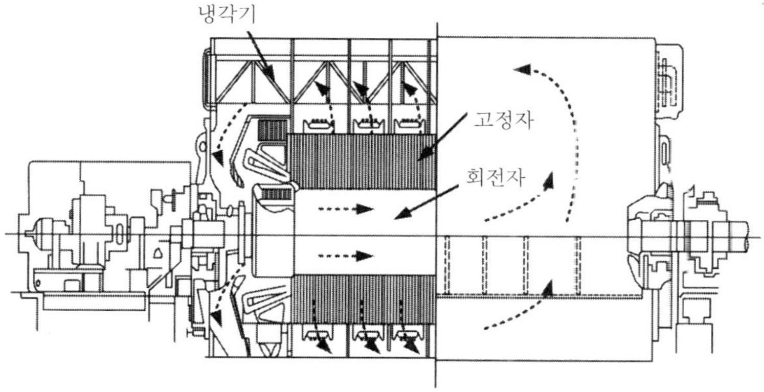

[그림 3-17] 발전기의 냉각(밀폐형)

통풍용 팬(fan)은 발전기의 베어링과 회전자(계자) 사이의 측에 설치되고 발전기 내부의 공기를 순환시킨다. 따라서 공기는 발전기에 있는 공기 입구에서 흡입되어 고정자 철심과 코일 단자의 표면, 그리고 고정자 철심과 계자철심 내부의 통풍도(air duct)를 통과하면서 발전기 내부의 열을 흡수하고 출구르 배출된다.

대형 발전기에서는 발전기를 밀폐형으로 하여 냉각공기를 팬에 의해 순환시키고 이 냉각공기는 발전기의 상부에 설치된 냉각기에 의해 냉각된다.

2. 전기자 권선법

2.1 단상권

단상전력이 필요할 경우에는 [그림 3-18]과 같이 Y결선된 3상 발전기의 두 단자로부터 단상전력을 취하여 사용하는 것이 일반적으므로 현재 교류발전기에서 단상으로 권선을 결선하는 경우는 거의 없으나 전동기에 있어서는 단상권선이 널리 사용되고 있다. 그리고 2상권이나 3상권은 단지 2개 또는 3개의 단상권선이 일정한 기하학적 관계를 가지고 배치된 것이므로 단상권(single phase winding)을 알면 다상권도 쉽게 이해할 수 있다.

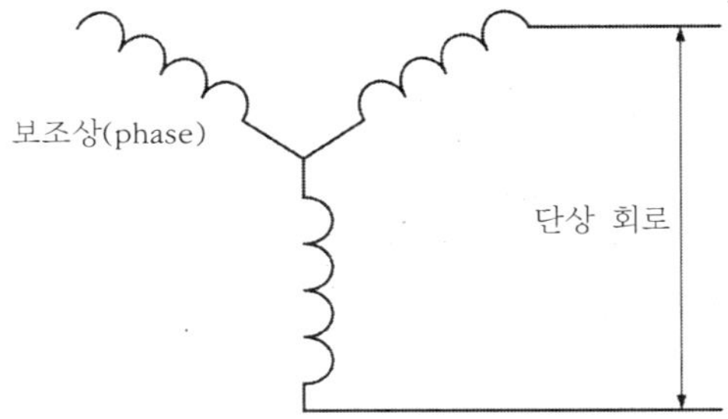

[그림 3-18] 3상 발전기에서 단상전력을 얻는 방법

[그림 3-19]는 단상권의 2가지 방법을 나타낸 것이다. 이 권선법은 전기자 표면의 약 2/3만 권선에 이용된다. 나머지 공간에 전기자 권선을 하더라도 그 기전력은 합성 기전력과의 위상차가 크기 때문에 전체 기전력에 별로 도움이 되지 못하므로 재료만 낭비하는 것이 된다.

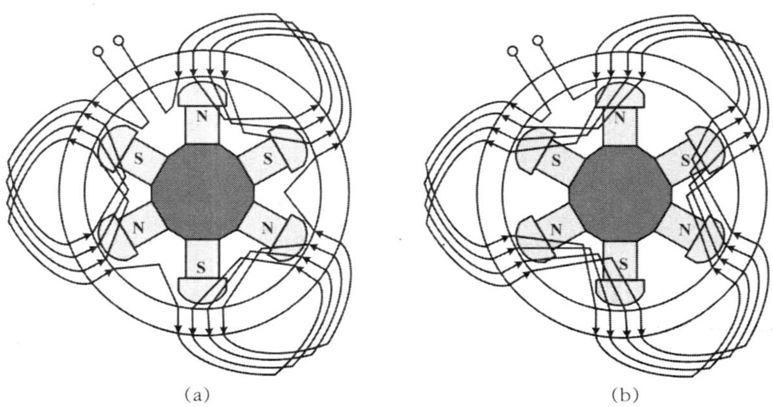

[그림 3-19] 중권과 파권(단상, 단층)

그림의 발전기는 1극당 전기자 홈이 4개씩 있으며 서로 연접해 있는 한 쌍의 N, S극에 걸쳐 분포되어 있는 4개의 코일이 한 개의 코일군(coil group)을 형성하므로 6극 발전기 전체에 대해서 3개의 코일군이 존재하고 있다. 그림의 (a)는 각 코일군을 구성하는 4개의 코일을 차례로 직렬로 연결하고 다음에 각 코일군을 직렬로 연결한 것이다. 이와 같은 권선법을 중권(lap winding)이라고 한다. 그림의 (b)에서는 각 코일군의 첫 번째 코일, 두 번째 코일, 세 번째 코일, 네 번째 코일을 각각 직렬로 연결하고 이것들을 차례로 전부 직렬로 연결한 것이다.

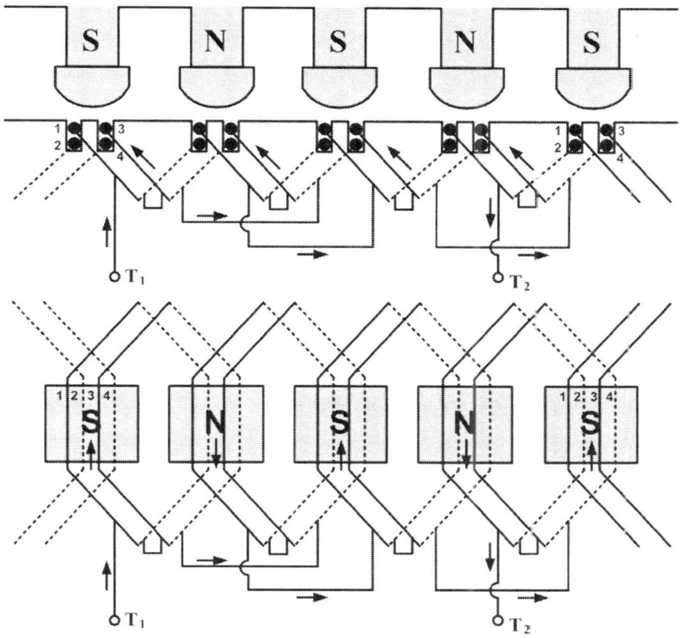

[그림 3-20] 단상 2층 중권(1)

이와 같은 권선법을 파권(wave winding)이라고 한다. 직류발전기어서는 중권과 파권의 경우 유도기전력이 각각 달랐지만 교류발전기에 있어서는 그림에서 알 수 있듯이 직렬로 연결된 도체수가 같기 때문에 유도기전력은 같아지게 된다. 그런데 중권은 코일 연결법이 파권보다 다소 간편하기 때문에 실제 전기자 권선은 중권이 주로 이용되고 있다.

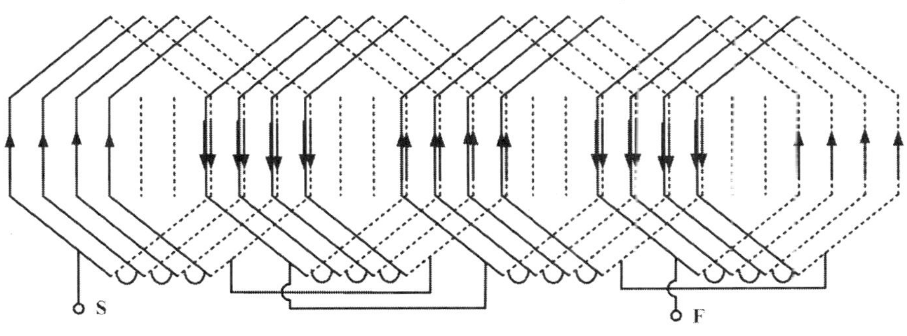

[그림 3-21] 단상 2층 중권(2)

[그림 3-19]와 같은 권선법은 전기자의 각 홈에 코일변이 1개씩 권선된 것이므로 단층권(single layer winding)이라 하고 코일군수는 극수 6의 절반인 3개만이 존재하게 되므로 반코일권(half coil winding)이라고 한다.

중권과 파권은 보통 [그림 3-20]과 같이 각 홈에 코일변을 2개씩 상하 2층으로 넣어서 권선하는데 이와 같은 권선법을 2층권(double layer winding)이라 하고 이 경우에 있어서는 극수와 같은 수의 코일군이 존재하게 되므로 전코일권(whole coil winding)이라고 한다. 2층권으로 권선하였을 경우의 권선도는 [그림 3-20]과 같은데 전기자 홈의 상층에 넣는 코일변을 실선으로 표시하고 하층에 놓은 코일변은 점선으로 표시하였다.

그림에서 볼 수 있듯이 코일군의 코일 2개를 직렬로 연결하고 다음 코일군을 직렬로 연결할 때에는 각 코일군의 기전력이 상쇄되지 않고 서로 합해지도록 두 번째와 네 번째 코일군은 그 연결을 반대로 해야 한다. 그리고 [그림 3-20]은 중권법의 원리를 나타내기 위해 1극당의 전기자 홈수를 2개만 표시했지만 실제로는 더 많은 수의 홈이 사용되며 [그림 3-19]에서 설명하였듯이 단상 발전기에 있어서는 보통 전기자 표면의 2/3에 분포하여 권선한다. 따라서 [그림 3-21]과 같이 1극당 6개의 홈이 있을 때 4개의 홈에 권선을 하고 나머지 2개의 홈에는 권선을 하지 않는다.

[그림 3-20] 또는 [그림 3-21]과 같이 1극 1상당의 전기자 홈수가 2 이상인 권선을 분포권(distributed winding)이라 하고 1극 1상당의 전기자 홈수가 1인 권선을 집중권(concentrated winding)이라고 하는데 집중권은 전기자 표면의 이용률이 낮고 또 3.4에서 기술했듯이 유도기전력의 파형이 양호하지 않기 때문에 거의 사용되지 않는다. [그림 3-21]과 같은 분포권에 있어서 각 코일군을 구성하는 4개의 코일에 유도되는 기전력은 위상이 다르기 때문에 4개의 코일에 유도되는 기전력의 벡터 합이 되고 단자 S, F 사이의 유도전압은 각 코일군의 유도전압의 4배와 같게 된다. 이와 같은 권선법의 각 코일은 전부 같은 모양이므로 형권코일(former wound coil)을 사용하는데 편리하다.

2.2 2상 전절중권(two-phase full-pitch lap winding)

동일 전기자 표면상에 [그림 3-20]과 같은 단상권선 2개를 전기각으로 90° 띄워서 권선하면 2상 중권(two phase lap winding)이 된다. [그림 3-22]에서 1극

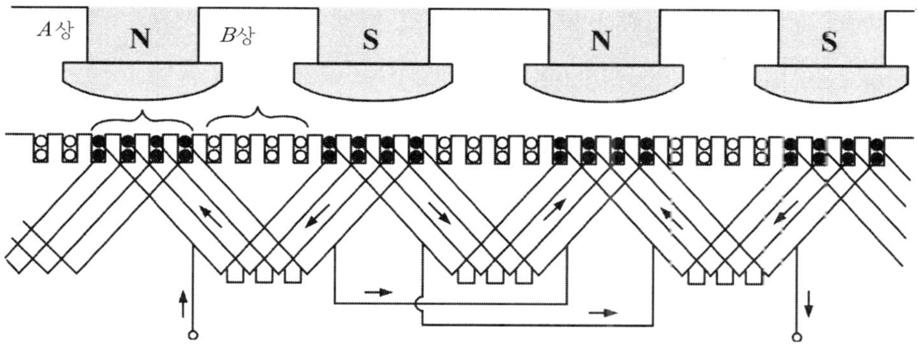

[그림 3-22] 2상 전절 2층 중권

당 홈수는 8개인데 그 중 4개의 홈에 [그림 3-20]과 같은 요령으로 A상 권선을 하고 나머지 4개의 홈에 같은 요령으로 B상 권선을 하면 2상 중권이 된다. [그림 3-22]는 B상의 권선법이 A상과 같기 때문에 B상은 생략하고 A상의 권선만 표시한 것이다. 이 권선법에서 1극 1상당 홈수는 4(4 slots per pole per phase)가 된다.

[그림 3-22]에서 1극당 전기자 홈수는 8이므로 극간격(pole pitch)은 홈수로 8이고 각 코일에 있어서 2개의 코일변 사이의 거리, 즉 코일피치(coil pitch or coil span)도 홈수로 8이다. 이와 같이 코일피치가 극간격과 같은 권선을 전절권(full pitch winding)이라 하며 전절권에 있어서는 전기자의 각 홈에 들어있는 2개의 코일변은 항상 같은 상에 속하게 된다.

2.3 3상 전절중권(three-phase full-pitch lap winding)

동일 전기자 표면상에 [그림 3-20]과 같은 단상권선 3개를 전기각 120° 간격으로 권선하면 3상 중권(three phase lap winding)이 된다. [그림 3-23]에서 1극당 홈수는 12이므로 3상 권선을 할 때 1극 1상당의 홈수는 4가 된다. 그러므로 1극당 4개의 홈에 [그림 3-23]과 같이 A상 권선을 하고 다음에 A상 권선으로부터 우측으로 8홈(8 slots)의 거리에 있는 홈을 1극당 4개씩 취하여 이 홈에 A상과 같은 권선을 하여 B상 권선으로, 다음에 B상 권선으로부터 우측으로 8홈의 거리에 있는 나머지 홈에 같은 권선을 하여 C상 권선으로 취하여 서로 연결할 경우 3상 전절 중권이 된다.

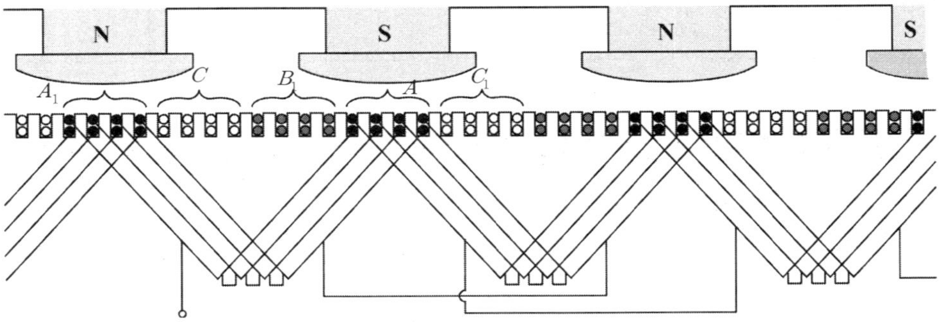

[그림 3-23] 3상 전절 중권

이 권선에서 각 코일의 피치는 12홈으로서 극간격과 같기 때문에 전절권이 된다. 그리고 극간격 12홈은 전기각 180°에 해당하므로 홈간격(slot pitch)은 180°/12=15°가 되며 A상, B상, C상 권선의 상호간격 8홈은 전기각으로 15°×8=120°가 된다.

[그림 3-23]에서 B상과 C상은 그 권선법이 A상과 같기 때문에 A상 권선만 표시하였으며 이 A상 권선은 코일 벨트(coil side belt) A_1에서 시작되었으므로 B상과 C상 권선은 각각 A_1의 상응 코일 벨트 B_1과 C_1에서 시작되어야 한다. 코일 벨트 C는 A_1의 우측으로 60° 거리에 있기 때문에 C상의 각 코일군을 직렬로 연결할 때 C가 A_1보다 240° 뒤지도록 C의 연결을 반대로 해야 한다. 이 권선도 전절권이기 때문에 각 홈에 들어있는 2개의 코일변은 같은 상에 속하게 된다.

2.4 3상 단절중권(three-phase fractional-pitch winding)

[그림 3-24]는 1극당 12홈을 가지고 있는 교류발전기의 극 2개와 전기자의 일부분을 나타낸 것이다.

이 전기자에 전절권을 하려면 모든 코일의 피치는 극간격과 같은 12홈(12 slots)이어야 한다. 그러므로 한 코일의 한쪽 코일변을 1번 홈의 상층에 넣으면 다른 코일변은 13번 홈의 하층에 넣어야 한다. 그런데 이 코일변을 11번 홈의 하층에 넣으면 코일피치는 10홈이 되어 극간격보다 작게 된다.

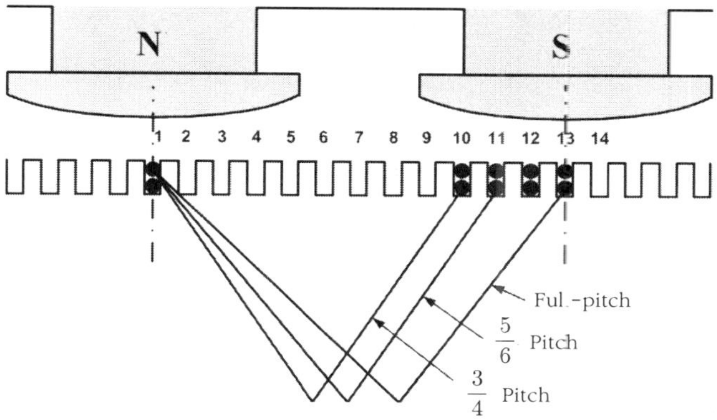

[그림 3-24] 전절 코일과 단절 코일

이와 같이 코일피치가 극 간격보다 작은 권선법을 단절권(fractional pitch winding or short pitch winding)이라고 하며 코일피치가 10홈일 때를 10/12, 즉 5/6 피치의 단절권이라 하고 코일피치가 9홈일 때를 9/12, 즉 3/4 피치의 단절권이라고 한다.

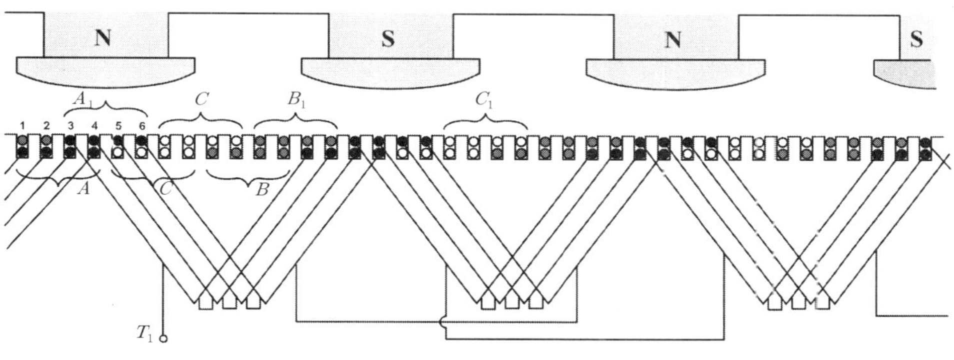

[그림 3-25] 3상 5/6피치 중권

[그림 3-25]에 3상 5/6피치 중권의 예를 나타내었다. 이 권선법은 [그림 3-23]의 전절권에서 전기자 홈의 상층 코일변은 그대로 두고 하층 코일변만을 좌측으로 2홈 옮겨 놓은 것이다. 따라서 극간격 12홈에 대해 코일피치가 10홈이므로 5/6피치의 단절권이다. 이 권선법은 각 상 벨트(phase belt) 중 2개의 홈만이 같은 상의 코일변 2개를 갖게 된다. 예를 들면 1번 홈과 2번 홈에는 B상과 A상의 코일변이 있고 3번 홈과 4번 홈에는 A상의 코일변만 있으며 5번 홈과 6번 홈에는 A상과 C상의 코일변이 삽입되어 있다. 이와 같이 어느 홈에는 각각 다른 상의 코일변이 배치되어 코일변 사이의 상호인덕턴스를 감소시키고 또 코일단(coil end)이 짧아지므로 누설자속이 줄어 권선의 인덕턴스가 감소된다.

교류발전기를 단절권으로 하면 한 코일의 양 코일변에 유도되는 기전력에 위상차가 생기기 때문에 한 코일의 유도전압은 전절권으로 했을 때보다 약간 감소하지만 코일단(coil end)의 동 재료가 절약되고 또 위에서 기술한 것과 같이 권선의 인덕턴스가 감소되며 3.4에서 설명되었듯이 유도전압의 파형이 개선되는 등의 장점이 있으므로 교류발전기는 보통 단절권으로 권선한다.

2.5 나권, 쇄권

중권은 코일단(coil end)이 서로 겹치게 되는데 이 코일단이 서로 겹치지 않도록 [그림 3-26](a)와 같이 전기자 권선을 할 수 있다. 이 권선법은 그림 (b)와 같이 각 코일군을 구성하는 코일들이 나선형태로 연결되기 때문에 나권(spiral winding) 또는 동심권(concentric winding)이라고 한다.

이 권선법은 각 코일의 피치가 극간격보다 작다. 하지만 이 권선법은 단절권이라고 간주되지 않는다. 그 이유는 그림의 (d)와 같이 전절중권으로 권선하였을 경우와 유도전압의 크기, 파형 등 전기적 특성이 똑같게 되기 때문이다. 그림 (a)

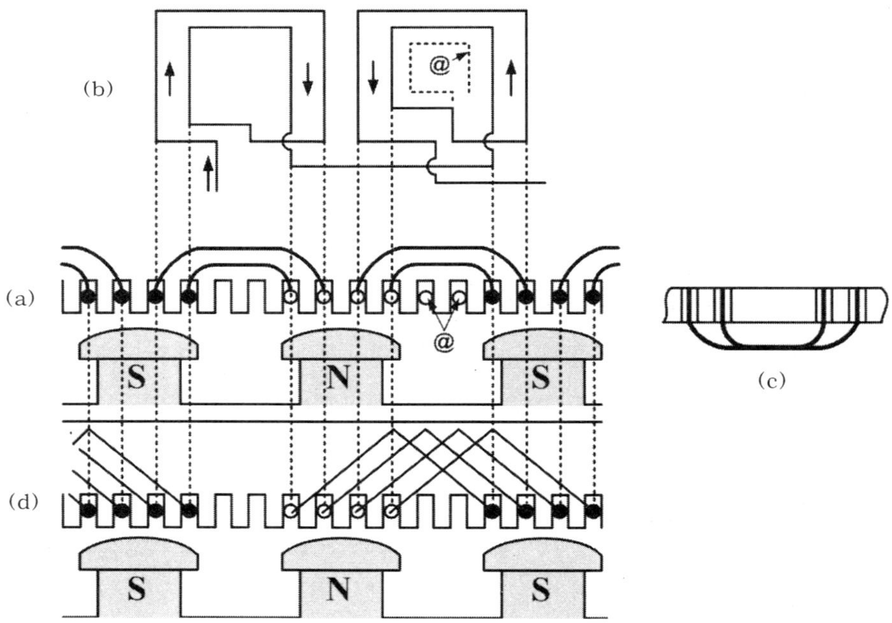

[그림 3-26] 단상나권과 등가인 단상중권

에서 코일의 안쪽에 비어있는 2개의 홈에도 권선을 할 수는 있지만 피치가 작기 때문에 유도전압에 별로 도움이 되지 못하므로 일반적으로 권선하지 않는다.

그리고 각 코일의 코일단은 그림 (c)와 같이 축에 수직인 동일 평면상에 오도록 코일변에 대해서 직각방향으로 굽힌다. 이것을 1단권(single range winding)이라고 한다.

[그림 3-26](a), (b)는 단상나권을 나타낸 것인데 3상의 경우에는 [그림 3-27]과 같이 각 상의 코일군들이 쇠사슬 모양으로 배치되므로 쇄권(chain winding)이라고도 한다. [그림 3-27]에서 1극당 홈수는 6이므로 1극 1상당 홈수는 2가 된다. 그리고 권선할 경우에 각 상의 코일단이 서로 방해되지 않도록 코일단을 수직으로 구부려서 두 평면상에 2단으로 배치해야 한다. 이와 같은 권선을 2단 권선(two range winding)이라고 한다. 만약 [그림 3-27]과 같이 극수가 4의 배수가 아닐 경우에는 d, d' 코일과 같이 코일변이 하나는 길고 다른 하나는 짧은 사다리꼴 모양의 코일군이 하나 필요하게 된다. [그림 3-27]의 밑에는 B상의 전개도만 나타내어 있고 A상과 C상의 전개도는 생략되어 있다.

중권에서는 다이아몬드형의 한 가지 형권으로 권선할 수 있지만 쇄권에서는 여러 모양의 형권이 사용되는 결점이 있다. 하지만 권선법이 중권보다 간편하고 또 고장시에 코일의 교체도 대단히 용이하다. 그리고 또 쇄권은 코일단 사이에 상당한 공간이 생기므로 코일단에서 전기적인 파괴가 일어날 염려가 적다는 것이 큰 장점이다. 그러므로 쇄권은 고압발전기에 적합하다. 중권은 미국, 일본에서 많이 사용되고 쇄권은 유럽 특히, 독일에서 많이 사용되고 있다.

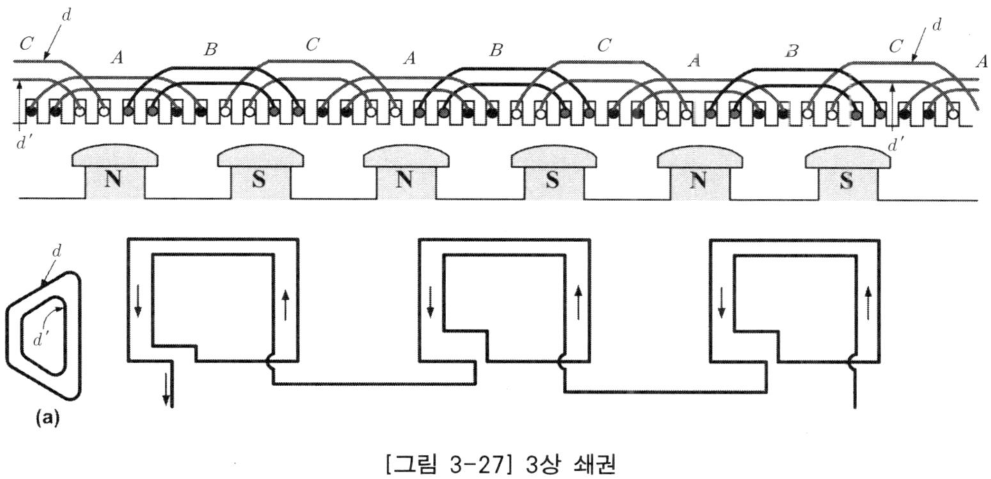

[그림 3-27] 3상 쇄권

2.6 3상 결선법

교류발전기의 3상권선은 Y 결선으로 할 수도 있고 Δ 결선으로 할 수도 있다. 그런데 [그림 3-36]에서 볼 수 있듯이 3상 기전력 중에 포함되어 있는 제 3고조파 및 그 배수 고조파는 위상이 같기 때문에 3상권선을 Δ 결선으로 하면 이들 기전력이 단락되고 또 중성점을 이용할 수 없다.

그러나 Y 결선으로 하면 제 3고조파 및 그 배수 고조파에 의한 순환전류가 통하지 않고 또 3.4(2)에서 설명하는 것과 같이 선간전압의 파형이 개선되며 또 중성점도 이용할 수 있는 장점이 있기 때문에 3상 교류발전기는 대부분 Y 결선을 사용한다.

교류발전기에서는 각 상의 단자가 6개 나와 있는데 이것을 Y 또는 Δ로 결선할 때 상 관계에 대해서 주의해야 한다. [그림 3-28]에서 aa', bb', cc'를 3상 발전기의 3상 권선이라 하고 이것을 Y결선할 때에는 권선 aa'와 bb'의 단자 a, b를 먼저 연결하고 타 단자간의 전압 $E_{a'b'}$ 를 측정했을 경우 이 전압이 각 상전압의 $\sqrt{3}$ 배가 되어야 한다.

이 전압이 상전압과 같은 경우 aa', bb' 중 어느 한 상의 연결을 반대로 해야 한다. 다음에는 권선 cc'의 단자 c를 ab 점에 연결하고 b', c' 사이의 전압 $E_{b'c'}$와 a', c' 사이의 전압 $E_{a'c'}$를 측정했을 경우 이 전압이 모두 상전압의 $\sqrt{3}$ 배이어야 한다. 만약 이 전압이 상전압과 크기가 동일하면 권선 cc'를 역방향으로 연결해야 한다.

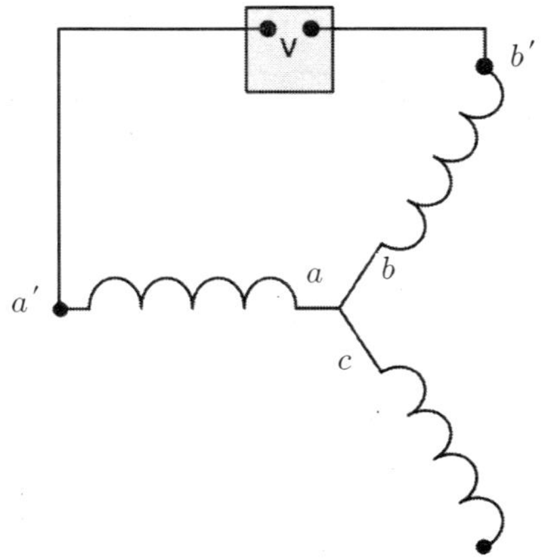

[그림 3-28] Y 결선법

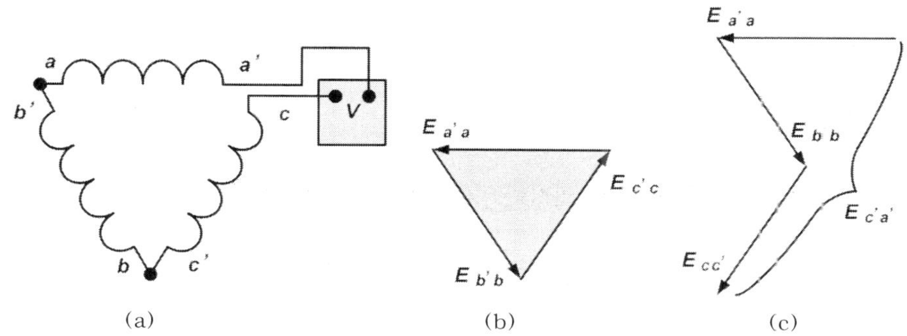

[그림 3-29] Δ 결선법

발전기의 3상 권선을 Δ 결선으로 하고자 할 때에는 [그림 3-29](a)와 같이 권선 aa'와 bb'의 단자 a, b'를 먼저 연결하고 타 단자 사이의 전압 $E_{a'b}$를 측정할 때 이 전압이 상전압의 크기와 같아야 한다.

만약 이 전압이 상전압의 $\sqrt{3}$ 배가 되면 aa', bb' 중 어느 한 상의 연결을 반대로 해야 한다. 다음에 권선 cc'의 단자 c'를 b에 연결하고 c, a' 간의 전압 $E_{ca'}$를 측정하였을 때 이 전압은 [그림 3-29](b)의 벡터도에 의해서 영이 되어야 한다. 이 전압이 영이 되면 단자 c와 a'를 연결하면 된다. 단자 c, a' 사이의 전압 $E_{ca'}$가 [그림 3-29](c)의 벡터도처럼 상전압의 2배가 될 수도 있는데 이때에는 권선 cc'를 역방향으로 연결해야 한다.

3. 유도기전력

3.1 유도기전력의 크기

동기발전기에서 공극의 자속분포곡선을 [그림 3-30]의 B와 같은 정현파라 하고 그 자속밀도의 평균치를 B_a[T], 전기자 철심의 길이를 l[m], 내경을 D[m], 계자의 이동속도를 v[m/s]라 하면 한 개의 전기자 도체에 유도되는 기전력은 정현파가 되고 그 평균치는 다음 식과 같다.

$$E_a = B_a l v [\mathrm{V}] \qquad (3.3.1)$$

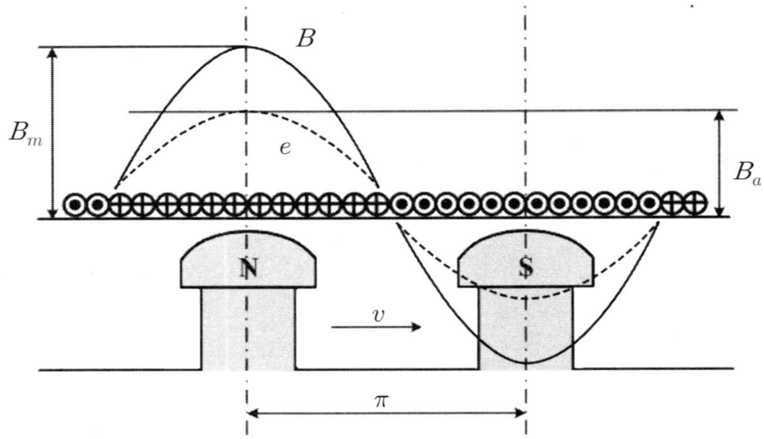

[그림 3-30] 유도기전력

기전력의 주파수를 f[Hz], 극수를 P, 계자의 회전수를 N[rpm]이라 하면 $N = 120f/P$ 이므로 계자의 주변속도 v는 다음 식과 같다.

$$v = \pi D\frac{N}{60} = \frac{\pi D}{60} \cdot \frac{120}{P} f = \frac{2\pi Df}{P} \text{[m/s]} \tag{3.3.2}$$

이 관계를 식 3.3.1에 대입하면 1극당 자속수는 $\Phi = B_a \pi Dl/P$ 이므로 다음 식을 얻을 수 있다.

$$E_a = B_a l \cdot \frac{2\pi Df}{P} = 2B_a \frac{\pi Dl}{P} f = 2\Phi f \text{[V]} \tag{3.3.3}$$

식 3.3.3은 다음과 같이 생각할 수도 있다. 즉, 한 개의 전기자 도체가 1극을 통과하는데 필요한 시간은 $1/(2f)$초이며 이 시간에 Φ[Wb]의 자속을 절단하므로 이 도체는 1초간에 $2f\Phi$[Wb]의 자속을 절단하게 된다. 따라서 이 도체에는 전자유도법칙에 의해서 1초간에 절단하는 자속수와 같은 평균기전력 $2f\Phi$[V]가 유도되는 것이다.

지금 발전기의 전기자 권선법을 전절 집중권으로 하고 1상의 권수를 W라 하면 1상의 직렬 도체수는 $2W$이므로 1상 합성기전력의 평균값 E_a'는 다음과 같이 된다.

$$E_a' = 4fW\Phi \text{[V]} \tag{3.3.4}$$

따라서 기전력의 실효값 E는 평균값에 파형률(form factor) 1.11을 곱하면 다음 식과 같다.

$$E = 4.44 f W\Phi[\mathrm{V}] \qquad (3.3.5)$$

식 3.3.5는 전기자 권선법을 집중권, 전절권으로 했을 경우의 값이며 실제에 있어서는 분포권과 단절권을 사용하기 때문에 이때의 기전력은 식 3.3.5에 일정한 계수를 곱하여 보정해 주어야 한다. 분포권으로 인하서 인가되는 계수 K_d를 분포권 계수(distribution factor), 단절권으로 인해서 인가되는 계수 K_p를 단절권 계수(pitch factor)라 하고 $K_w = K_d \cdot K_p$를 권선계수(winding factor)라고 한다. 그러므로 이때의 기전력은 다음 식과 같다.

$$E = 4.44 K_d K_p f W\Phi[\mathrm{V}] \qquad (3.3.6)$$

만약 발전기의 공극 자속분포곡선이 정현파가 아닐 경우에는 식 3.3.6을 유도하는 과정에서 사용한 정현파의 파형률 1.11을 그 자속분포곡선의 파형률로 바꾸어 주면 된다.

3.2 분포권 계수

전기자 권선법에서 1극 1상당의 홈수가 2 이상일 때 이 홈들에 들어 있는 코일의 유도기전력은 위상이 각각 다르게 된다. 따라서 이 코일군의 합성 기전력은 각 코일에 유도된 기전력의 벡터합이 된다. 예를 들면 [그림 3-31](a)와 같이 3개의 홈에 코일이 분포되어 있을 때 각 코일의 유도기전력 e_1, e_2, e_3는 그 위상이 전기각으로 표시한 홈간격(slot pitch) α만큼 차례르 뒤지지 되므로 합성 기전력은 그림 (b)와 같이 e_1, e_2, e_3의 벡터합 e_r이 된다.

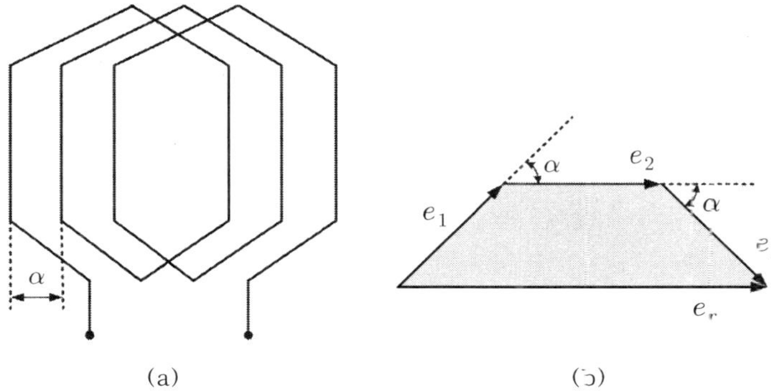

[그림 3-31] 분포권의 기전력

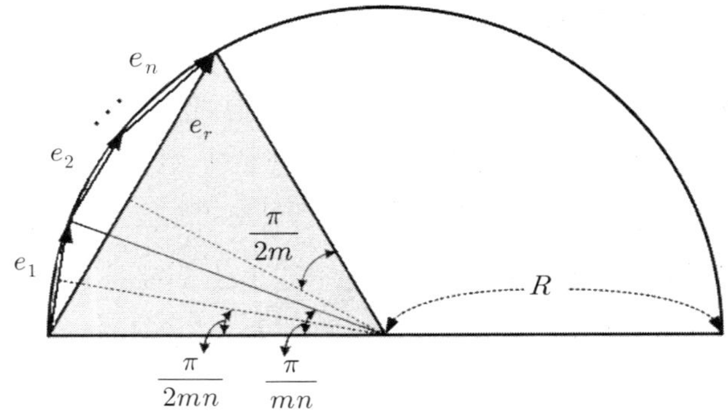

[그림 3-32] 분포권 계수 구하는 방법

만약 3개의 코일을 한 개의 홈에 집중권으로 배열했다고 가정하면 유도기전력의 합성은 $e_r' = e_1 + e_2 + e_3 = 3e$가 되며 분포권으로 했을 때의 합성 기전력 e_r은 e_r'보다 작다. 이 두 합성 기전력의 비를 분포권 계수(distribution factor)라 하고 K_d로 표시한다.

$$K_d = \frac{e_r}{e_r'} = \frac{e_r}{e_1 + e_2 + e_3} = \frac{e_r}{3e} \tag{3.3.7}$$

지금 m상 발전기에서 1극, 1상당의 홈수를 n이라 하면 각 코일의 유도기전력 사이의 상차각은 $\alpha = \pi/(mn)$가 되고 각 기전력의 벡터도는 [그림 3-32]와 같이 된다.

[그림 3-32]에서 외접원의 반경을 R라 하면

$$e_r = 2R\sin(\pi/2m),\ e = 2R\sin(\pi/2mn)$$

가 된다. 즉,

$$e_r' = e_1 + e_2 + \cdots + e_n = ne = 2nR\sin(\pi/2mn)$$

이므로 분포계수는 다음 식과 같다.

$$K_d = \frac{e_r}{e_r'} = \frac{2R\sin(\pi/2m)}{2nR\sin(\pi/2mn)} = \frac{\sin(\pi/2m)}{n\sin(\pi/2mn)} \tag{3.3.8}$$

일반적인 교류발전기에 있어서의 분포권 계수는 〈표 3-1〉과 같다.

〈표 3-1〉 분포권 계수 K_d

1극 1상당 홈 수	단상	2상	3상
1	1.000	1.000	1.000
2	0.707	0.924	0.966
3	0.667	0.910	0.960
4	0.653	0.907	0.958

예제 3상 발전기에서 1극 1상당 홈수가 4일 경우의 분포권 계수를 구하여라.

해설 $m=3$, $n=4$ 이므로 $K_d = \dfrac{\sin(\pi/2m)}{n\sin(\pi/2mn)} = \dfrac{\sin(\pi/6)}{4\sin(\pi/24)} = 0.958$

이상은 각 코일의 유도기전력이 정현파일 때의 분포권 계수에 대한 설명인데 다음에는 각 코일의 유도기전력에 고조파가 포함되어 있을 경우 제3, 제5 등의 고조파에 대한 분포권 계수에 대해서 생각해 보자. 기본파에 대한 상차각 α는 제μ차 고조파에 대해서는 $\mu\alpha$가 되므로 제μ차 고조파에 대한 분포권 계수 $K_{d\mu}$는 다음 식과 같다.

$$K_{d\mu} = \frac{\sin(\mu\pi/2m)}{n\sin(\mu\pi/2mn)} \tag{3.3.9}$$

따라서 3상 발전기에 있어서 1극 1상당의 홈수 n과 각 고조파에 대한 분포권 계수 $K_{d\mu}$와의 관계를 구하면 〈표 3-2〉와 같이 된다.

〈표 3-2〉 고조파에 대한 분포권 계수

n \ $K_{d\mu}$	K_{d1}	K_{d3}	K_{d5}	K_{d7}
2	0.966	0.707	0.259	−0.259
3	0.960	0.667	0.217	−0.177
4	0.958	0.653	0.205	−0.158

〈표 3-2〉에서 알 수 있듯이 기본파에 대한 분포권 계수는 1에 가까우나 고조파에 대한 분포권 계수는 대단히 작아진다. 따라서 분포권으로 권선하면 고조파 성분이 감소하여 기전력의 파형이 개선됨을 알 수 있다.

3.3 단절권 계수

전기자 권선을 전절권으로 하면 양 코일변의 기전력은 동상이 되어 코일의 양 단자 사이에 유도되는 기전력 $e_r{}'$은 한 개의 코일변에 유도되는 기전력 e의 2배가 된다. 그러나 단절권으로 권선하면 양 코일변에 유도되는 기전력에 위상차가 생기므로 코일의 양 단자간에 유도되는 기전력 e_r은 양 코일변에 유도된 기전력의 벡터합이 되어 전절권일 때의 기전력 $e_r{}'$ 보다 작다. 이와 같이 단절권으로 권선하였을 경우의 기전력 감소율 $K_p = e_r/e_r{}'$ 을 단절권 계수(pitch factor)라고 한다.

단절권에서 코일피치의 극간격에 대한 비율을 단절률이라 하고 이것을 β로 표시하면 단절권 시의 코일피치는 [그림 3-33](a)와 같이 전기각으로 $\beta\pi$[rad]이 되고 양 코일변에 유도되는 기전력의 위상차는 $(1-\beta)\pi$[rad]이 된다. 따라서 단절권 코일의 양 단자간에 유도되는 기전력 e_r은 그림의 (b)와 같은 벡터도에 의해서 다음 식과 같다.

$$e_r = 2e\sin\frac{\beta\pi}{2} \tag{3.3.10}$$

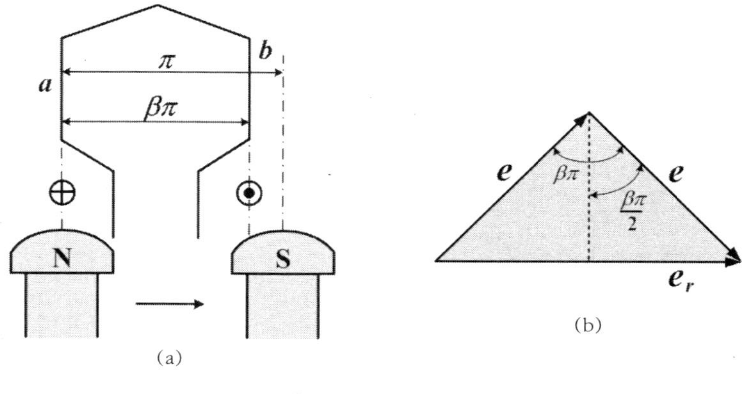

[그림 3-33] 단절권 계수

따라서 단절권 계수는 다음 식과 같다.

$$K_p = \frac{e_r}{e_r'} = \sin\frac{\beta\pi}{2} \tag{3.3.11}$$

예를 들어 5/6피치에 대한 단절권 계수 K_p는 $K_p = \sin((5/6)\times 180^\circ)/2$가 되어 0.966이 된다. 여러 가지 피치에 대한 단절권 계수를 구하면 〈표 3-3〉과 같이 된다.

〈표 3-3〉 단절권 계수 K_p

단절률	9/10	6/7	5/6	4/5	3/4	2/3
K_p	0.988	0.974	0.966	0.951	0.924	0.866

〈표 3-4〉 고조파에 대한 단절권 계수

β \ $K_{p\mu}$	K_{p1}	K_{p3}	K_{p5}	K_{p7}
4/5	0.951	0.588	0	0.588
5/6	0.966	0.707	0.259	0.259
6/7	0.975	0.782	0.434	0

이상은 각 코일변에 유도되는 기전력이 정현파일 때의 단절권 계수인데 각 코일변에 유도되는 기전력에 고조파가 포함될 경우 μ차 고조파에 대한 단절권 계수는 다음 식과 같다.

$$K_{p\mu} = \sin\mu\frac{\beta\pi}{2} \tag{3.3.12}$$

단절률 β와 각 고조파에 대한 단절권 계수 $K_{p\mu}$와의 관계를 구하면 〈표 3-4〉와 같다.

식 3.3.12에서 단절률을 $\beta = (\mu-1)/\mu$로 취하면 다음 식을 얻을 수 있다.

$$K_{p\mu} = \sin\mu\frac{\mu-1}{\mu}\cdot\frac{\pi}{2} = \sin\frac{\mu-1}{2}\pi \tag{3.3.13}$$

μ는 기수이므로 $K_{p\mu} = 0$이 되어 μ차 고조파는 완전히 제거된다. 예를 들면 $\beta = 4/5$일 때는 제 5고조파가 제거되고 $\beta = 6/7$일 때는 제 7고조파가 제거된다.

$\beta = 5/6$일 때에는 〈표 3-4〉에서 알 수 있듯이 제 5고조파와 제 7고조파에 대한 단절권 계수가 모두 0.259로서 대단히 작으므로 제 5고조파와 제 7고조파가 대단히 감소된다. 그러므로 단절권으로 권선하면 기전력의 파형이 개선된다는 것을 알 수 있다.

예제 6극, 3상, 60[Hz]의 교류발전기가 있다. 1극당 홈수는 12, 1홈당 도체수는 4, 1극당 자속수는 0.026[Wb]이며 공극에 따라서 정현파형으로 분포되어 있다. 전기자 권선은 5/6 피치의 단절권으로 하고 전기자 코일은 전부 직렬로 연결하여 Y결선으로 되어 있다. 이 발전기의 유도기전력을 구하여라.

해설 홈의 총수는 72, 각 상의 직렬권선수는 $W = 48$, 1극 1상당 홈수는 4이고, 5/6 피치의 단절권이므로 $K_d = 0.958$, $K_p = 0.966$이다. 각 상의 유도기전력은 식 3.3.6에 의해 구할 수 있고 Y결선이므로 $\sqrt{3}$배를 해주면 된다.

$$E = 4.44 K_d K_p f W\Phi \,[\mathrm{V}]$$
$$= 4.44 \times 0.958 \times 0.966 \times 60 \times 48 \times 0.026 = 308[\mathrm{V}]$$

Y결선이므로 $\sqrt{3} \times 308 = 534\,[\mathrm{V}]$

3.4 기전력의 파형개선

도체가 자속을 절단할 때 유도되는 기전력은 $e = Blv$로 자속밀도 B에 비례하므로 교류발전기에서 한 개의 전기자 도체에 유도되는 기전력의 파형은 공극의 자속분포곡선과 같은 모양이 된다. 그런데 교류발전기의 자속분포곡선은 일반적으로 정현파가 아니며 특히 돌극형 발전기는 무부하시의 자속분포가 [그림 3-34]와 같이 상부가 편평한 곡선이므로 전기자 도체에 유도되는 기전력의 파형도 동일한 모양이 된다.

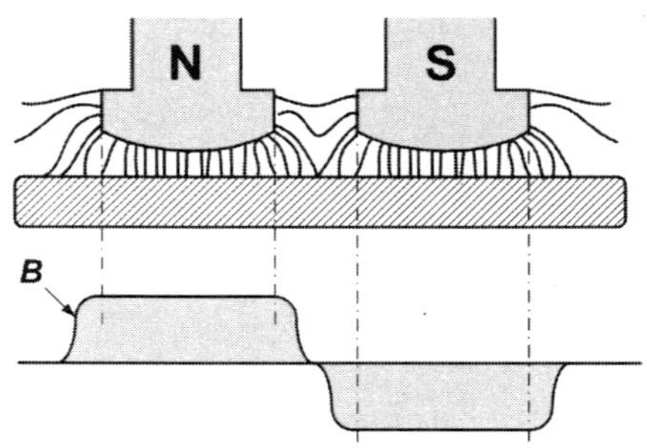

[그림 3-34] 돌극형 발전기의 공극 자속분포곡선

그런데 전기자 홈의 영향을 고려하면 자속분포곡선은 리플(ripple)이 생기게 되고 회전자가 회전할 때 자속의 중심축이 이동하므로 유도기전력 파형에도 리플이 생긴다. 그리고 또 부하시에는 전기자 자계 때문에 공극 자속분포곡선이 왜곡되므로 유도기전력 파형도 왜곡(distort)되어 고조파 성분을 포함하게 된다. 그러나 교류발전기는 그 구조상 기전력의 (+)반파와 (−)반파가 상하 대칭이므로 그 기전력은 기수 고조파 성분만을 포함한다.

그러므로 기전력의 파형을 정현파로 개선하기 위해서는 이들 기수 고조파 성분을 제거 또는 감소시켜 주어야 하는데 이를 위해서 분포권과 단절권을 사용하고 또한 3상 권선을 Y결선한다. 분포권과 단절권의 효과에 대해서는 이미 서술하였지만, 이것을 다시 다른 관점에서 파형개선 측면만을 고려해 보기로 하고 또한 Y결선의 효과에 대해서도 고찰해 보자.

3.4.1 분포권의 효과

[그림 3-35](a)는 [그림 3-23]과 같이 1극 1상당의 홈수가 4개인 3상 교류발전기에서 A상 벨트에 속하는 한 개의 코일군을 표시한 것이다. 전절권으로 된 4개의 각 코일에 유도되는 기전력의 파형은 [그림 3-35](b)의 e_1, e_2, e_3, e_4와

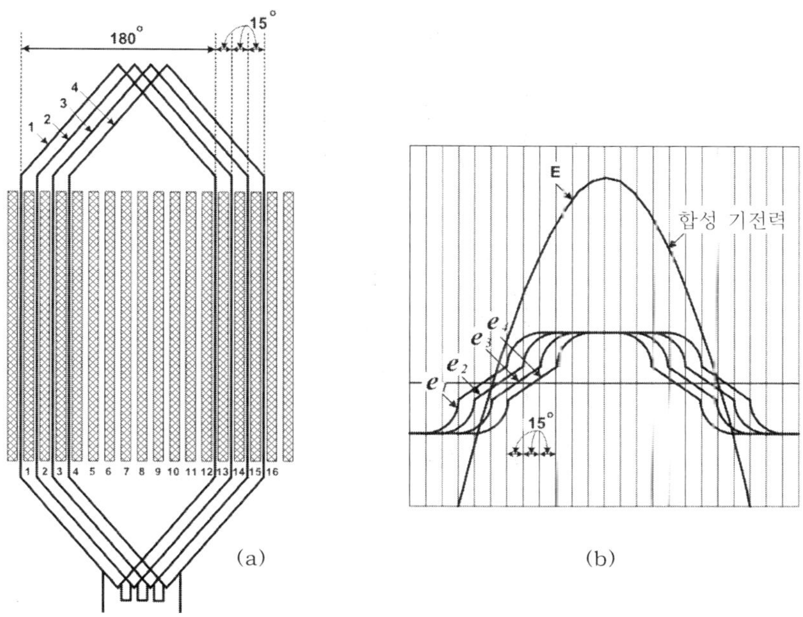

[그림 3-35] 분포권의 합성기전력

같이 [그림 3-34]의 자속분포곡선과 같은 모양으로 된다.

이때 홈 간격(slot pitch)은 180°/12 = 15°이므로 e_1, e_2, e_3, e_4는 그 위상이 차례로 15° 뒤지게 된다. 그런데 e_1, e_2, e_3, e_4 각 기전력은 상부가 편평한 파형이지만 이 4개의 코일은 직렬로 연결되어 있으므로 그 합성 기전력은 그림의 곡선 E와 같이 정현파에 대단히 가까운 파형이 된다. 분포권의 이와 같은 효과는 〈표 3-2〉의 고조파에 대한 분포권 계수를 설명할 때에도 언급하였다.

3.4.2 Y결선의 효과

3상 발전기에서 각 상 기전력의 위상차의 $2\pi/3$[rad]이 제3고조파에 대해서는 $2\pi/3 \times 3 = 2\pi$[rad]가 되므로 [그림 3-36]에 나타낸 것과 같이 각 상에 포함되어 있는 제3고조파는 모두 동상이 된다. 따라서 3상 권선을 Y결선하면 그 단자전압의 순시값 e_{ab}는 각 상전압의 순시값 e_a, e_b의 차($e_{ab} = e_a - e_b$)가 되어 제3고조파 및 그 배수의 기수 고조파는 완전히 상쇄되므로 단자간에는 나타나지 않게 되어 단자전압이 정현파에 가까운 파형으로 개선된다.

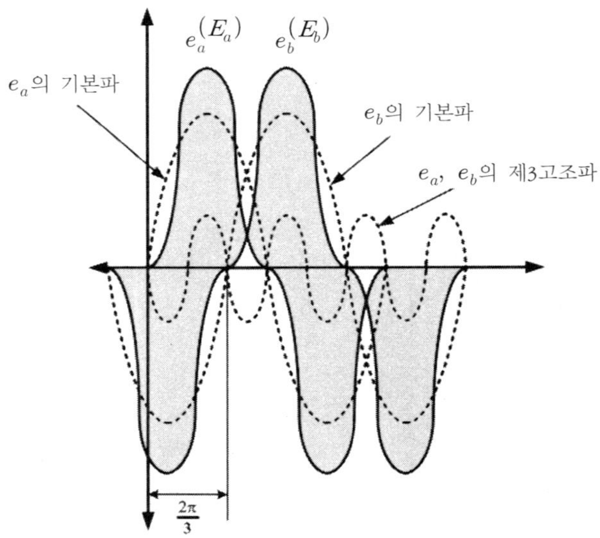

[그림 3-36] 3상 기전력의 제 3고조파

3.4.3 단절권의 효과

[그림 3-37]에서 A를 공극의 자속분포곡선, B를 그 기본파, C를 제5고조파라 하고 4/5피치의 단절권으로 권선한 전기자 코일의 양권을 a, b라 하면 a, b사이에 포함되는 제 5고조파의 면적은 정, 부의 값이 같으므로 그 합성은 항상 영이다.

즉, 이 코일은 그 위치에 관계없이 제 5고조파 자속과의 쇄교수는 영이 되므로 유도기전력 중에도 제 5고조파는 포함되지 않는다. 이와 같은 현상을 다음과 같이 설명할 수도 있다.

[그림 3-37]에서 그 위상에 관계없이 a, b 양 코일변이 절단하는 제 5고조파 자속은 같으므로 a, b 양 코일변에 유도되는 제 5고조파 기전력도 위상이 같다. 그런데 a, b 코일에 유도되는 합성 기전력은 양 코일변에 유도되는 기전력의 차이므로 제 5고조파 기전력은 서로 상쇄되어 a, b 코일의 단자간에는 나타나지 않는다.

이상과 같은 원리에 의해 전기자 권선을 6/7 피치의 단절권으로 하면 그 코일에 유도되는 기전력 중에는 제 7고조파가 포함되지 않는다. 그러므로 전기자 권선을 4/5 피치와 6/7 피치의 중간인 5/6 피치의 단절권으로 권선하면 제 5고조파와 제 7고조파가 완전히 제거되지는 않아도 대단히 감소되므로 기전력은 정현파에 가까운 파형으로 개선된다. 이와 같은 단절권의 효과에 대해서는 〈표 3-4〉의 고조파에 대한 단절권 계수의 설명에서도 언급하였다.

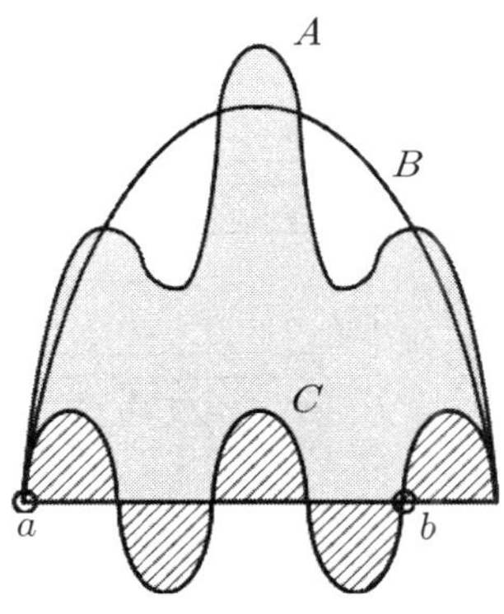

[그림 3-37] 제5고조파

이상으로 유도기전력의 파형개선에 관한 사항을 종합해 보면 먼저 분포권을 사용함으로써 모든 고조파를 상당히 감소시키고 또한 3상 권선을 Y결선함으로써 파형에 영향이 가장 큰 제 3고조파 및 그 배수의 기수 고조파인 제 9고조파 등이 완전히 제거되며 5/6 피치의 단절권을 함으로써 제 5고조파와 제 7고조파가 대단히 감소되므로, 공극의 자속분포곡선에 고조파가 함유되어 각 전기자 도체에 유도되는 기전력에 고조파가 존재하더라도, 발전기 단자간의 유도기전력은 고조파가 포함되지 않은 정현파 기전력이 된다.

3.4.4 분포 계자권선의 효과

저속 디젤 발전기나 수차 발전기에 사용되는 돌극형 회전자는 자극의 여자권선이 단일 코일로서 집중권으로 되어 있다. 그러나 터빈 발전기와 고속 디젤 발전기에 사용되는 원통형 회전자는 자극의 여자권선이 [그림 3-38](a)와 같이 회전자의 표면에 분포되어 있다.

[그림 3-38](a)는 나권(spiral winding)으로 한 것인데 중권(lap winding)으로 할 수도 있다. 그림 (b)는 안쪽 코일, 중간 코일 및 바깥 코일이 각각 단독으로 작용하고 있을 때 공극에 만들어지는 자속분포곡선이다. 그리고 그림 (c)는 3개의 코일에 의한 총자속을 나타내며 그 분포곡선은 다소 정현파에 가까워지므로 이와 같은 형의 계자권선을 가진 교류발전기의 기전력은 돌극형 발전기의 기전력파형에 비해 일반적으로 정현파에 가깝다.

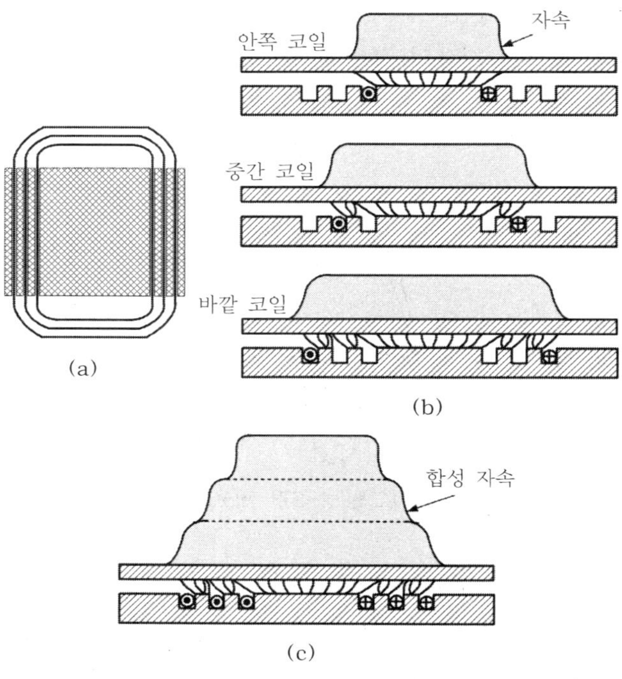

[그림 3-38] 분포 계자권선과 합성 자속

4. 전기자 반작용과 리액턴스

4.1 평형 3상 교류에 의한 회전기자력

[그림 3-39](a)는 평형 3상 교류 I_A, I_B, I_C가 시간에 따라서 변화하는 상태를 나타낸 것이고 그림의 (b), (c)는 [그림 3-23]과 같은 3상 전절 2층 중권을 한 동기발전기 공극에서의 기자력 분포상태를 나타낸 것이다.

[그림 3-39](b)는 그림의 (a)에서 순간 (1)에 대한 기자력 분포를 나타낸 것이고 (c) 그림은 순간 (2)에 대한 기자력 분포를 나타낸 것이다.

그림의 (b), (c)에서 각 도체의 전류방향 기호는 그림 (a)의 (+)전류를 그림 (b), (c)의 $+A$, $+B$, $+C$ 영역에 ⊕로, $-A$, $-B$, $-C$ 영역에서 ⊙로 표시하며 그림 (a)의 (−) 전류는 그림 (b), (c)의 $+A$, $+B$, $+C$ 영역에 ⊙로, $-A$, $-B$, $-C$ 영역에 ⊕로 나타내기로 한다.

그림 (a)의 순간 (1)에서의 상태를 먼저 생각해 보자. 이때 전류 I_A는 (+)로서 그 값은 최대치와 같고 I_B, I_C는 (−)로서 그 값은 최대치의 반이 된다. 그러므로 전류는 $+A$, $-B$, $-C$ 영역에서 ⊕로 되고 $-A$, $+B$, $+C$ 영역에서 ⊙로 되며 A영역의 전류에 의한 기자력의 값은 B, C영역의 전류에 의한 기자력의 2배가 된다. 그러므로 그림의 (b)에서 홈 a, b를 생각하면 홈 a의 전류는 ⊙이고 홈 b의 전류는 ⊕로서 그 크기는 같기 때문에 이 2개의 홈은 한 개의 코일과 같이 작용하고 있다고 볼 수 있다. 그리고 그 기자력은 위쪽으로 작용하고 있으므로 직사각형 $a'b'$로 표시할 수 있고 그 높이는 암페어 턴수(ampere turn)와 같다. 홈 c, d도 위와 같이 작용하므로 그 기자력은 직사각형 $c'd'$로 표시된다.

$+C$, $-B$ 영역에 있는 다른 홈에 대해서도 위와 같은 관계가 성립한다. 홈 e, f와 g, h에 있어서는 $-A$와 $+A$ 영역의 전류가 B와 C의 2배이므로 직사각형 $e'f'$와 $g'h'$의 높이는 $a'b'$, $c'd'$의 2배가 된다.

위에서 설명한 것과 같은 기자력 관계는 홈 m, n과 k, l에 대해서도 그대로 성립하며 그 방향은 아랫방향이 된다. 그리고 합성 기자력은 몇 개의 직사각형을 합함으로써 그림과 같이 계단 모양의 파를 얻을 수 있다. 실제로는 합성 기자력의 파형이 직각의 계단 모양을 갖지는 않고 각이 둥근 모양이 되며 그 고조파는 대

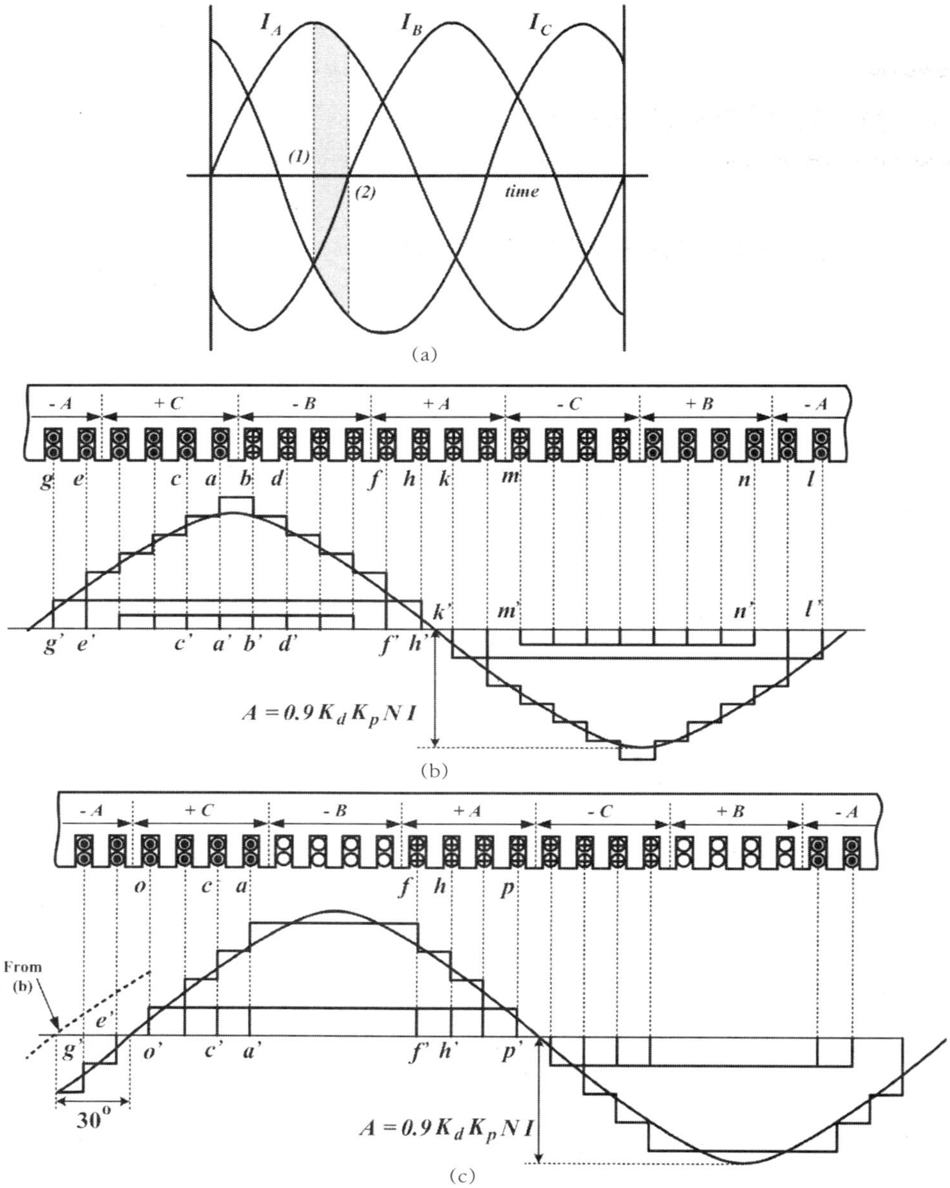

[그림 3-39] 평형 3상 교류에 의한 전기자 기자력 분포

단히 작으므로 무시할 수 있고 기본파는 그림과 같이 원활한 파형으로 나타나며 그 최대치는 다음 식으로 표시된다.

$$A = 0.9\, K_d\, K_p\, NI \text{[AT/P]} \tag{3.4.1}$$

여기서 K_d는 분포권 계수, K_p는 단절권 계수, N은 1극당 전기자 직렬권수, I는 상전류(실효치)이다.

다음에 그림의 (c)에 대해서 생각해 보자. 이것은 그림의 (a) 순간 (2)에 대한 상태를 나타낸 것인데 순간 (1), (2) 사이의 전기각은 30°이다. 이때 I_A는 (+)로서 그 값은 최대치의 0.866배이고 I_B는 영이며 I_C는 (−)로서 최대치의 0.866배와 같다. 그러므로 A, C 영역의 모든 홈의 전류방향은 그림의 (b)와 같고 각 전류의 크기는 서로 같으므로 기자력 직사각형의 높이는 모두 동일하다.

이와 같이 홈 a, f의 기자력은 직사각형 $a'f'$에 의해 홈 c, h의 기자력은 $c'h'$에 의해, 홈 o, p의 기자력은 $o'p'$에 의해 나타낼 수 있다. 그리고 합성 기자력은 그림의 (b)와 같이 계단 모양이 되며 그 기본파는 그림 (b)의 기본파와 높이가 같은 정현파가 된다. 그러나 그림 (c)의 기자력파는 그림 (b)보다 오른쪽으로 30° 이동해 있는데 이 각은 그림의 (a)에서 순간 (1), (2) 사이의 전기각과 같다.

[그림 3-39]는 회전계자형 교류발전기의 전기자 기자력 분포를 표시한 것이므로 그림 (a)의 순간 (1)에서 (2)까지 전류가 변화하는 동안에 계자는 30° 회전해야 한다. 그러므로 전기자 기자력의 기본파 성분은 계자의 회전속도와 같은 동기속도로 회전하여 계자와 일정한 위치관계를 갖게 되며 직접 계자의 기자력에 영향을 끼쳐서 기전력을 변화시킨다. 이와 같이 전기자 기자력의 기본파 성분이 계자 기자력에 끼치는 영향을 전기자 반작용(armature reaction)이라고 한다.

전기자 기자력에 포함되어 있는 고조파 성분은 회전속도가 동기속도와 같지 않으므로 계자에 대해 위에서 설명한 것과 같은 일정한 영향을 끼치지 못하며 따라서 전기자 반작용에 포함되지 않는다. 전기자 전류가 만드는 자속 중에는 전기자 권선만 쇄교하는 것이 있는데 이것을 전기자 누설자속(armature leakage flux)이라 하며 이 누설자속으로 인한 작용을 전기자 누설리액턴스(armature leakage reactance)라고 한다.

4.2 전기자 반작용

전기자 반작용은 전기자 전류, 전기자 권선의 분포, 자기회로의 자기저항 등에 의해서 다를 뿐만 아니라 유도기전력과 전기자 전류와의 위상관계, 즉 역률에 의해서도 크게 달라진다.

4.2.1 기전력과 동상인 전류에 의한 전기자 반작용

발전기의 유도기전력과 전류가 동상일 때, 즉 역률이 1일 때에는 [그림 3-40]과 같이 계자극의 바로 위에 있는 도체의 전류가 최대로 된다.

따라서 이 때의 전기자 기자력은 N, S 양극의 중간축에 최대값을 갖는 정현파에 가까운 분포로 되어 자극 회전방향의 자속을 감소시키고 반대방향의 자속을 증가시키는 작용을 하므로 공극에 있어서의 자속분포가 왜곡된다. 이 전기자 반작용은 계자자계의 작용축과 전기각으로 90°의 방향, 즉 횡축방향으로 작용하므로 교차자화작용(cross magnetizing action) 또는 횡축반작용(quadrature reaction)이라고 한다.

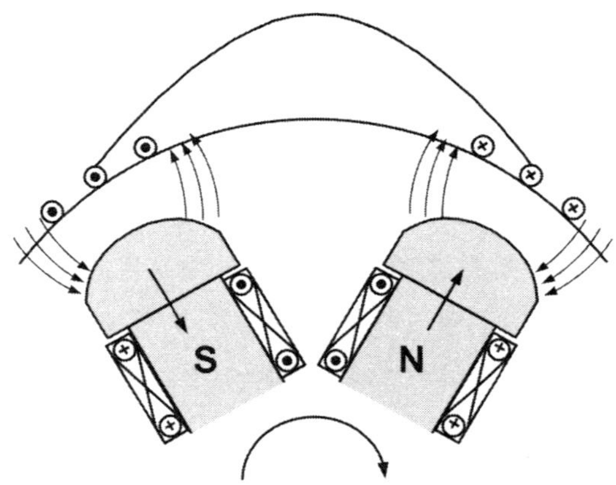

[그림 3-40] 역률이 1일 경우의 전기자 반작용

4.2.2 90° 늦은 전류에 의한 전기자 반작용

전류의 위상이 유도기전력보다 90° 뒤질 경우에는 전류와 자극과의 관계가 [그림 3-41]과 같이 된다.

[그림 3-40]의 유도기전력 최대값 위치로부터 계자가 전기각으로 90° 회전하여 [그림 3-41]의 위치에 왔을 때 기전력은 영이 되고 전류는 최대로 된다. 이 때의 전기자 기자력은 계자의 작용축, 즉 직축방향으로 작용하나 그 방향이 계자의 작용방향과 반대가 되어 계자자속을 약화시키므로 이 때의 전기자 반작용을 감자작용(demagnetizing action)이라고 한다.

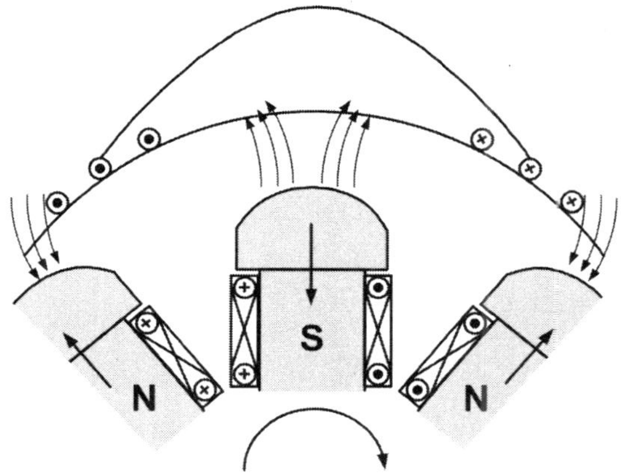

[그림 3-41] 역률이 0일 경우의 전기자 반작용(지역률)

4.2.3 90° 앞서는 전류에 의한 전기자 반작용

전류의 위상이 유도기전력보다 전기각으로 90° 앞서 있을 때에는 [그림 3-42]와 같이 자극의 위치가 [그림 3-41]의 경우와는 전기각으로 180° 다르게 된다. 이 때의 전기자 기자력의 방향은 계자기자력의 방향과 완전히 일치하여 계자자속을 증가시키므로 증자작용(magnetizing action) 또는 직축반작용(direct reaction)이라고 한다.

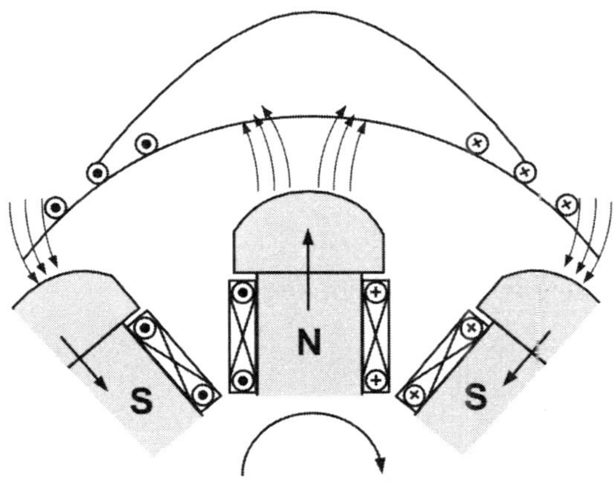

[그림 3-42] 역률이 0일 경우의 전기자 반작용(진역률)

4.3 전기자 누설 리액턴스

전기자 전류의 기자력에 의해서 생긴 자속 중 전기자 권선만 쇄교하고 계자철심을 자로로 하지 않는 자속을 전기자 누설자속(armature leakage flux)이라고 하며 이것을 편의상 다음과 같이 3가지로 분류한다.

4.3.1 홈 누설자속(slot leakage flux)

이것은 [그림 3-43]에 있어서 Φ_s와 같이 홈의 내부에서 전기자 권선과 쇄교하는 자속을 말하는 것인데 이 누설자속은 전기자 치의 자기포화를 무시하면 전기자 전류와 홈의 깊이에 비례하여 증가하고 홈의 폭이 커질수록 감소한다.

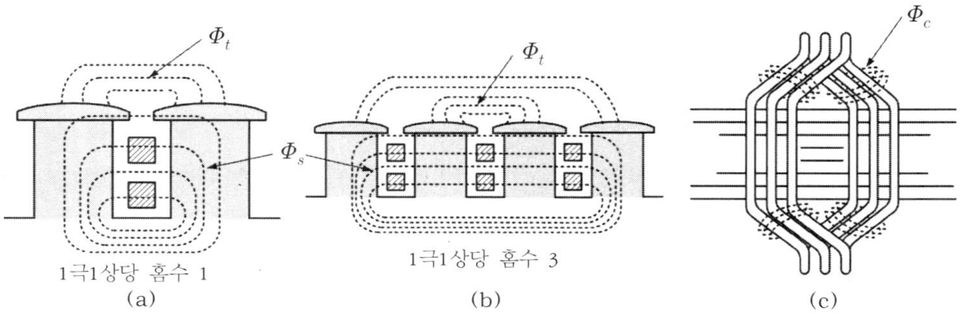

[그림 3-43] 전기자 누설자속

4.3.2 치단 누설자속(tooth tip leakage flux)

이것은 [그림 3-43]의 Φ_t와 같이 전기자 치에서 공극을 통하여 다시 전기자 치로 돌아오는 자속을 말한다. 이것은 자속과 홈과의 위치에 의해서 크게 변하는데 특히 공극이 작을 때 심하다. 이것을 공극 누설자속(air gap leakage flux)이라고도 한다.

4.3.3 코일단 누설자속(coil end leakage flux)

이것은 [그림 3-43]의 Φ_c와 같이 전기자 권선의 코일 끝(coil end)과 쇄교하고 있는 자속을 말하며 이것은 1극 1상당의 홈이 많을수록 또는 코일 끝이 길수록 많아진다.

이상과 같은 누설자속이 변화함으로써 생기는 자기 인덕턴스를 전기자 누설 인덕턴스 L_l[H]이라 하고 이것에 $2\pi f$를 곱한 $X_l = 2\pi f L_l [\Omega]$을 전기자 누설리액턴스라고 한다.

5. 동기발전기의 특성

5.1 동기발전기의 특성곡선

5.1.1 무부하 포화곡선

동기발전기를 정격속도로 운전하고 무부하 상태에서 계자전류를 증가시키면서 단자전압을 측정하여 양자의 관계를 [그림 3-44]의 OA와 같은 곡선으로 나타낸 것을 무부하 포화곡선(no load saturation curve) 또는 개로 특성곡선(open circuit characteristic curve)이라고 한다. 무부하시 전기자 전압강하는 영이므로 이 때의 단자전압은 유도기전력과 같다. 계자전류값이 그다지 크지 않은 범위에서는 유도기전력이 대략 계자전류에 비례하여 상승하지만 계자전류가 증가할수록 철심부의 자기포화 때문에 자기저항이 증가하므로 유도전압의 증가율은 점점 감소하여 무부하 포화곡선은 [그림 3-44]의 곡선 OA와 같이 된다.

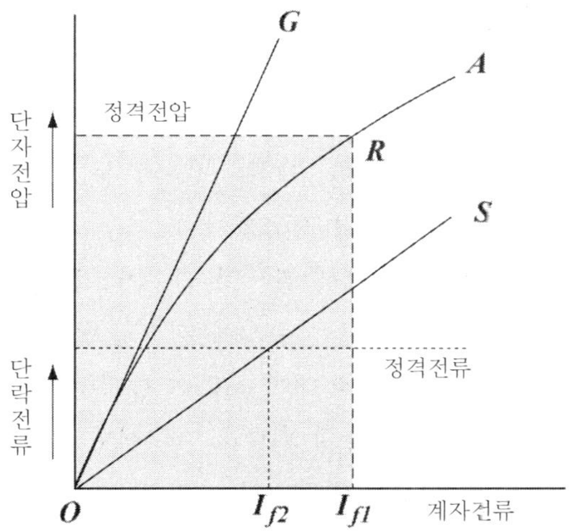

[그림 3-44] 동기발전기의 무부하 포화곡선과 3상 단락곡선

무부하 포화곡선의 직선부분을 연장한 선 OG를 공극선(air gap line)이라 하고 좌표축의 종축, 공극선 및 무부하 포화곡선상의 정격전압에 해당하는 점을 각

각 P, Q, R로 할 때 식 3.5.1은 포화의 정도를 나타내는 것으로 이것을 포화율(saturation factor)이라고 한다.

$$\sigma = \frac{QR}{PQ} \tag{3.5.1}$$

5.1.2 단락특성곡선

정격속도로 운전되고 있는 동기발전기의 단자 사이를 전류계를 거쳐서 단락시키고 계자전류를 증가시키면서 단락전류를 측정하여 단락전류 I와 계자전류 I_f 와의 관계를 [그림 3-44]의 OS와 같은 곡선으로 표시한 것을 단락 특성곡선이라 하고 특히 3상 단락시의 곡선을 3상 단락 특성곡선(short circuit characteristic curve)이라고 한다. 이 때 단락전류가 과대한 값이 되지 않도록 작은 범위의 계자전류에 대해서 측정해야 하므로 자기회로는 미포화상태에 있다. 그러므로 단락전류는 대략 계자전류에 비례하게 되며 단락특성곡선은 직선이 된다.

5.1.3 단락비

무부하 상태에서 정격전압을 발생시키기 위한 계자전류 I_{f1} 과 3상 단락상태에서 정격전류가 통하기 위한 계자전류 I_{f2} 와의 비를 단락비(short circuit ratio)라고 한다([그림 3-44] 참조). 단락비가 크다는 것은 자속수가 크다는 것, 즉 동기발전기가 철성분이 많은 철기계(iron machine)라는 것을 의미하고 반대로 단락비가 작다는 것은 전기자 기자력이 크다는 것, 즉 동기발전기가 동성분이 많은 동기계(copper machine)라는 것을 의미한다.

단락비가 크면 일반적으로 전기자 권선의 권수가 적고 자속수가 증가하여 기계의 부피가 커지고 따라서 가격도 상승하여 철손과 풍손이 크므로 효율은 나쁘나 전압변동률은 양호하고 과부하에 대한 내력이 증가하여 안정도가 높다. 극수가 적으면 계자권선을 감는 장소가 좁게 되므로 단락비도 작게 된다. 단락비는 보통 터빈 발전기에서는 0.6~1.0, 수차 발전기와 디젤 발전기에서는 0.9~1.2 정도이다.

5.1.4 외부특성곡선

직류여자기 부착 동기발전기를 정격속도로 운전하여 정격전압을 발생하도록 계자전류를 조정한 후 일정 역률의 부하전류를 점점 증가시키면서 단자전압을 측정하여 부하전류와 단자전압과의 관계를 곡선으로 표시한 것을 외부특성곡선(external characteristic curve)이라고 한다. [그림 3-45]의 곡선 (1)은 역률이 1일 때, (2)는 지역률 0.8일 때, (3)은 진역률 0.8일 때의 외부특성곡선을 표시한 것이다.

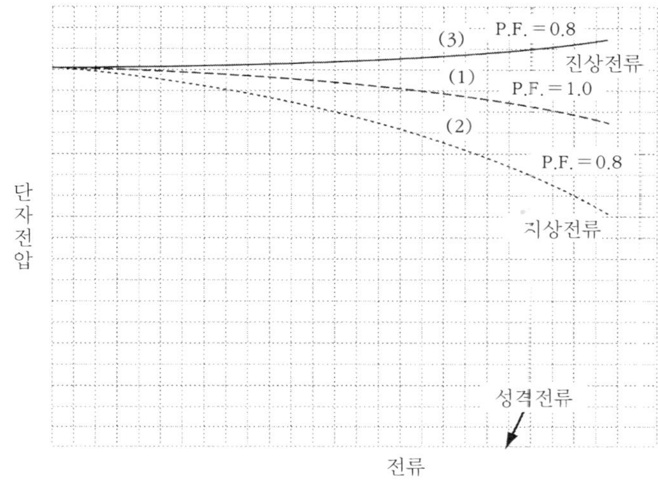

[그림 3-45] 직류여자기 부착 동기발전기의 외부특성곡선

지역률일 경우 전기자 반작용의 감자작용 및 리액턴스에 의한 전압강하로 인해 부하가 증가할수록 단자전압은 강하하지만 진역률일 경우에는 전기자 반작용의 자화작용 및 리액턴스에 의한 전압상승으로 말미암아 부하가 증가할수록 단자전압은 상승하게 된다.

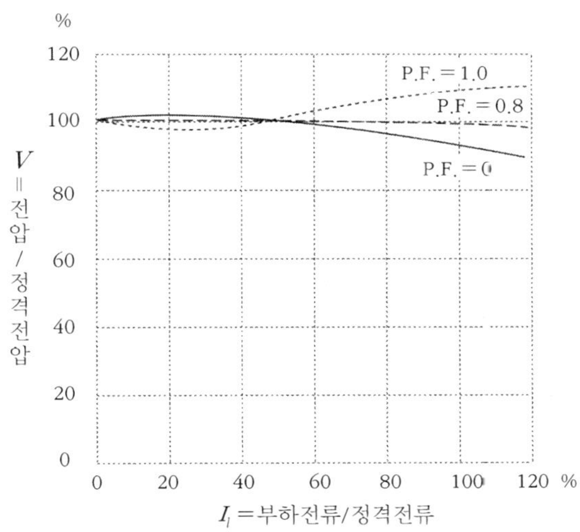

[그림 3-46] 자려발전기의 외부특성곡선

자려발전기 또는 브러시리스 발전기를 정격속도로 운전하여 정격전압을 발생하도록 여자장치를 조정해 놓고 일정 역률의 부하전류를 점점 증가시키면 CT에서 부하전류에 비례하는 전류가 발생하여, 리액터를 통해 공급되는 무부하 여자전류와의 합성성분이 주 발전기를 여자시킴으로써 전기자 반작용과 리액턴스로 인한 전압강하를 보상해 주므로 무부하에서 전부하에 이르기까지 전압변동은 거의 없으며 외부특성곡선은 [그림 3-46]과 같이 된다.

5.2 전압변동률

동기발전기가 정격속도로 운전되고 지정된 역률(1 또는 0.8)의 정격전류를 공급하고 있을 경우 정격 단자전압이 되도록 계자전류를 조정해 놓고 주개폐기를 열어서 무부하 상태로 했을 때의 전압변동을 정격전압의 백분율로 표시한 것을 전압변동률(voltage regulation)이라고 한다. 즉, 동기발전기의 단자전압이 전부하시에 V[V](정격전압)였던 것이 무부하 상태에서 E_0[V](유도전압과 같다)가 되었다고 하면 전압변동률 ε는 다음 식과 같다.

$$\varepsilon = \frac{E_0 - V}{V} \times 100[\%] \qquad (3.5.2)$$

직류여자기 부착 동기발전기의 전압변동률은 소형발전기의 경우 실제 부하를 인가하여 구할 수 있으나 대형발전기에 있어서는 부하를 실제로 가하는 것은 어려움이 많으므로 다음에 기술하는 포시에 벡터기법 또는 동기임피던스법 등에 의해 구하는 것이 보통이다. 자려발전기와 브러시리스 발전기에 있어서는 그 정지 여자장치가 복권특성을 가지고 있어 무부하여자분을 리액터에서 공급하고 부하여자분을 CT에서 공급하기 때문에 무부하에서 전부하까지 거의 일정전압을 유지하게 할 수 있으며 전압변동률은 약 3[%] 이하이다.

5.3 포시에 벡터도

포시에 벡터도(potier vector diagram)를 얻기 위해서는 전기자 반작용 기자력 A와 전기자 누설리액턴스 X_l을 알아야 하는데 전기자 반작용 기자력 A는 식 3.4.1에 의해서 계산되고 또 전기자 누설리액턴스 X_l은 실험적으로 구할 수 있다.

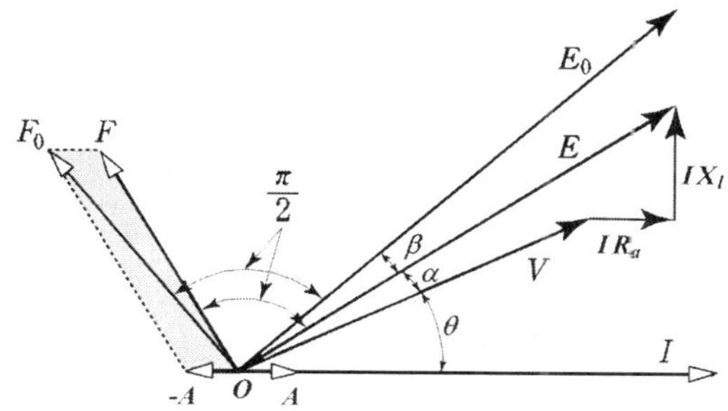

[그림 3-47] 포시에 벡터도

[그림 3-47]은 동기발전기의 한 상에 대한 벡터도인데 이 벡터도는 전기자 반작용 기자력 A와 전기자 누설리액턴스 X_l을 알면 다음과 같이 그릴 수 있다. 즉, 한 상에 대한 정격 단자전압 V, 정격 상전류 I 및 역률 $\cos\theta$가 주어지면 벡터 V와 I를 그리고 전기자저항에 의한 전압강하 IR_a와 전기자 누설리액턴스에 의한 전압강하 IX_l을 단자전압 V에 벡터적으로 합하면 부하시의 유도기전력(load induced emf) E를 구할 수 있다. 이 기전력을 유도하는 자속의 기자력 F는 위상이 E보다 90° 앞서고 그 값은 무부하 포화곡선상에서 기전력 E에 대응하는 값이다. 전기자전류 I와 동상인 전기자 기자력 A와 계자 기자력 F_0의 벡터 합성이 기전력 E를 유도한 기자력 F이므로 계자 기자력 F_0는 F에 $-A$를 벡터적으로 합성함으로써 구할 수 있다. 이 계자 기자력 F_0에 의해 유도되는 무부하 유도기전력(no load emf) E_0는 위상이 F_0보다 90° 뒤지고 그 값은 무부하 포화곡선상에서 기자력 F_0에 대응하는 값이 된다.

5.4 동기임피던스법

[그림 3-47]을 보면 지전류인 경우 전기자 누설리액턴스와 전기자 반작용이 교류발전기의 단자전압을 감소시키는 작용을 한다는 것을 알 수 있다. 그런데 자기포화를 무시할 수 있고 원통형 회전자와 같이 공극이 균일하면 전기자 누설리액턴스에 의한 전압강하와 전기자 반작용에 의한 전압강하는 전기자 전류에 비례하게 된다. [그림 3-48]은 [그림 3-47]과 똑같은 벡터도인데 전기자 기자력 A가 단독으로 작용하고 있다고 하면 그 자속은 A보다 위상이 90° 뒤진 기전력 Oa'를 유도할 것이다. 그러므로 계자기자력 F_0와 전기자 기자력 A와의 합성기

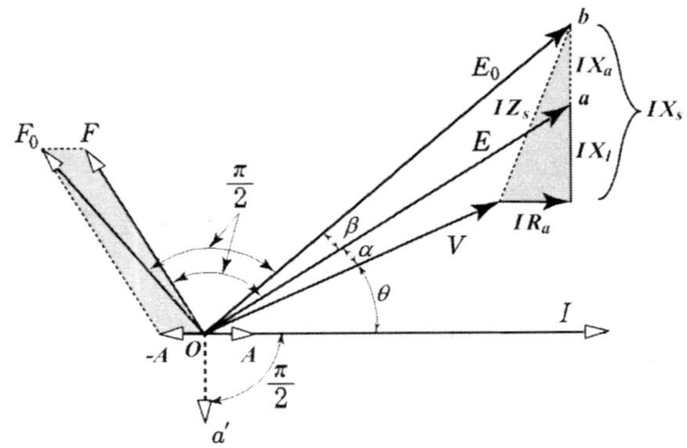

[그림 3-48] 동기임피던스법에 의한 벡터도

자력 F에 의한 유도기전력 E는 계자기자력 F_0에 의한 유도기전력 E_0와 전기자 기자력 A에 의한 유도기전력 Oa'와의 벡터 합과 같다. 그러므로 [그림 3-48]의 ba는 전기자 전류 I에 수직이 된다.

그런데 누설리액턴스에 의한 전압강하 IX_l은 전기자 전류 I보다 위상이 90° 앞서므로 IX_l과 전기자 반작용에 의한 전압강하 ab는 일직선상에 있고 다 같이 전기자 전류 I에 비례하므로 ab를 일종의 리액턴스 전압강하로 대치할 수 있으며 이것을 IX_a라 하면 전기자 반작용에 의한 전압강하와 누설리액턴스에 의한 전압강하의 합은 다음 식과 같이 표현할 수 있다.

$$IX_a + IX_l = I(X_a + X_l) \equiv IX_s \qquad X_s = X_a + X_l \tag{3.5.3}$$

여기서 X_a를 전기자 반작용의 등가리액턴스라 하고 X_a와 누설리액턴스 X_l과의 합 X_s를 동기리액턴스(synchronous reactance)라고 한다.

동기리액턴스에 전기자 권선의 저항을 벡터적으로 합한 것을 동기임피던스(synchronous impedance)라고 한다. 그러므로 전기자 권선의 실효저항을 R_a라 하면 동기임피던스 Z_s는 다음 식과 같다.

$$Z_s = \sqrt{R_a^2 + X_s^2} \tag{3.5.4}$$

그러나 보통 전기자 권선의 저항은 동기리액턴스에 비해서 무시할 수 있을 정도로 작으므로 동기임피던스를 동기리액턴스와 같다고 보는 경우가 많다.

이상에서 전기자 반작용과 누설리액턴스가 발전기의 단자전압에 끼치는 작용이 대단히 유사한 점을 이용하여 전기자 반작용을 등가리액턴스로 대치하여 실제의 누설리액턴스와 합성한 것을 동기리액턴스라 하고 이 동기리액턴스와 전기자 저항과의 벡터합성을 동기임피던스로 간주하는 방법을 동기임피던스법(synchronous impedance method)이라고 한다.

그런데 동기리액턴스는 실험적으로 구할 수 있으므로 부하시의 유도기전력 E 값을 모르더라도 무부하시의 유도기전력 E_0는 다음 식과 같이 구할 수 있다.

$$E_0 = \sqrt{(V\cos\theta + IR_a)^2 + (V\sin\theta + IX_s)^2} \tag{3.5.5}$$

무부하시의 유도기전력 E_0를 계자기전력(field electromotive force) 또는 공칭 유도기전력(nominal electromotive force)이라고 한다.

식 3.5.5는 지역률일 때 단자전압으로부터 무부하시의 유도기전력을 구하는 식인데 진역률일 때에는 다음 식과 같이 IX_s의 부호가 반대로 된다.

$$E_0 = \sqrt{(V\cos\theta + IR_a)^2 + (V\sin\theta - IX_s)^2} \tag{3.5.6}$$

이와 같이 동기리액턴스를 구하여 무부하시의 유도기전력을 식 3.5.5, 식 3.5.6에 의해 계산함으로써 동기발전기의 전압변동률을 구하는 방법을 동기임피던스에 의한 방법이라고 한다.

5.5 동기리액턴스를 구하는 방법

동기리액턴스는 다음과 같이 실험적으로 구할 수 있다. 교류발전기의 무부하 포화곡선과 3상 단락특성곡선을 구하면 [그림 3-49]의 곡선 (1), (2)와 같이 된다.

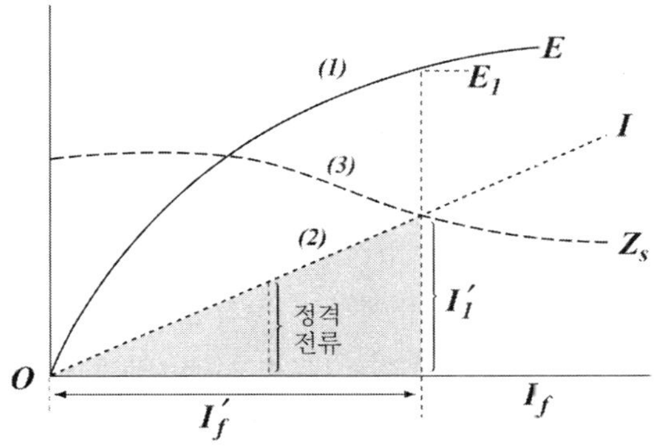

[그림 3-49] 교류발전기의 무부하 특성과 단락 특성

단, 유도기전력 E와 3상 단락전류 I는 편의상 한 상에 대한 값으로 표시하고 단락전류는 정격전류의 약 2배가 될 때까지 구한 것으로 한다.

그림에 의하면 계자전류 I_f'에 대해서 개로시의 유도기전력은 E_1이며 단락시에는 단락전류 I_1'가 통하고 단자전압은 영이 된다. 단락시에는 전기자 반작용 때문에 E_1은 거의 없어지고 실제로 유도되는 기전력은 [그림 3-50]의 E_a'와 같이 된다. 그러나 전기자 반작용을 리액턴스 전압강하로 대치한다면 기전력 E_1은 전기자의 동기임피던스를 통해서 전류 I_1'을 통하게 하는데 전부 소요된다고 생각할 수 있다. 즉, $E_1 = I_1' Z_s$가 되어 교류발전기가 단락되었을 때의 벡터도는 [그림 3-50]과 같이 된다. 이 때 동기임피던스 전압강하 $I_1' Z_s$는 전기자 실효저항 R_a에 의한 전압강하 $I_1' R_a$와 전기자의 동기리액턴스 X_s에 의한 전압강하 $I_1' X_s$의 두 성분으로 되어 있으며 다음 식과 같이 표현된다.

$$Z_s = \frac{E_1}{I_1} \qquad X_s = \sqrt{Z_s^2 - R_a^2} \fallingdotseq Z_s \tag{3.5.7}$$

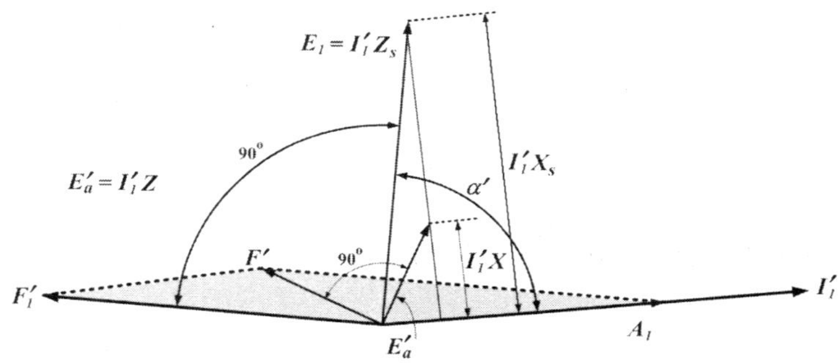

[그림 3-50] 교류발전기의 단락 벡터도

동기리액턴스의 값은 철의 자기포화 정도에 의해서 크게 달라진다. 예를 들면 자속밀도가 낮을 때에는 철이 자기로 포화되었을 때보다 전기자 기자력이 자기회로에 큰 영향을 끼치게 되므로 동기리액턴스는 커질 것이다. 그런데 단락시에는 철이 낮은 자속밀도 상태에 있기 때문에 위와 같이 구한 동기리액턴스는 너무 커질 것이다. 동기리액턴스가 변화하면 동기임피던스도 변하게 되며 계자전류에 따르는 동기임피던스의 변화상태는 [그림 3-49]의 곡선 (3)과 같이 철이 자기로 포화될수록 동기임피던스는 감소하게 된다.

이와 같은 곡선을 동기임피던스 곡선(synchronous impedance curve)이라고 한다. 발전기가 운전중에는 단락시험시보다 자기로 포화되어 있기 때문에 동기임피던스를 발전기 운전상태에 있어서의 값에 접근시키기 위해서는 I_1'와 같이 가능한 한 최대단락 전류에 대해서 동기임피던스를 구하는 것이 필요하다.

이상의 설명과 같이 단락시험에 의해서 결정한 동기임피던스의 값은 실제보다도 크게 되고 따라서 이것을 사용하여 계산한 전압변동률도 실제보다 크게 된다.

즉, 동기임피던스 Z_s는 자기회로의 포화상태에 따라 달라지므로 일반적으로 동기임피던스라고 하면 정격 상전압 E_1과 이것을 유도하는데 필요한 여자전류에 대한 3상 단락전류 I_1'과의 비를 의미한다. 이 때 동기임피던스의 단위는 [Ω]이다.

동기임피던스를 [Ω]으로 표시하지 않고 정격전류에 대한 동기임피던스 강하 IZ_s와 정격 상전압 E_1과의 비를 백분율로 표시하기도 하는데 이것을 백분율 동기임피던스(percentage synchronous impedance)라 하며 널리 사용되고 있다. 이 백분율 동기임피던스는 단락비의 역수를 백분율로 표시한 것과 같다. 예를 들면 단락비 $K_s = 0.8$인 발전기의 백분율 동기임피던스 Z_s'는 단락비의 역수인 125[%]이며 단자전압 100[%]에 대해서 동기임피던스 강하는 125[%]가 된다.

예제 1,500[kVA], 2,300[V], 60[Hz]인 교류발전기의 무부하 포화곡선과 단락특성곡선이 [그림 3-51]과 같고 두 단자 사이의 저항을 직류에 의해서 측정하니 0.12[Ω]이었다. 이 발전기는 Y결선으로 되어 있고 전기자 실효저항을 옴저항의 1.5배라고 가정하면 1상당 동기리액턴스와 지역률 0.85일 때의 전압변동률은 얼마가 되는가?

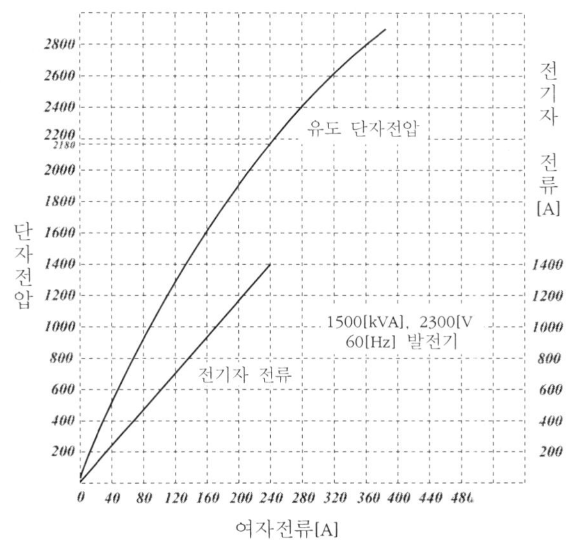

[그림 3-51] 무부하 포화곡선과 단락특성곡선

해설 그림에서 계자전류가 240[A]일 때 단락전류는 1,400[A](최대값), 무부하 단자전압은 2,180[V]가 된다. 따라서 발전기가 Y결선으로 되었다면 1상당 유도전압 E_1, 단락전류 I_1' 및 동기임피던스 Z_s는 다음과 같이 된다.

$$E_1 = 2180/\sqrt{3} = 1,260[\text{V}],\ I_1' = 1,400[\text{A}],\ Z_s = E_1 / I_1' = 0.90[\Omega] \fallingdotseq X_s$$

1상의 옴저항은 $R_o = 0.06[\Omega]$이므로 1상의 실효저항은 $R_a = 0.06 \times 1.5 = 0.09[\Omega]$이 되며, 전부하시의 각 상전류는 $I = 1,500,000/(\sqrt{3} \times 2,300) = 376[\text{A}]$, 정격 상전압은 $V = 2,300/\sqrt{3} = 1,330[\text{V}]$, 역률 0.85일 때 $\sin\theta = 0.527$이 된다. 그러므로 무부하시의 유도기전력은 식 3.5.5에 의해 $E_0 = 1560[\text{V}]$, 전압변동률은 식 3.5.2를 이용하여 $\varepsilon = 17.4[\%]$를 얻을 수 있다.

6. 직류여자기 부착 교류발전기와 자려 교류발전기의 전압조정

6.1 저항기형 자동전압조정기

직류여자기 부착 동기발전기는 여자전류와 속도를 일정하게 유지할지라도 부하전류와 역률에 따라 단자전압이 변화하고 특히 지역률의 부하전류는 단자전압을 크게 강하시키므로 부하의 대소 또는 역률에 관계없이 발전기의 단자전압을 일정하게 유지시키기 위해서는 특별한 장치가 필요하다.

동기발전기는 일정한 속도로 운전되므로 여자전류를 가감하여 계자자속을 변화시킴으로써 유도기전력의 크기를 변화시켜 단자전압을 조정하는 것이 보통이며 이를 위해서 발전기의 계자회로에 직렬로 연결된 계자저항기를 가감하는 방법과 여자기의 계자저항기에 의해 여자기의 발생전압을 가감하는 방법이 있는데 자동전압조정기(AVR : Automatic Voltage Regulator)는 보통 후자의 방법을 사용하고 있다. 직류여자기 부착 교류발전기의 AVR은 그 동작원리에 따라 진동형, 저항기형 및 무접점형의 세가지가 있지만 이 형식의 발전기는 근래에 별로 사용되고 있지 않으므로 저항기형 AVR에 대해서만 기술하기로 한다.

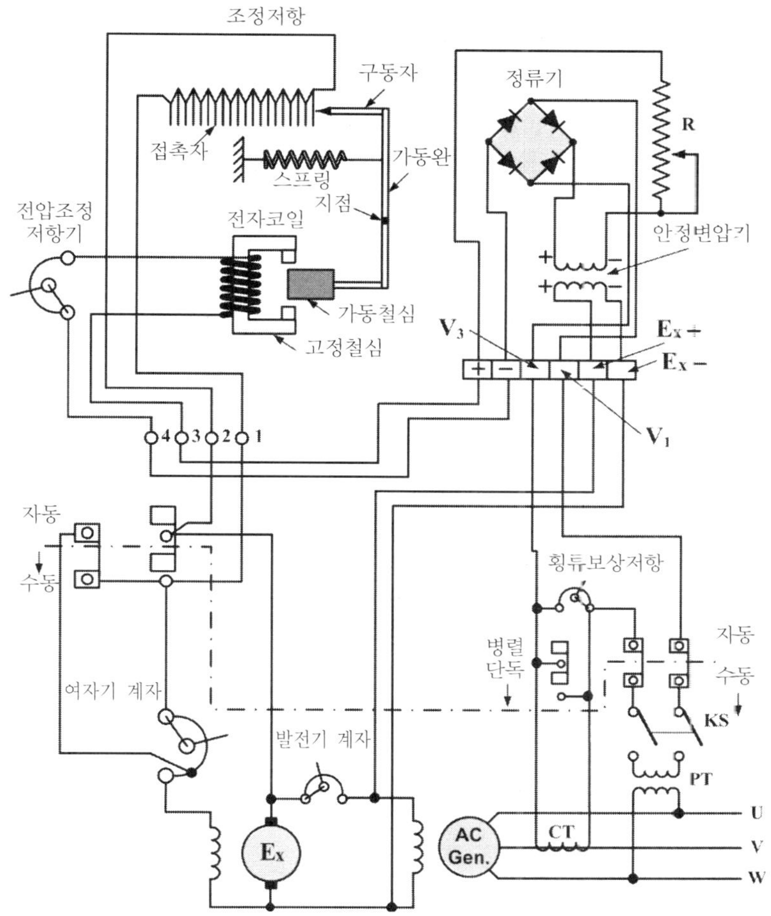

[그림 3-52] 실버스탯 전압조정기

[그림 3-52]는 저항기형 AVR로서 실버스탯 전압조정기(silverstat voltage regulator)이다. 이 전압조정기의 주요부분은 다수(약 40매)의 접촉자(접점판)와 이것에 운동을 전달하기 위한 전자석 및 가동부분으로 되어 있다. 접촉자는 얇은 탄성판으로 만들어져 있으며 그 한 쪽 끝에는 은접점이 붙어 있고 각 접촉자 사이에는 절연판을 끼워서 전체가 고정되어 있으며 접촉자의 접점 반대쪽에서 도선을 빼내어 조정저항에 연결되어 있다.

이 접점에 운동을 전달하는 부분은 발전기전압에 비례하는 직류전압으로 여자되는 전자코일과 이 전자코일이 감겨있는 고정철심과 이 고정철심에 의한 흡인력으로 동작하는 가동철심으로 되어 있는데 가동철심에는 가동완(팔)이 연결되어 있고 그 앞에는 은접점을 개폐하는 구동자가 연결되어 있으며 가동완은 전자

코일에 의한 흡인력과 스프링의 힘으로 평형을 유지하고 있다.

지금 발전기가 일정부하 상태에서 정격전압으로 운전중 부하가 증가했다고 가정하면 발전기전압은 정격치보다 하강해서 전자석의 흡인력을 감소하여 스프링의 힘보다 작게 되므로 구동자는 접촉자를 밀게 되고 은접점은 차례로 접촉되어 조정저항이 감소되므로 여자기전압이 상승하게 되고 따라서 발전기전압도 상승하여 정격치로 회복된다. 발전기전압이 회복되면 전자석의 흡인력은 강해져서 스프링의 힘과 평형을 이루는 위치에 구동자는 정지하게 된다.

발전기의 부하가 감소하여 전압이 정격값보다 상승하게 되면 위에서 설명한 것과 반대의 작용이 발생하여 접촉자의 은접점이 열리게 되고 여자기전압이 강하하게 되면 발전기전압도 강하하여 정격값을 회복하게 된다.

안정변압기(damping transformer)는 난조(hunting)를 예방하기 위한 변압기인데 1차측은 여자기 단자사이에 연결되고 2차측은 전자석 코일에 직렬로 연결되어 있는데 직류여자에 의한 자기포화를 방지하기 위해서 공극이 만들어져 있다. 발전기전압이 안정되고 여자기전압이 변화하지 않을 때에는 변압기로서의 작용은 없고 단지 저항 역할만 하지만 발전기전압이 변화하여 AVR이 동작하여 여자기전압에 변화가 생기면 그 변화의 정도에 따라서 2차측에 전압이 유도되고 이것이 전자석 코일에 작용하여 전류를 변화시키므로 가동부를 전기적으로 제동하게 된다.

횡류보상저항과 변류기 CT는 발전기의 병렬운전시에 필요한 횡류보상회로용인데 단독운전시에는 병렬/단독 전환용 접촉편을 아래로 옮겨서 그 단자를 단락시켜야 한다. 이와 같은 단락작용은 보통 병렬운전용 타발전기 ACB의 보조 b접점에 의해서 자동적으로 이루어지게 된다. 그리고 발전기전압을 수동으로 조정하려면 자동/수동 전환 접촉편을 아래로 옮겨서 조정저항을 단락시켜 주면 된다.

6.2 자려 교류발전기의 전압조정작용

자려 교류발전기의 기본 여자회로는 [그림 3-53](a)와 같다. 변압기와 리액터를 통해서 발전기의 단자전압에 비례하는 전류를 취하여 정류기를 거쳐 무부하기전력을 유도하기 위한 여자전류로 사용하고 있다. 동기발전기는 보통 정격전압의 2~3[%] 정도의 잔류전압이 유도되므로 이것을 이용한 자기여자작용에 의해서 전압이 확립된다.

동기발전기의 전기자 저항은 동기리액턴스에 비해서 대단히 작으므로 이것을 무시한다면 동기발전기에 지역률 $\cos\theta$의 부하전류가 흐르고 있을 때의 벡터도는 [그림 3-53](b)와 같다. 자려 교류발전기는 단자전압에 비례하며 의상이 이보다 약 90° 뒤지는 전류를 변압기와 리액터를 통하여 여자전류의 전압성분 I_{fe}로 사용하고 또 동기리액턴스 강하분을 보상하기 위해서 부하전류의 크기에 비례하고 부하전류와 동상인 전류를 변류기 CT에서 취하여 여자전류의 전류성분 I_{fi}로 사용하여 이 두 성분을 벡터적으로 합성한 여자전류 I_f가 발전기에 공급된다. I_f는 공칭 유도기전력 E_0를 유도하기 위해 필요한 여자전류이다.

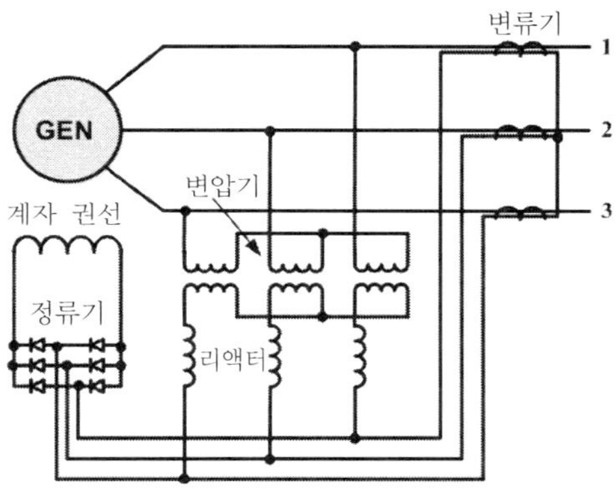

(a) 기본 여자회로

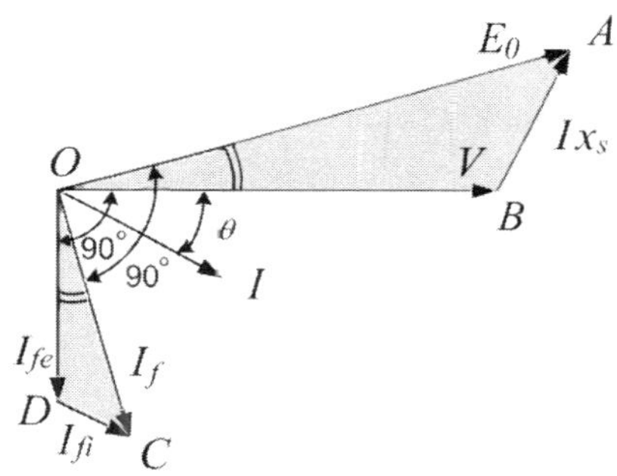

(b) 벡터도

[그림 3-53] 자려 교류발전기

단자전압에 비례하는 전류 I_{fe}는 직류발전기의 분권계자전류에 해당하는 것으로 앞에 설명한 것과 같이 잔류자기를 이용한 자기여자로 무부하 전압을 확립하게 하고 부하전류에 비례하는 전류 I_{fi}는 직류발전기의 직권계자전류에 상당하는 것으로 동기리액턴스 강하를 보상하여 부하전류 및 역률의 변화에 의한 단자전압의 변동을 자동적으로 조정해준다.

이와 같이 자려 교류발전기는 회로 자체에 제어성이 있으므로 특별히 전압조정을 하지 않아도 부하의 증감과 역률의 변화에 관계없이 단자전압을 일정하게 유지할 수 있다. 그러나 실제로는 자기포화의 영향, 온도변화에 의한 계자권선의 저항변화, 원동기의 속도변화 등으로 인해 복권특성만으로도 전압변동률을 ±3[%] 이내로 유지할 수는 있으나, 그 이상 정밀한 정전압특성은 얻기 어려우므로 정밀한 정전압 제어를 위해서는 AVR을 병용하여야 한다. [그림 3-53](a)와 같은 여자방식을 복권여자방식이라 하고 이 여자방식을 적용하는 발전기를 복권식 자려 교류발전기라고 한다.

6.3 가포화 리액터식 AVR

[그림 3-54]는 복권식 자려발전기에 가포화 리액터식 AVR의 작용을 부가하여 전압의 변동을 미소범위(0.5[%] 이하)로 자동 조정되게 한 발전기의 예를 보여준다. [그림 3-54]에서 MR은 상호리액터로서 이것으로 복권특성이 얻어진다. SR1은 3상 가포화 리액터로서 직류 제어권선을 가지고 있으며 이 전류를 제어함으로써 리액턴스를 변화시켜 여자전류를 조정한다.

SR2는 전압검출용 가포화 리액터인데 [그림 3-55]와 같은 형태의 포화특성을 가지고 있으므로 전압의 근소한 변동에 대해서도 정류기 REC2에 공급하는 전류를 크게 변화시킨다. Tr은 전압조정용 단권변압기인데 이것을 이용하여 발전기의 전압을 설정한다. CT는 횡류보상용 변류기이고 R은 횡류보상용 가변저항, REC1과 REC2는 실리콘 정류기이다.

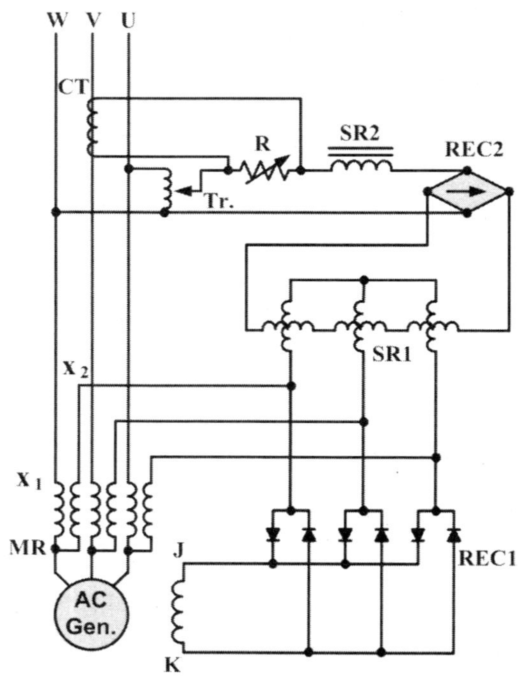

[그림 3-54] 가포화 리액터식 AVR

먼저 무부하 상태로 발전기를 운전하면 잔류전압(잔류자기에 의해 유도된 전압)이 상호리액터 MR의 2차 권선을 거쳐 주정류기 REC1에 의해서 정류되어 발전기 계자권선을 여자하게 된다. 이 잔류전압에 의한 근소한 여자전류는 발전기 전압을 증가시키므로 여자전류는 증가하게 된다. 이와 같은 과정을 거쳐 발전기 전압은 점점 증가하여 무부하 포화곡선과 계자임피던스 선과의 교점까지 상승하게 된다.

또 발전기전압은 단권변압기 Tr을 거쳐 보조정류기 REC2에 의해 직류로 정류되어 가포화 리액터 SR1의 제어권선에 제어전류(검출전류)를 공급하고 있는데 발전기전압이 확립될 때까지의 낮은 전압에 대해서는 가포화 리액터 SR2의 높은 임피던스 때문에 SR1의 제어권선에는 거의 전류가 통하지 않는다([그림 3-55] 수직부분의 미포화 부분).

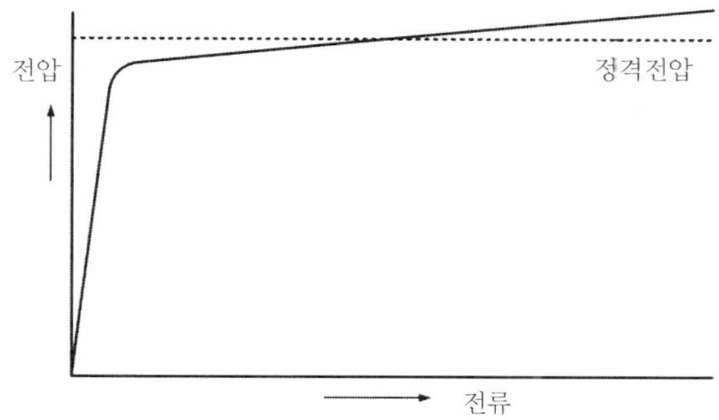

[그림 3-55] SR2의 포화특성

따라서 SR1의 교류권선 임피던스는 대단히 높게 되므로 잔류전압에 의한 근소한 전류는 거의 전부 주정류기 REC1을 거쳐서 발전기의 계자권선을 통하게 되므로 전압확립을 용이하게 한다.

이상과 같이 발전기전압이 확립되어 정격전압 부근에까지 도달하게 되면 SR2는 포화상태가 되므로 발전기전압의 미세한 변동에 대해서도 SR1의 제어전류는 [그림 3-55]에서 알 수 있듯이 크게 변화하게 되고 따라서 SR1의 교류권선 임피던스도 크게 변화하여 발전기 계자전류의 조정작용이 행하여진다.

이와 같이 가포화 리액터 SR1과 SR2에 의해서 전압의 미세조정, 즉 AVR의 작용이 이루어진다. 지금 무부하 운전중 발전기 단자전압이 정격값보다 조금이라도 상승하게 되면 SR2의 검출전류는 상승하고 이것이 정류되어 SR1의 제어전류가 증가하게 되므로 SR1의 출력권선(교류권선)의 임피던스는 감소된다. 그 결과 발전기의 단자전압에 비례하여 MR의 2차 권선을 통하여 나온 전류 중 SR1의 출력권선을 통하는 전류가 증가하므로 발전기의 여자전류 I_f가 감소되고 발전기의 단자전압이 강하하여 정격값을 유지하게 된다.

다음으로 발전기에 부하전류 I_1이 흐르게 되면 MR의 2차측에 $j\omega MI_1$과 같은 전압이 유도된다. 따라서 발전기에 부하가 가하여지면 REC1에 가하여지는 입력 전압은 [그림 3-56]과 같이 발전기 단자전압 $\dot{V}_t$와 $j\omega M\dot{I}_1$를 벡터적으로 합성한 것이 되는데 만약 $\omega M = X_s$가 되게 하면 동기리액턴스 강하에 상당하는 보상전압을 계자에 가하여 복권작용을 하게 된다.

이와 같이 부하의 급변에 의한 순시 전압변동의 경우 MR의 복권작용에 의해 신속하게 전압이 조정되고 운전중 전압의 미소변동에 대해서는 가포화 리액터의 작용에 의해 전압조정이 이루어지므로 전압변동특성이 양호하다.

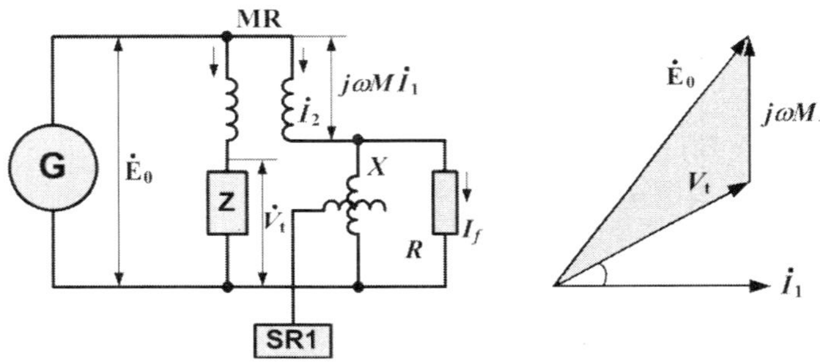

[그림 3-56] MR의 작용

6.4 SCR에 의한 반파분류형 AVR

사이리스터(thyristor)를 응용한 AVR은 다른 정지형 AVR에 비해서 다음과 같은 특징이 있다.

① 전압변동률이 대단히 작다.

② 회로가 속응성요소로 구성되어 있으므로 응답속도가 대단히 빠르다.

③ 사이리스터를 여자전류의 분류회로로 사용하면 계자의 제어전력만을 분담시키므로 소용량의 사이리스터만으로도 충분하게 된다.

④ 소형경량으로 제작할 수 있다.

자려 교류발전기의 AVR에 사이리스터를 응용한 것으로 여러 가지 형식이 있으나 여기서는 [그림 3-57]과 같이 여자회로와 병렬로 SCR에 의한 분류회로를 만들고 SCR의 게이트에 가하는 점호펄스의 위상을 제어함으로써 분류회로의 전류 I_R에 의해 계자전류 I_F 를 적당한 값으로 조정하여 발전기의 단자전압을 일정한 값으로 유지하는 방식에 대해서 설명한다.

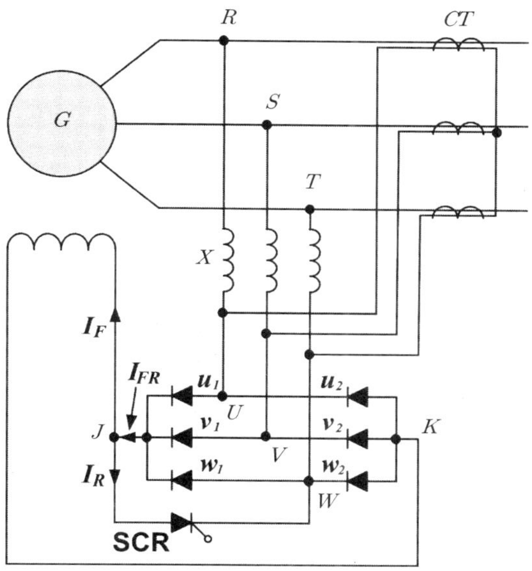

[그림 3-57] SCR에 의한 반파분류제어의 기본회로

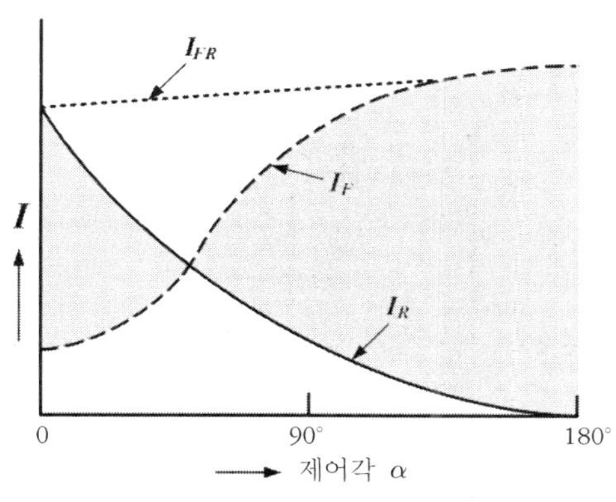

[그림 3-58] 분류특성곡선

[그림 3-57]에서 SCR은 3상 전파정류기의 w_1 소자와 역병렬로 연결되어 있으므로 SCR이 동작하고 있지 않을 때에는 전위의 최고점 R 또는 S에서 $R \to u_1 \to$ 계자 $\to w_2 \to T$ 또는 $S \to v_1 \to$ 계자 $\to w_2 \to T$의 경로로 계자전류가 흐르고 있던 것이 SCR이 도통하게 되면 $R \to u_1 \to$ SCR $\to T$ 또는 $S \to v_1 \to$ SCR $\to T$와 같은 경로로 전류 I_R이 통하게 되므로 계자전류 I_F는 감소하게 된다.

이 때 SCR에 순전압이 가하여지고 게이트 신호가 들어올 때까지의 시간을 제어각 α로 표시하면 $\alpha = 180^\circ$ (SCR은 개방상태, 분류전류 $I_R = 0$)에서 $\alpha = 0$ (SCR은 단락상태, 분류전류 I_R은 최대)까지 변화할 때의 계자전류 I_F, 분류전류 I_R, 정류기 출력전류 I_{FR}을 구하면 [그림 3-58]과 같다.

α가 변하여도 I_{FR}의 값이 별로 변하지 않는 것은 직렬 리액터 X의 값이 크기 때문이며 I_{FR}은 일종의 정전류원이라고 생각할 수 있다. 보통 제어중심을 $\alpha \fallingdotseq 120^\circ$ 부근에 취하여 정격전압을 발생하도록 되어 있다. [그림 3-58]과 같은 분류

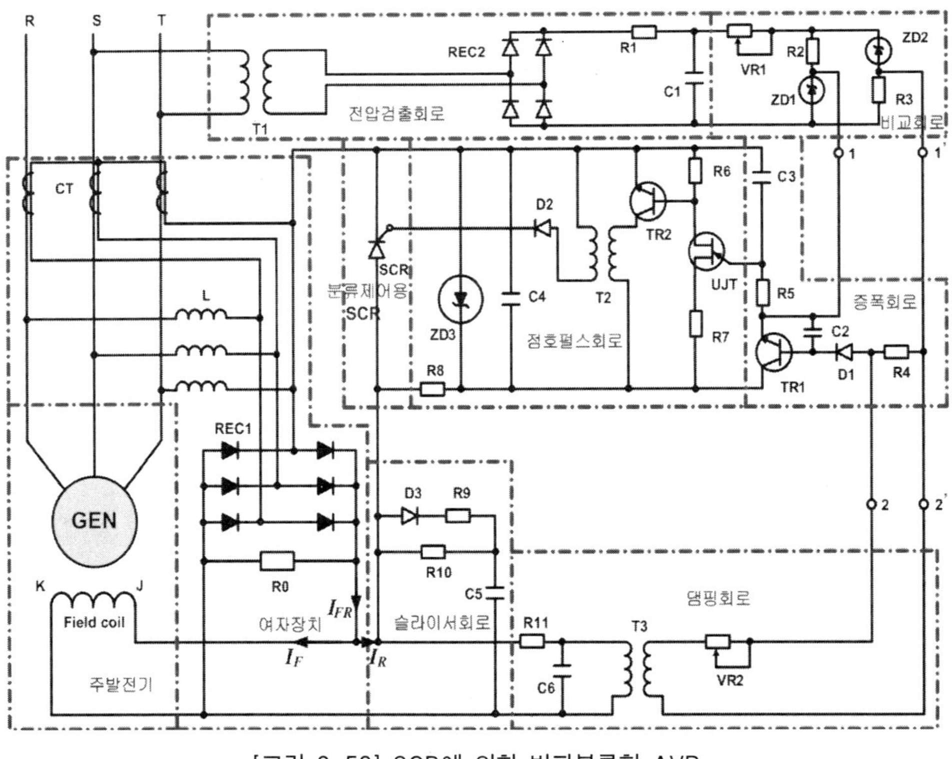

[그림 3-59] SCR에 의한 반파분류형 AVR

특성은 [그림 3-54]와 같은 가포화 리액터형 AVR에도 적용된다. 즉, [그림 3-54]에서 발전기의 단자전압이 정격전압 부근에서 변화하면 SR1의 제어권선에 흐르는 전류가 변하여 SR1의 교류권선 임피던스가 변화하게 되므로 교류권선을 통하는 분류전류가 곡선 I_R에 따라서 변화할 때 계자권선을 통하는 여자전류는 곡선 I_F에 따라서 변화하여 단자전압을 일정하게 유지한다.

SCR에 의한 반파분류형 AVR의 결선도는 [그림 3-59]와 같다.

6.4.1 전압검출회로

발전기 단자전압이 변압기 T_1에 의해 강압된 후 단상 전파정류기 REC2에 의해 정류되고 저항 R_1, 축전기 C_1으로 구성된 평활회로를 거쳐 맥동이 작은 직류전압으로 되어 비교회로의 입력신호가 된다.

6.4.2 비교회로

제너다이오드 ZD1, ZD2와 저항 R_2, R_3에 의한 브리지회로에 의해서 구성된다. [그림 3-60]에 나타낸 것과 같이 ZD1의 전압(단자 1의 전위)은 제너전압을 유지하고 저항 R_3 양단의 전압(단자 1'의 전위)은 입력전압에서 ZD2의 제너전압을 감한 것이 되므로 입력전압이 제너전압에 도달할 때까지는 영이 되고 그 후에는 직선적으로 증가한다.

따라서 1-1'사이의 전압, 즉 비교회로의 출력전압은 [그림 3-60]과 같이 변화하여 이것이 오차신호로서 다음 단계인 트랜지스터 증폭기 TR1의 베이스, 이미터 사이에 가해진다. 가변저항 VR1을 조정하면 비교회로의 출력을 변경하여 전압설정을 할 수 있는데 이것은 반고정 저항으로 사용하는 것이 보통이다.

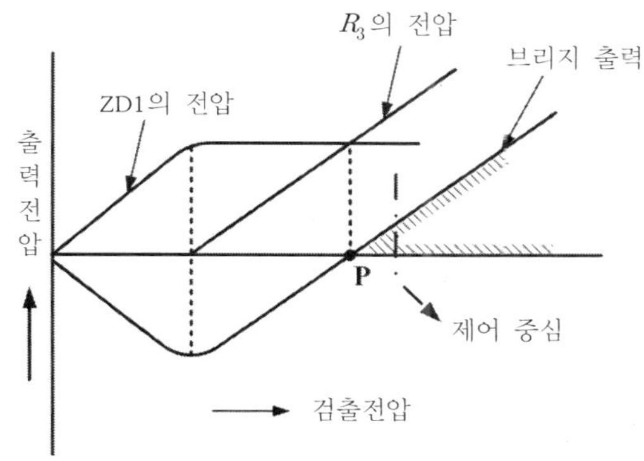

[그림 3-60] 비교회로 각 부의 전압

6.4.3 점호펄스회로

실리콘 트랜지스터 TR1의 베이스에 주어진 오차신호는 트랜지스터에서 증폭되어 저항 R_5를 거쳐 커패시터 C_3을 충전한다. C_3가 충전되어 UJT의 에미터 전압이 피크전압 V_P에 도달하면 UJT는 도통(turn-on)되며 동시에 C_3의 전하는 저항 R_6를 통하여 급속히 방전하여 저항 R_6 양단에는 펄스(pulse)가 발생한다. 이 전압은 트랜지스터 TR2의 베이스 전압으로서 증폭되어 펄스트랜스 T_2에 1차 전류를 인가함으로써 2차의 SCR 게이트회로에 점호펄스가 발생한다.

점호펄스회로의 전원전압은 SCR에 순방향전압이 가해짐과 동시에 R_8을 거쳐 가하여지며 제너다이오드 ZD3에 의해서 규정전압으로 유지되므로 R_5, C_3 회로의 충전은 이것과 동기되어 시작하게 된다.

지금 발전기 운전중 어떤 원인으로 발전기 단자전압이 설정치 이상으로 증가하게 되면 비교회로의 출력이 증가하게 되고 증폭용 트랜지스터 TR1의 내부저항을 감소시켜 축전지 C_3는 급속히 충전되어 UJT의 펄스발생 위상이 앞서게 되므로 SCR의 점호시기가 빨라지고 SCR을 통하는 분류전류가 증가하여 계자전류 I_F는 감소하게 된다. 그 결과 발전기의 단자전압은 하강하여 설정치에 복귀하게 된다. [그림 3-57]에서 알 수 있듯이 정류기의 w_1 소자에 순방향전류가 통하여 계자전류를 공급하고 있을 때에는 SCR은 턴 오프(turn-off)되고 u_1, v_1 소자가 도통을 시작해서 SCR에 순방향전압이 가해져도 점호펄스가 가하여질 때까지는 턴 오프 상태를 지속하게 된다. 이상과 같은 제어동작은 전원전압의 매 사이클마다 행하여지므로 대단히 빠른 제어동작으로 정전압을 유지하게 된다.

6.4.4 댐핑회로

비교회로, 점호펄스회로 등은 응답속도가 대단히 빠른데 비해 발전기 계자회로 자체의 시정수는 커서 전압변동에 대한 응답이 늦어지기 때문에 발전기가 불안정한 상태로 되어 난조(hunting)를 일으킬 우려가 있다. 이를 방지할 목적으로 CR회로(C_6, R_{11}, T_3)에 의한 댐핑회로를 구성하여 정류기 REC1의 출력전압을 R_4에 의해서 증폭용 트랜지스터 TR1의 베이스에 귀환시킨다. VR2는 댐핑조정용 저항이며 이 댐핑회로를 사용하여 제어회로의 안정성을 높여준다.

6.4.5 슬라이서 회로

발전기 부하가 급격하게 증가할 경우에는 이에 따라서 계자전류도 급격히 증가하여 단자전압을 일정한 값으로 유지하려고 하는데 계자권선은 인덕턴스가 크기 때문에 그 양단에 과대한 전압이 발생하여 정류기가 파손될 우려가 있다. 따라서 계자권선의 단자에 저항 R_9, 커패시터 C_5를 설치하여 과전압을 흡수시키고 전압강하시에는 R_{10}을 통해서 C_5의 전하를 방전하여 이상전압의 첨두값을 억제하는 방법을 사용하고 있으며 이와 같은 회로를 슬라이서 회로(slicer circuit)라고 한다.

6.5 사이리스터 여자식 자려발전기

SCR을 사용한 여자방식에는 기존의 자려복권식과 같이 복권특성을 갖는 것과 발전기의 출력전압만을 검출하여 전압조정을 행하도록 한 자려분권식이 있다. [그림 3-61]은 분권식 SCR 여자장치의 결선도를 나타낸다.

발전기의 출력전압은 보조변압기 ET를 거쳐서 SCR의 게이트 장치에 가하여지는데 여기서 SCR의 점호위상을 제어하여 발전기 계자권선의 여자전류를 조정함으로써 발전기전압의 자동조정이 이루어진다.

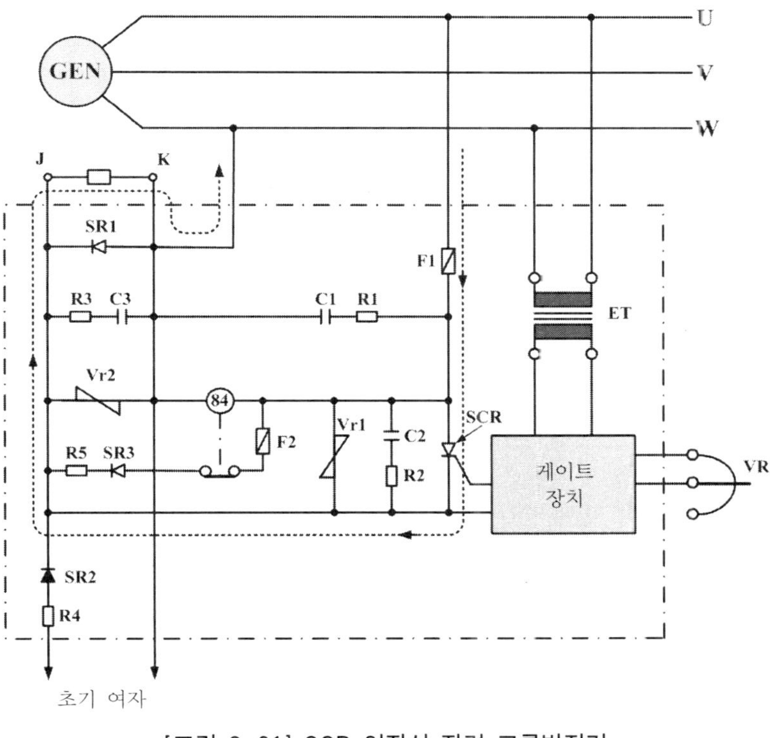

[그림 3-61] SCR 여자식 자려 교류발전기

[그림 3-61]에서 SCR과 SR1에 각각 병렬로 연결되어 있는 C_2, R_2, C_3, R_3은 과도적으로 발생하는 서지전압(surge voltage)을 흡수하여 반도체 소자를 보호하기 위한 것이고 또 배리스터(varistor) V_{r1}, V_{r2}는 비교적 단속시간이 긴 과전압에 대한 보호용으로 설치한 것이다. 계전기 84는 전압의 확립을 용이하게 하기 위한 것인데 초기 발전기의 잔류전압은 $F_1 \rightarrow F_2 \rightarrow SR_3 \rightarrow R_5$를 통해서 발전기의 계자를 여자시킨다. SCR의 게이트 장치가 작동할 수 있는 전압까지 발전기전압이 상승하게 되면 계전기 84가 동작하여 SR3의 회로는 개방되고 점선과 같이 SCR을 통해서 계자권선을 여자하게 된다.

전압조정작용을 하는 게이트장치의 동작은 [그림 3-62]와 같다. 그림에서 제너다이오드 ZD1에 의해서 게이트 회로의 전압은 일정하게 유지되어 있으며 한편 발전기전압에 비례한 전압이 다이오드 D4를 통해서 커패시터 C_1을 충전하고 그 단자전압 V_c는 R_2, ZD2와 ZD3, R_3에 인가된다.

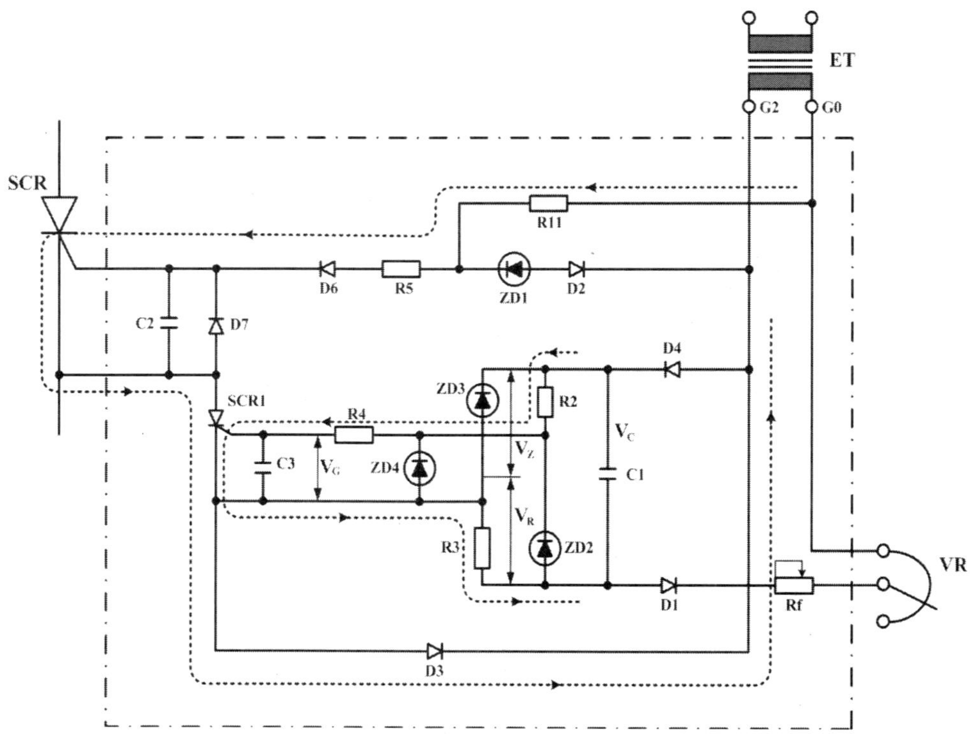

[그림 3-62] SCR 여자장치의 게이트 회로

V_c가 제너다이오드 ZD2와 ZD3의 제너전압 이하일 경우 ZD2와 ZD3는 대단히 높은 임피던스로 작용하기 때문에 게이트용 SCR1의 게이트 전압 V_G는 저항 R_2, R_3와 직렬상태가 되지만 V_c가 제너전압 V_Z 이상인 경우 $V_G = V_Z - V_R = V_Z - (V_c - V_Z) = 2V_Z - V_c$가 되어 V_c가 증가하면 V_G는 감소하게 된다.

따라서 발전기전압이 상승했다고 가정하면 V_c는 높아지고 V_G는 반대로 낮아져서 SCR1의 게이트 신호의 위상각이 크게 되고 동시에 계자권선용 주 SCR도 점선과 같이 게이트 회로가 구성되어 SCR1의 점호제어각과 똑같이 위상조정이 되므로 발전기의 여자전류는 감소되어 단자전압이 하강한다.

7. 브러시리스 교류발전기의 전압조정

7.1 브러시리스 교류발전기의 기본회로

발전기 여자장치 중 슬립링과 브러시를 제거하여 기계적 접촉이나 마모부분이 전혀 없는 발전기를 브러시리스 교류발전기(brushless AC generator)라고 한다. [그림 3-63]은 브러시리스 발전기의 구조를 간략히 나타내고 있다. 발전기 출력측의 교류를 정류기를 사용하여 직류로 변환하며 변환된 직류전류가 여자기의 외측 고정부분으로 공급되고 있다.

여자기의 외측은 직류전류를 받아들여 전자석이 되며 이 자석 사이를 코일 U, V, W가 회전하면 이 코일에는 교류가 발생한다. 발생된 교류를 회전정류기를 거치면 다시 직류로 변환되는데 이 직류전류를 사용하여 발전기 회전자의 계자권선을 여자시킨다.

그리고 회전자 계자권선에 의해 여자된 주자극이 회전하게 되면 고정자에는 3상 U, V, W의 교류가 발생하게 된다. 브러시리스 발전기는 브러시가 없어서 유지보수가 거의 필요 없고 신뢰성이 높기 때문에 발전 시스템에 널리 채용되고 있다.

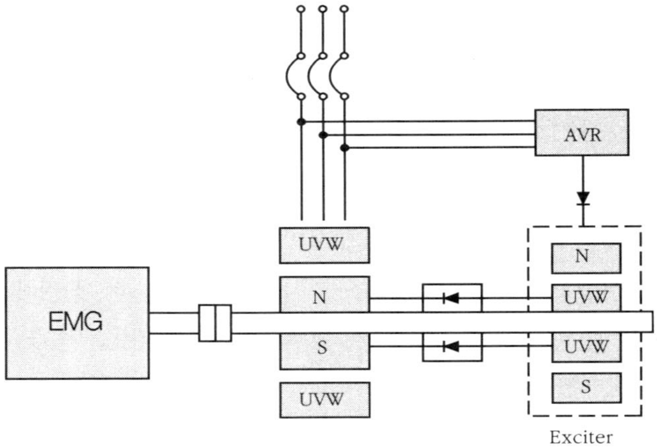

[그림 3-63] 브러시리스 교류발전기의 구조

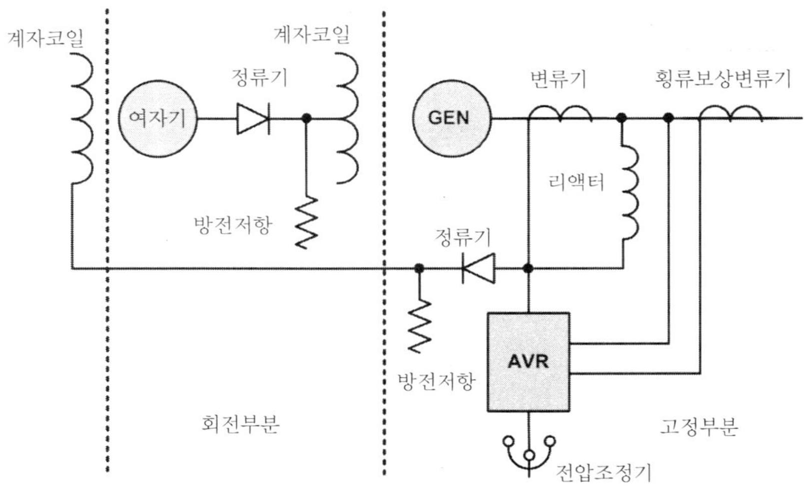

[그림 3-64] 브러시리스 교류발전기 시스템

[그림 3-64]는 브러시리스 발전기 시스템을 나타낸다. 그림에서 발전 시스템은 고정부분과 회전부분으로 나눠지는데 고정부분에는 변류기, 리액터, 정류기, 정류기 보호저항, 자동전압조정기(AVR), 횡류보상변류기, 계자권선 등이 있고, 회전부분은 여자기, 계자권선, 회전정류기, 정류기 보호저항 등으로 구성된다. AVR에는 전압조정기(VR)라는 가변저항이 있는데 이것을 사용하여 발전기 출력 전압의 크기를 조정할 수 있다.

[그림 3-65]는 브러시리스 발전기의 내부결선도를 나타내고 있다.

발전기가 정지하게 되면 공간 히터(space heater)가 작동하여 발전기 내부에서 습기가 발생하는 것을 방지해 준다. 발전기의 여자기를 여자시키기 위해서는 전력이 요구되는데 이 여자전원을 발전기 자신이 생산한 전력을 이용하고 있으므로 이 방식은 자려자 방식의 일종이다. 무부하시의 여자전력은 리액터(reactor)를 사용하며, 부하시의 필요 여자전력은 변류기(CT : Current Transformer)를 사용하여 공급한다. 공급된 여자전력은 정류기를 거쳐 정류되며 이 정류된 직류로 계자코일을 자화시킨다. 따라서 회전하고 있는 여자기(exciter)에 교류가 발생하게 되고 다시 정류기에서 직류로 변환시켜 계자권선에 자장을 발생시키게 되며 발전기의 고정자가 전력을 생산할 수 있게 한다.

스위치보드(switch board) 안에는 자동전압조정기가 있다. 이것은 발전기의 출력전압을 일정한 값으로 유지시키는 역할을 하며, 그것을 위해 여자기에 공급되는 전류를 조정한다. 자동전압조정기는 발전기 출력전압을 항상 감지하고 있으며 이것을 전압조정기(VR)에 의해 설정된 전압과 비교하여 발전기 출력전압을 항상 일정하게 유지시킨다.

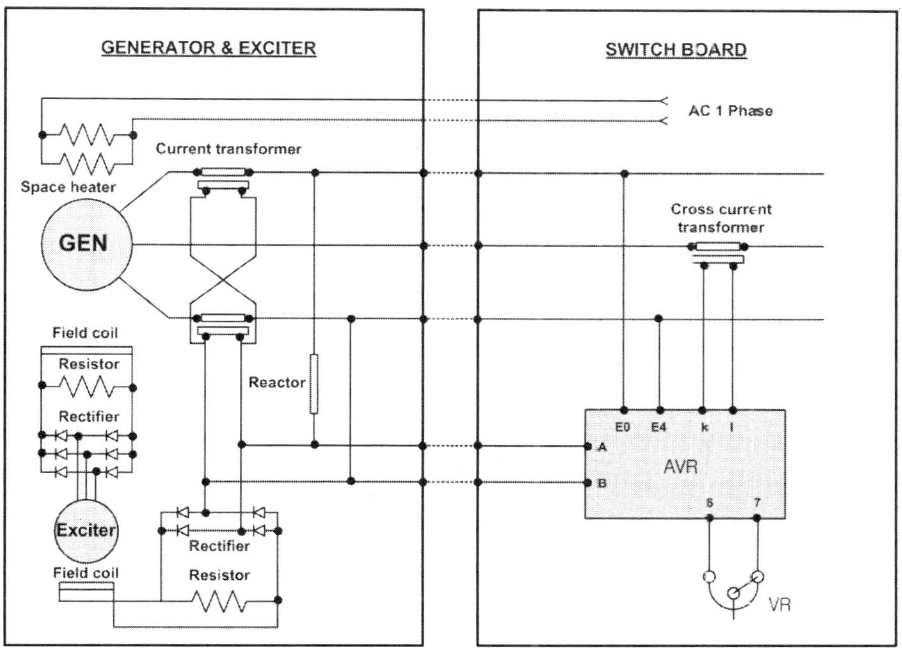

[그림 3-65] 브러시리스 교류발전기 내부결선도

횡류보상변류기(CCT : Cross Current Transformer)는 발전기가 단독으로 운전하고 있을 경우에는 사용하지 않고 발전기가 병렬운전하고 있을 경우 횡류를 보상하기 위해 사용된다.

7.2 SCR에 의한 반파분류형 여자조정장치

전압조정장치는 발전기의 부하급변에 의해 발생하는 어떠한 전압변동이라도 가능한 한 빨리 조정할 수 있어야 하며 이와 같은 조정작용은 여자기로부터 공급되는 여자전류가 전압변동에 상응하여 제어됨으로써 이루어진다. [그림 3-66]은 SCR에 의한 반파분류형 여자조정장치의 결선도를 나타낸 것이다. 그림에서 $lm1$, $lm2$, $lm3$는 변압변류기인데 변압기의 1차 권선에는 리액터 $K1$을 거쳐서 발전기 출력전압이 부가되며 이 전압이 2차 권선에 의해 감압되어 정류기 $n1$을 거쳐 여자기의 계자 I_E, K_E에 일정한 여자전류를 공급하고 변류기의 1차 권선은

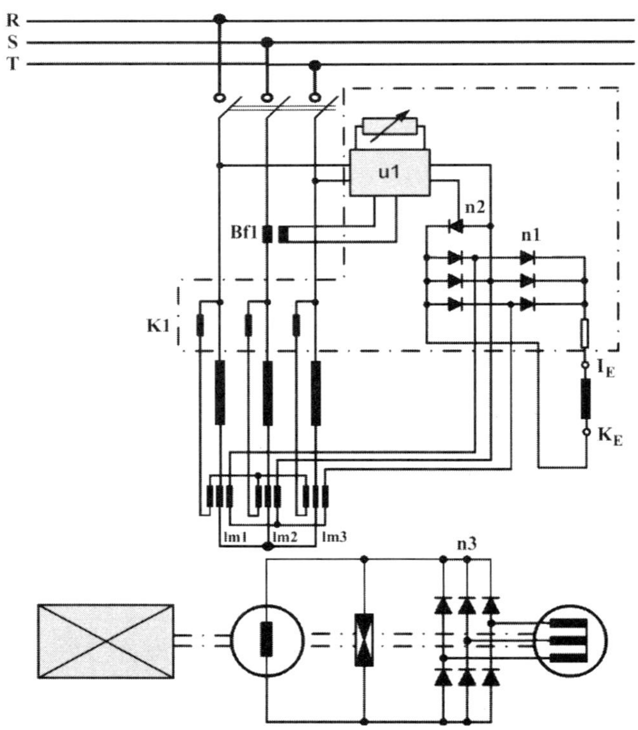

[그림 3-66] SCR에 의한 반파분류형 여자조정장치

주발전기와 직렬로 연결되어 부하전류에 비례하는 전류를 2차 권선이 공급한다. 이와 같이 변압기 및 변류기의 1차 전압과 전류는 한 개의 2차 권선(변압기와 변류기에 공통)에 의해 합성되어 복권작용이 이루어진다.

리액터 $K1$은 발전기가 무부하 상태에서 AVR $u1$이 작동하고 있지 않을 경우 발전기의 단자전압이 정격전압의 120~140[%]로 되게 설정하고 여분의 여자전력은 사이리스터 $n2$로 분류시키는데 이 사이리스터로 분류되는 전류는 AVR $u1$에 의해 사이리스터의 게이트에 주어지는 점호펄스의 위상을 제어함으로써 적당한 값으로 조정된다. 발전기에 부하가 가하여지면 변압변류기 2차 권선에 부하전류에 비례하는 2차 전류가 유도되어 여자기의 계자전류가 증가되므로 발전기의 유도기전력이 커져서 발전기 내부전압강하를 보상해 주므로 발전기의 단자전압은 정격전압을 유지한다. 사이리스터 $n2$는 브리지 회로를 구성하고 있는 3상 전파정류기 $n1$의 다이오드 6개 중 1개와 역병렬로 연결되어 있으며 여자전류의 일부분에 대한 분로로서 작용한다.

자동전압조정기 $u1$의 내부전자회로는 앞서 설명한 자려발전기의 AVR 회로도인 [그림 3-59]와 같이 전압검출회로, 비교회로, 증폭회로, 점호펄스회로를 가지고 있으며 발전기 운전중 어떤 원인에 의해서 단자전압이 설정치 이상으로 증가하면 사이리스터 $n2$의 위상제어각이 감소하여 $n2$를 통하는 분류전류가 증가하게 되므로 여자기의 계자권선 I_E, K_E에 흐르는 계자전류는 감소하게 된다. 그러므로 주발전기 유도전압이 감소되어 단자전압이 설정치에 복귀하게 된다.

[그림 3-66]에서 AVR $u1$의 상부에 표시된 가감저항기의 저항값을 가감하면 비교회로의 출력레벨이 변화하므로 전압설정을 조정할 수 있는데 주로 반고정 저항을 사용한다. Bf1은 발전기를 병렬운전할 경우의 횡류보상용 변류기이다.

7.3 트랜지스터 분류형 여자조정장치

브러시리스 발전기의 AVR 회로에 종래에는 SCR을 사용하였지만 근래에는 제어가 용이한 트랜지스터가 많이 사용된다. 이 AVR은 복권여자회로를 사용하며 무부하시 정격전압을 발생시키는데 필요한 여자전류를 공급하는 전압요소와 부하전류에 의한 전압강하를 보상하는 전류요소로 구성되며 이것을 합성한 전류가 정류기에 의해 정류되어 교류여자기에 공급되는 것은 앞서 설명한 여자조정장치와 동일하다.

트랜지스터 분류형 여자조정장치는 위에서 설명한 기본회로 외에 트랜지스터 쵸퍼(transistor chopper) 회로를 구성하여 정류회로에서 나온 전류를 분류시키는데 이 분류량을 발전기 출력전압의 변동에 따라서 조정함으로써 출력전압을 일정하게 유지한다. 이 방식의 AVR은 발전기 출력전압의 변화에 민감하며 고정도의 전압조정을 가능하게 한다.

[그림 3-67]은 트랜지스터 분류형 여자조정장치의 결선도를 나타내는데 여자전류의 전압분은 리액터 X를 경유하여 얻고 전류분은 변류기인 PCT의 2차 코일에서 공급되며 이 두 성분이 정류기 MR의 입력측에서 전기적으로 벡터 합성된다. 합성된 입력은 실리콘 정류기 MR에 의해 정류되어 교류여자기의 계자에 공급된다.

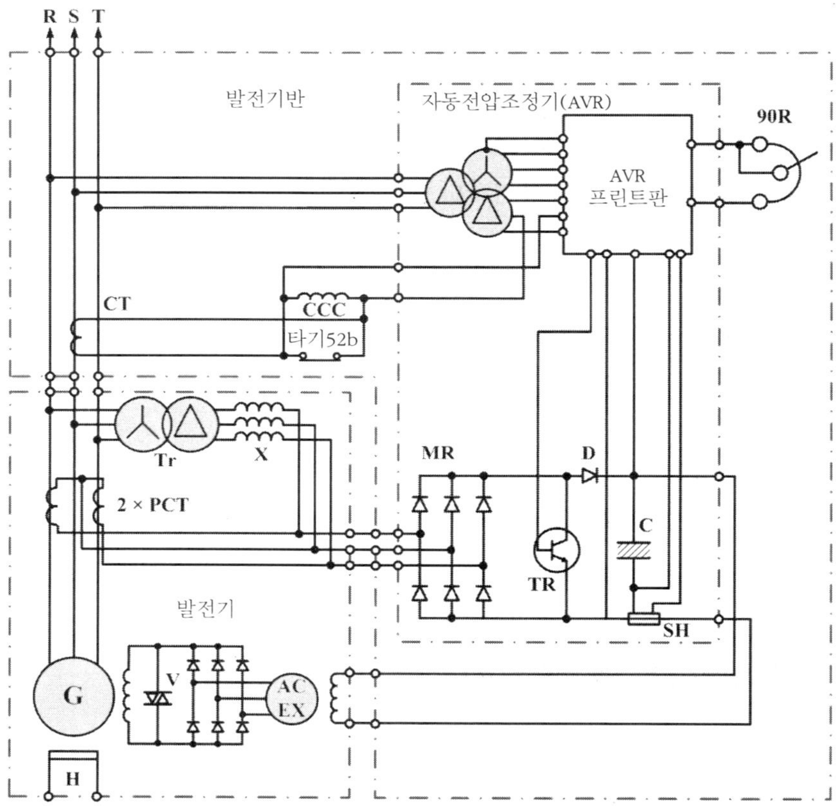

90R : 전압조정저항기
CCC : 횡류보상기
PCT : 전력용 변류기
52b : 차단기 b 보조접점
MR : 주정류기

X : 리액터
ACEX : 교류 여자기
H : 스페이스 히터
Tr : 변압기
TR : 트랜지스터

SH : 분류기
C : 커패시터
D : 정류기
CT : 변류기
V : 배리스터

[그림 3-67] 트랜지스터 분류형 여자조정장치(복권형)

이 장치는 트랜지스터에 의한 분류회로를 정류기의 출력측에 구성하여 여분의 출력전류를 분류시켜 발전기전압을 일정하게 유지시킨다. 즉, 트랜지스터 분류전류는 트랜지스터 스위치의 온 오프에 의해 제어되며 어떤 원인에 의해 발전기 전압이 정격전압보다 상승하면 트랜지스터 스위치의 통류폭을 넓혀 분류전류를 증가시켜 발전기전압을 강하시키고 또 반대로 발전기전압이 정격전압보다 낮게 되면 트랜지스터 스위치의 통류폭을 좁혀 분류전류를 감소시켜 발전기전압을 상승시킨다. 트랜지스터 스위치를 오프하면 계자권선에 과전압이 발생하므로 계자권선과 병렬로 커패시터를 연결하여 정류기를 보호하고 있다.

[그림 3-67] 회로를 등가회로로 표시하면 [그림 3-68]과 같고 계자전류는 다음 식과 같다.

$$I_f = \mid i_p + i_c \mid (1-\alpha) = \left| \frac{V_g}{jX} + \frac{i_g}{n} \right| (1-\alpha) \tag{3.7.1}$$

여기서, α는 트랜지스터 통류율, n은 변류기의 권선비이다.

즉, 트랜지스터 쵸퍼의 통류율에 의해서 계자전류가 제어되고 따라서 발전기 전압이 조정된다.

[그림 3-68]의 벡터도는 부하상태의 여자전류 벡터도인데 식 3.7.1의 관계를 나타내고 있다.

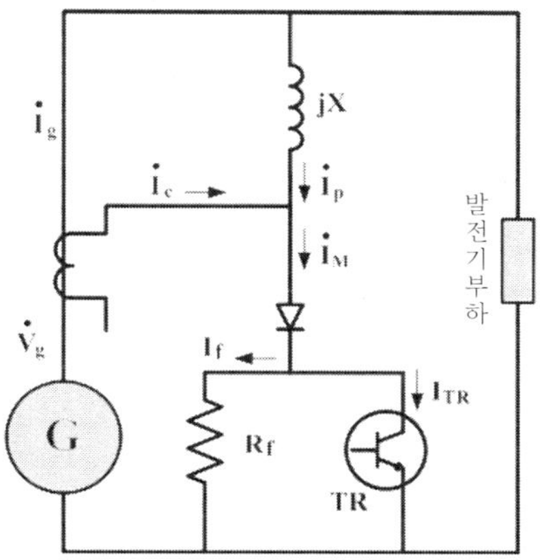

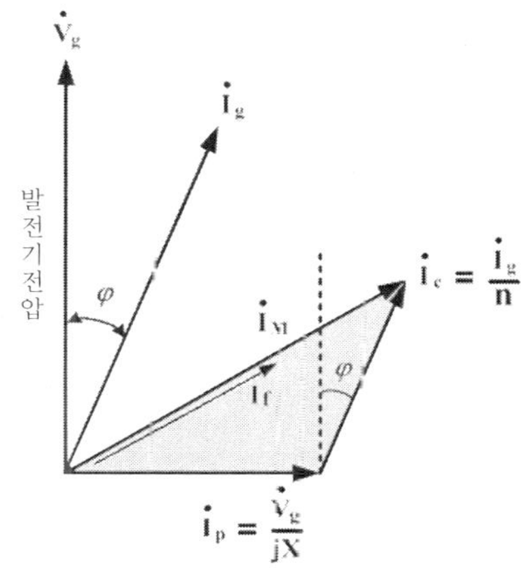

[그림 3-68] 트랜지스터 분류형 AVR의 등가회로 및 여자 벡터도

지금 $i_p = V_g/jX$를 정류한 값이 무부하시의 계자전류와 일치하도록 리액턴스 X를 선정하고 다시 전부하시에 필요한 계자전류 I_f가 통할 수 있도록 CT의 권수비 n을 선정하면 [그림 3-68]의 벡터도는 발전기 철심이 포화되지 않을 경우 필요한 계자전류의 벡터도와 완전히 일치하게 된다. 따라서 이론적으로 모든 부하와 역률에 대해서 발전기전압을 일정하게 유지할 수 있다.

그러나 실제로는 발전기 철심에 자기포화가 있고 또 누설리액턴스의 영향, 계자저항의 온도에 의한 변화 등이 있어서 발전기전압을 아주 정밀하게 일정한 값으로 유지하기는 불가능하다. 그러므로 계자회로에 분류회로를 설치하여 미리 분류전류를 일정량 통하게 하고 전압변동이 발생하였을 때 그 전압변동에 따라서 분류전류를 조정해주면 발전기전압을 일정하게 유지할 수 있다.

7.3.1 트랜지스터 분류회로

트랜지스터 분류형 자동전압조정회로는 [그림 3-69]와 같이 주정류기 MR, 트랜지스터 TR, 커패시터 C, 다이오드 D, 트랜지스터 쵸퍼 통류율 제어회로 등으로 구성되어 있다.

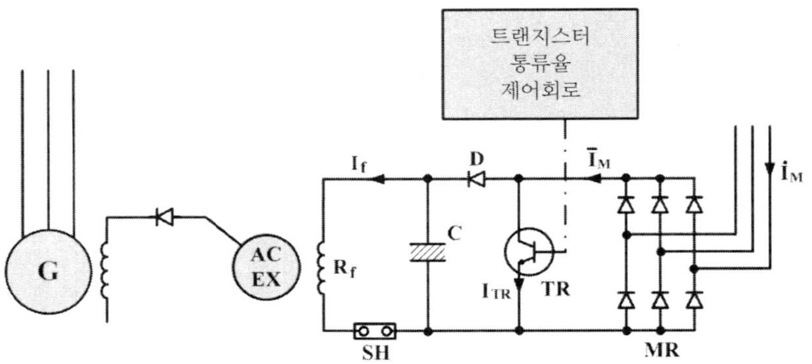

[그림 3-69] 트랜지스터 분류회로도

전압분과 전류분을 벡터적으로 합성한 전류 $\dot{I}_M$는 주정류기 MR에 의해 정류되고 이 직류전류 $\overline{I}_M$는 교류여자기의 여자전류 I_f와 분류전류 I_{TR}로 나누어진다. 따라서 트랜지스터 분류전류 I_{TR}을 제어하면 발전기 여자전류를 제어할 수 있고 결국 발전기전압을 제어할 수 있게 된다. I_{TR}은 트랜지스터 통류율 조정에 의해 제어되며 [그림 3-70]에 이 전압, 전류의 제어모드를 나타낸다.

$$\text{트랜지스터 통류율} = \frac{T_{ON}}{T_{ON} + T_{OFF}}$$

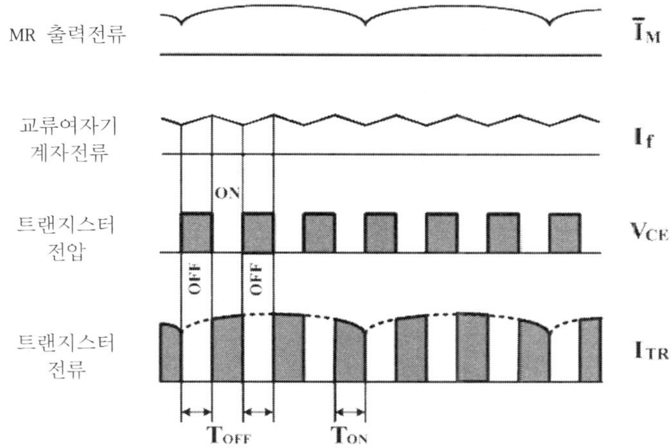

[그림 3-70] 트랜지스터 분류전류 모드

7.3.2 트랜지스터 쵸퍼 통류율 제어회로

트랜지스터 통류율 제어회로는 한 장의 프린트 기판에 구성되어 있는데 이 회로의 제어블록도는 [그림 3-71]과 같다.

발전기전압 조절기는 직류증폭기용 IC를 사용한 PI조절기로서 시스템의 안정을 확보하기 위해 P 게인(gain)은 가변저항에 의해, 적분요소는 커패시터의 조합에 의해 조정할 수 있게 설계한다.

비선형 미분보상회로는 전압의 급격한 강하 또는 상승을 보상하기 위해서 구성하는데 전압의 변동분을 미분회로에 의해 변환하고 이 신호를 비선형 증폭기에 의해 증폭하여 전압조절기의 입력회로에 인가한다. 발전기전압이 급변하면 이 보상회로가 동작하여 전압조절기의 입력신호를 보정하고 신속하게 전압제어를 행하여 발전기전압을 원상태로 빠르게 회복시킨다.

계자전류 비교기와 전류제어회로는 계자전류가 항상 제어출력에 일치하도록 트랜지스터를 온·오프시키는 작용을 한다. 또 이 회로의 입력에 계자전류 검출회로를 설계하여 교류여자기의 계자에 의한 시간지연을 보상함으로써 속응성 있는 제어회로를 구성한다. 그리고 이 회로에는 제어출력에 제한을 가하여 계자전류가 과대하게 흐르지 못하게 하는 작용도 하고 있다.

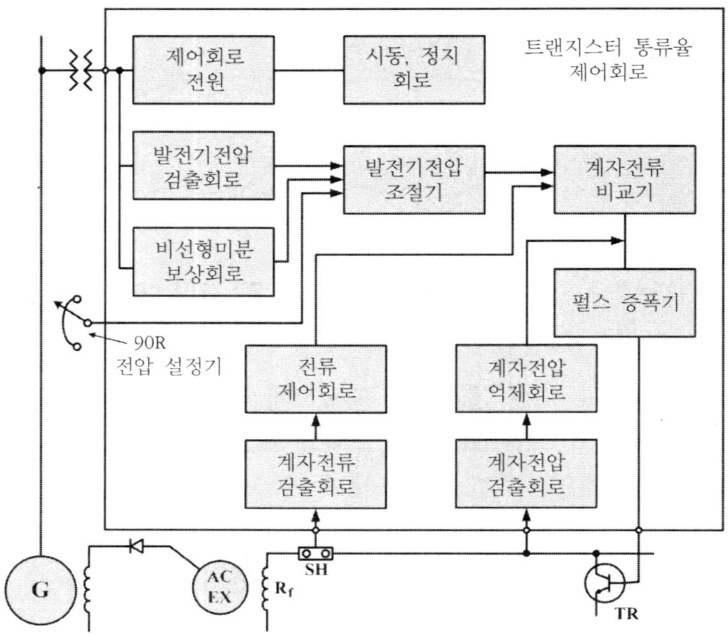

[그림 3-71] 제어회로의 블록도

펄스 증폭기는 계자전류 비교기의 미소출력 펄스신호를 증폭하여 트랜지스터를 확실하게 동작시키기 위한 베이스 전류를 흐르게 하는 장치이다. 또 이 장치의 입력에는 계자전압을 검출하여 과전압 상태인 경우 AVR을 보호하기 위한 부가 기능도 부여한다.

시동정지회로는 발전기의 시동, 정지시에 제어회로의 전원전압을 검출하여 그 값이 정상시의 약 60[%] 이하일 경우에는 제어회로의 기능을 정지시키는 기능을 가지고 있다.

8. 동기발전기의 병렬운전

8.1 개 요

2대 이상의 발전기를 병렬로 연결하여 부하에 전력을 공급하는 운전법을 병렬운전(parallel running)이라고 한다.

일반적으로 발전기는 전부하 근처에서 최대의 효율을 갖도록 설계된다. 따라서 대용량 발전기를 1대 설치하는 것보다 소용량 발전기를 2대 이상 설치하여 부하의 경중에 따라 적절하게 단독운전과 병렬운전을 하면 항상 고효율 운전을 할 수 있다. 또한 2대 이상의 발전기가 설치되어 있으면 1대의 발전기에 문제가 발생하여 운전이 어려울지라도 다른 발전기로 대체가 가능하기 때문에 안전상에도 유리하다.

교류발전기를 병렬운전하기 위해서는 각 발전기의 기전력의 크기, 주파수, 전압의 위상이 동일하게 조정되어야 한다.

8.2 병렬운전에 필요한 조건

8.2.1 각 발전기 기전력의 크기가 같아야 한다

[그림 3-72](a)에서 운전중인 발전기 G1의 기전력 E_1과 이에 병렬로 투입하려는 발전기 G2의 기전력 E_2의 크기가 다른 상태로 발전기를 병렬운전하거나 또는 발전기 G1, G2가 이미 병렬운전하고 있을 때 발전기 G2의 여자전류를 증가시킴으로써 기전력을 크게 했을 경우를 가정한다. 단, 이 때 두 발전기의 주파수 및 전압의 위상은 일치하고 있다.

병렬운전중인 두 발전기의 1상에 대한 결선도는 그림 (b)와 같이 되고 발전기 G2의 기전력이 보다 높기 때문에 발전기 사이에 전압차가 생겨 다음과 같은 순환전류 I_c가 흐르게 된다.

$$I_c = \frac{E_2 - E_1}{2Z_s} \fallingdotseq \frac{E_c}{2X_s} \qquad (3.8.1)$$

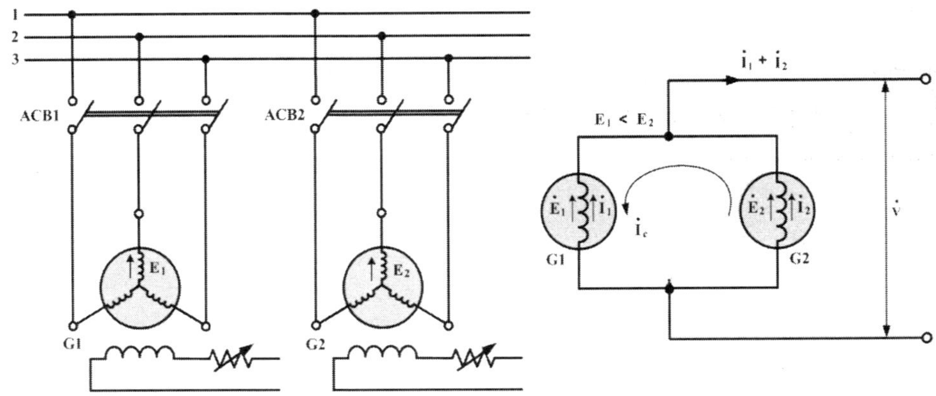

(a) (b)

[그림 3-72] 병렬운전의 결선도

식 3.8.1에서 Z_s는 각 발전기의 동기임피던스인데 전기자저항은 무시할 수 있으므로 동기임피던스는 대략 각 발전기의 동기리액턴스 X_s와 같다. 따라서 양 발전기 사이의 순환전류는 [그림 3-73](a)와 같이 양 발전기에 의한 폐회로에 작용하는 기전력 E_c보다 위상이 90° 뒤지는 무효전류가 되는데 발전기 G1에 대해서는 90° 앞선 전류(진전류)가 되므로 전기자 반작용은 자화작용을 하며 계자를 강하게 하여 단자전압을 상승시키려고 하고, 반대로 발전기 G2에 대해서는 90° 늦은 전류(지전류)가 되므로 감자작용을 하여 계자를 약하게 하여 단자전압을 강하시키려고 한다. 결국 양 발전기의 단자전압을 같게 해주는 작용을 한다. 또한 지역률 $\cos\theta$의 부하전류가 흐르고 있을 경우에 그림 (b)와 같은 벡터도를 얻을 수 있다.

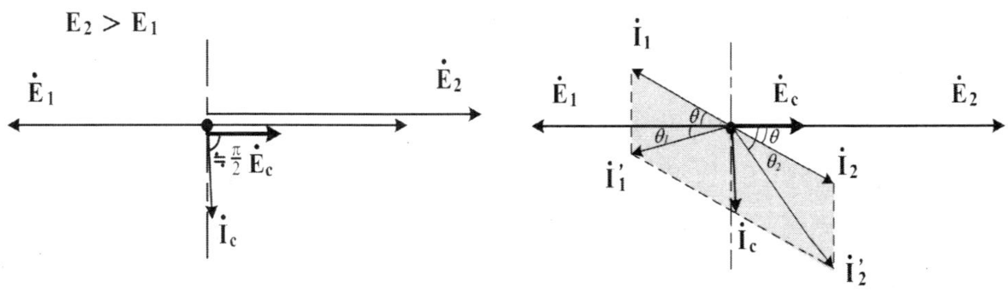

(a) (b)

[그림 3-73] 무효횡류 벡터도 및 역률의 변화

각 발전기의 전기자 전류는 각각 $\dot{I}_1' = \dot{I}_1 + \dot{I}_c$, $\dot{I}_2' = \dot{I}_2 + \dot{I}_c$와 같이 되므로 발전기 G1의 역률은 $\cos\theta_1$, G2의 역률은 $\cos\theta_2$가 되어 부하역률 $\cos\theta$와는 각각 다른 값이 된다. 그리고 I_c는 E_1, E_2 및 E_c에 대해 90°의 위상차를 갖는 무효전류로서 부하의 분담에는 관계가 없고 단지 양 발전기 사이를 순환할 뿐이며 전기자 동손을 증가시키기 때문에 무효순환전류 또는 무효횡류라고 한다.

이상과 같이 교류발전기의 병렬운전에서 기전력의 차이가 각 발전기의 역률을 상이하게 하므로 병렬운전중인 각 발전기의 역률을 동일하게 조정하려면 각 발전기의 기전력을 조정하면 된다는 것을 알 수 있다. 즉 전압조정기 VR을 조정하여 역률이 낮은 발전기의 기전력을 감소시키든지 혹은 역률이 높은 발전기의 기전력을 증가시키든지 또는 이 두 가지 방법을 병용함으로써 양 발전기의 역률을 일치시킬 수 있다.

8.2.2 각 발전기 기전력의 위상이 같아야 한다

각 발전기의 기전력의 크기($=E$)와 주파수는 같고 위상만이 다를 경우를 가정한다. 발전기 G1의 입력이 증가하여 그 기전력 E_1의 위상이 발전기 G2의 기전력 E_2보다 δ[rad] 앞섰다고 하면 [그림 3-74]와 같이 양 기전력의 합성 기전력 E_s에 의해 다음과 같은 전류 I_s가 양 발전기 사이를 순환하게 된다.

$$I_s = \frac{E_s}{2Z_s} = \frac{2E\sin\frac{\delta}{2}}{2Z_s} = \frac{E}{Z_s}\sin\frac{\delta}{2} \tag{3.8.2}$$

I_s가 E_s에 대해서 약 90° 뒤지는 전류가 되며 G1 발전기의 전압 E_1에 대해서는 약 $\delta/2$의 위상을 갖고, G2 발전기의 전압 E_2에 대해서는 약 $(\pi-\delta/2)$의 위

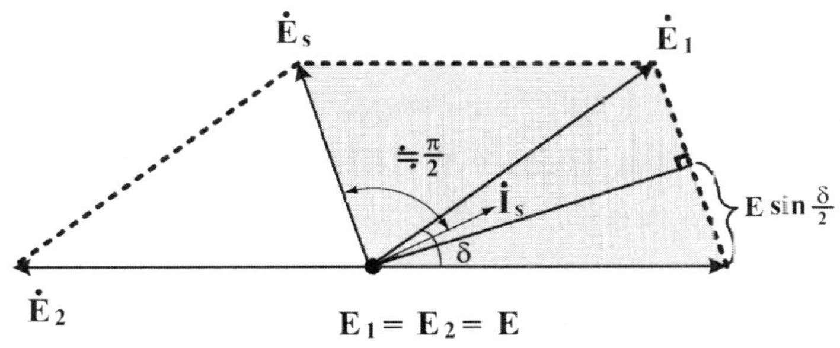

[그림 3-74] 발전기 전압 E_1의 위상이 앞서는 경우의 벡터도

상을 가진 전류이므로 양 발전기에 대해서 각각 추가 전력으로 작용하게 된다.

즉, 발전기 사이의 위상차 전류에 의해 양 발전기 G1, G2에 작용하는 전력은 각각 다음 식과 같다.

$$P_1 \fallingdotseq EI_s \cos\frac{\delta}{2} = E\frac{E}{Z_s}\sin\frac{\delta}{2}\cos\frac{\delta}{2} = \frac{E^2}{2Z_s}\sin\delta\,[\text{W/상}] \tag{3.8.3}$$

$$P_2 \fallingdotseq EI_s \cos\left(\pi - \frac{\delta}{2}\right) = -\frac{E^2}{2Z_s}\sin\delta = -P_1\,[\text{W/상}] \tag{3.8.4}$$

이 때 각 발전기가 무부하인 경우 I_s가 흐름으로써 G1 발전기는 P_1에 상당하는 전력을 출력하는 발전기가 되고 반대로 G2 발전기는 P_1에 상당하는 전력을 입력으로 하는 전동기가 된다.

만약 부하상태에서 병렬운전중이라 하면 G1 발전기는 P_1에 상당하는 부하가 증가하게 되므로 원동기 속도는 하강하고, G2 발전기는 G1 발전기의 부하증가분 P_1에 상당하는 부하가 감소하게 되므로 원동기 속도는 상승하여 양 발전기의 속도는 자동적으로 평형을 이루게 되어 기전력의 위상을 일치시키려고 하는 작용이 발생한다.

따라서 이 때의 순환전류를 유효횡류라고 하는데 이 전류는 각 발전기를 동기상태(위상이 일치된 상태)로 유지하는 작용을 하므로 동기화 전류(synchronizing current)라고도 한다. 동기화 전류가 흐름으로써 발생하는 위상평형작용은 위상각의 변화에 의해 가감되는 전력의 크기에 따라 결정되며 이것을 동기화력(synchronizing power)이라고 한다. 동기화력은 다음 식으로 표현된다.

$$P_s = \frac{dP}{d\delta} = \frac{d}{d\delta}\left(\frac{E^2}{2Z_s}\sin\delta\right) = \frac{E^2}{2Z_s}\cos\delta \tag{3.8.5}$$

식 3.8.5에 의하면 P_s는 $\delta = 0$에서 최대로 되고 $\delta = \pi/2$에서 영이 되며, δ가 $\pi/2$보다 클 경우에는 음의 값이 되어 양 발전기의 위상차를 반대로 증가시키는 작용이 나타나므로 동기이탈(step out)을 일으켜 병렬운전은 불가능하게 된다.

이상과 같은 현상을 이용하여 발전기의 부하배분을 변경시킬 수 있다.

즉, 부하분담을 증가시키려고 할 경우에는 원동기의 조속기를 조정하여 발전기의 속도를 증가시켜 기전력의 위상을 앞서게 해주면 되고 반대로 부하분담을 감소시키려고 할 경우에는 발전기의 속도를 늦추어서 기전력의 위상을 뒤지게 해주면 된다.

8.2.3 각 발전기 기전력의 주파수가 같아야 한다

병렬운전중 각 발전기의 주파수에 차이가 발생하면 양 발전기의 위상이 일치된 순간 이외에는 항상 어느 발전기의 위상이 앞서거나 또는 뒤지기 때문에 양 발전기 사이에 동기화 전류가 흘러 동기화력이 작용하게 된다.

양 발전기의 주파수가 상이한 상태에서 병렬운전을 시도하면 위상이 약 $\pi/2$ [rad] 다를 경우 동기화력이 영이므로 병렬운전 초기부터 동기이탈이 되어 병렬운전은 불가능하게 된다. 주파수 차이가 미소하고 위상차이가 영에 가까울 경우에는 동기화력이 작용하여 위상을 일치시키려고 하는데 회전부의 관성이 크면 이 과정에서 동기시점을 지나치게 되므로 동기화력이 주기적으로 왕복하여 발전기는 감쇠적 난조(hunting)를 일으키면서 동기상태로 된다. 그리고 주파수가 다를 경우에는 매순간 기전력의 크기가 상이하므로 무효횡류가 동시에 흐르게 된다.

8.2.4 발전기 원동기가 갖추어야 할 조건

각 발전기의 원동기는 각속도가 균일해야 한다. 왕복동기관 발전기와 같이 회전중 각속도가 균일하지 않은 발전기를 병렬운전하면 난조와 동기이탈이 생기기 쉽다. 그리고 각 발전기는 적당한 속도변동률을 가져야 한다. 발전기의 병렬운전중 부하변동에 대해서 각 발전기가 그 용량에 비례하는 부하를 분담하기 위해서는 각 발전기 원동기의 속도변동률이 일치해야 한다. 하지만 이것은 이상적인 것이며 일반적으로 다소의 차이가 존재한다.

이 때 속도변동률이 작은 것일수록 부하분담의 변동이 커져 안정된 병렬운전이 어렵게 되기 때문에 병렬운전용 발전기의 원동기는 어느 정도의 속도변동률을 가져야 한다. 또 각 발전기의 조속기 특성이 적절해야 한다. 조속기 감도가 너무 민감하면 원동기 속도가 조금만 변화해도 즉시 반응하여 난조(hunting)를 일으키기 쉽다.

8.3 난조와 그 억제법

병렬운전중 부하가 급변했을 경우 각 발전기의 각속도가 달라져서 기전력의 위상에 차이가 생기게 된다. 발전기 G1의 기전력이 발전기 G2의 기전력보다 θ [rad]만큼 위상이 앞섰을 경우를 가정하면 동기화 전류가 양 발전기 사이에 흘러 동기화력이 발생하므로 발전기 G1은 감속되고 발전기 G2는 가속되어 양 발전기의 위상차는 점점 작게 되어 마침내 위상이 일치되는 순간까지 도달한다. 그러나 발전기의 회전부에는 관성 모멘트가 있기 때문에 기전력의 위상이 일치한 상태에서 가속과 감속의 작용은 멈추지 않고 더욱더 진행됨으로써 기전력의 위상관계는 역전되어 발전기 G1의 위상이 뒤지고 발전기 G2의 위상이 앞서게 된다.

따라서 동기화력은 발전기 G2에서 발전기 G1의 방향으로 작용하여 발전기 G2는 감속되고 발전기 G1은 가속되게 된다. 이와 같이 최후에 도달하는 동기속도를 중심으로 상, 하로 동요하는 현상이 생기게 되는데 이와 같은 현상을 난조(hunting)라고 한다. 난조는 각속도의 동요를 조장하는 외력이 작용하지 않는 경우 제동권선(damper winding) 또는 자극편에 생기는 와전류 등의 제동작용에 의해 억제되고 짧은 시간 안에 없어져서 다시 동기속도로 복귀하게 된다.

그러나 디젤기관과 같이 원동기의 회전력이 주기적으로 변화할 때 이 주기가 발전기의 고유진동 주기와 일치되거나 또는 대단히 근접할 경우에는 공진을 일으켜 난조의 지속시간과 진폭이 증대되어 동기이탈을 일으키므로 병렬운전이 불가능하게 된다. 난조가 발생하는 원인은 원동기의 회전력에 저차고조파가 포함될 때, 원동기의 속도변동률이 너무 작을 때, 조속기의 감도가 너무 예민할 때 등이다.

난조를 방지하기 위해서는 원동기 구동 회전력의 주파수와 발전기의 고유진동수와의 차이를 가능한 한 크게 하고 플라이 휠의 크기를 적절히 제한해야 한다. 그리고 발전기 회전자의 자극면에 제동권선을 설치하고 조속기의 감도가 지나치게 예민하지 않도록 대시포트(dash pot)를 장치한다. 원동기의 속도변동률도 적당한 크기로 조정되어야 한다.

8.4 동기검정장치

1대의 동기발전기가 이미 모선에 연결되어 운전하고 있을 때 또 다른 1대의 동기발전기를 이것에 병렬로 연결하기 위해서는 양 발전기의 주파수와 단자전압이 같고 그 위상이 일치된 순간에 병렬운전시킬 발전기의 차단기를 투입하면 된다. 이 때 기전력의 주파수와 위상의 일치여부를 확인하는 것을 동기검정이라 하고 이를 수행하기 위한 장치를 동기검정장치(synchronism indicating device)라고 하며 이 장치에는 동기검정등(synchronizing lamp)과 동기검정기가 있다.

8.4.1 동기검정등

병렬로 연결하려는 2대의 동기발전기 G1, G2의 각 상 사이에 3개의 전구를 [그림 3-75]와 같이 배치하는데 L1은 서로 대응하고 있는 상 U1, U2 사이에 연결하고 L2, L3는 각각 다른 상에 연결한다.

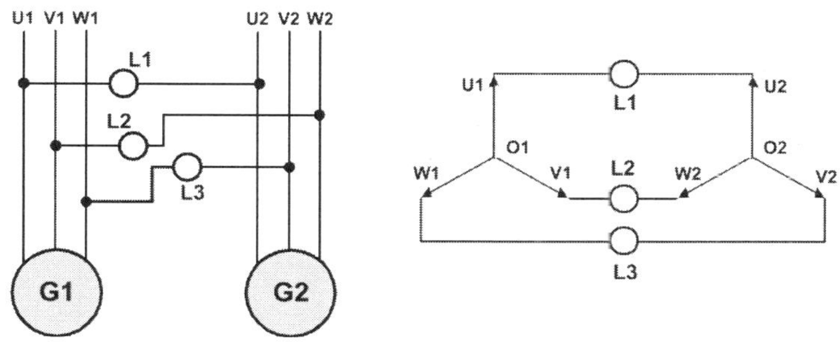

[그림 3-75] 동기검정등의 연결법

양 발전기의 전압과 주파수는 같고 위상만이 다를 경우 각 전구에 인가되는 전압의 크기가 다르게 되며 각 전구는 각 전압에 비례하는 밝기를 유지하며 점등된다. 이 때 각 발전기의 전압벡터를 각각 $\dot{U}_1$, $\dot{V}_1$, $\dot{W}_1$ 및 $\dot{U}_2$, $\dot{V}_2$, $\dot{W}_2$라 하고 L1, L2, L3에 가해지는 전압을 각각 $\dot{E}_1$, $\dot{E}_2$, $\dot{E}_3$라 하면 $\dot{E}_1 = \dot{U}_1 - \dot{U}_2$, $\dot{E}_2 = \dot{V}_1 - \dot{W}_2$, $\dot{E}_3 = \dot{W}_1 - \dot{V}_2$가 된다. 발전기 G2의 위상이 발전기 G1의 위상보다 $\theta°$, 60°, 120° 앞서 있을 경우의 각 전압벡터도는 [그림 3-76]과 같다.

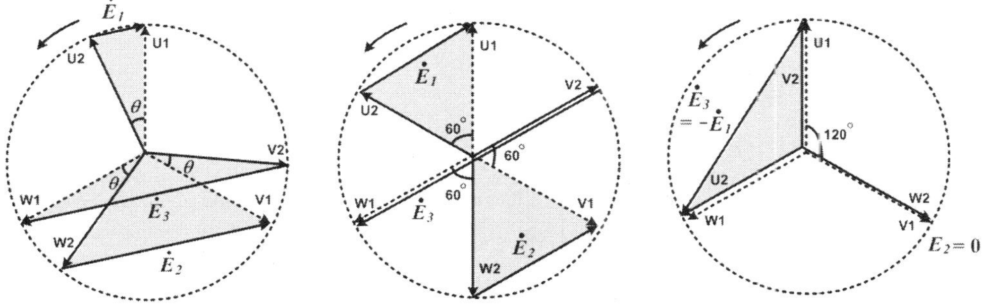

[그림 3-76] 검정등 전압의 변화

만약 θ가 0°, 즉 양 발전기의 위상이 일치한 동기상태에서는 $E_1 = 0$, $E_2 = E_3 = \sqrt{3}\,V$(V는 각 발전기의 상전압)가 되므로 L1은 소등되고 L2, L3는 같은 밝기로 점등된다.

또 양 발전기의 주파수가 상이할 경우, 예를 들면 발전기 G2의 주파수가 G1의 주파수보다 클 경우에는 [그림 3-76]에서 θ가 점점 커지므로 검정등의 밝기가 변화하여 등이 켜졌다 꺼졌다 하는데 점등 또는 소등되는 순서가 L1→L2→L3의 방향으로 회전하게 되며 그 회전속도는 양 발전기의 주파수차가 클수록 빠르게 된다. 즉, 주파수차가 매초 2사이클일 경우 L1, L2, L3의 점등 또는 소등되는 주기가 0.5초(주파수 차이의 역수)이고 불빛이 회전하는 주기도 0.5초가 된다. 주파수차가 매초 0.1사이클이면 L1, L2, L3의 점등 또는 소등되는 주기 및 불빛의 회전주기는 10초가 된다.

이 때 발전기 G2의 원동기 속도를 감소시켜 발전기 G1의 속도에 접근시키면 양 발전기의 주파수가 근접하여 θ가 서서히 증가하기 때문에 등의 점멸주기는 점점 커지며 마침내 주파수가 일치하고 위상만이 다르게 되면 등의 점멸은 발생하지 않고 등의 밝기도 변화하지 않는다. 다시 속도를 조정함으로써 양 발전기의 위상이 일치하여 완전히 동기상태가 되면 L1만이 소등되는데 그 순간에 발전기 G2의 차단기를 신속히 투입하면 병렬운전이 이루어진다.

발전기 G2의 주파수가 발전기 G1의 주파수보다 낮을 경우에는 동기검정등이 점등 또는 소등되는 순서가 위의 경우와 반대로 되어 L3→L2→L1의 순서로 된다. 따라서 점등된 검정등의 회전방향에 의해서 발전기 G2의 주파수가 G1의 주파수보다 높은지 또는 낮은지를 판별할 수 있고 또 검정등이 점등 또는 소등되는 주기에 의해서 양 발전기의 주파수 차이를 알 수 있다.

8.4.2 동기검정기

동기검정기(synchroscope)는 여러 가지 종류가 있는데 여기서는 일반적으로 많이 사용하는 전류력계형 동기검정기(electrodynamometer type synchroscope)의 구조와 동작에 대하여 간단히 설명한다.

[그림 3-77](a)는 동기검정기의 외관을 나타내고 그림 (b)는 검정기 내부결선도를 표시한 것이다. 이 그림에서 2극의 적층철심에 감겨져 있는 고정코일 FF는 병렬로 투입하려고 하는 발전기 G2에 연결되어 주파수 f_2인 전압 V_2에 의해 여자되고 있다. 가동코일 M_1, M_2는 원통형의 회전자철심 주위에 서로 직각으로 배

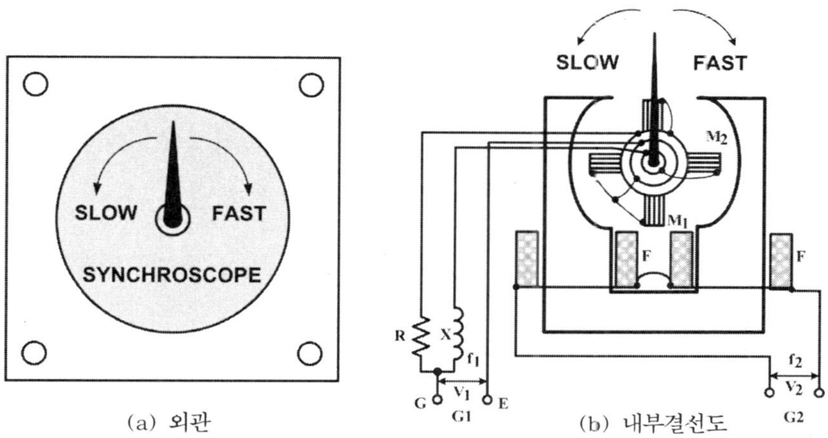

[그림 3-77] 동기검정기(전류력계형)

치하고 각 한쪽 끝을 서로 연결하여 슬립링과 브러시를 거쳐 이미 운전중인 발전기 G1의 E단자에 접속한다.

M_1, M_2의 다른 쪽 끝은 각각 나머지 2개의 슬립링과 브러시를 거쳐 M_1에는 순저항 R을, M_2에는 인덕턴스 L을 직렬로 연결하고 그 끝이 발전기 G1의 G단자에 연결되어 있다. 그러므로 M_1, M_2에는 G1의 전압 V_1에 의해서 주파수 f_1의 전류가 흐르는데 M_1에는 V_1과 같은 위상의 전류가 통하고 M_2에는 V_1보다 위상이 90° 뒤지는 전류가 통하게 된다.

이와 같은 장치에서 발전기 G1, G2의 주파수 f_1과 f_2가 같을 경우에는 가동코일 M_1, M_2에 설치된 지침이 양 발전기전압의 위상차에 상당하는 위치에 정지한다. 그러나 양 발전기의 주파수가 다를 경우에는 양 발전기전압의 위상차가 시시각각 변화하게 되므로 가동코일 M_1, M_2에 의해 지침은 회전하게 된다. $f_2 > f_1$이면 지침은 FAST의 방향으로 회전하게 되고 그 회전주기는 $(f_2 - f_1)$의 역수와 같다.

즉, $f_2 - f_1 = 0.1\,[\text{Hz}]$일 때 지침의 회전주기는 10초가 된다. $f_2 < f_1$일 경우 지침은 SLOW 방향으로 회전하고 $f_1 - f_2 = 1\,[\text{Hz}]$일 경우에 회전주기는 1초가 된다. 만약 $f_2 = f_1$이고 발전기전압의 위상이 일치하면 지침은 검정기의 중앙위치에서 정지하게 된다. 그러므로 동기검정기를 주시하면서 발전기의 조속기를 조정함으로써 양 발전기의 주파수와 위상을 일치시킬 수 있다.

8.5 병렬운전법

정격전압, 정격속도로 운전하여 부하에 전력을 공급하고 있는 발전기 G1에 발전기 G2를 병렬로 연결하여 발전기 G1 부하의 일부를 분담시키려고 할 경우 다음 순서에 따라 조작하면 된다.

① 발전기 G2 차단기(ACB)를 개방한 상태에서 발전기를 기동하여 그 주파수가 발전기 G1의 주파수(모선 주파수)와 같게 되도록 원동기의 속도를 조절한다.
② 발전기 G2의 VR을 사용하여 G2의 무부하 전압이 모선전압과 일치하도록 전압계를 통해 확인하면서 조절한다.
③ 동기검정장치의 스위치를 닫고 동기검정장치를 주시하면서 발전기 G2의 조속기를 조정하여 주파수 f_2 가 발전기 G1의 주파수 f_1 보다 약간 높게 하는데 그 차는 0.2[%] 이하가 되도록 한다. 따라서 60[Hz]의 발전기에서는 주파수 차이가 약 0.1[Hz] 정도되도록 조절한다. 이 때 동기검정기의 지침은 FAST쪽으로 회전주기가 약 10초 이상인 저속으로 서서히 회전할 것이다.
④ 양 발전기가 동기상태가 되었을 경우 즉, 동기검정기의 지침이 검정기 중앙위치에 도달했을 때(동기검정등에서는 L1 등만 소등되고 L2, L3 등은 같은 밝기로 점등하였을 때) 발전기 G2 차단기를 신속하게 투입한다.
⑤ 발전기 G2의 조속기를 증속방향으로 조정하여 원동기 입력을 서서히 증가시키면 부하는 발전기 G1에서 G2 쪽으로 옮겨진다. 동시에 발전기 G1 원동기의 조속기는 감속방향으로 조정하여 원동기 입력을 감소시켜 양 발전기의 부하분담, 즉 유효전력의 배분을 양 발전기의 용량에 비례하게 맞춘다.
⑥ 발전기 G2의 부하가 증가하고 G1의 부하가 감소하면 G2 발전기의 유도기전력 E_2가 E_1보다 작아지므로 양 발전기 사이에는 무효횡류가 흐르게 되지만 이 때에는 AVR에 장치된 무효횡류 보상장치에 의해 양 발전기의 유도기전력이 조정되어 무효횡류가 억제되므로 무효전력도 양 발전기의 용량에 비례하여 적절하게 배분된다. 이 때 양 발전기의 역률은 같게 되고 전류는 용량에 비례하게 된다.

이상과 같이 병렬로 운전하고 있는 발전기 중 1대의 발전기 G1을 정지시키려면 G2 발전기의 조속기는 증속방향으로, G1 발전기의 조속기는 감속방향으로 조정하여 G1 발전기의 부하를 전부 G2 발전기로 옮겨서 G1 발전기의 부하분담이 영이 되게 하고 G1 발전기의 차단기를 개방한 후에 정지시키면 되는데 발전기를 병렬로 연결할 때나 또는 병렬운전중인 발전기 중 한 대를 제외시킬 경우 발전기의 부하가 급변하지 않도록 조작해야 한다.

근래에는 위와 같이 수동으로 발전기를 병렬운전하는 대신에 자동 동기투입장치와 자동 부하분담장치를 사용하여 발전기의 병렬운전이 자동적으로 수행되도록 하는 시스템을 대부분 갖추고 있다.

8.6 자동 동기투입장치

요즈음의 최신 선박은 거의 모두 자동화된 전력제어시스템을 구비하고 있다. 자동 전력제어시스템은 전원 계통의 전력이 부족할 경우 예비 발전기를 자동으로 기동하여 병렬 및 부하분담을 자동적으로 행하며 전력 계통에 잉여전력이 발생하면 자동적으로 필요 없는 발전기를 전원 계통에서 분리시킨다. [그림 3-78]에 자동 전력제어시스템의 예를 나타내었다.

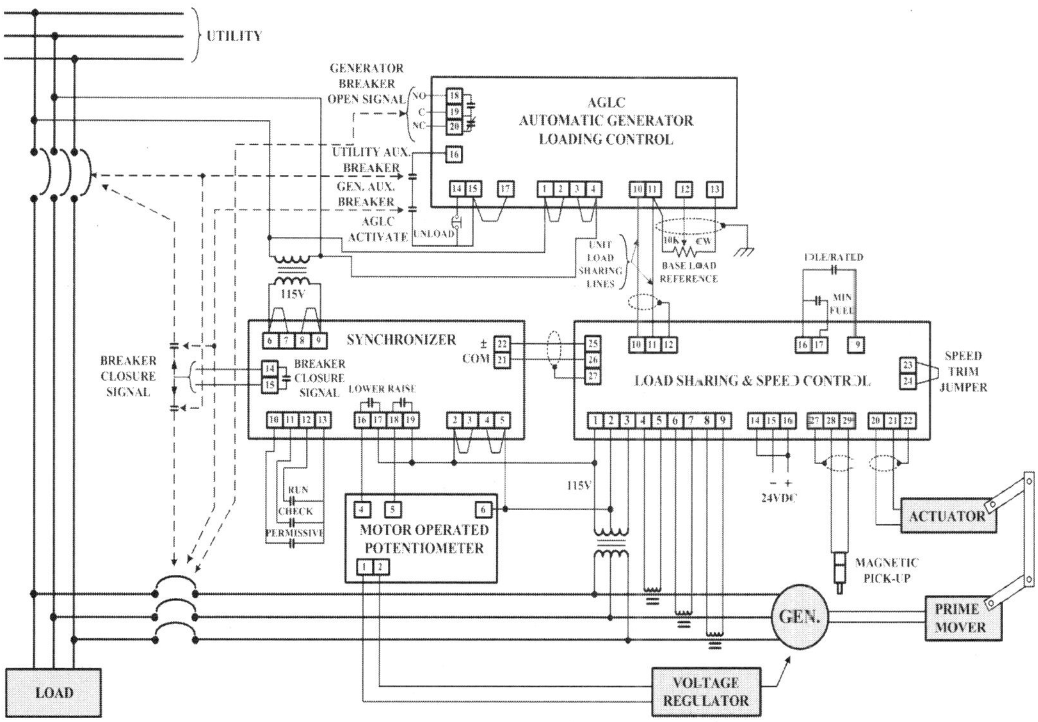

[그림 3-78] 자동 전력제어시스템

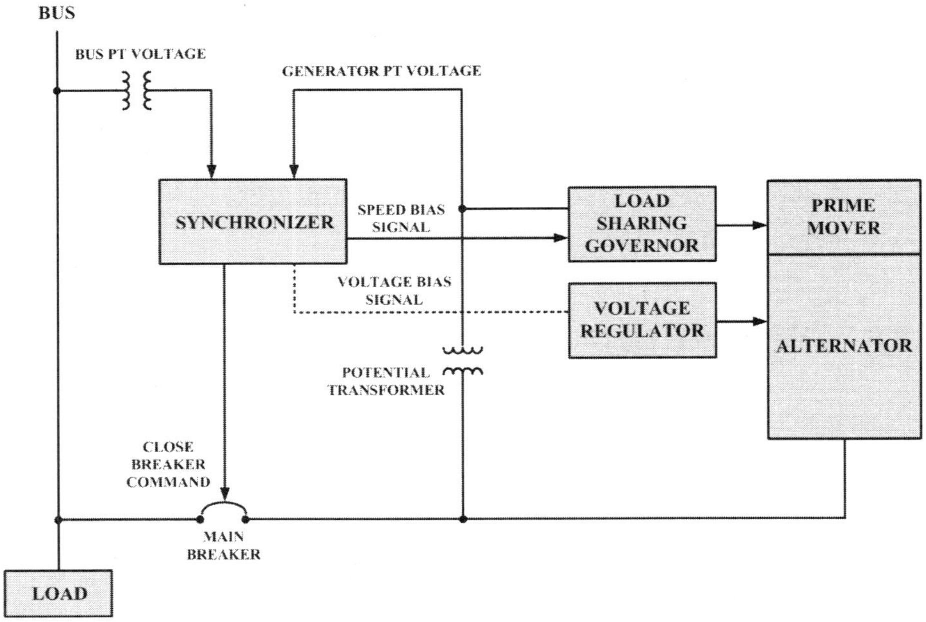

[그림 3-79] 자동 동기투입장치 계통도

[그림 3-78]에서 자동 동기투입장치(auto synchronizer)만을 따로 나타내면 [그림 3-79]와 같다.

자동 동기투입장치를 블록선도로 나타내면 [그림 3-80]과 같다. 자동 동기투입장치는 발전기가 병렬운전 조건을 만족하면 자동적으로 발전기를 병렬운전시키는 장치이다.

[그림 3-80]에서 주파수 판별회로가 모선전압과 투입발전기 전압을 비교하여 투입발전기 전압의 주파수가 빠르면 high 신호가 조속기 출력 감소회로로 출력되어 발전기 원동기의 연료를 감소시켜 주파수를 하강시킨다. 반대로 투입발전기 전압의 주파수가 느리면 low 신호가 조속기 출력 증가회로로 출력되어 원동기의 연료를 증가시켜 주파수를 상승시킨다.

삼각파 발생회로는 모선전압과 투입발전기 전압을 비교하여 위상차가 0°이면 크기가 0, 위상차가 180°이면 크기가 1인 삼각파를 발생한다. 그리고 미분회로를 거치는데 삼각파가 미분회로를 거치면 구형파가 된다. 미분회로의 출력은 구동시간 제어회로, 투입가능 주파수범위 설정회로, 투입시간 설정회로로 입력된다.

차단기 구동회로가 동작하기 위한 조건은 모두 4가지이다. 첫째는 모선에 투입하는 발전기의 주파수가 빨라야 하며, 둘째는 모선과 투입발전기의 주파수가

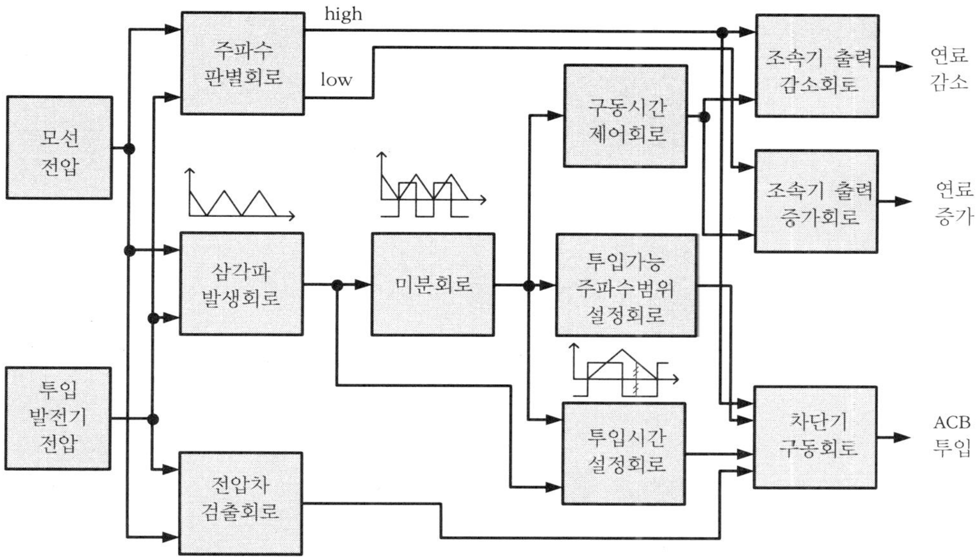

[그림 3-80] 자동 동기투입장치 블록선도

투입가능 주파수범위에 있어야 하며, 셋째는 모선과 투입발전기간의 전압차가 없어야 하며, 넷째는 투입시간 설정회로에서 투입신호가 발생하여야 한다. 모든 동기투입 조건이 만족하게 되면 차단기 구동회로가 동작하는데 차단기 투입신호가 발생한 시점과 실제로 차단기가 투입되어 전력을 공급하는 시점은 차단기의 기계적인 움직임으로 인해 약간의 시간지연이 발생한다. 동기투입신호가 발생하여 실제로 차단기가 투입되는 시간의 기준은 보통 100[ms] 이내이다.

투입시간 설정회로의 출력은 차단기가 투입되는 시간지연을 고려하여 모선전압과 투입발전기 전압의 위상이 일치되는 시점보다 미리 출력되는데 그 원리를 살펴보자. 삼각파의 t 시간 앞선 점의 높이는 다음 식과 같다.

$$t\tan\theta = \frac{2}{T}t \tag{3.8.6}$$

삼각파를 미분한 구형파의 높이는 다음 식과 같다.

$$H = k\frac{2}{T} \tag{3.8.7}$$

여기서 k 는 미분회로 계수이다.

구형파의 높이와 삼각파의 높이가 같은 점의 시간은 다음 식과 같다.

$$k\frac{2}{T} = \frac{2}{T}T_d \tag{3.8.8}$$

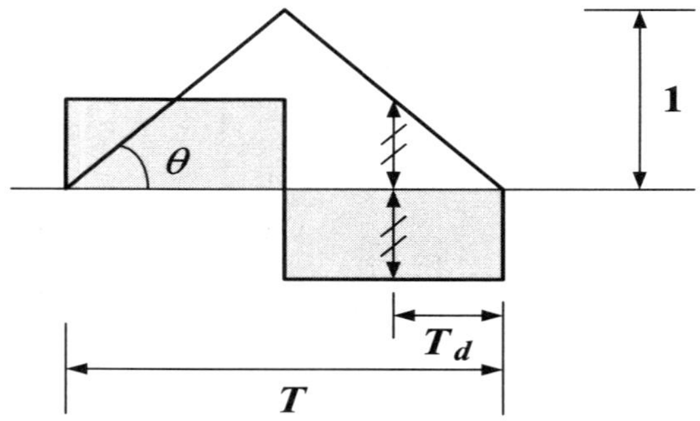

[그림 3-81] 차단기 투입시간 설정원리

식 3.8.8에서 미분회로 계수 k 값을 차단기가 투입할 경우의 시간지연값인 T_d와 똑같게 해주면, 차단기 투입시간 설정회로는 삼각파의 높이와 구형파의 높이가 같은 점에서 출력을 내보내어 시간지연 T_d 후에 정확히 동기투입을 하게 된다.

8.7 자동 부하분담시스템

[그림 3-78]에서 자동 부하분담시스템(auto load sharing system)만을 따로 나타내면 [그림 3-82]와 같다.

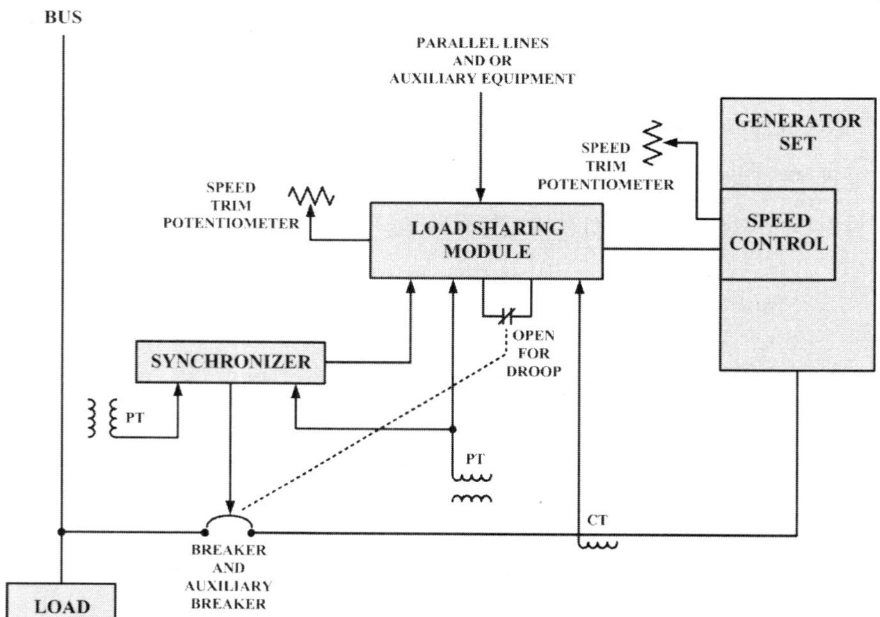

[그림 3-82] 자동 부하분담 시스템 계통도

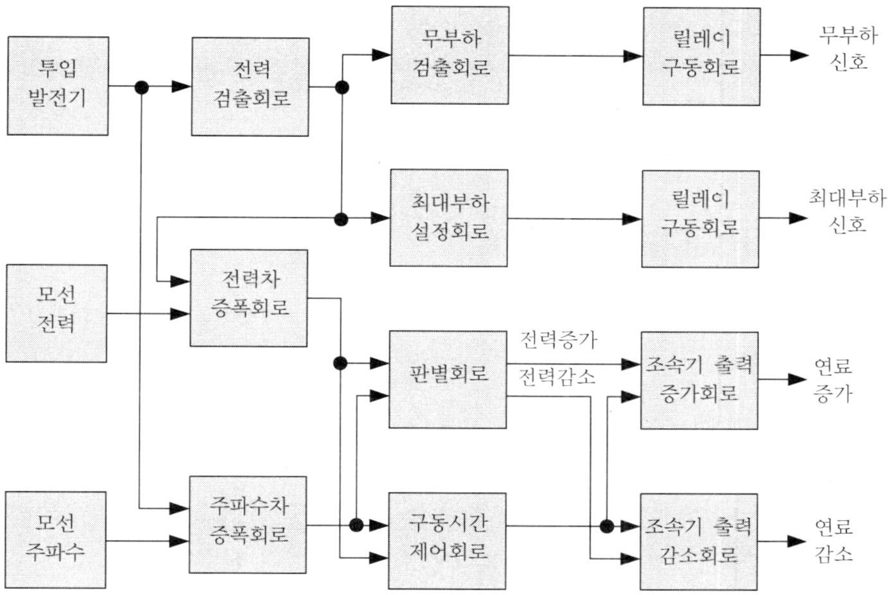

[그림 3-83] 자동 부하분담시스템 블록선도

자동 전력제어시스템은 병렬운전 상태에서 발전기 각각의 전력을 계측하여 자동적으로 발전기 사이의 부하를 조정할 수 있으며, 자동 전력제어시스템 중 자동 부하분담장치를 블록선도로 나타내면 [그림 3-83]과 같다.

자동 부하분담시스템은 투입발전기의 전력을 검출하여 무부하 검출회로와 최대부하 설정회로로 출력을 내보내는데 무부하 검출회로는 발전기 병렬운전중 필요 없는 발전기를 전원 계통에서 분리할 때 사용되며 최대부하 설정회로는 병렬운전중 예비 발전기를 기동하는 신호로 사용된다.

모선전력과 투입발전기의 전력차를 검출하여 투입발전기의 분담전력이 설정 전력값보다 작으면 조속기 출력 증가회로를 사용하여 원동기의 연료를 증가시켜 분담전력을 증가시킨다. 반대로 투입발전기의 분담전력이 설정 전력치보다 높으면 조속기 출력 감소회로로 신호를 보내 원동기의 연료를 감소시켜 분담전력을 감소시킨다.

9. 동기전동기

9.1 동기전동기의 원리

극수가 P인 3상 동기기의 고정자 권선(전기자 권선)에 주파수 f[Hz] 인 3상 교류를 인가하면 동기속도($N_0 = 120f/P$[rpm])로 회전하는 회전자장이 공극에 발생한다. 이 때 회전자(자극)를 직류로 여자시키고 회전자를 다른 기동장치에 의해서 회전자장의 방향으로 회전시키면 회전자장과 회전자의 자극은 서로 인력과 반발력이 작용하여 토크가 발생하므로 회전자는 회전자장과 동일한 속도(동기속도)로 회전하게 된다. 이것이 동기전동기의 회전원리이다.

[그림 3-84]는 2극 동기전동기의 원리를 나타내는 것으로 Sa, Na는 3상 고정자 권선에 3상 교류가 흐를 때 발생하는 회전자장의 자극이며 회전자의 N, S는 각각 회전자장의 자극에 끌려서 회전자장의 회전속도와 같은 동기속도로 회전하게 된다.

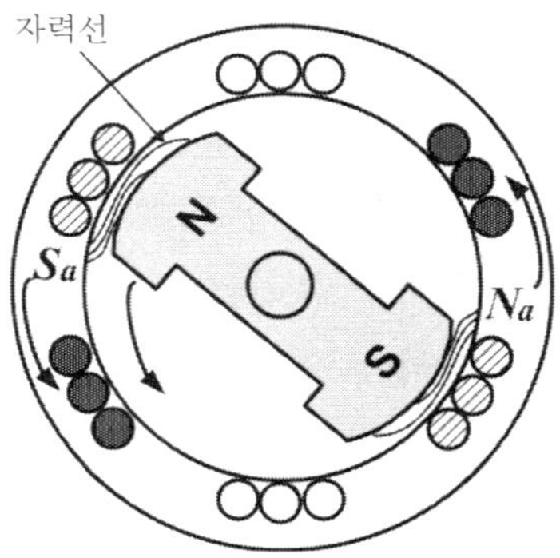

[그림 3-84] 2극 동기전동기의 원리

[그림 3-85]는 4극 동기전동기에서 A상의 전류가 최대로 된 순간의 회전자장을 나타낸 것인데 이 때 고정자에는 그림과 같이 회전자장의 자극 S_1', N_1', S_2', N_2'가 생기므로 회전자의 자극 N_1, S_1, N_2, S_2는 각각 회전자장의 자극 S_1', N_1', S_2', N_2'에 의해 인력을 받고 동시에 N_2', S_1', N_1', S_2'의 반발력을 받으므로 회전자는 시계방향의 토크를 받게 된다.

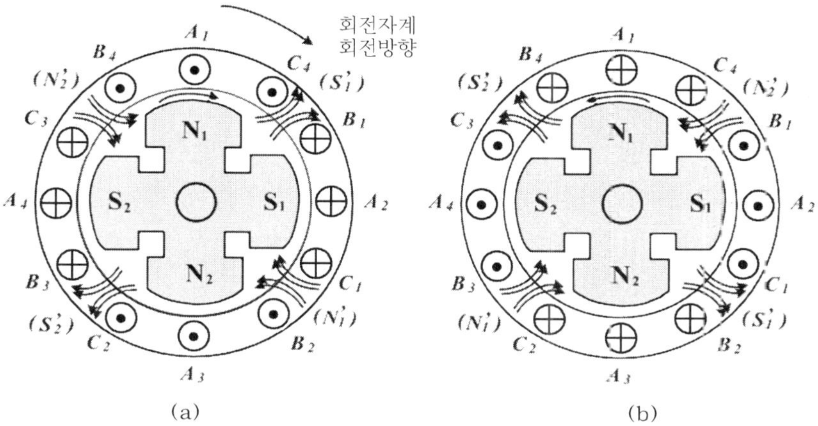

[그림 3-85] 4극 동기전동기의 회전자장과 자극과의 관계

그러므로 회전자를 미리 시계방향의 동기속도로 회전시켜 놓으면 회전자는 회전자장의 방향으로 계속 회전시킬 수 있지만 그렇지 않으면 회전자의 기계적 관성으로 인해 고정자 회전자장의 속도를 따라갈 수 없는 상태, 즉 토크가 발생하지 못하는 경우가 발생한다.

예를 들면 공급전압의 주파수가 60[Hz]일 때 [그림 3-85](a)의 순간에서 1/120초 후에 고정자 전류는 반전되어 [그림 3-85](b)와 같이 되면 회전자는 전과 반대방향의 토크를 받게 된다. 1/120초 전후의 시계방향 토크와 반시계방향 토크는 크기가 같기 때문에 평균 토크는 영이 되어 회전자는 회전을 못하게 된다. 그러므로 회전자를 미리 동기속도, 즉 회전자장과 같은 속도로 회전시켜 놓고 회전자 권선에 직류를 인가하여 여자시키면 회전자는 회전을 지속할 수 있는 동일 방향의 토크를 받게 되어 동기속도로 회전을 계속할 수 있게 된다.

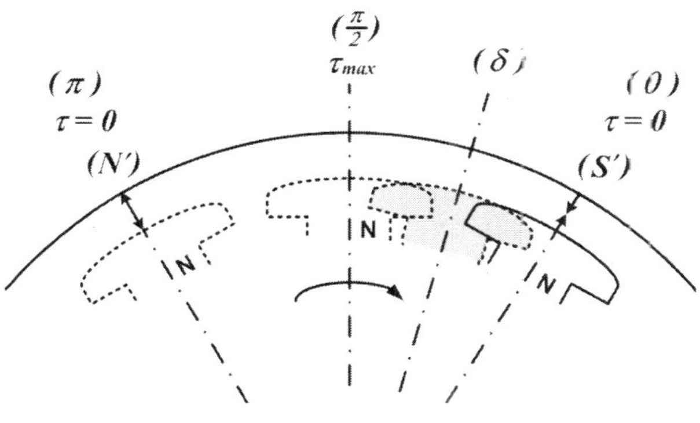

[그림 3-86] 동기전동기의 토크

이 때의 토크는 회전자장과 자극의 세기 및 양자의 위치에 따라서 달라진다. [그림 3-86]에서 자극 N의 중심과 회전자장의 중심 S'가 일치하면 반경방향의 인력만이 작용하므로 자극(회전자)은 회전토크를 받지 못한다. 또 자극 N의 중심이 회전자장의 중심 N'와 일치하여도 반경방향의 반발력만 작용하므로 회전자는 역시 회전토크를 얻지 못한다. 따라서 자극의 중심이 회전자장의 중심 S'와 N'와의 사이에 있을 때 자극(회전자) N은 시계방향의 토크를 받게 되며 이 토크는 자극의 중심이 S'와 N'와의 중간위치에 있을 경우 최대가 된다.

전동기가 무부하로 운전되고 있을 경우에는 자극의 중심과 회전자장의 중심이 일치하여 토크는 영이 되며 전동기에 부하가 가해지면 회전자(N)는 각 δ만큼 뒤져서 토크가 발생하고 부하의 토크와 평형을 유지하면서 동기속도로 회전하게 된다. 이 때의 각 δ를 부하각(load angle) 또는 토크각(torque angle)이라고 한다.

[그림 3-87](a)에서 회전자(계자) 자극의 세기를 M_f, 회전자장의 강도를 M_a, 부하각을 δ라 하면 전동기의 발생 토크는 $\tau = KM_fM_a\sin\delta$로 표현할 수 있으며 이 토크는 부하각 δ에 따라서 [그림 3-87](b)와 같이 변화한다. 이 곡선을 토크 부하각 특성곡선이라고 한다. 그러므로 동기전동기가 부하각 δ로 운전되고 있을 때 부하가 감소되면 전동기의 회전자는 순간 가속되어 부하각 δ가 작아지고 부하의 토크와 평형이 되는 위치에서 가속은 중지되며 다시 일정한 동기속도로 회전하게 된다. 반대로 부하가 증가되면 회전자는 순간 감속되어 부하각 δ가 커지므로 회전자의 토크는 증가하며 부하토크와 평형이 되면 회전자의 감속은 중지되고 다시 일정한 동기속도로 회전하게 된다.

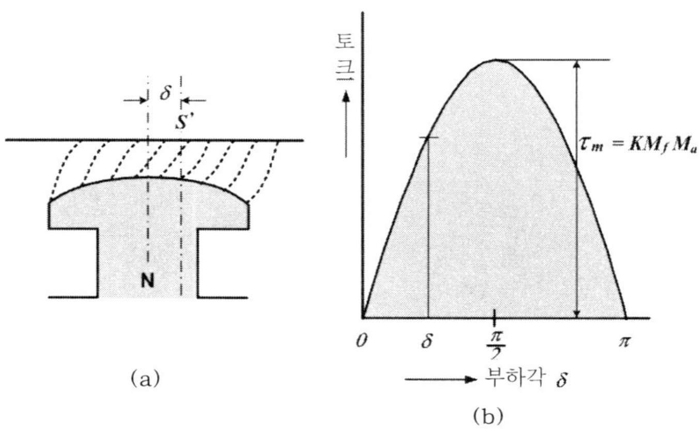

[그림 3-87] 토크 부하각 특성곡선

즉, 동기전동기는 운전중에 부하가 변화하면 부하각이 변화할 뿐이며 회전속도는 언제나 동기속도로 일정하게 된다.

9.2 동기전동기의 특성

9.2.1 전기자 반작용

동기전동기가 회전하면 회전자(계자)의 자속이 전기자 권선(고정자 권선)을 쇄교하므로 전기자 권선에 유도기전력(역기전력)이 발생하는데 그 방향은 공급전압 및 전기자 전류와 반대방향이 된다. [그림 3-88]은 도체 a, b의 전류가 ⊙, ⊕ 방향으로 최대가 된 순간을 나타내는 그림인데 도체에 유도되는 기전력은 자극이 도체의 바로 밑을 통과할 경우에 가장 크게 발생한다.

[그림 3-88](a)는 공급전압과 전류가 동상일 때, (b)는 전류가 공급전압보다 90° 늦을 때, (c)는 전류가 공급전압보다 90° 앞설 때의 전기자 자속과 계자극과의 관계를 각각 표현한다. 그림에서 알 수 있듯이 동기전동기의 전기자 기자력이 계자극에 미치는 작용, 즉 전기자 반작용은 동기발전기와 반대가 된다. 그림의 (a)에서는 교차자화작용을, (b)에서는 자화작용을 (c)에서는 감자작용을 하게 된다.

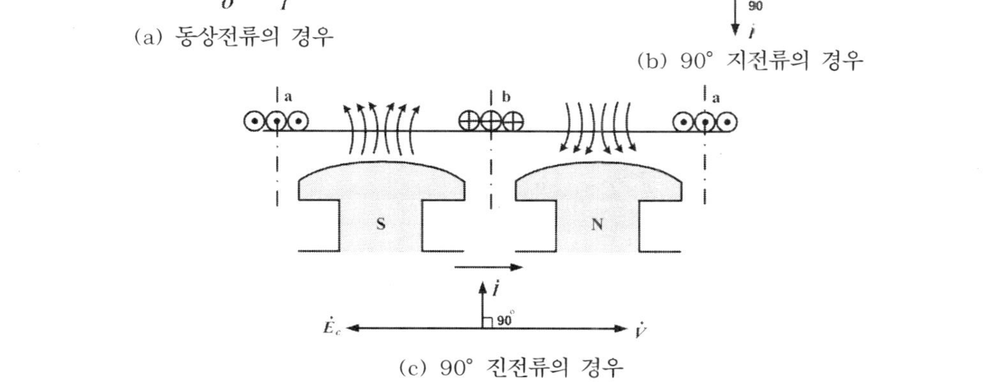

(a) 동상전류의 경우

(b) 90° 지전류의 경우

(c) 90° 진전류의 경우

[그림 3-88] 동기전동기의 전기자 반작용

동기발전기에 동상전류가 흐를 경우 교차자화작용은 자극의 회전방향과 반대측의 절반을 증자하고 회전방향쪽을 감자했지만 동기전동기의 경우 자극의 회전방향쪽 절반을 증자하고 회전방향과 반대방향을 감자하게 된다.

9.2.2 벡터도

동기전동기를 무부하로 운전할 때에는 전기자 전류는 거의 흐르지 않고 전기자 권선과 회전자(자극)와의 위치관계는 [그림 3-89](a)와 같이 된다. 그림에서 도체 a에 단자전압 V_t가 최대값으로 인가되었다고 하면 이 때 회전자에 의해서 도체 a에 유도되는 기전력 E_0도 최대가 된다. 따라서 여자전류를 조정하여 $V_t = E_0$가 되게 하면 전기자 전류는 거의 흐르지 않게 된다.

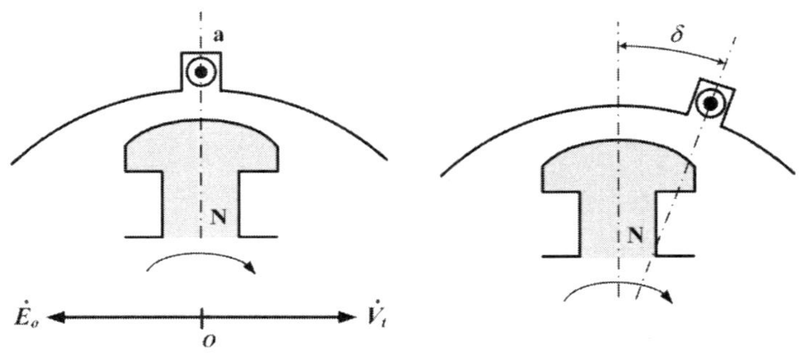

[그림 3-89] 동기전동기의 전압과 기전력

전동기에 부하가 가해지면 회전자는 그림 (a) 위치에서 그림 (b) 위치로 이동하여 부하각 δ만큼 뒤지게 되고 부하토크와 평형되어 동기속도로 회전한다. 회전자자극이 δ만큼 뒤지게 되면 도체 a의 유도기전력 위상도 δ만큼 뒤지게 되므로 이것을 벡터도로 표시하면 [그림 3-90]의 E_0와 같이 된다.

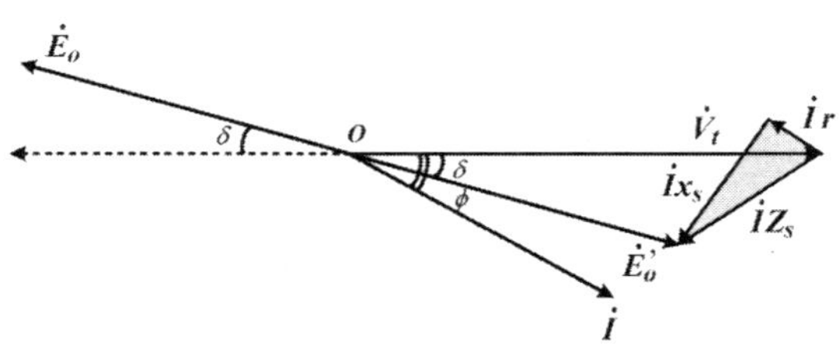

[그림 3-90] 동기전동기의 벡터도

지금 전기자에 가해지는 전류가 단자전압 V_t보다 위상이 ϕ만큼 뒤진 전류 I라고 하면 발전기와 같이 이 전류에 의해서 동기임피던스 강하가 발생하므로 단자전압 V_t에서 동기임피던스에 의한 전압강하 IZ_s를 벡터적으로 감한 전압 E_0'가 유도기전력 E_0와 평형을 유지하게 되며 이들의 벡터관계는 [그림 3-90]과 같이 된다.

9.2.3 위상특성곡선

동기전동기의 단자전압 및 부하가 일정한 경우, 여자전류와 전기자전류와의 관계를 표시하는 곡선을 위상특성곡선(phase characteristic curve)이라고 하며 [그림 3-91]과 같은 곡선이 된다.

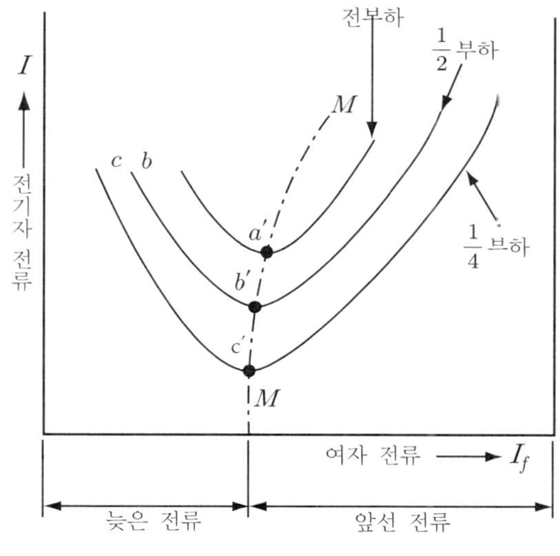

[그림 3-91] 위상특성곡선

일정한 단자전압과 부하가 인가된 동기전동기의 직류 여자전류를 작은 값에서 점점 증가시키면 지역률(늦은 역률)의 전기자전류가 서서히 감소하면서 역률은 1에 접근하게 된다. 다시 여자전류를 증가시키면 진역률(앞선 역률)의 전기자 전류가 점점 증가하면서 역률은 서서히 감소되어 여자전류와 전기자 전류와의 관계는 [그림 3-91]과 같이 된다. 이 위상특성곡선을 그 곡선의 모양에 따라 V 곡선(V curve)이라고도 한다.

다음에 위상특성곡선이 [그림 3-91]과 같은 모양이 되는 이유에 대해서 생각

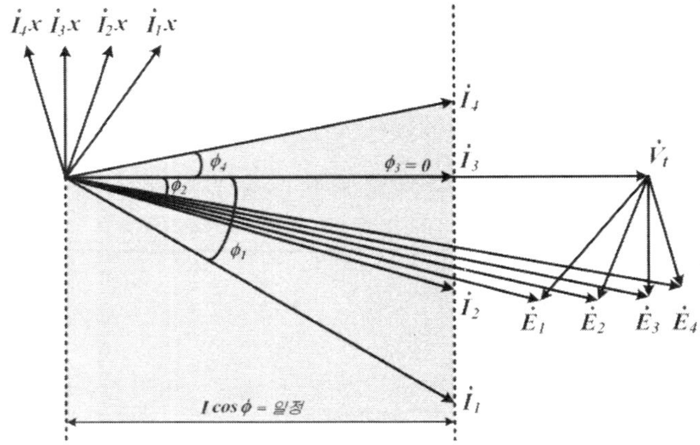

[그림 3-92] 전기자 전류의 역률과 기전력과의 관계

해 보기로 하자. 단자전압 V_t인 3상 동기전동기의 입력은 식 3.9.1과 같이 된다.

$$P = \sqrt{3} \times \text{선간전압} \times \text{선전류} \times \text{역률} \tag{3.9.1}$$

일정부하가 인가된 3상 동기전동기의 단자전압 V_t에 대해서 지역률의 전류 I_1, I_2, 동상전류 I_3 및 진역률의 전류 I_4가 흐르고 있을 경우 이 전류들의 벡터도는 [그림 3-92]와 같이 되며, 다음 식을 얻을 수 있다.

$$I_1\cos\phi_1 = I_2\cos\phi_2 = I_4\cos\phi_4 = I_3 \tag{3.9.2}$$

전기자의 철손과 동손을 무시하면 일정입력에 대해 출력도 일정하게 되고 또 전류 I_1, I_2, I_3, I_4에 의해서 발생하는 전압강하는 저항강하를 무시하면 동기리액턴스 강하만이라고 간주할 수 있으므로 이들 리액턴스 강하를 각각 I_1x, I_2x, I_3x, I_4x라 하고 V_t에서 벡터적으로 감한 E_1, E_2, E_3, E_4는 일정 출력시 각 전기자 전류에 대해 전기자에 유도된 기전력에 상당한다.

[그림 3-92]에서 볼 수 있듯이 가장 위상이 뒤진 전류 I_1에 대한 기전력 E_1이 가장 작고 진전류(앞선 전류) I_4에 대한 기전력 E_4가 가장 크다. 즉, 같은 출력일 경우 유도기전력이 작을 때에는 전류의 위상이 뒤지며 기전력이 증가($E_1 \rightarrow E_2 \rightarrow E_3$)함에 따라 역률은 증가하고 전류는 감소($I_1 \rightarrow I_2 \rightarrow I_3$)하여 역률이 1이 될 때 전류는 최소($I_3$)가 된다. 기전력이 다시 커지면 전류는 진전류가 되며 기전력이 증가($E_3 \rightarrow E_4$)함에 따라 전류도 증가($I_3 \rightarrow I_4$)하지만 역률은 감소($\cos\phi_3 = 1 \rightarrow$

$\cos\phi_4$)함을 알 수 있다.

유도기전력은 여자전류에 비례하므로 여자전류와 전기자 전류의 관계가 [그림 3-91]과 같은 곡선으로 된다는 것을 알 수 있다. V 곡선에서 최소 전기자 전류를 나타내는 곡선 MM을 최소 전류축이라고 하며 MM의 왼쪽은 지전류, 오른쪽은 진전류가 된다.

결론적으로 일정출력, 일정전압으로 운전중인 동기전동기의 역률은 여자전류의 조정에 의해 자유롭게 변화시킬 수 있는데 이것은 동기전동기의 큰 특징이라고 말할 수 있다.

9.3 동기전동기의 기동법

9.3.1 자기동법

농형 유도전동기의 회전자와 같이 동기전동기의 자극면에 도체봉(동 또는 황동)을 끼워 그 양단을 단락환으로 단락한 기동권선을 설치하고 고정자 권선에 3상 교류를 인가하면 고정자에는 회전자장이 발생하므로 기동권선이 자속을 절단함으로써 기전력이 유도되어 전류가 흐르게 된다. 이 전류와 회전자장의 상호작용에 의해 기동권선에는 회전자장과 같은 방향의 토크가 발생하드로 회전자는 가속되어 동기속도 근처까지 도달하게 된다.

이 기동과정에서 계자권선에 고전압이 유도되는 것을 방지하기 위해 보통 계자권선은 저항으로 단락해 놓고 회전자가 동기속도 부근에 도달했을 때 직류여자를 하면 회전자는 동기속도로 회전하게 되어 동기전동기로서의 역할을 하게 된다. 이와 같은 기동법을 자기동법이라고 한다.

고정자(전기자) 권선을 전원에 연결할 때 초기부터 전전압을 가하여 기동하는 방법을 전전압 기동법이라고 하는데 이 경우 큰 기동전류가 흘러 전기자의 과열 또는 전원계통에 이상을 초래할 수 있다. 이것을 방지하기 위해 기동보상기를 사용하여 전전압의 30~50[%]의 저전압으로 전동기를 기동하고 동기속도로 회전시킨 후 전전압(정격전압)을 가해주는 방법을 사용하는데 이와 같은 방법을 보상기 기동법이라고 한다. 보통 20극 이상 용량이 1000[HP] 이하의 저속도 전동기는 조작을 간단하게 하기 위해 전전압기동을 채용하는 경우가 많다.

자기동법에 의해 동기전동기를 기동할 때에는 기동회전력이 유도전동기보다 작기 때문에 가능한 한 무부하 또는 경부하 상태로 기동할 필요가 있고 또 축과 베어링 사이에 고압의 윤활유를 주입하여 회전자를 유압으로 부상시켜 기동마찰을 감소시키는 방법을 쓰기도 한다.

기동권선은 기동장치로 사용되고 동시에 운전중에는 난조를 방지하는 역할도 겸하므로 제동권선이라고도 한다.

9.3.2 타기동법

유도전동기, 유도 동기전동기 또는 직류전동기 등의 기동용 전동기를 동기전동기와 연결하고 기동용 전동기에 의해 동기전동기의 회전자를 동기속도까지 상승시키고 회전자를 여자시킨다. 그 다음에 동기발전기의 병렬운전법과 같이 여자전류와 속도를 조정하여 동기검정을 하고 전압과 위상이 일치했을 때 전기자를 전원에 연결하는 방법을 타기동법이라고 한다. 이 방법은 일반 동기전동기에서는 별로 사용하지 않으나 동기조상기 등 그 용량이 커서 기동전류를 제한할 필요가 있을 경우에 사용한다.

기동전동기로서 유도전동기를 사용할 경우에는 그 유도전동기의 극수가 동기전동기의 극수보다 2극 작은 것을 사용하고 유도전동기의 회전자에 저항을 삽입하거나 또는 부하를 직결함으로써 슬립을 크게 하여 그 속도를 동기전동기의 동기속도와 일치시킨다.

기동전동기로서 유도동기전동기를 사용할 경우에는 그 극수를 주전동기와 같게 하고 유도전동기로 기동하여 동기속도의 95[%]에 도달했을 때 직류여자를 하여 동기화하면 주전동기를 동기속도로 회전시킬 수 있다.

9.4 동기전동기의 특징과 용도

9.4.1 장 점

① 역률 100[%]로 운전할 수 있으므로 역률이 양호하다.

② 유도전동기와 병용할 경우 동기전동기를 과여자함으로써 진역률(앞선 역률) 상태가 되게 하면 전체의 합성역률을 개선할 수 있다.

③ 유도전동기는 용량이 클 경우 600[rpm] 이하에서의 특성이 동기전동기에 비해서 대단히 나쁘다. 그러므로 비교적 가벼운 기동토크가 필요한 저속도 운전시에는 동기전동기가 유리하다.

④ 전동발전기용 전동기로서 동기전동기를 사용하면 유도전동기에 비해서 효

율이 좋고 또한 속도가 일정하기 때문에 발전기의 전압변동률이 작다.

⑤ 정속도 전동기이기 때문에 부하의 변동에 관계없이 정속도 운전이 가능하다.

⑥ 공극이 동일 용량의 유도전동기에 비해 3~5배 정도 크기 대문에 기계적 구조의 설계가 편리하고 수리점검에도 유리하다.

⑦ 동기전동기의 토크는 전압에 비례하고 유도전동기의 토크는 전압의 제곱에 비례한다. 따라서 동기전동기는 전압의 변동에 대한 토크의 변동이 작다.

9.4.2 단 점

① 여자기가 필요하며 구조가 복잡하고 어느 용량 이하에서는 고가이다.

② 취급이 복잡하고 난조와 동기이탈의 염려가 있다.

③ 기동방법이 복잡하고 기동 토크가 작다.

9.4.3 용 도

기동법이 복잡하므로 기동, 정지를 자주 해야 하는 경우에는 부적합하다. 암모니아, 탄산가스, 공기 등의 가스압축기용으로 저속도가 필요할 때에는 동기전동기가 적합하다. 또 저압으로 다량의 공기를 보내는 송풍기로서 유도전동기보다 우수하다.

펌프의 운전과 선박 전기추진용으로도 사용되고 분쇄기, 압연기 등의 부하에도 동기전동기를 사용하여 역률을 좋게 할 수 있다. 또한, 속도가 일정하기 때문에 유도전동기를 사용할 때보다 발전기의 전압변동률이 작게 된다. 주파수변환용 전동기 및 동기조상기로서도 사용되고 있다.

연습문제

1. 극수 6, 회전수 1200[rpm]의 교류발전기와 병렬운전되는 발전기가 있다. 이 발전기의 극수가 10이라고 할 때 이 교류발전기의 회전수는 몇 [rpm]이 되어야 하는가?

2. 10극 교류발전기가 있다. 발전기 출력전압의 주파수를 60[Hz]로 하려면 발전기를 구동시키는 원동기를 초당 얼마의 회전수로 운전하여야 하는가?

3. 동기발전기가 주파수 60[Hz], 여자전류 8[A]인 경우 4600[V]의 상전압을 나타내었다. 이 발전기가 주파수 50[Hz], 여자전류 6[A]로 운전될 경우 무부하 상전압은 얼마인가? 단, 철심의 포화는 무시한다.

4. 20극 Y결선, 360[rpm]의 3상 동기발전기가 있다. 단자전압이 6600[V]라면 무부하시 이 발전기의 1극당 발생하는 자속 [Wb]은 얼마인가? 단, 상당 권수는 240이며, 전기자는 집중권, 전절권이다.

5. 3상 동기발전기에서 1극, 1상당 홈수가 3이라면 분포계수는 얼마인가?

6. 고정자 슬롯의 개수가 120이고 코일피치가 12슬롯인 3상 8극 동기발전기의 분포권 계수 및 단절권 계수를 구하여라.

7. 4극 동기발전기가 1800[rpm]으로 회전하고 있다. 극당 자속 0.032[Wb], 상당 직렬권선수가 280인 경우 상당 유기기전력은 얼마인가?

8. 극당 자속 0.016[Wb], 주파수 60[Hz], 총 도체수 1728인 8극 동기발전기가 상당 2개의 병렬회로를 가지고 있다면 상당 무부하 유기기전력은 얼마인가?

9. 10극, 3상, 60[Hz]의 교류발전기가 있다. 1극당 홈수는 12, 홈당 도체수는 4, 극당 자속수는 0.03[Wb]이며 공극에 따라서 정현파형으로 분포되어 있다. 전기자 권선은 5/6 피치의 단절권으로 하고 전기자 코일은 전부 직렬로 연결하여 Y결선으로 되어 있다. 이 발전기의 유도기전력을 구하여라.

10. 3상 동기발전기가 있다. 여자전류 6[A]에 의한 1상의 유기기전력이 600[V]이고 3상 단락전류는 30[A]이다. 이 발전기의 동기임피던스를 구하여라.

11. 250[kVA], 660[V], 60[Hz] 3상 동기발전기가 Y결선되어 있다. 전기자 저항은 0.2[Ω], 동기리액턴스는 1.4[Ω]이며 전부하시 지역률 0.866이었다면 전압변동률은 얼마인가?

12. 100[kVA] 동기발전기가 역률 0.8상태로 정격출력을 발생하고 있을 때 전체 손실이 5.5[kW]였다. 효율을 구하여라. 단, 양발전기의 주파수와 위상은 일치한다.

13. 3상 동기수력발전기가 역률 1인 상태에서 정격이 108000[kVA], 전압은 13.8[kV]이며 Y결선되어 있고 주파수는 60[Hz], 회전속도는 120[rpm]이었다. 다음을 구하여라.

    1) 극수
    2) 정격출력
    3) 정격전류
    4) 효율이 97[%]라면 정격출력시 입력(단, 계자손실은 무시한다.)
    5) 원동기축에 가해지는 토크

14. Y결선 동기발전기의 계자에 10[A]의 여자전류를 가했을 때 단락전류는 150[A]였고 무부하 단자전압은 720[V]이었다. 부하전류가 60[A]인 경우 내부전압강하를 구하여라. 단, 전기자저항은 무시한다.

15. 450[V], 1200[kVA], 동기임피던스 3[Ω]인 동일한 정격의 두 발전기를 병렬 운전하던 중 한 쪽 계자전류가 증가하여 각 상 유도기전력 사이에 100[V]의 전압차가 발생하였다. 이때 두 발전기 사이에 흐르는 상당 무효횡류는 몇 [A]인가?

16. 6000[kVA], 6000[V], 동기임피던스 6[Ω]인 2대의 교류발전기를 병렬운전중 한 쪽 발전기 기전력의 위상이 30° 앞서는 경우가 발생하였다. 이때 발생하는 상당 동기화 전류 및 동기화력의 크기를 구하여라(단, 양발전기 기전력의 크기와 주파수는 동일하며, 전기자 저항 및 누설리액턴스는 무시한다).

17. 교류발전기를 병렬운전하려고 할 때 필요한 발전기 병렬운전조건은 무엇인지 기술하고 병렬조건이 만족되지 못할 경우 발생하는 현상을 병렬조건 각각에 대하여 설명하여라.

18. 브러시리스 동기발전기의 전압조정원리를 기술하여라.

19. 동기전동기의 위상특성곡선이 V 곡선 모양으로 되는 이유에 대해서 설명하여라.

제4장
변압기

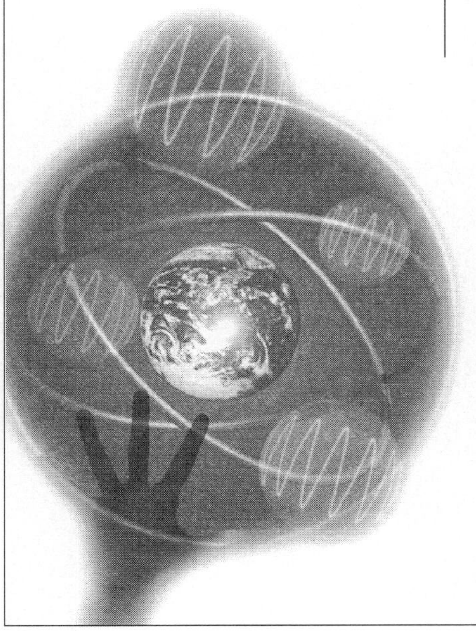

1. 변압기의 원리

변압기는 교류전압 및 전류의 전력을 전자유도작용에 의해 크기가 다른 동일 주파수의 전압과 전류의 교류전력으로 변환시키는 기기인데 주요 구조는 규소 강판으로 성층한 철심에 2개의 권선을 감은 형태로 되어 있다. 이때 전원에 연결하는 권선을 1차 권선(primary winding)이라 하고, 부하 쪽에 연결하는 권선을 2차 권선(secondary winding)이라 한다. 그림과 같이 1차 권선 P의 감은 횟수를 N_1, 2차 권선의 감은 횟수를 N_2라 하고, 1차 권선에 V_1의 전압을 가하여 전류 I_1이 흐르면 철심에 정현파의 교번자속이 발생하며, 이 자속이 철심을 통해 다른 쪽 2차 권선과 쇄교하여 크기가 다른 교류전압 V_2와 전류 I_2가 유도된다.

그리고 1차 권선에서 발생한 자속이 모두 2차 권선을 쇄교한다면 두 권선의 시간에 대한 자속의 변화율은 동일하므로 1차 권선과 2차 권선의 양 끝에 유도되는 기전력은 각 권선의 감은 횟수에 비례하게 된다. 또한 권선의 저항을 무시하면 1차 권선의 공급전압 V_1과 유도기전력 E_1이 평형을 이루고 그 크기가 같다. 따라서 1차 권선의 권수 N_1과 2차 권선의 권수 N_2를 적당히 조절함으로써 일정한 공급전압 V_1에 대하여 임의의 2차전압 V_2를 얻을 수 있다.

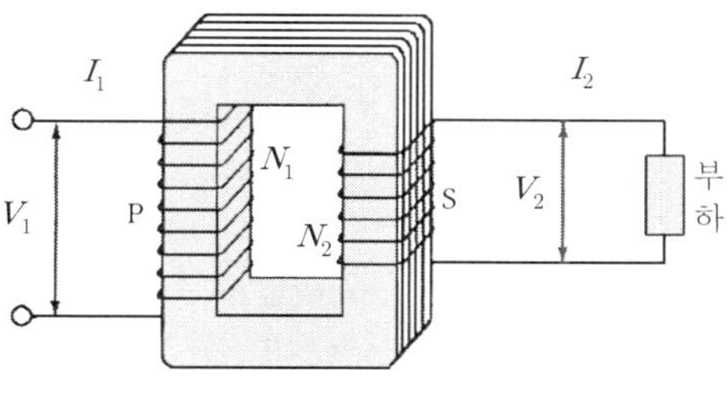

[그림 4-1] 변압기의 원리

1.1 무부하 상태의 이상변압기

먼저 변압기의 기본원리를 알아보기 위해 다음과 같은 조건의 가정을 둔 이상 변압기(ideal transformer)에 대하여 설명한다.

① 철심에 발생되는 자속이 누설 없이 모두 두 권선을 쇄교한다.
② 철심의 투자율은 매우 높고 포화가 없다.
③ 두 권선의 저항은 무시한다.
④ 철손을 무시한다.
⑤ 권선 간의 정전용량을 무시한다.

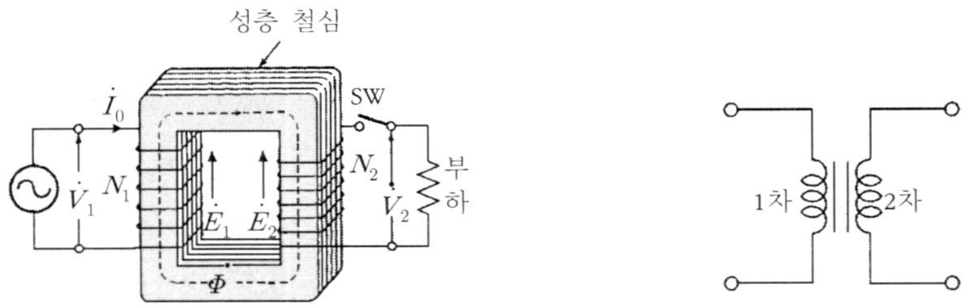

(a) 변압기 회로　　　　(b) 기호

[그림 4-2] 무부하시의 이상변압기

[그림 4-2]와 같이 이상변압기의 2차측을 개방하고 1차측에 식 4.1.1과 같은 정현파전압을 가하면 위상이 v_1보다 90° 뒤지는 여자전류 i_0가 흐르고 이 전류에 의해 전류와 동상이고 최대값이 Φ_m인 교번자속 Φ가 철심속에 발생하는데, 이때의 여자전류 i_0와 교번자속 Φ는 식 4.1.2 및 식 4.1.3으로 표현된다.

$$v_1 = \sqrt{2}\, V_1 \sin\omega t \tag{4.1.1}$$

$$i_0 = \sqrt{2}\, I_0 \sin(\omega t - 90^\circ) \tag{4.1.2}$$

$$\Phi = \Phi_m \sin(\omega t - 90^\circ) \tag{4.1.3}$$

자속 Φ의 변화에 의해서 권수가 N_1인 1차 권선에 유도되는 기전력 e_1과 권수가 N_2인 2차 권선에 유도되는 기전력 e_2는 다음과 같이 된다.

$$e_1 = -N_1 \frac{d\Phi}{dt} \tag{4.1.4}$$

$$e_2 = -N_2 \frac{d\Phi}{dt} \tag{4.1.5}$$

또한 식 4.1.3의 자속 Φ를 식 4.1.4와 식 4.1.5에 대입하여 1차 및 2차 권선의 유도기전력을 구하면 다음 식이 된다.

$$e_1 = -N_1\omega\,\Phi_m \cos(\omega t - 90^\circ) = -N_1\omega\,\Phi_m \sin\omega t \tag{4.1.6}$$

$$e_2 = -N_2\omega\,\Phi_m \cos(\omega t - 90^\circ) = -N_2\omega\,\Phi_m \sin\omega t \tag{4.1.7}$$

따라서 1차 및 2차 권선의 유도기전력 e_1과 e_2의 최대값은 $N_1\omega\,\Phi_m$과 $N_2\omega\,\Phi_m$이며, 그 실효값 E_1과 E_2는 다음과 같이 된다.

$$E_1 = N_1\frac{1}{\sqrt{2}}\omega\,\Phi_m = N_1\frac{2\pi}{\sqrt{2}}f\,\Phi_m = 4.44\,fN_1\,\Phi_m \tag{4.1.8}$$

$$E_2 = N_2\frac{1}{\sqrt{2}}\omega\,\Phi_m = N_2\frac{2\pi}{\sqrt{2}}f\,\Phi_m = 4.44\,fN_2\,\Phi_m \tag{4.1.9}$$

이상변압기에 있어서는 V_1과 E_1은 방향이 반대이고 크기가 같으므로 철심속의 자속은 인가전압에 의해 결정된다는 것을 알 수 있다. 또한, 전압, 자속 및 여자전류의 순시값을 나타내면 [그림 4-3](a)와 같고 그 벡터도는 그림 (b)와 같이 된다. 권선에 흐르는 전류는 인가전압보다 위상이 $\pi/2$만큼 뒤지고 자속은 전류와 동상이다. 또한 1차 및 2차 권선의 유도기전력은 동상이며 인가전압보다 π만큼 위상이 뒤지고 있다.

식 4.1.8과 식 4.1.9에서 1차 권선 및 2차 권선의 유도기전력 사이에는 다음 식과 같은 관계가 성립한다.

$$\frac{E_1}{E_2} = \frac{N_1}{N_2} = a \tag{4.1.10}$$

식 4.1.10에서도 알 수 있듯이 변압기의 1차 권선과 2차 권선에 유도되는 전압의 비는 두 권선의 비와 같다. 이것을 변압비(transformation ratio) 또는 권수비(turn ratio)라 하고 a로 표시한다. 권선의 저항과 누설자속이 없는 이상변압기의 경우 인가전압 V_1과 유도기전력 E_1은 방향이 반대이고 크기가 같으므로 1차 권선에서 이 두 전압이 평행을 이루게 되고 따라서 다음과 같은 관계식이 성립된다.

$$\frac{V_1}{E_2} = \frac{N_1}{N_2} = a \tag{4.1.11}$$

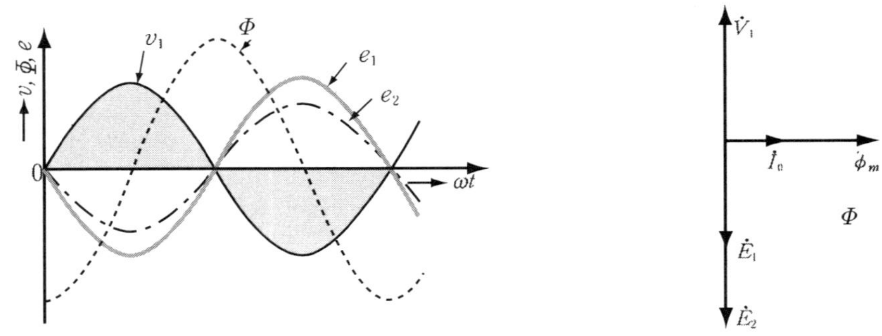

(a) 전압과 자속의 파형 (b) 벡터도

[그림 4-3] 이상변압기의 무부하시의 전압, 전류 및 자속

이때 $a < 1$인 변압기를 승압변압기(set-up transformer)라 하고 $a > 1$인 변압기를 강압변압기(set-down transformer)라고 한다.

1.2 부하상태의 이상변압기

[그림 4-4]와 같이 이상변압기의 2차측에 부하임피던스 Z를 연결하면 2차측 회로에는 2차 전류 $I_2 = E_2/Z$가 흐르게 된다. 이때 2차 권선에 전류 I_2가 흐르면 2차 권선에 기자력 N_2I_2가 생기고, 자속 Φ_2가 자기회로에 발생된다.

따라서 무부하 상태에서 V_1전압에 의해 존재하고 있는 자속 Φ에 대하여 자기적인 균형이 깨지며, 철심내의 자속은 $\Phi' = \Phi + \Phi_2$로 변하려고 한다. 그러나 1차 공급전압 V_1은 변함이 없는데 자속은 Φ'가 되었으므로, 원래대로의 자속 Φ가 되기 위해서는 1차 권선에 Φ_2를 상쇄하는 전류 I_1'가 흘러 다음과 같은 관계가 만족되어야 한다.

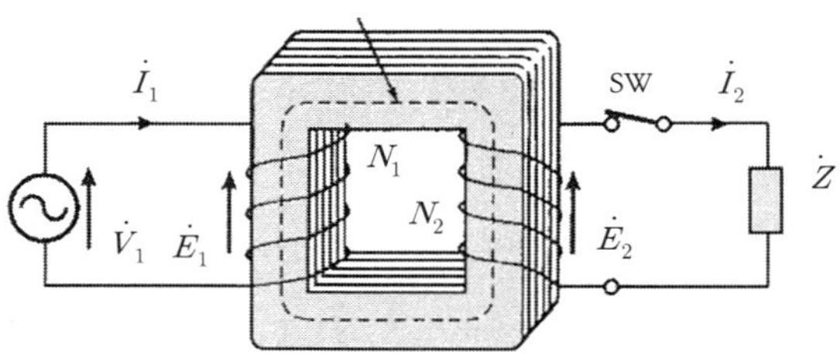

[그림 4-4] 부하가 연결된 이상변압기

$$N_1 I_1{}' + N_2 I_2 = 0 \tag{4.1.12}$$

여기서, 전류 $I_1{}'$를 1차 부하전류(primary load current)라고 하며, 1차 총 전류 I_1은 여자전류 I_0와 1차 부하전류 $I_1{}'$의 벡터합으로 다음 식과 같다.

$$I_1 = I_0 + I_1{}' \tag{4.1.13}$$

그리고 식 4.1.12에서 다음과 같은 관계식이 성립된다.

$$\frac{I_1{}'}{I_2} = -\frac{N_2}{N_1} = -\frac{1}{a} \tag{4.1.14}$$

위 식에서 $1/a$를 전류비(current ratio)라고 한다. 또한 식 4.1.13에서 여자전류 I_0는 일반적으로 $I_1{}'$에 비해서 작으므로 이것을 무시하면 $I_1 \fallingdotseq I_1{}'$로 되므로 다음과 같은 관계가 성립한다.

$$\frac{I_1}{I_2} \fallingdotseq -\frac{N_2}{N_1} = -\frac{1}{a} \tag{4.1.15}$$

여기서 1차 전류와 2차 전류의 비는 대략 권선비의 역수와 같다는 것을 알 수 있다.

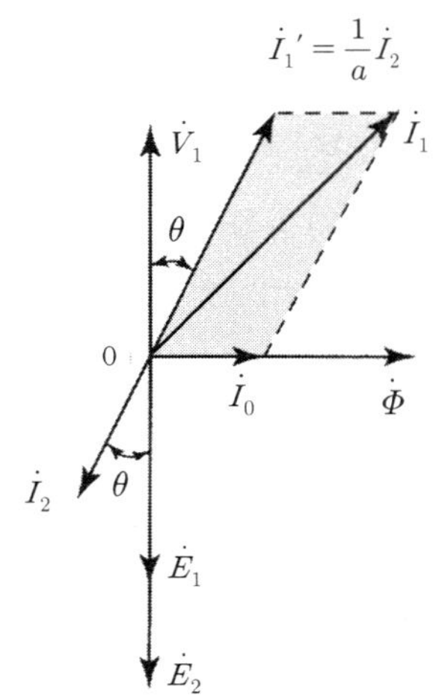

[그림 4-5] 부하상태의 벡터도

2. 실제 변압기

앞 절에서는 이상적인 변압기에 대해서 언급하였지만 실제 변압기에 있어서는 권선저항, 철심을 통해서 1차 및 2차 권선과 쇄교하지 않는 누설자속, 철심의 포화, 철손 등에 의해 전압과 전류가 앞에서 기술한 바와 같지 않으며, 따라서 이상 변압기의 제작은 사실상 불가능하다. 여기서는 이들을 고려한 실제 변압기의 특성 및 동작을 알아보기로 한다.

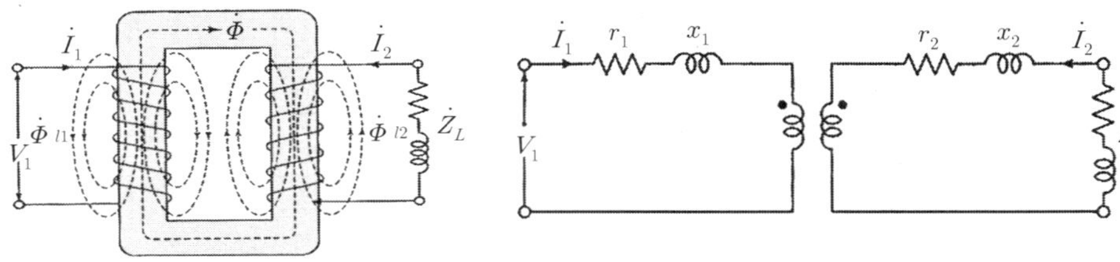

(a) 변압기의 누설자속 (b) 권선저항, 누설자속을 고려한 등가회로

[그림 4-6] 누설자속을 고려한 실제 변압기

2.1 권선저항

권선에는 저항이 존재하고 여자전류 I_0 및 1차 부하전류 I_1'에 의한 전압강하 및 동손을 일으킨다. 즉, 권선의 저항을 고려하기 위해서는 1차 및 2차 권선의 저항 r_1, r_2를 각각 이상변압기의 1차 및 2차 권선에 연결해야 한다.

2.2 누설자속

이상변압기에서는 1차 권선에 흐르는 전류 I_1에 의해 발생한 자속 Φ가 모두 철심을 통해 2차 권선을 쇄교하고, 또한 부하전류 I_2에 의해 2차 권선에서 유발하는 자속 Φ_2도 마찬가지로 철심을 통해 1차 권선과 쇄교한다고 가정하였다.

그러나 실제 변압기에서는 1차 권선과는 쇄교하지만 2차 권선과는 쇄교하지 않고 역으로 2차 권선과는 쇄교하지만 1차 권선과는 쇄교하지 않고 철심에서 누설되는 자속이 존재한다. 이와 같은 자속을 누설자속(leakage flux)이라 한다.

이에 대해서 이상변압기에서 언급한 자속, 즉 철심을 통해서 1차 및 2차 권선을 모두 쇄교하는 자속을 주자속(main magnetic flux)이라 한다. 주자속은 주로 자기특성이 비선형인 철심 속을 지나므로 여자전류와 주자속량은 비례하지 않는다. 반면에 누설자속은 주로 투자율이 일정한 공기속을 지나므로 여자전류와 누설자속량은 비례한다.

[그림 4-6](a)와 같이 1차 권선 쪽의 누설자속을 Φ_{l1}, 2차 권선 쪽의 누설자속을 Φ_{l2}라 하면 이들 자속에 의해 유도되는 기전력은 다음 식과 같이 나타낸다.

$$e_{l1} = -N_1 \frac{d\Phi_{l1}}{dt} = -L_{l1} \frac{di_1}{dt} = -j\omega L_{l1} i_1 = -jx_1 i_1 \qquad (4.2.1)$$

$$e_{l2} = -N_2 \frac{d\Phi_{l2}}{dt} = -L_{l2} \frac{di_2}{dt} = -j\omega L_{l2} i_2 = -jx_2 i_2 \qquad (4.2.2)$$

따라서 누설자속은 [그림 4-6](b)와 같이 1차 및 2차 권선에 연결한 리액턴스 x_1, x_2로 표현할 수 있으며, 이것을 누설리액턴스(leakage reactance)라고 한다.

2.3 여자전류

이상변압기에 있어서 여자전류는 정현파였으나 변압기의 철심에 사용되는 규소강판은 자기포화 및 히스테리시스 특성을 나타내고 있기 때문에 여자전류의 파형은 정현파가 되지 않고 또한 그 위상은 자속보다 앞서게 된다. 즉 변압기의 2차측을 개방해 놓고 1차측에 정격전압을 가할 때 여자전류(무부하전류) I_0는 공극자속을 발생시키는 자화전류(magnetizing current) I_{0m}와 철손을 발생시키는 철손전류(iron loss current) I_{0w}의 성분으로 구성되는데 자화전류는 위상이 공급전압보다 90° 뒤진 무효전류이고 철손전류는 전압과 동상인 유효전류이며 이들의 벡터도는 [그림 4-7]과 같이 된다.

이 그림에서 I_0가 Φ보다 앞서는 각 α를 철손각(iron loss angle)이라 하고 여자전류와 그 성분간에는 다음 식과 같은 관계가 성립한다.

$$
\begin{aligned}
I_0 &= I_{0m} + I_{0w} \\
I_{0m} &= I_0 \cos\alpha \\
I_{0w} &= I_0 \sin\alpha
\end{aligned}
\tag{4.2.3}
$$

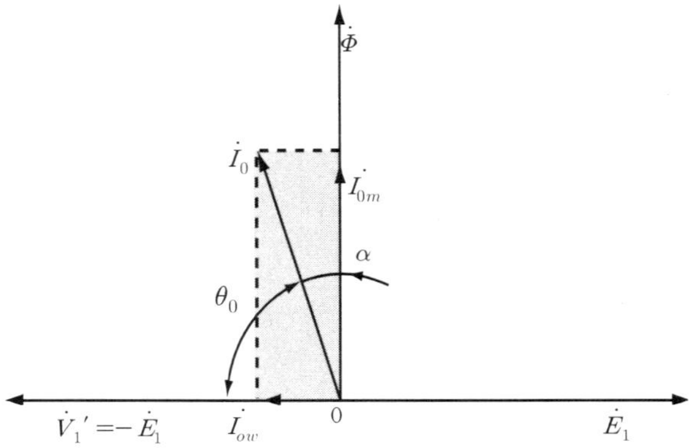

[그림 4-7] 여자전류의 벡터도

보통의 철심에서는 철손전류가 자화전류에 비해서 작기 때문에 위상각도 작다. 또한, 변압기의 1차측에 가한 전압 V_1이 정현파이면 변압기내에 유도되는 전압도 정현파이어야 하고 그렇게 되기 위해서는 철심내의 자속의 변화도 정현파이어야 한다. 그런데 철심에는 히스테리시스현상이 있기 때문에 정현파 자속을 발생시키기 위한 여자전류는 정현파가 아닌 왜형파가 된다. [그림 4-8]은 정현파

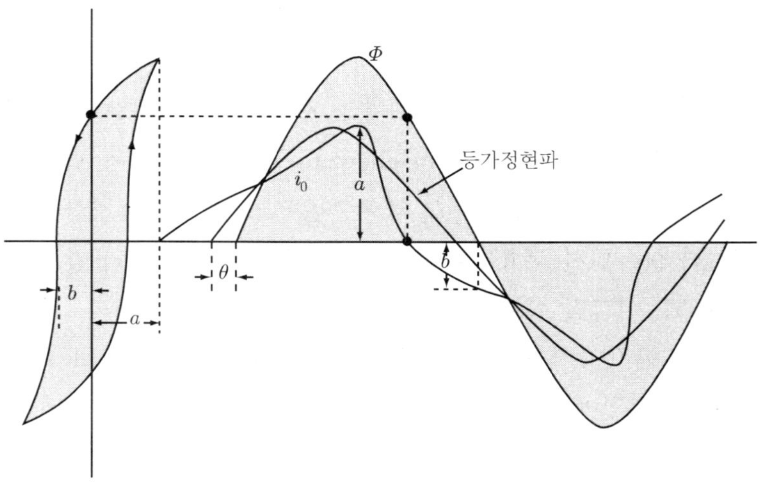

[그림 4-8] 여자전류의 파형과 등가정현파

자속을 발생시키는 여자전류의 파형을 나타낸 것이다. 히스테리시스곡선과의 관계를 대조해 보면 왜형파 전류 i_0에 의해 정현파 자속 Φ가 발생하게 된다는 것을 알 수 있을 것이다. 그러나 여자전류를 벡터적으로 취급할 때, 왜형파로는 표시할 수 없으므로 편의상 공급전압에 대해 왜형파 전류와 동일한 전력을 형성할 수 있는 정현파 전류를 등가정현파라 하고 이것을 여자전류로 삼는다.

3. 변압기의 특성

3.1 변압기의 등가회로

권선의 저항, 누설리액턴스, 철손 등을 고려한 변압기에 대해서 전압, 전류 등의 제반 특성을 계산할 경우 등가회로(equivalent circuit)를 이용하면 이해하기 쉽고 편리하다. [그림 4-4]와 같은 변압기의 2차측에 임피던스 Z를 연결하면 2차측의 전류는 $I_2 = E_2/Z$가 되며 식 4.1.11에 의해 $E_2 = V_1/a$이므로 다음 식과 같다.

$$I_2 = \frac{E_2}{Z} = \frac{V_1}{aZ} \tag{4.3.1}$$

식 4.1.14와 식 4.3.1에 의해 1차 보상전류 I_1'는 다음 식과 같다.

$$I_1' = -\frac{I_2}{a} = -\frac{V_1}{a^2 Z} \tag{4.3.2}$$

즉 변압기의 2차측에 임피던스 Z를 연결했을 때의 1차 보상전류 I_1'는 Z를 a^2배 해서 1차 전압 V_1을 가했을 때의 전류와 같다. 그러므로 변압기의 2차측에 연결된 임피던스 Z는 직접 1차측에 $a^2 Z$를 연결한 것으로 취급할 수 있다는 것을 알 수 있다. 이와 같이 전·자기적으로 결합된 회로는 2차측의 전 임피던스를 권선비 a의 제곱을 해서 1차측의 부하로 환산할 수 있다. 따라서 [그림 4-6]과 같은 변압기 회로는 [그림 4-9]와 같은 단일회로로 대체할 수 있다. [그림 4-9]를 2차를 1차로 환산한 변압기 등가회로라고 한다.

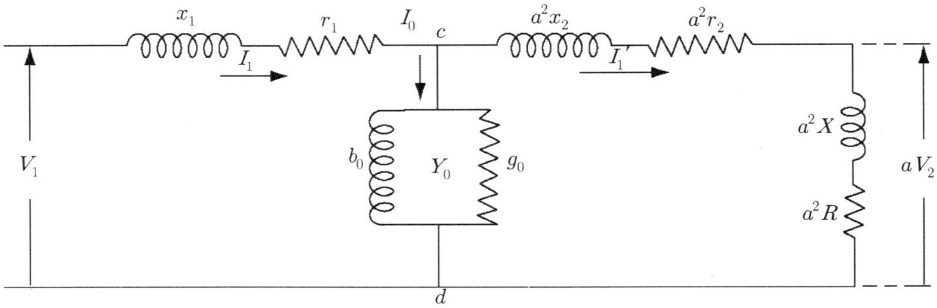

[그림 4-9] 2차를 1차로 환산한 변압기 등가회로

그런데 변압기의 1차 회로에는 1차 전압 V_1에 의해 변하고 2차 부하와는 관계가 없는 여자전류 I_0가 흐르고 있으며 이것이 r_1, x_1에 의한 1차 임피던스를 통과하므로 [그림 4-9]의 c, d간에 여자전류가 통하는 어드미턴스 Y_0를 연결해 주어야 한다. 그러나 여자전류 I_0는 대단히 작기 때문에 1차 임피던스에 의한 전압강하를 무시하면 여자 어드미턴스를 [그림 4-10]과 같이 좌측에 연결할 수 있으므로 전압, 전류의 계산이 대단히 간단하게 된다. 이와 같은 회로를 간이등가회로(approximate equivalent circuit)라고 한다.

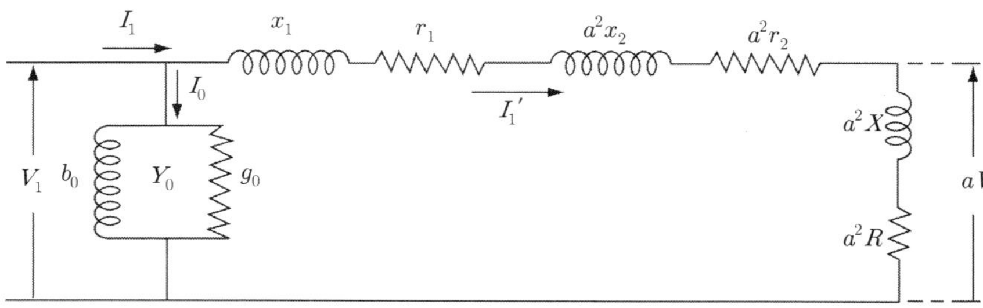

[그림 4-10] 2차를 1차로 환산한 변압기 간이등가회로

또 변압기의 1차를 2차로 환산할 수도 있으며 이 때의 2차 권선은 1차 권선을 $1/a$배한 것이 되므로 전압이 $1/a$배, 전류는 a배가 되고 1차 저항과 리액턴스는 각각 r_1/a^2, x_1/a^2, 어드미턴스는 a^2Y_0가 되어 [그림 4-11]과 같은 간이등가회로가 된다.

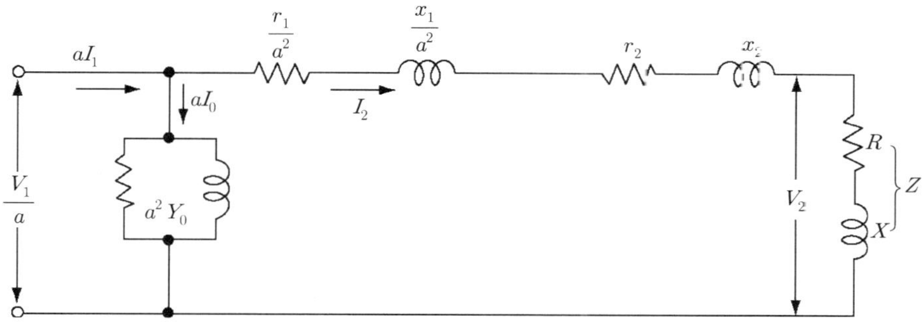

[그림 4-11] 1차를 2차로 환산한 변압기 간이등가회로

3.2 변압기의 등가임피던스 및 백분율 임피던스

[그림 4-10]에서 등가저항(equivalent resistance), 등가리액턴스(equivalent reactance) 및 등가임피던스(equivalent impedance)를 각각 r_{e1}, x_{e1}, Z_{e1}라고 하면 다음 식과 같이 표현된다.

$$r_{e1} = r_1 + a^2 r_2, \quad x_{e1} = x_1 + a^2 x_2, \quad Z_{e1} = \sqrt{r_{e1}^2 + x_{e1}^2} \tag{4.3.3}$$

또한 1차측을 2차로 환산한 등가저항, 등가리액턴스 및 등가임피던스는 각각 [그림 4-11]에서 다음 식과 같다.

$$r_{e2} = \frac{r_1}{a^2} + r_2, \quad x_{e2} = \frac{x_1}{a^2} + x_2, \quad Z_{e2} = \sqrt{r_{e2}^2 + x_{e2}^2} \tag{4.3.4}$$

그러므로 1차 회로로 환산한 값과 2차 회로로 환산한 값 사이에는 다음과 같은 관계가 있다.

$$\frac{r_{e1}}{r_{e2}} = \frac{x_{e1}}{x_{e2}} = \frac{Z_{e1}}{Z_{e2}} = a^2 \tag{4.3.5}$$

그리고 변압기의 동손은 다음 식과 같이 표시할 수 있다.

$$P_c = I_1^2 r_1 + I_2^2 r_2 \tag{4.3.6}$$

그런데 $I_2 = aI_1$이므로 식 4.3.6은 다음과 같다.

$$P_c = I_1^2 (r_1 + a^2 r_2) = I_1^2 r_{e1} = I_2^2 \left(\frac{r_1}{a^2} + r_2 \right) = I_2^2 r_{e2} \tag{4.3.7}$$

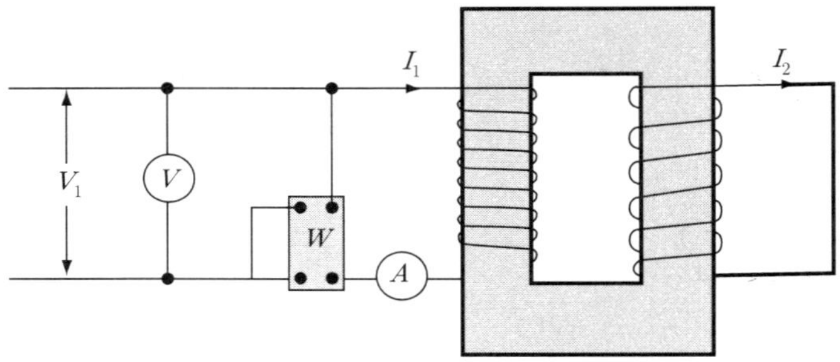

[그림 4-12] 변압기의 단락시험

변압기의 등가저항, 등가리액턴스 및 등가임피던스는 [그림 4-12]와 같은 단락시험에 의해서 측정할 수 있다.

단락시험을 할 때에는 일반적으로 저압측의 권선을 단락시키고 고압측의 권선에 전압을 인가하는데 1차 및 2차 권선에 정격전류가 흐르게 하기 위해서는 정격전압의 약 5[%]가 필요하다. 측정을 1차측에서 할 경우 I_1을 정격전류가 되게 V_1을 조정하면 2차측의 전류 I_2도 정격전류가 될 것이다. 이때의 1차 입력은 전부 동손이 된다. 철손은 대략 공급전압의 2승에 비례하며 단락시험에 있어서의 철손은 정상치의 약 0.25[%]에 불과하므로 무시할 수 있다.

그러므로 식 4.3.7에 의해서 등가저항은 다음 식과 같다.

$$r_{e1} = \frac{P_c}{I_1^2}[\Omega] \tag{4.3.8}$$

또한, x_{e1} 및 Z_{e1}은 다음의 식으로 구한다.

$$x_{e1} = \sqrt{Z_{e1}^2 - r_{e1}^2}[\Omega], \quad Z_{e1} = \frac{V_1}{I_1}[\Omega] \tag{4.3.9}$$

변압기의 등가임피던스를 표시할 때에는 일반적으로 백분율을 사용하는 것이 보통이다. 예를 들면 전부하시의 임피던스전압 $I_1 Z_{e1}$이 1차 전압의 5[%]와 같을 때에 이 변압기의 임피던스는 5[%]라고 한다. 이 때에는 2차측으로 환산된 임피던스전압 $I_1 Z_{e2}$도 2차 전압의 5[%]로 될 것이다. 이와 같이 등가임피던스를 저항으로 표시할 때에는 1차측에 환산하느냐 또는 2차측에 환산하느냐에 따라서 두 가지의 값을 갖게 되지만 백분율로 표시하면 오직 하나의 값만을 갖게 되기 때문에 등가임피던스를 백분율로 표시하는 것이 편리하다.

같은 이유로 변압기의 등가저항과 등가리액턴스도 백분율로 표시하는 것이 통상적이다. 이와 같이 백분율로 표시한 것을 각각 백분율 임피던스(percentage impedance), 백분율 리액턴스(percentage reactance) 및 백분율 저항(percentage resistance)이라고 한다.

백분율 임피던스는 변압기의 2차측이 실제로 단락되었을 때에 변압기에 흐르는 단락전류를 계산하는데 편리하다. [그림 4-12]와 같이 2차측이 단락되었을 때 $I_1 Z_{e1} = V_1$이므로 단락전류는 다음의 식에 의해서 구할 수 있다.

$$I_{1s} = \frac{100}{\text{백분율 임피던스}} \times I_1 \tag{4.3.10}$$

이 식에서 I_1는 전부하전류이고 I_{1s}는 2차측 단락시의 1차 단락전류이다. 그러므로 임피던스가 5[%]인 변압기에 2차측 단락이 생기면 단락전류는 전부하전류의 20배로 된다는 것을 알 수 있다.

예제 권선비가 30이고 용량이 2[kVA]인 단상변압기에 있어서 $r_1 = 40[\Omega]$, $x_1 = 150[\Omega]$, $r_2 = 0.05[\Omega]$, $x_2 = 0.2[\Omega]$이라고 한다. 이 변압기의 1차에 3.150[V]를 가했을때 철손이 200[W], 여자전류가 0.09[A]로 되었다고 한다. 이 변압기의 2차 부하저항이 5[Ω]일 때 1차에 환산한 등가회로를 그려라.

해설 $r_{e1} = r_1 + a^2 r_2 = 40 + 0.05 \times 30^2 = 85[\Omega]$

$$x_{e1} = x_1^2 + a^2 x_2 = 150 + 0.2 \times 30^2 = 330[\Omega]$$

$$Y_0 = \frac{I_0}{V_1} = \frac{0.09}{3{,}150} = 28.6 \times 10^{-6}[\mho]$$

$$g_0 = \frac{P_0}{V_1^2} = \frac{200}{3{,}150^2} = 20.2 \times 10^{-6}\ [\mho]$$

$$b_0 = \sqrt{Y_0^2 - g_0^2} = \sqrt{(28.6 \times 10^{-6})^2 - (20.2 \times 10^{-6})^2} = 20.2 \times 10^{-3}[\mho]$$

$$R' = a^2 R = 5 \times 30^2 = 4{,}500[\Omega]$$

위에서 구한 값을 이용하여 [그림 4-10]과 같은 1차측에 환산한 등가회로를 그릴 수 있다.

3.3 변압기의 전압변동률

[그림 4-11]에서 aI_0를 무시했을 때의 간이벡터도를 생각해 보기로 한다. 2차 단자에 부하 $Z = R + jX$가 연결된 경우 단자전압을 V_2, 2차 전류를 I_2라 하고 부하의 역률각을 θ라 하면 그 관계는 [그림 4-13]과 같이 된다.

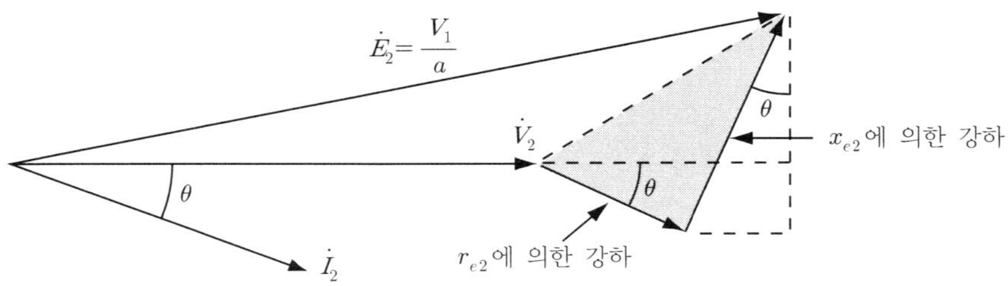

[그림 4-13] 2차에 환산된 간이벡터도

부하 Z가 없을 때 2차 단자전압 V_2는 [그림 4-11] 등가회로의 V_1/a과 같지만 부하 Z를 가해서 전류 I_2가 흐르면 등가저항 $r_{e2} = r_1/a^2 + r_2$에 의한 저항강하와 $x_{e2} = x_1/a^2 + x_2$에 의한 리액턴스강하 때문에 V_2로 되는 것이므로 [그림 4-13]의 V_2에 이 전압강하를 벡터적으로 가한 것이 $E_2 = V_1/a$이 된다. 변압기의 1차 단자전압 V_1을 일정하게 유지하고 지정역률의 전부하를 가했을 때의 2차 단자전압을 V_2, 전부하에서 무부하로 했을 때의 2차 단자전압을 E_2라 하면 전압이 변동하는 정도인 전압변동률 ε은 다음과 같이 된다.

$$\varepsilon = \frac{E_2 - V_2}{V_2} \times 100[\%] \tag{4.3.11}$$

선박용 변압기는 역률 100[%]의 정격부하에 대해서 5[%] 이하여야 한다고 규정하고 있으나 단상 5[kVA], 3상 15[kVA] 이상은 2.5[%] 이하가 요구되고 있다. 전압변동률은 부하에 미치는 영향을 고려할 때 작을수록 좋기 때문에 변압기의 임피던스는 작은 것이 바람직하지만 2차측에서 단락사고가 발생했을 경우 과대전류를 방지하기 위해 지나치게 작은 것은 좋지 않다.

전압변동률의 값은 소형 변압기에 있어서는 실부하로 측정하며 대형 변압기에서는 간이등가회로를 이용하여 계산한다. [그림 4-13]에 의해서 E_2를 다음 식과 같이 구할 수 있다.

$$E_2 = \sqrt{(V_2\cos\theta + I_2 r_{e2})^2 + (V_2\sin\theta + I_2 x_{e2})^2} \tag{4.3.12}$$

예제 100[kVA], 60[Hz], 1차측 전압이 2,300[V], 2차측 전압이 230[V]인 변압기가 있다. 이 변압기를 [그림 4-12]와 같이 저압측 코일을 단락시키고 단락시험을 한 결과 P_c =1,650[W], I_1=48[A], V_1 =90[V]이었다. 역률이 1일 때와 지상 역률이 0.8일 때의 전압변동률을 구하여라.

해설 식 4.3.8에 의해서 $r_{e1} = \dfrac{P_c}{I_1^2} = \dfrac{1650}{48^2} = 0.717[\Omega]$

식 4.3.9에 의해서 $Z_{e1} = \dfrac{V_1}{I_1} = \dfrac{90}{48} = 1.875[\Omega]$

$$x_{e1} = \sqrt{Z_{e1}^2 - r_{e1}^2} = \sqrt{1.875^2 - 0.717} = 1.733[\Omega]$$

식 4.3.5에 의해서 $r_{e2} = \dfrac{r_{e1}}{a^2} = 0.717 \times \left(\dfrac{230}{2300}\right)^2 = 0.00717[\Omega]$

$$x_{e2} = \frac{x_{e1}}{a^2} = 1.733 \times \left(\frac{230}{2300}\right)^2 = 0.01733[\Omega]$$

2차의 정격전류는 $I_2 = \dfrac{100,000}{230} = 435[A]$

$\therefore I_2 r_{e2} = 435 \times 0.00717 = 3.12[V]$, $I_2 x_{e2} = 435 \times 0.01733 = 7.53[V]$

역률이 1일 때는 식 4.3.12에서 $\cos\theta = 1$, $\sin\theta = 0$으로 하면

$$E_2 = \sqrt{(V_2 + I_2 r_{e2})^2 + (I_2 x_{e2})^2} = \sqrt{(230 + 3.12)^2 + 7.53^2} = 233[V]$$

$$\text{전압변동률} = \frac{E_2 - V_2}{V_2} \times 100 = \frac{233 - 230}{230} \times 100 = 1.30[\%]$$

역률이 0.8일 때는 $\cos\theta = 0.8$, $\sin\theta = 0.6$이므로

$$E_2 = \sqrt{(V_2\cos\theta + I_2 r_{e2})^2 + (V_2\sin\theta + I_2 x_{e2})^2}$$
$$= \sqrt{(230 \times 0.8 + 3.12)^2 + (230 \times 0.6 + 7.53)^2} = 237[V]$$

$$\text{전압변동률} = \frac{237 - 230}{230} \times 100 = 3.04[\%]$$

3.4 변압기의 손실

3.4.1 철 손

변압기의 철심을 관통하는 자속은 시간에 따라 크기와 방향이 변하므로 철심에 히스테리시스손(hysteresis loss) P_h와 와전류손(eddy current loss) P_e가 생긴다. 이 손실을 합해서 철손 P_o이라고 하며 다음과 같이 구할 수 있다.

$$P_h = \eta f VB_m^2 = k_1 f B_m^2 \tag{4.3.13}$$

$$P_e = kt^2 f^2 VB_m^2 = k_2 f^2 B_m^2 \tag{4.3.14}$$

$$P_o = P_h + P_e \tag{4.3.15}$$

여기서, f는 전원주파수[Hz], V는 자성체의 체적[m3], η는 히스테리시스계수, B_m은 최대자속밀도[Wb/m^2], t는 동판의 두께[m]이다.

변압기의 단면적을 A[m^2], 최대자속을 Φ_m[Wb]라고 하면 식 4.1.8에 의해서 다음 식이 유도된다.

$$V_1 \fallingdotseq E_1 = 4.44 f N_1 \Phi_m = 4.44 f N_1 B_m A = k\, f\, B_m, \quad B_m = \frac{V_1}{kf} \tag{4.3.16}$$

이 식을 식 4.3.13과 식 4.3.14에 대입하면 다음 식과 같이 히스테리시스손과 와전류손을 구할 수 있다.

$$P_h = k_1' \frac{V_1^2}{f}, \qquad P_e = k_2' V_1^2 \tag{4.3.17}$$

위에서 히스테리시스손 P_h와 와전류손 P_e는 모두 공급전압의 2승에 비례한다는 것을 알 수 있다. 그리고 히스테리시스손 P_h는 주파수에 반비례하지만 와전류손 P_e는 주파수와 무관함을 알 수 있다.

3.4.2 동 손

변압기의 1차 저항과 2차 저항을 알면 동손 P_c는 다음 식에 의해서 구할 수 있다.

$$P_c = I_1^2 r_1 + I_2^2 r_2 \tag{4.3.18}$$

변압기의 코일은 철심의 표면에 감겨 있고 홈 안에 들어가 있지 않기 때문에 그 실효저항은 직류저항보다 약간 크다. 그러므로 대부분의 경우에 있어서는 직류에 의해 1차 저항과 2차 저항을 측정하고 그 값을 1.1배 하면 실효저항으로서 충분히 정확한 값이 된다.

또한, 변압기의 단락시험에서 저압측 코일을 단락시키고 고압측 코일에 적당한 전압(정격전압의 5[%])을 가하여 1차 전류와 2차 전류를 정격전류와 같게 한 후 1차 입력 P_c를 전력계를 이용하여 측정하면 P_c는 동손과 같게 된다.

이 P_c 중에는 약간의 철손이 포함되어 있으며, 변압기의 철손은 대략 공급전압의 제곱에 비례하지만 단락시험시의 공급전압은 정격전압의 5[%] 정도이므로 철손은 정상운전시의 약 0.25[%]에 불과하기 때문에 무시할 수 있다.

동손을 등가저항을 이용하여 표시하면 다음 식과 같다.

$$P_c = I_1^2 r_{e1} = I_2^2 r_{e2} \tag{4.3.19}$$

예제 변압기의 1차 전압을 정격치로 하고 정격주파수 50[Hz]의 것을 60[Hz]에 사용할 때에는 어떤 변화가 일어나는가?

해설 1) $E_1 = 4.44 f N_1 \Phi_m$, $\Phi_m = \dfrac{E_1}{4.44 f N_1}$ 이므로 $\Phi_m \propto \dfrac{1}{f}$ 로서 Φ_m이 감소된다. 즉, I_0 및 I_1도 감소된다.

2) 히스테리시스손$\left(P_h = k_1' \dfrac{V_1^2}{f}\right)$은 주파수에 반비례하므로 감소하게 되며, 와전류손($P_e = k_2' V_1^2$)은 주파수에 관계없이 일정하고 철손($P_o = P_h + P_e$)은 주파수 증가에 따라 감소하게 된다.

3) 누설리액턴스 $x = \omega L_l = 2\pi f L_l \propto f$ 이므로 리액턴스 강하도 커지고 임피던스도 증가하며 전압변동률도 증가한다.

3.5 변압기의 효율

변압기의 손실은 실험적으로 구할 수 있으므로 효율은 다음과 같이 쉽게 구할 수 있다.

3.5.1 규약효율(conventional efficiency)

$$\begin{aligned}\eta &= \frac{\text{출력}}{\text{출력}+\text{손실}} \times 100[\%] \\ &= \frac{V_2 I_2 \cos\theta_2}{V_2 I_2 \cos\theta_2 + I_1^2 r_1 + I_2^2 r_2 + P_0} \times 100[\%] \\ &= \frac{V_2 I_2 \cos\theta_2}{V_2 I_2 \cos\theta_2 + I_1^2 r_{e1} + P_0} \times 100[\%] \\ &= \frac{V_2 I_2 \cos\theta_2}{V_2 I_2 \cos\theta_2 + I_2^2 r_{e2} + P_0} \times 100[\%]\end{aligned} \tag{4.3.20}$$

여기서, V_2 : 2차 단자전압, I_1 : 1차 전류, I_2 : 2차 전류, $\cos\theta_2$: 2차 역률
P_0 : 철손(무부하손), r_1 : 1차 저항, r_2 : 2차 저항
r_{e1} : 1차로 환산한 등가저항, r_{e2} : 2차로 환산한 등가저항
$I_2^2 r_{e2}$: 부하손

3.5.2 최대효율

2차 역률 $\cos\theta_2$가 일정할 때 효율은 I_2의 함수임을 알 수 있다. 그러므로 최대효율을 발생시키기 위해서는 $d\eta/dI_2 = 0$이 성립되어야 한다. 이때의 결과는 $P_0 = I_2^2 r_{e2}$가 되며, 여기에서 무부하손과 부하손이 같을 때 효율이 최대가 되는 것을 알 수 있다.

3.5.3 전일효율

하루 종일 적산 출력과 적산 입력의 비를 전일효율이라고 하며 다음 식과 같이 구한다.

$$\eta_d = \frac{W}{W + P_0 \times 24 + W_L} \times 100[\%] \tag{4.3.21}$$

여기서, W : 하루 종일 출력의 적산[Wh]

P_0 : 무부하손[W], 무부하시의 철손은 부하의 크기에 관계없이 하루 종일 일정

W_L : 하루 종일 부하손의 적산[Wh]

예제 100[kVA], 60[Hz], 1차측 전압이 2,300[V], 2차측 전압이 230[V]인 변압기에서 철손 P_0 =475[W]이고, 직류에 의해서 1차 저항과 2차 저항을 측정한 결과 r_1 =0.338[Ω], r_2 = 0.00325[Ω]이었다. 또한, 단락시험 결과 P_c =1,650[W], I_1 =48[A], V_1 =90[V]이었다고 한다. 다음을 구하여라.

1) 1차에 환산한 등가저항 및 2차에 환산한 등가저항
2) 실효저항과 옴저항의 비
3) 역률이 1인 전부하시의 효율
4) 역률이 1인 반부하시의 효율
5) 역률 0.7인 전부하시의 효율
6) 역률 0.7인 1/4 부하시의 효율
7) 역률이 1일 때 최대효율로 되는 출력 및 그 때의 효율

해설 1) $r_{e1} = \dfrac{P_c}{I_1^2} = \dfrac{1,650}{48^2} = 0.717[\Omega]$

$$r_{e2} = \frac{r_{e1}}{a^2} = 0.717 \times \left(\frac{230}{2300}\right)^2 = 0.00717[\Omega]$$

2) $I_1 = 48[A]$시에 $I_2 = 480[A]$이므로 옴저항에 의한 동손은

$P_c' = I_1^2 r_1 + I_2^2 r_2 = 48^2 \times 0.338 + 480^2 \times 0.00325 = 1,528[W]$

단락시험에서 I_1 =48[A]의 교류에 의해서 측정된 동손은 P_c =1,650[W]이므로 실효저항과 옴저항과의 비는

$$\frac{P_c}{P_c'} = \frac{1,650}{1,528} = 1.08$$

3) 2차의 정격전류는 $I_2 = \dfrac{100,000}{230} = 435[A]$

식 4.3.20에 의해서

$$\eta = \frac{V_2 I_2 \cos\theta_2}{V_2 I_2 \cos\theta_2 + I_2^2 r_{e2} + P_0} = \frac{230 \times 435}{230 \times 435 + 435^2 \times 0.00717 + 475}$$

$$= \frac{100,000}{100,000 + 1,355 + 475} = \frac{100,000}{101,830} = 0.982 = 98.2[\%]$$

4) 이 때에도 철손은 불변이고 부하전류는

$I_2 = 435 \times \frac{1}{2} = 217.5$[A]이므로

$$\eta = \frac{230 \times 217.5}{230 \times 217.5 + 217.5^2 \times 0.00717 + 475} = 0.984 = 98.4[\%]$$

5) 정격전류는 역률에 상관없이 일정이므로 $I_2 = 435$[A]

$$\eta = \frac{230 \times 435 \times 0.7}{230 \times 435 \times 0.7 + 435^2 \times 0.00717 + 475} = 0.975 = 97.5[\%]$$

이 때의 손실은 3)의 경우와 같다는 것을 알아야 한다.

6) 부하전류는 $I_2 = 435 \times 0.25 = 108.8$[A]

$$\eta = \frac{230 \times 108.8 \times 0.7}{230 \times 108.8 \times 0.7 + 108.8^2 \times 0.00717 + 475} = 0.969 = 96.9[\%]$$

7) 효율이 최대로 되는 때는 동손과 철손이 같을 때, 즉 $I_2^2 r_{e2} = P_0$일 때이므로

$I_2^2 \times 0.00717 = 475 \quad \therefore I_2 = 257$[A]

역률이 1이면 이 때의 출력 P는

$P = V_2 I_2 \cos\theta_2 = 230 \times 257 \times 1 = 59{,}110[W] = 59.1[kW]$

이 때의 효율은 다음과 같이 된다.

$$\eta = \frac{59{,}110}{59{,}110 + 475 \times 2} = 0.984 = 98.4[\%]$$

예제 앞 예제의 변압기가 역률이 1인 다음과 같은 부하상태에 있을 때의 전일효율을 구하여라. 125[%]의 과부하가 1시간, 정격부하가 7시간, 반부하가 6시간, 무부하가 10시간이다.

해설 정격 2차 전류 : 435[A]

정격부하시의 동손 : $435^2 \times 0.00717 = 1{,}355$[W]

125[%] 과부하시의 동손 : $1{,}355 \times 1.25^2 = 2{,}120$[W]

반부하시의 동손 : $1{,}355 \times 0.5^2 = 339$[W]

철손 : 475[W]

24시간 동안의 전출력에너지는

$W = (100{,}000 \times 1.25 \times 1) + (100{,}000 \times 7) + (40{,}000 \times 6)$
$= 1{,}125{,}000$[Wh]

전일효율 η은

$$\eta = \frac{1,125,000}{1,125,000+(2,120\times 1)+(1,355\times 7)+(339\times 6)+(475\times 24)}$$

$$= \frac{1,125,000}{1,125,000+25,000} = 0.978 = 97.8[\%]$$

---

4. 변압기의 구조

변압기의 구조는 자속이 통과하는 철심(iron core)과 전류가 흐르는 권선(coil)으로 이루어져 있으며, 그 밖에 철심과 권선을 삽입한 외함(tank), 외함과 권선의 연결선을 절연하는 부싱(bushing) 및 냉각장치(cooling system) 등으로 구성되어 있다. 철심은 철손을 작게 하기 위해 얇은 규소강판을 적층해서 만든다.

변압기는 철심과 권선과의 배치 위치에 따라 내철형, 외철형 및 권철심형으로 분류할 수 있다.

4.1 내철형 변압기

내철형 변압기(core type transformer)는 [그림 4-14]와 같이 권선이 철심의 외측을 감고 있는 변압기를 말한다. 권선의 배치는 저압측 권선을 철심에 가까운 내측에 감고 그 외부에 고압측 권선을 감는다.

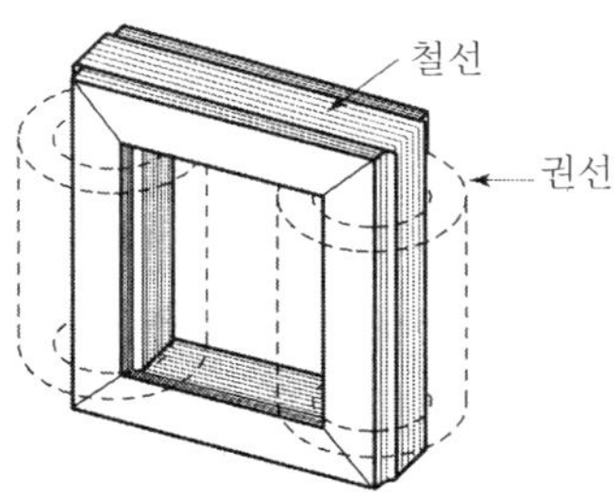

[그림 4-14] 내철형 변압기

내철형 변압기의 장점은 1차 및 2차 권선이 철심을 중심으로 하나의 동심원을 이루고 있기 때문에 단락사고시 대전류에 의해 발생하는 기계력에 대해 강하며 철심의 상부만 제거하면 권선을 쉽게 빼낼 수 있으므로 수리하기가 편리하다. 소용량에서 고압 대용량까지 내철형 변압기가 널리 사용되고 있으며, 특히 양호한 절연상태 유지가 필수적인 시험용 특수변압기는 모두 이 형을 사용한다.

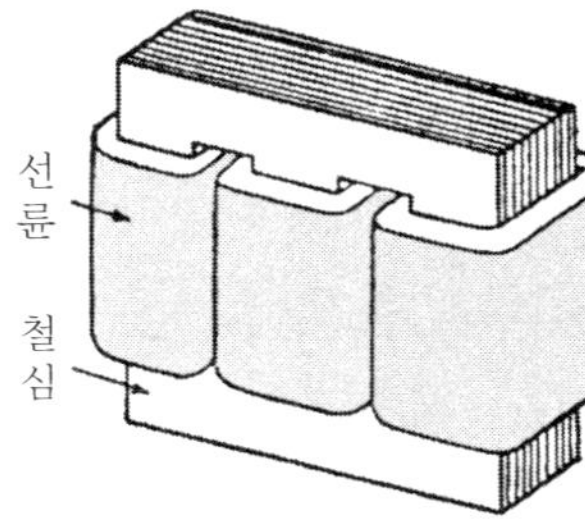

[그림 4-15] 내철형 3상 변압기

[그림 4-15]는 내철형 3상 변압기이다. 3상 변압기에서 3상 교류로 여자된 3개 자속의 합은 영이 되므로 자속의 공급회로는 필요없다. 따라서 3상 회로에 단상변압기 3대를 결합하여 사용하지 않고 3상 변압기를 사용하면 철심이 약 16[%] 절약되고 철손이 감소되므로 효율은 0.15~0.4[%] 상승하며 제작비는 약 25[%] 낮아지는 등의 이점이 있다.

4.2 외철형 변압기

외철형 변압기(shell type transformer)는 내철형 변압기와 반대로 권선이 내측에 있고 철심이 외측에서 권선을 감고 있는 형식의 변압기이다. 권선은 저압측 권선과 고압측 권선을 겹쳐서 감는다. [그림 4-16]은 외철형 변압기이다.

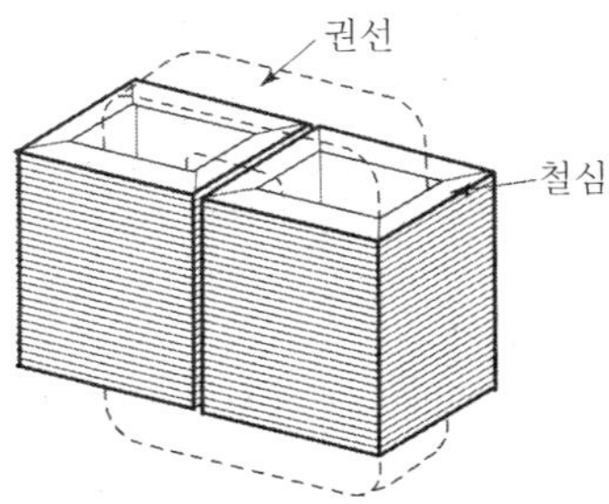

[그림 4-16] 외철형 변압기

외철형 변압기는 전기로, 전기화학용 등 중전압 대전류 변압기 및 250[kV], 10만 [kVA] 이상의 대용량 변압기용으로 제작되고 있다. 외철형 변압기는 구조상 모든 철판을 제거하지 않으면 권선을 빼낼 수 없으므로 수리하는데 불리하다. [그림 4-17]은 외철형 3상 변압기이다.

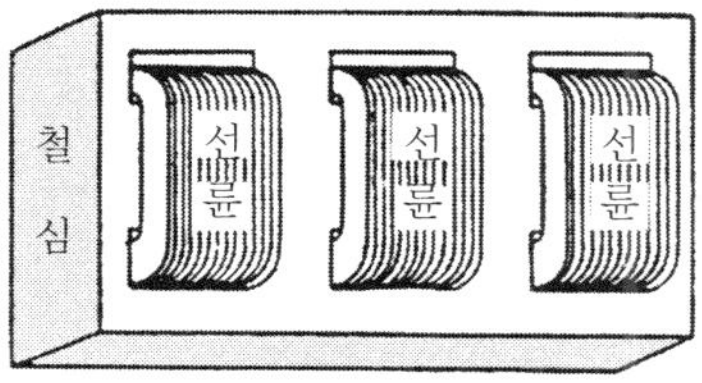

[그림 4-17] 외철형 3상 변압기

4.3 권철심형 변압기

배전용으로 널리 사용되고 있으며, 철심의 구성은 얇은 규소강판을 사용하지 않고 띠 모양으로 매우 기다란 규소띠강을 테이프를 감듯이 하여 필요한 단면적이 될 때까지 성층(成層)하는 것이다. 이것에 1차 및 2차 권선을 감아서 필요한 자속을 만들어 준다. 이와 같이 하면 자속은 규소띠강의 압연 방향으로 흐르게 되고 철심에 이은 곳이 없기 때문에 강판을 포개서 성층하는 방식에 비해 철심에서의 손실이나 무부하 때의 전류도 적어지는 특징이 있다. [그림 4-18]은 권철심형 변압기(wound core transformer)이다.

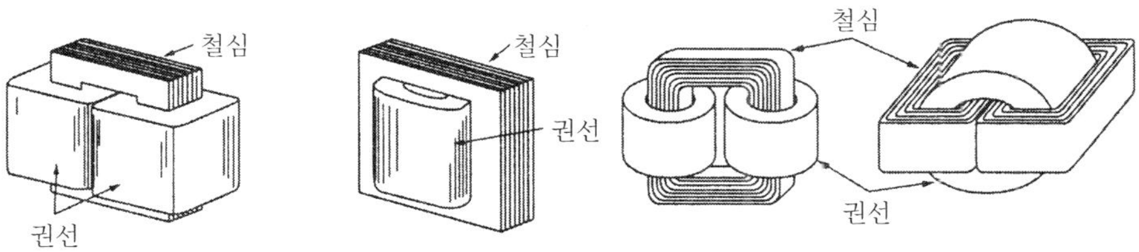

(a) **내철형** (b) **외철형** (c) **권철심형**

[그림 4-18] 권철심형 변압기

4.4 건식 및 습식 변압기

철심과 권선으로 구성된 변압기 본체의 절연 및 냉각 매체가 무엇인가에 따라 건식 및 습식 변압기(dry and wet type transformer)로 나누어진다. 건식은 중용량 이하의 것에 사용되며 절연 재료로서는 에폭시 수지 등이 사용된다. 습식은 소용량에서 대용량까지 사용되며 절연 및 냉각 매체로는 주로 절연유가 사용된다.

4.5 철 심

철심(core) 재료로는 투자율이 높고 손실이 적은 것이 필요하다. 전력용 변압기의 철심 재료로는 규소 함유율이 3~3.5[%]인 규소강판이 사용된다. 그 두께는 0.35[mm] 또는 0.3[mm]가 주로 사용된다. 규소강판의 표면에는 절연을 위해 무기질의 절연 피막이 입혀져 있다.

규소강판을 필요한 폭으로 절단하여 롤 모양으로 감아 필요한 길이로 절단하고 적층하여 철심을 구성하는 것과 규소강판을 감아서 철심으로 하는 것이 있다. 적층하여 구성하는 코너부에서는 [그림 4-19]에서 볼 수 있듯이 테형(edge type) 접합을 함으로써 자속이 지나가는 방향이 규소강판의 압연 방향이 되도록 한다.

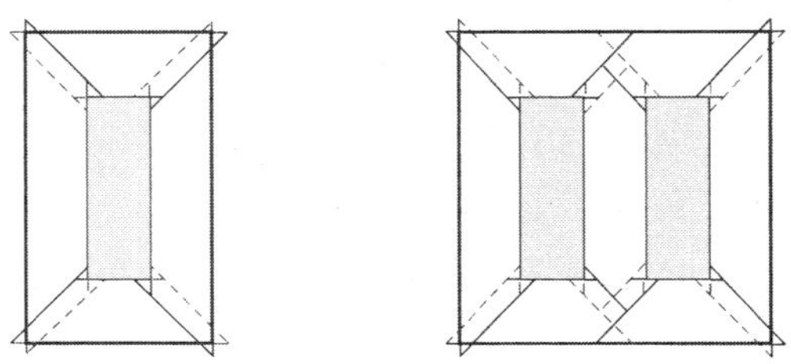

(a) 단층 철심 (b) 내철형 3상 3각 철심

[그림 4-19] 철심접합법

권철심은 [그림 4-20]의 (a)와 같이 이음새가 없는 것, (b), (c)와 같이 코어를 절단한 것, (d), (e)와 같이 1층 또는 여러 층마다 절단된 것 등이 있다.

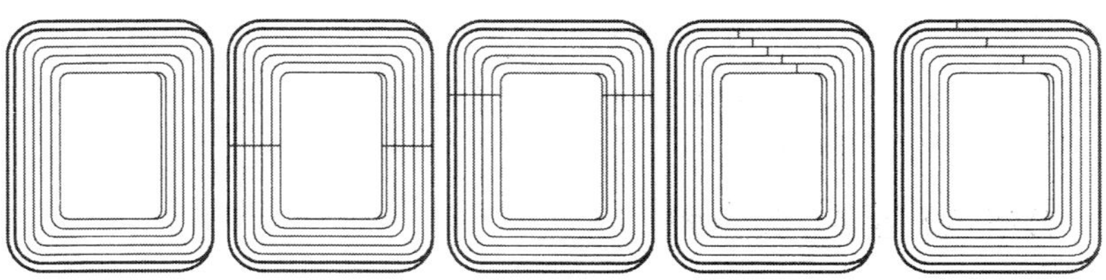

(a) (b) (c) (d) (e)

[그림 4-20] 권철심

3상 변압기에는 [그림 4-19] (b)의 내철형 3상 3각 철심 이외에 대용량의 것으로 [그림 4-21]과 같은 내철형 3상 5각 철심도 사용된다. 5각 철심의 경우 높이를 낮게 할 수 있고 수송시에 유리하지만 3각 철심에 비해 철손이 증가한다.

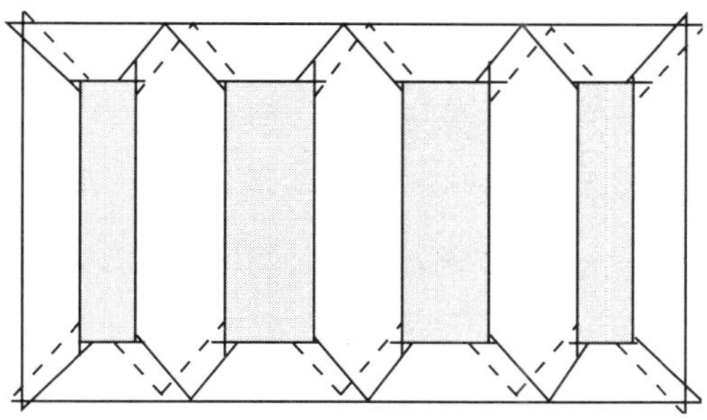

[그림 4-21] 내철형 3상 5각 철심의 접합법

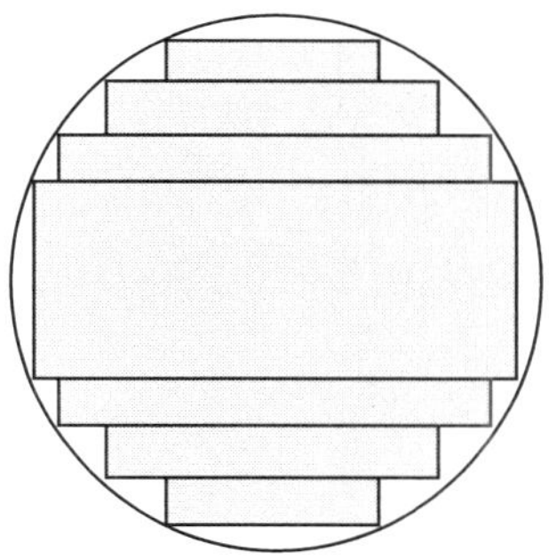

[그림 4-22] 권선이 감기는 다리의 단면

권선이 감기는 다리부는 [그림 4-22]와 같이 폭이 다른 규소강판을 적층하여 단면이 원에 내접한 형상으로 한다. 또한 냉각효과를 높이기 위해 기름 탱크를 적층 방향과 평행 또는 수직방향으로 설치하고 기름이 철심 내부를 통과하도록 한다.

다리부를 연결해 주는 계철의 단면은 높이를 줄이고 조임을 간단히 하기 위해 직사각형으로 하기도 하고 외측을 평평하게 한 반달형 또는 다리와 동일한 형상으로 하는 경우 등이 있다.

적층된 철심은 볼트 또는 테이프를 사용하여 조인다. 볼트 구멍에 의한 철손의 증가를 피하기 위해 근래에는 주로 합성수지를 함침한 유리 테이프를 사용하고 가열 경화시키는 바인드 조임 방식이 사용되고 있다.

4.6 권 선

권선(coil)에는 직권(direct wound)과 형권(former wound)의 두 종류가 있다. 직권은 철심에 절연을 실시하고 그 위에 피복 전선으로 저압 권선, 절연, 고압 권선의 순차로 권선을 행하는 것이다. 이것은 주로 소형 변압기에 사용된다.

중·대형 변압기에는 목제의 형틀 또는 절연통 위에 코일을 감고 거기에 절연을 하여 조립하는 형권이 사용된다. 형권은 철심의 조립과 권선의 제작을 병행할 수 있으므로 제조시간이 단축된다. 다음 그림은 형권의 종류들이다.

4.6.1 원통 코일(cylindrical coil)

[그림 4-23](a)와 같이 평각 동대를 절연통에 밀접하게 솔레노이드 모양으로 감은 것이다. 평각 동대 단면의 긴 변을 축방향으로 한 것을 평권(flatwise winding), 짧은 변을 축방향으로 한 것을 평타권(edgewise winding)이라고 한다. 평타권이 기계적 강도는 강하지만 폭이 넓으므로 와류손이 많아진다. 대전류인 경우는 도체를 몇 개의 병렬로 분할하고 도체 상호간에 적당한 전위(dislocation)를 실시한 전위 케이블이 사용된다.

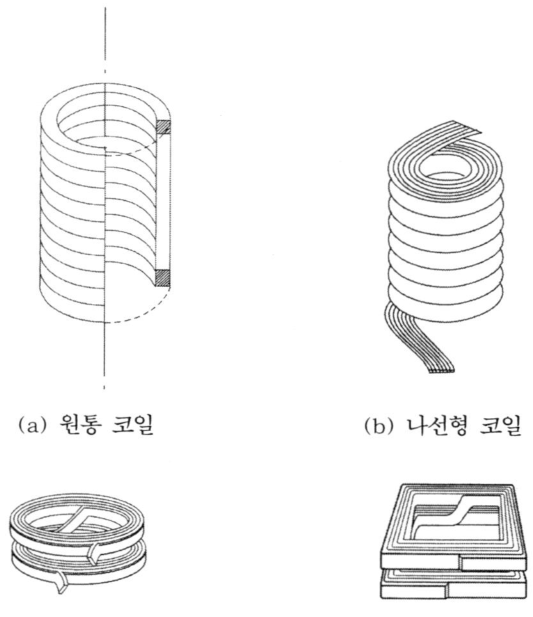

(a) 원통 코일 (b) 나선형 코일

(c) 트윈 코일 (d) 사각형판 코일

[그림 4-23] 형권 권선

4.6.2 나선형 코일(helical coil)

[그림 4-23](b)와 같이 반지름 방향에 다수의 평각 동대를 병렬로 배치했으며 1턴의 폭이 넓고 냉각을 위해 각 턴 사이에 프레스 보드제의 간격편을 끼우고 유도(油道)를 설치했다. 이 권선은 대용량 변압기의 저압 권선에 사용되며 대전류용에 적합하다.

4.6.3 원판 코일(circula disc coil)

이것은 편각 동대를 권틀을 이용하여 평판에 겹쳐 감고 원판 모양으로 마무리한 권선이며 섹션(section)이라 부른다. 이 섹션 2매를 간격편으로 끼워 유도(油道)를 설치하고 내측에 접속한 것을 트윈 코일(twin coil)이라고 하며 [그림 4-23](c)와 같다.

4.6.4 사각형판 코일(square disc coil)

[그림 4-23](d)와 같이 그 형태가 사각형이며 특징은 원판 권선과 같다. 주로 외철형 변압기에 사용된다.

4.7 부싱 및 외함(bushing and tank)

변압기의 본체를 절연유로 가득찬 외함안에 넣고 적당한 위치에서 단자를 외부로 인출한다. 이 인출선이 외함의 벽을 관통하는 부분에 절연을 확보하기 위해서 사용전압에 따라 각종 부싱이 사용된다.

4.7.1 단일 부싱(single bushing)

도체의 주위에 일체의 구조로 된 자기제(磁器製)의 애관(碍管)을 씌운 것이며 23[kV] 이하에 사용된다.

4.7.2 유입 부싱(oil filled bushing)

도체와 애관 사이에 전압에 따라서 여러 개의 절연통을 동심 모양으로 배치하고 절연유를 충전하여 밀봉한 것이며 주로 33[kV] 이하에 사용된다. [그림 4-24]와 같이 애관은 상하로 2등분되어 외함에 고정되고 외함을 관통한다.

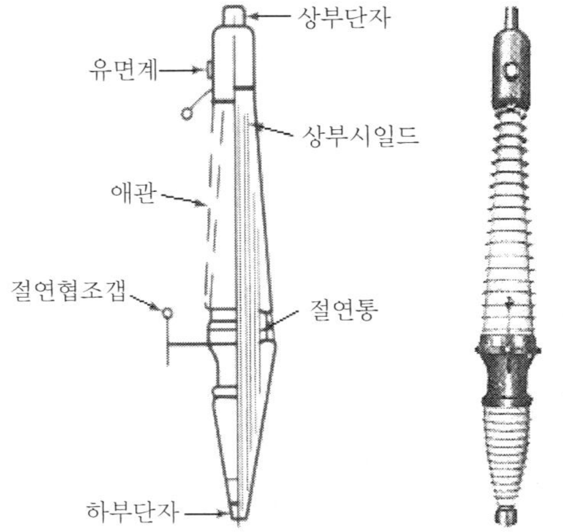

[그림 4-24] 유입 부싱

4.7.3 콘덴서 부싱

[그림 4-25]와 같이 절연물 속에 다수의 도체를 동심원 모양으로 배치하고 절연물과 도체로 직렬 콘덴서를 형성시킨 부싱이다. 도체의 치수, 삽입 위치를 적당히 선택하고 도체간의 정전 용량을 조정함으로써 도체들의 전위를 조정할 수 있다. 보통 도체로는 금속박 또는 절연지에 반도체 도료를 도포한 것이 사용된다. 절연체로는 기름을 함침한 절연지, 레진지 또는 페놀계나 에폭시계의 레진을

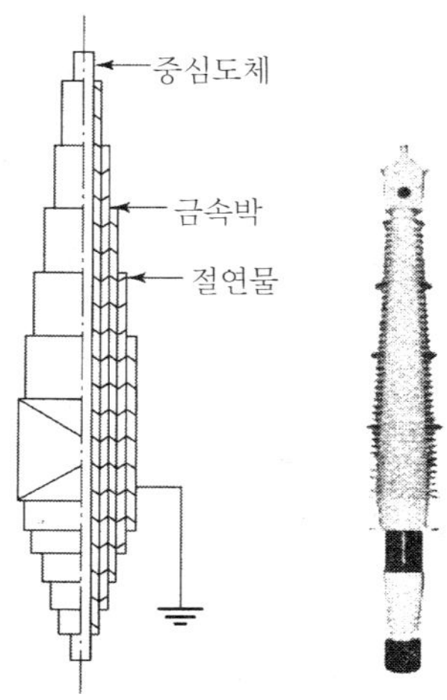

[그림 4-25] 콘덴서 부싱(condenser bushing)

도포한 절연지를 가열 경화시킨 것을 사용한다. 현자는 저전압에서 고전압까지 널리 사용된다.

4.8 콘서베이터

습식 변압기에서는 철심 및 권선의 절연 및 냉각을 위해 외함 내부에 변압기 본체를 삽입하고 거기에 절연유를 채운다. 변압기 운전시 주위온도나 부하의 변동으로 온도가 변화하면 이 절연유가 수축 또는 팽창하게 된다. 이 경우 변압기 외함 내부의 압력이 변동하여 개구부가 있으면 밖의 공기가 내부로 출입한다. 이것을 변압기의 호흡작용이라 한다. 이것에 의해 외함 밖의 공기와 습기가 기름에 흡수되어 절연강도와 냉각작용의 효과가 저하하게 되는 부작용을 초래하게 된다. 이러한 문제를 해결하기 위해 콘서베이터(conservator)라고 하는 기름 팽창실을 외함 상부에 설치하고 양자를 관으로 이었다. 여러 가지 방식이 있으나 가장 많이 사용되는 몇 가지의 예를 [그림 4-26]에서 볼 수 있다.

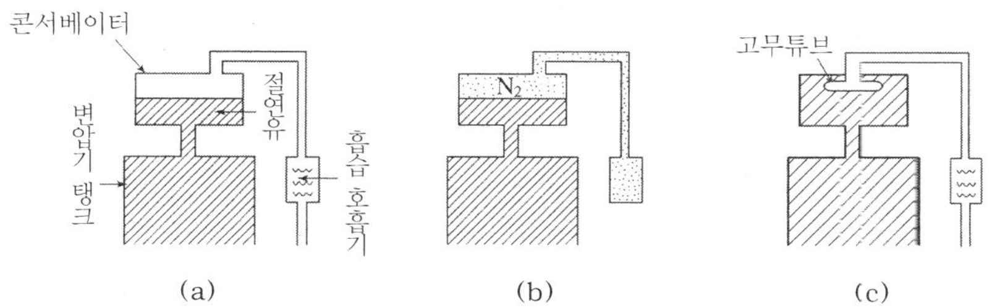

[그림 4-26] 콘서베이터

[그림 4-26](a)는 가장 간단한 구조로 습기의 흡입을 방지하기 위해 실리카겔이나 활성 알루미나 등의 흡습제를 넣은 흡습 호흡기를 설치한 것이며, 그림 (b)는 기름이 직접 공기와 접촉하지 않도록 불활성 가스인 질소를 봉입한 것이다. 또한 그림 (c)는 유면상에 가스실을 설치하지 않고 콘서베이터 내부에 유연한 내유성 고무를 설치하여 기름을 외기와 차단하는 방식이며 보수가 간단하다. 고무 대신에 금속 벨로즈를 사용하는 방식이 널리 사용되고 있다.

5. 냉각방식

변압기의 철심 속에 발생하는 철손과 동선에 발생하는 동손은 모두 열이 되어 변압기의 온도를 상승시킨다. 이러한 온도 상승을 억제하기 위해서 권선 및 철심을 냉각한다.

5.1 건 식

소용량의 건식(dry type) 변압기에서는 자냉식이며 방사와 대류에 의해서 냉각된다. 용량이 커지면 송풍기에 의해 강제 냉각을 행한다. 그 종류에는 건식 자냉식과 건식 풍냉식이 있다.

5.2 유입식

변압기의 외함에 절연유를 넣고 그 속에 철심과 권선을 적셔서 운전하면 손실에 의해서 가열된 기름은 대류하고 외함의 벽을 통해서 열이 방산된다. 이 대류와 방산에만 의해 냉각하는 방식이 유입 자냉식(oil immersed self-cooled type)이며 용량이 클 경우 열방산을 증가시키기 위해 외함에 주름을 잡아서 표면적을 크게 하기도 한다. 또한 외함에 붙은 방열기를 송풍기로 냉각하는 방식이 유입 풍냉식(oil immersed air blast type)이다.

5.3 송유식

송유식(oil forced circulation type)은 온도가 높은 상부로부터 펌프에 의해 기름을 밖으로 배출하여 냉각한 후 하부를 통해 외함에 공급하는 방식이다. 순환하는 기름을 방열기로 자연히 냉각하는 것이 송유 자냉식(oil circulation self cooled type), 방열기를 송풍기로 풍냉시키는 것이 송유 풍냉식(oil circulation air blast type), 방열기를 물로 냉각하는 것이 송유 수냉식(oil circulation water cooled type)이다.

6. 변압기의 결선

교류의 송·배전은 대부분 3상 형태로 행하며 변압기도 3상 변압기 또는 단상 변압기 2~3대를 3상 결선하여 사용한다. 1대의 변압기로 용량이 브족한 경우에는 병렬운전이 행해진다. 변압기의 결선 및 병렬운전을 행할 경우에는 정격 및 특성이 동일한 변압기를 접속하여 사용하는 것이 원칙이다.

6.1 변압기의 극성

변압기의 극성이란 1차 및 2차 권선에 유도되는 기전력의 상대적인 방향을 나타낸다. [그림 4-27](a), (b)와 같이 동일한 방향으로 기전력이 발성하는 변압기를 감극성(subtractive polarity)이라고 한다. 그에 비해 그림 (c), (d)와 같이 1차 및 2차 권선에 발생하는 기전력이 반대방향인 변압기를 가극성(additive polarity)이라고 한다.

우리나라에서는 감극성이 표준으로 되어 있다. 변압기를 단독으로 운전하는 경우에는 극성이 문제가 되지 않지만 단상 변압기의 3상 결선 또는 병렬운전을 행할 때에는 극성에 주의해야 한다.

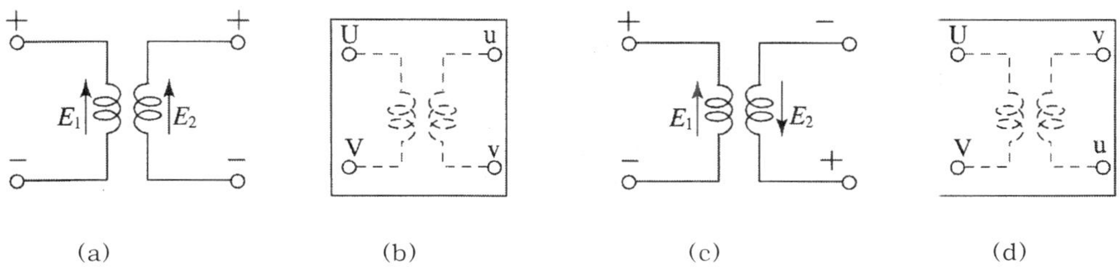

[그림 4-27] 변압기의 극성과 단자기호

6.2 극성의 시험법

6.2.1 직류전압계에 의한 방법(유도법)

1차측에 직류전압계를 접속하고 전지와 전압계의 극성을 [그림 4-28]과 같이 접속한다. 스위치를 닫는 순간에 전압계의 지침이 (+) 방향으로 흔들릴 때는 감극성, (−) 방향으로 흔들릴 때에는 가극성이다.

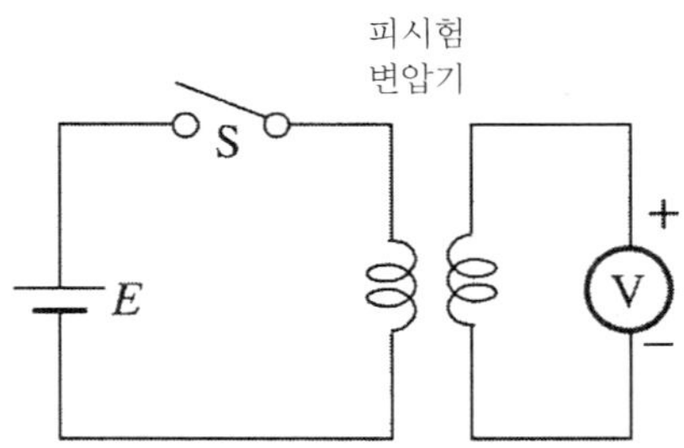

[그림 4-28] 직류전압계에 의한 극성시험

6.2.2 교류전압계에 의한 방법(가감법)

이 방법은 [그림 4-29]와 같이 접속하고 1차측에 낮은 교류전압을 가한다. 이 때 전압계의 지시값을 읽고 $V_1 > V_2$이면 감극성이고, $V_1 < V_2$이면 가극성이다.

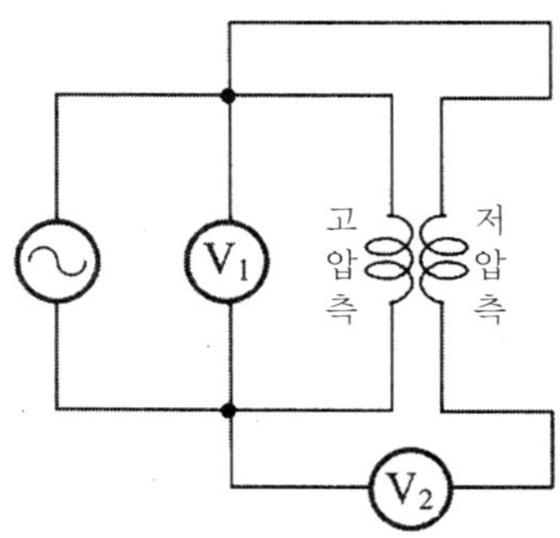

[그림 4-29] 교류전압계에 의한 극성시험

6.2.3 표준 변압기를 사용하는 방법(비교법)

이 방법은 피시험 변압기와 변압비가 가깝고 극성을 이미 알고 있는 표준 변압기가 있는 경우에 [그림 4-30]과 같이 1차측을 병렬 접속하고 2차측을 직렬로 전압계를 접속한다. 이 때 전압계의 지시가 두 변압기의 2차측 전압차인 경우 피시험 변압기와 표준 변압기는 동일 극성, 전압계의 지시가 합으로 나타나면 반대 극성이 된다.

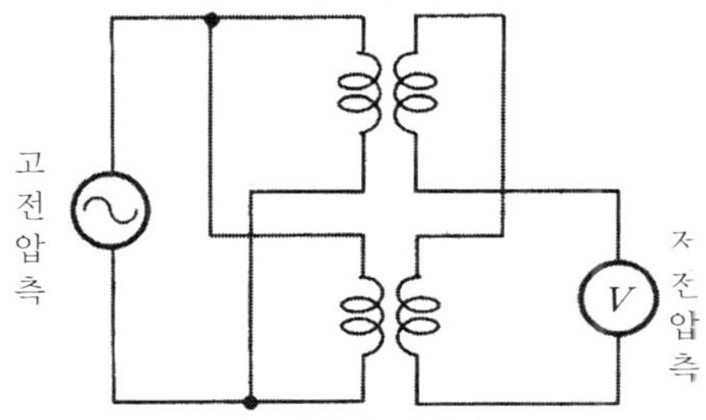

[그림 4-30] 표준 변압기를 사용하는 극성시험

6.3 3상 결선

6.3.1 $Y-Y$ 결선

단상 변압기 3대를 [그림 4-31]과 같이 결선한 것으로 이 결선의 장점은 중성점을 접지할 수 있지만 유도기전력에 제3고조파가 포함되는 것이 단점이다. 이 경우 전압 및 전류의 관계는 [그림 4-32]와 같으며, 상전류와 선전류는 동일하고 상전압과 선간전압의 관계는 다음과 같다.

$$\begin{aligned} V_{uv} &= E_u - E_v \\ V_{vw} &= E_v - E_w \\ V_{wu} &= E_w - E_u \end{aligned} \tag{4.6.1}$$

따라서, 1차 선간전압이 평형이면 상전압도 평형인 3상 전압이 되며, $V_{uv} = \sqrt{3}\,E_u$로서 선간전압은 상전압의 $\sqrt{3}$배이고 위상은 30° 앞선다. 1차 권선과 2차

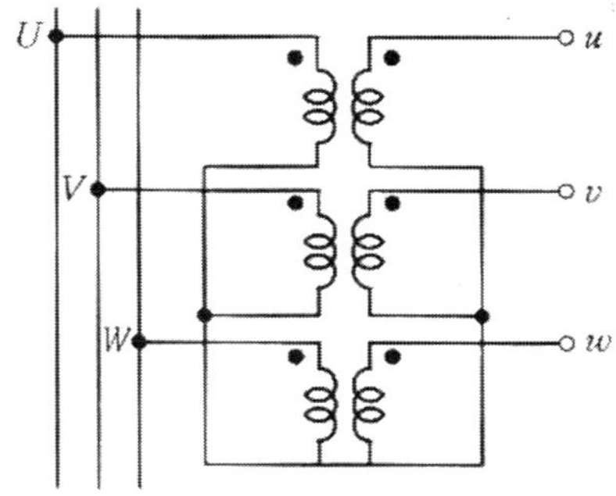

[그림 4-31] $Y-Y$ 결선

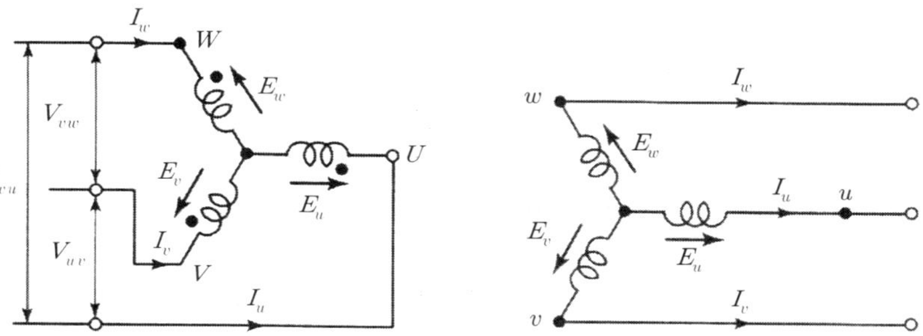

(a) 1차측 (b) 2차측

[그림 4-32] $Y-Y$ 결선시의 전압과 전류

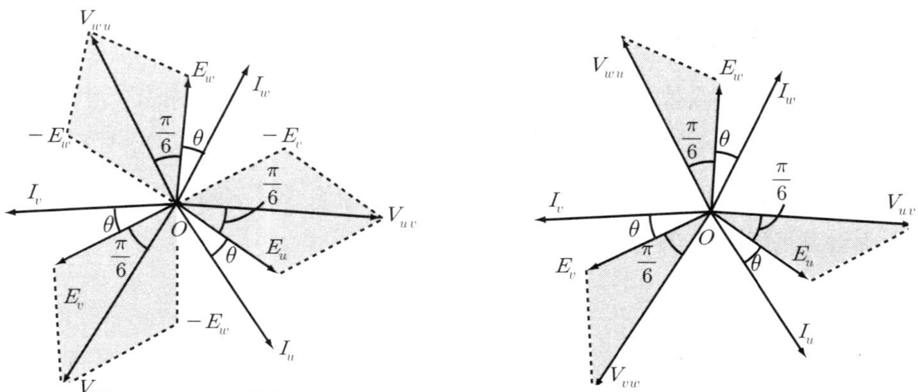

(a) 1차측 (b) 2차측

[그림 4-33] $Y-Y$ 결선시의 전압과 전류의 벡터도

권선의 선간전압은 동위상이며, 또한 상전류와 선전류도 동위상이 된다. 발전기와 변압기 1차측 중성점을 접지하면 제3고조파의 여자전류가 대지를 통해 흐르

므로 기전력은 정현파가 되지만 권선에 제3고조파 전류가 흘러서 권선을 과열시킨다. [그림 4-33]은 1차측 및 2차측의 전압과 전류의 관계를 벡터도로 나타낸 것이다.

6.3.2 △ - △ 결선

권수비가 같은 단상 변압기 3대를 △결선하여 3상 변압을 하는 것으로 이 결선은 제3고조파의 여자전류 통로를 갖고 있기 때문에 기전력의 파형이 정현파로 되는 장점이 있지만 중성점을 접지할 수 없는 단점도 있다. 주로 30[kV] 이하의 배전용에 이용되며 [그림 4-34]와 같다.

각 상과 선간의 전압과 전류는 [그림 4-35]와 같으며, 벡터도로 나타낸 것이 [그림 4-36]이다. 또한, 상전압과 선간전압의 관계 및 상전류와 선전류의 관계는 다음과 같다.

$$\begin{aligned} E_u &= V_{uv} \\ E_v &= V_{vw} \\ E_w &= V_{wu} \end{aligned} \tag{4.6.2}$$

$$\begin{aligned} I_u &= I_a - I_c \\ I_v &= I_b - I_a \\ I_w &= I_c - I_b \end{aligned} \tag{4.6.3}$$

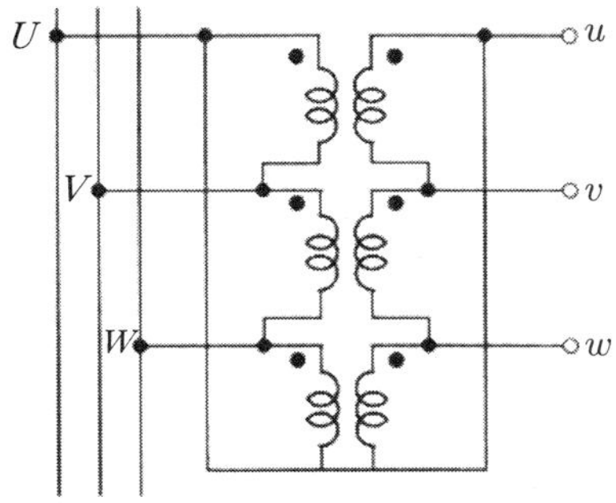

[그림 4-34] △ - △ 결선

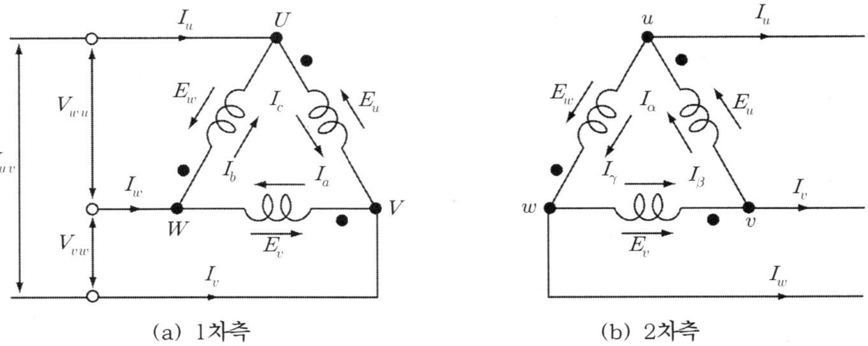

[그림 4-35] $\Delta - \Delta$ 결선시의 전압과 전류

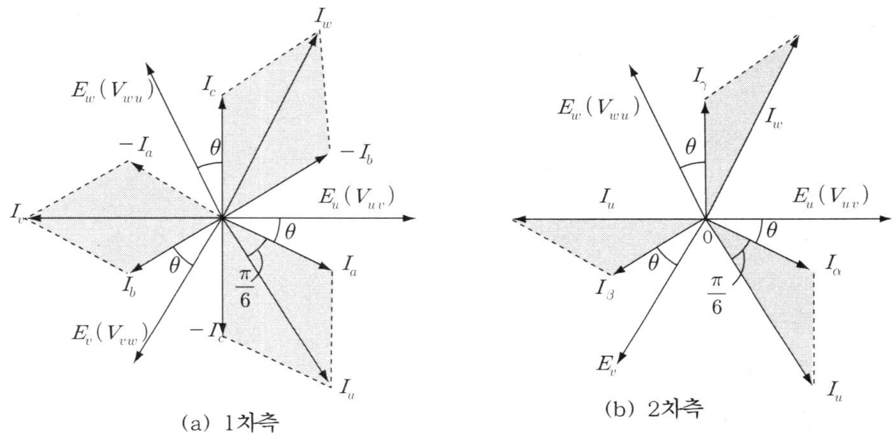

[그림 4-36] $\Delta - \Delta$ 결선시의 전압과 전류의 벡터도

상전압과 선간전압의 크기가 같으며, 선전류 $I_u = \sqrt{3}\,I_a$로서 상전류의 $\sqrt{3}$ 배이고 위상은 30° 뒤진다. 상전류 I_a, I_b, I_c는 상전압 E_u, E_v, E_w보다는 역률 θ만큼 뒤지고 선전류 I_u, I_v, I_w는 평형 3상 전류가 된다. 상전압과 선간전압은 동위상이다.

6.3.3 $\Delta - Y$, $Y - \Delta$ 결선

이 결선은 중성점을 접지할 수 있으므로 제3고조파 전압이 나타나지 않는 장점이 있다. 일반적으로 송전단 변전소에는 $\Delta - Y$ 결선을 사용하고 송전선의 수전단 변전소에 $Y - \Delta$ 결선을 사용한다. 결점은 1차와 2차 선간전압 사이에 30°

위상차가 있는 것이다. [그림 4-37]은 $\Delta - Y$ 결선의 전압과 전류를 나타내며 [그림 4-38]은 벡터도이다. 이 방식은 2차측의 선간전압을 높일 수 있고, 중성점을 접지할 수 있는 장점이 있다.

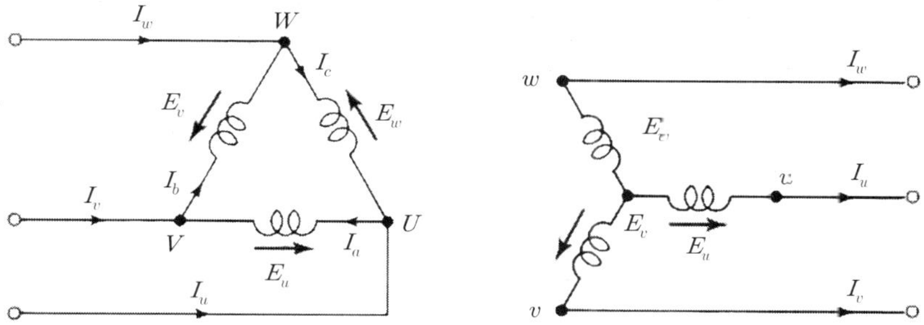

(a) 1차측 (b) 2차측

[그림 4-37] $\Delta - Y$ 결선의 전압과 전류

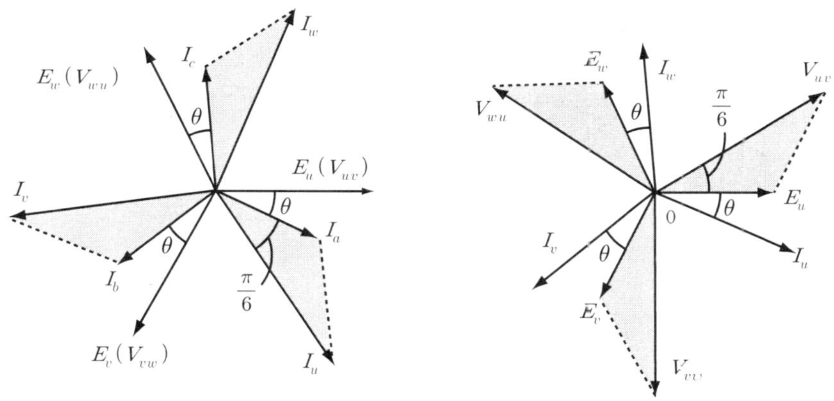

(a) 1차측 (b) 2차측

[그림 4-38] $\Delta - Y$ 결선의 전압과 전류의 벡터도

[그림 4-39]는 $Y - \Delta$ 결선의 전압과 전류를 관계를 나타나며 [그림 4-40]은 벡터도이다. 1차측 기전력에는 제3고조파가 포함되지만 2차측이 Δ 결선이므로 각 상의 제3고조파 기전력이 서로 합쳐져서 Δ 회로 안에는 제3고조파의 전류가 흐르나, 이 전류에 의한 기자력을 상쇄해 주는 1차 전류가 흐를 수 없어서 2차측의 제3고조파 전류가 여자전류의 역할을 하여 기전력은 거의 정현파에 가까워진다.

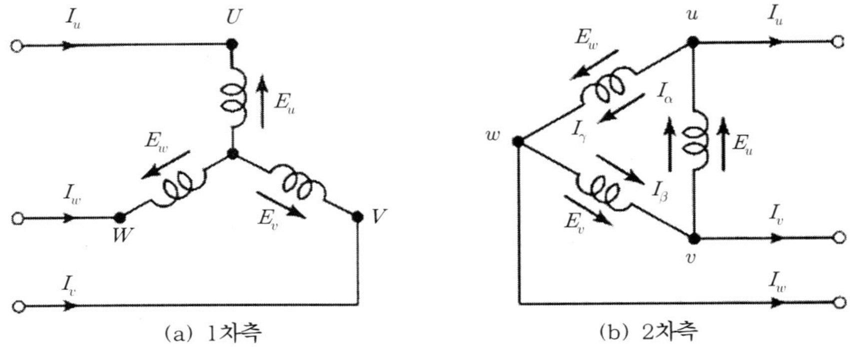

[그림 4-39] $Y-\triangle$ 결선의 전압과 전류

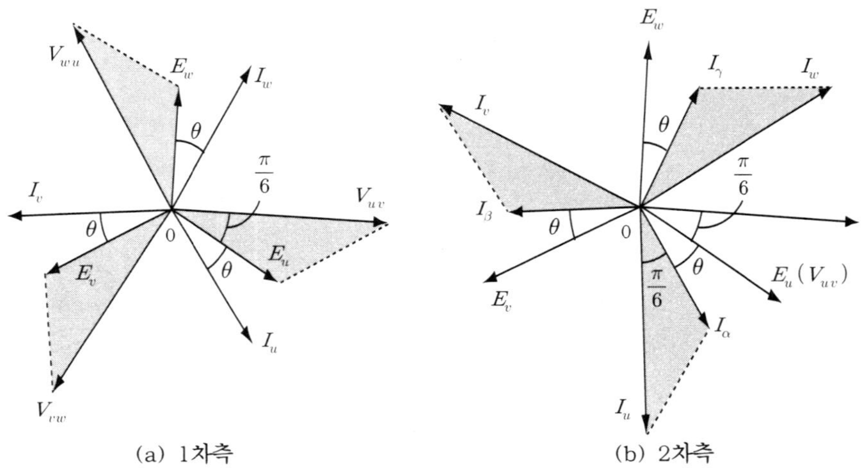

[그림 4-40] $Y-\triangle$ 결선의 전압과 전류의 벡터도

6.3.4 $V-V$ 결선

이 결선 방법은 단상 변압기 2대로 3상을 변성하므로 변압기의 이용률이 감소한다. 이 결선은 $\triangle-\triangle$ 결선에서 한 상을 제거한 것이다.

V 결선에 있어서 선간전압을 V_2, 선전류를 I라 하면 부하용량은 $\sqrt{3}\,V_2 I$가 된다. 이 경우 I는 변압기 전류이므로 변압기의 용량은 $2V_2I$이다. [그림 4-41]은 $V-V$ 결선시의 전압과 전류의 관계를 나타낸 것이며 [그림 4-42]는 벡터도이다.

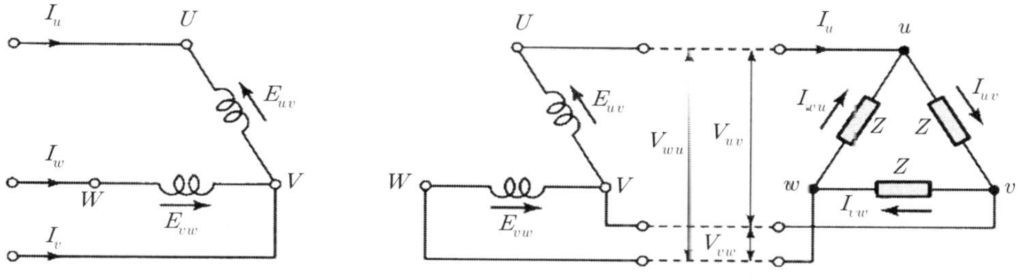

(a) 1차측 (b) 2차측

[그림 4-41] $V-V$ 결선의 전압과 전류

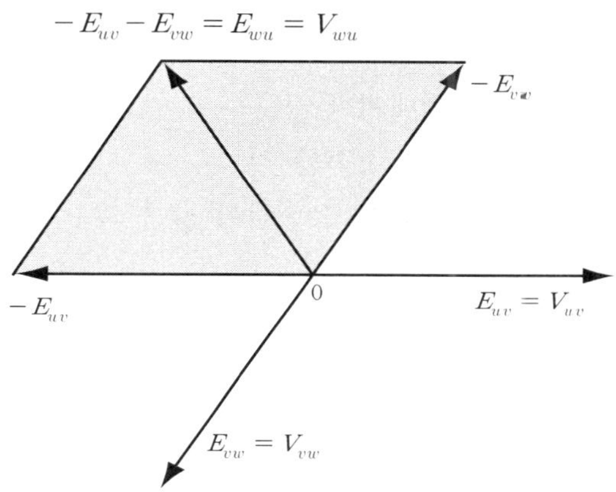

[그림 4-42] $V-V$ 결선의 전압과 전류의 벡터도

변압기의 이용률은 다음 식과 같다.

$$\text{이용률}=\frac{\text{부하용량}}{\text{변압기용량}}=\frac{\sqrt{3}\,V_2 I}{2V_2 I}=\frac{\sqrt{3}}{2}=86.6[\%] \tag{4.6.4}$$

한편 출력비는 역률각을 θ라면 변압기 3대를 사용한 Δ 결선의 경우 $3V_2 I\cos\theta$이고, 변압기 2대를 결선한 V결선의 출력비는 다음 식과 같다.

$$\text{출력비}=\frac{V\text{결선}}{\Delta\text{결선}}=\frac{\sqrt{3}\,V_2 I\cos\theta}{3V_2 I\cos\theta}=\frac{\sqrt{3}}{3}=57.7[\%] \tag{4.6.5}$$

3.6.5 변압기의 병렬운전 조건

부하변동이 클 경우 복수의 변압기를 준비하고 부하에 따라 단독으로 운전하거나 병렬운전을 함으로써 운전 효율을 높일 수 있다. 또한 부하가 증대되어 새롭게 변압기를 증설할 경우에도 이미 설치되어 있는 변압기와 병렬운전을 행할 수 있다. 이상적인 병렬운전을 행하기 위해서는 다음 상태가 만족되어야 한다.

① 각 변압기의 부하전류가 용량에 비례한다.
② 각 변압기의 부하전류 대수합이 전체 부하전류와 같다.
③ 각 변압기간에 순환전류가 흐르지 않는다.

이 상태를 만족하기 위해 각 변압기는 다음 조건이 필요하다.

① 각 변압기의 1차 및 2차 정격전압이 각각 같다.
② 백분율 저항강하 및 백분율 리액턴스 강하가 같다.
③ 정격용량의 비가 1 : 3 이내이다.
④ 변압기의 극성을 고려하여 접속할 것
⑤ 3상 변압기의 경우 각 변위와 상회전이 같을 것

7. 변압기의 종류

7.1 3상 변압기

3상 전력의 변환을 위해 단상 변압기를 3상 결선하는 대신에 3상의 권선을 가지는 3상 변압기(three-phase transformer)도 많이 사용되고 있다. [그림 4-43]에 여러 가지 3상 변압기를 보여주고 있다.

3상 변압기와 동일 용량의 단상 변압기 3대를 3상 결선한 변압기를 비교하면 다음과 같은 차이가 있다.

① 자재가 적게 소모되며 중량이 감소하고 가격이 낮아진다.
② 철손이 적어지므로 효율이 향상된다.
③ 설치를 위한 공간확보가 용이하다.
④ 2상이 고장나면 변압기 자체가 사용 불능이 된다.

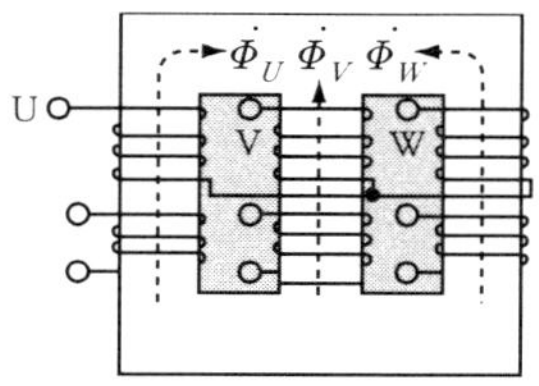

(a) 내철형 3상 3각 변압기

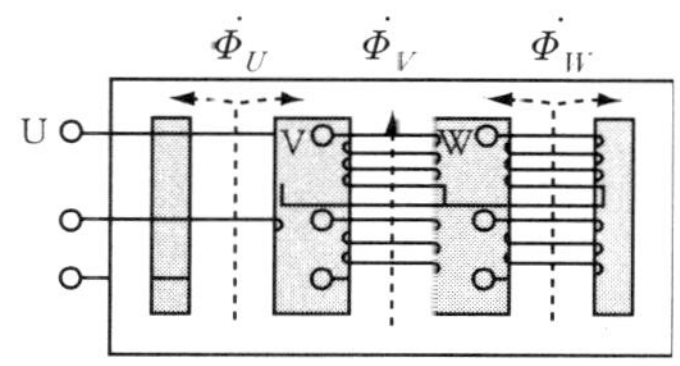

(b) 내철형 3상 5각 변압기

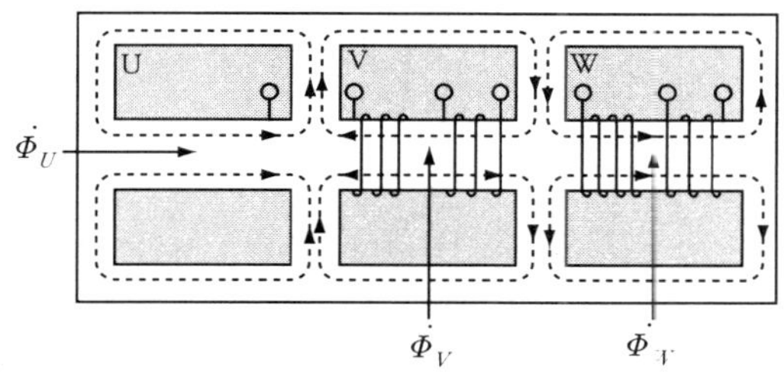

(c) 외철형 3상 변압기

[그림 4-43] 3상 변압기

7.2 단권변압기

7.2.1 단권변압기의 원리

단권변압기(auto-transformer)는 [그림 4-44]와 같이 1차 및 2차 권선이 절연되어 있지 않고 권선의 일부를 공동으로 가지는 변압기이다. 그림에서 ab부분의 권선을 직렬권선(series winding), bc부분의 권선을 분로권선(shunt winding)이라 하고 ac사이의 권선수를 N_1, bc사이의 권선수를 N_2라 하면 1차에 전압 V_1을 공급했을 때 ac, bc사이에 유기되는 기전력을 각각 E_1, E_2 2차 단자전압을 V_2라 하고 권선의 저항, 누설리액턴스 및 여자전류를 무시하면 다음 식이 성립한다.

$$\frac{V_1}{V_2} = \frac{E_1}{E_2} = \frac{N_1}{N_2} = a \tag{4.7.1}$$

또한, 부하전류를 I_2라 하면 ab부분의 전류 I_1에 의한 기자력과 bc부분의 전류 $I_3(= I_1 - I_2)$에 의한 기자력의 벡터합은 0이므로 다음과 같은 관계가 성립한다.

$$(N_1 - N_2)I_1 + N_2(I_1 - I_2) = 0$$

$$\therefore\ I_1 = \frac{N_2}{N_1} I_2 = \frac{1}{a} I_2 \tag{4.7.2}$$

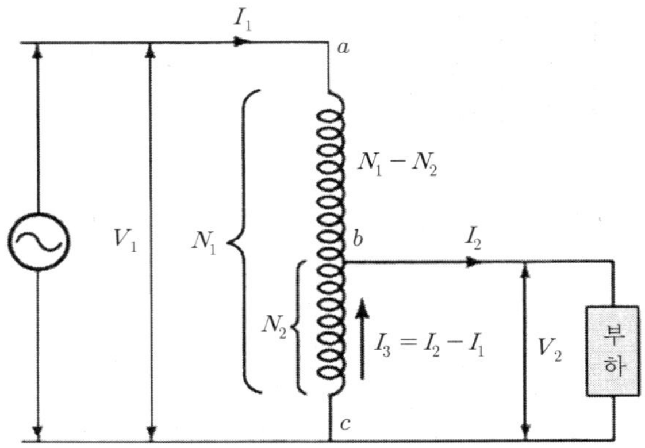

[그림 4-44] 단권 변압기(감압기)

7.2.2 자기용량과 부하용량

2차 피상전력인 부하용량 P_2는 다음 식과 같다.

$$P_2 = V_2 I_2 = V_2(I_2 - I_1) + V_2 I_1 \tag{4.7.3}$$

위 식의 부하용량 P_2는 두 부분으로 나눌 수 있는데, 한 부분은 bc를 통하여 부하에 전달되는 $V_2(I_2 - I_1)$로서 변압기 작용인 유도전달이며 단권변압기의 자기용량이고 다른 부분은 ab를 통하여 부하에 전달되는 $V_2 I_1$으로서 변압기 작용이 아닌 전도전달이며 이것 때문에 자기용량보다 더 큰 부하를 사용할 수 있다. 따라서 다음과 같은 관계가 성립한다.

$$\frac{\text{자기용량}}{\text{부하용량}} = \frac{V_2(I_2 - I_1)}{V_2 I_2} = \frac{I_2 - I_1}{I_2} = 1 - \frac{I_1}{I_2} = 1 - \frac{V_2}{V_1} \tag{4.7.4}$$

[그림 4-44]는 강압단권변압기(set-down auto transformer)를 표시한 것으로 $a > 1$이지만 1차와 2차를 버꾸면 $a < 1$ 되는 변압기로 승압단권변압기(set-up auto transformer)라 할 수 있고 부하용량 P_2는 다음 식과 같다.

$$P_2 = V_2 I_2 = (V_2 - V_1) I_2 + V_1 I_2 \tag{4.7.5}$$

또한, 다음과 같은 관계가 성립한다.

$$\frac{\text{자기용량}}{\text{부하용량}} = \frac{(V_2 - V_1)I_2}{V_2 I_2} = 1 - \frac{V_1}{V_2} \tag{4.7.6}$$

따라서 강압단권변압기와 승압단권변압기 모두 다음 식과 같다.

$$\frac{\text{자기용량}}{\text{부하용량}} = 1 - \frac{V_L}{V_H} \tag{4.7.7}$$

여기서, V_H는 고압, V_L은 저압이다.

7.2.3 단권변압기의 용도

① 배전선로의 승압기

② 동기전동기나 유도전동기를 기동할 때 공급전압을 낮추어 기동전류를 제한하기 위한 기동보상기

③ 형광등용 승압변압기

7.3 누설변압기

일반적인 전력용 변압기는 누설자속, 즉 누설리액턴스를 감소시킴으로써 전압변동률을 향상시키지만, [그림 4-45]와 같이 누설자속이 통할 수 있는 자기분로를 만들어 특별히 누설자속을 증가시킨 변압기를 누설변압기라고 한다. 누설변압기는 2차 전류가 증가하려고 하면 1차 및 2차측의 누설자속 Φ_1, Φ_2가 증가하여 2차 기전력이 감소할 뿐만 아니라 1차 및 2차측의 리액턴스 강하가 급격히 증가하므로 V_2가 급감해서 2차 전류를 일정하게 유지하려고 한다. 누설변압기는 이와 같이 정전류특성을 가지고 있으므로 정전류변압기라고도 한다.

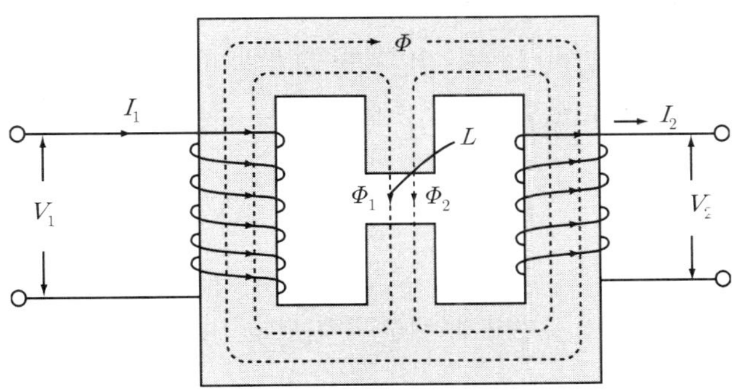

[그림 4-45] 누설변압기

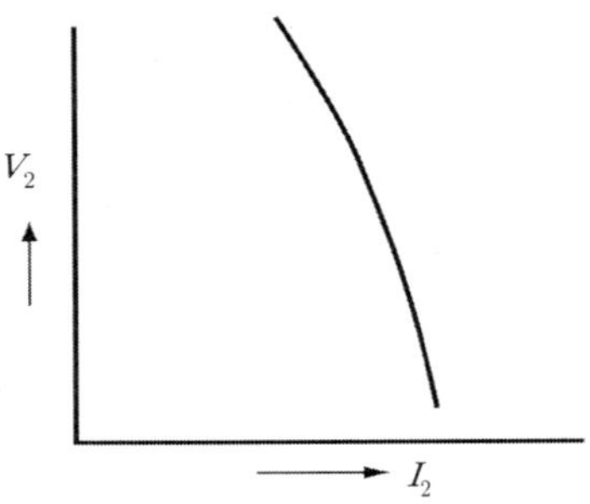

[그림 4-46] 누설변압기의 2차 전류와 2차 단자전압의 특성곡선

[그림 4-46]은 누설변압기의 2차 전류와 2차 단자전압의 관계를 표시한 것이다. 이 그림에서 알 수 있듯이 2차 전류가 증가하면 2차 단자전압은 상당히 저하하는 특성이 있으므로 2차 전류를 일정하게 유지할 수 있다. 누설변압기는 그 특성상 고전압으로 기동하고 부하시에는 저전압, 정전류를 필요로 하는 것에 적합하며 네온관등용 변압기, 전기용접용 변압기에 사용된다.

7.4 계기용 변성기

고압회로의 전압, 전류 또는 저압회로의 큰 전류를 측정할 경우나 계전기 등을 사용할 때는 취급에 대한 안전을 위하여 계기용 변성기를 사용하는데 그 종류는 계기용 변압기(potential transformer)와 변류기(current transformer)가 있다.

7.4.1 계기용 변압기

계기용 변압기(P.T)는 1차측을 측정하고자 하는 회로에, 2차측을 전압계 또는 전력계의 권선에 접속한다. 전압비를 권수비에 접근시키려면 철손이 적은 양질의 철심을 사용하여 여자전류를 줄이고 1차 권선과 2차 권선의 임피던스 강하를 적게 한다.

여자전류와 누설 임피던스의 전압강하를 무시하고 계기용 변압기의 1차와 2차의 전압 및 권수를 각각 V_1, V_2, N_1, N_2 이라고 하면 다음과 같은 관계가 성립한다.

$$V_1 \fallingdotseq \frac{N_1}{N_2} V_2 = a V_2 \qquad (4.7.8)$$

위 식은 여러 가지 사항을 무시한 것이므로 변압비는 a에 보정계수를 곱한 값이다.

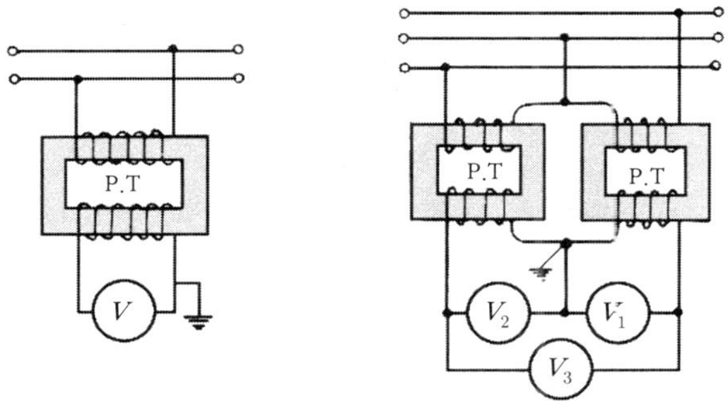

[그림 4-47] 계기용 변압기의 접속도

[그림 4-47]은 계기용 변압기의 결선방식이고 사용중에는 절대로 2차측을 단락해서는 안 된다. 이것은 전력용 변압기와 마찬가지로 커다란 단락전류가 흘러서 권선을 소손하기 때문이다.

계기용 변압기는 비교적 저전압에서는 컴파운드(compound) 함침의 건식 또는 합성수지로 싼 몰드형을 사용하고 고전압에서는 유입 자냉식을 사용한다.

7.4.2 변류기

변류기(C.T)는 1차 권선을 측정하려는 회로에 직렬로 접속하고, 2차 권선에는 전류계, 계전기 또는 전력계의 전류 권선을 접속한다.

여자전류와 누설임피던스 전압강하를 무시하고 변류기의 1차와 2차의 전류 및 권수를 각각 I_1, I_2, N_1, N_2라고 하면 다음과 같은 관계가 있다.

$$I_1 \fallingdotseq \frac{N_2}{N_1} I_2 = \frac{1}{a} I_2 \tag{4.7.9}$$

마찬가지로 위 식은 여러 가지 사항을 무시한 것이므로 변류비는 $\frac{1}{a}$에 보정계수를 곱한 것이다.

변류기는 1차 권선의 구조에 따라 권선형과 봉형으로 나누며 권선형은 대개 1000[A] 이하에 사용한다. 봉형은 1차 권선이 1개의 도체로 되어 있으며 대전류일 때 사용한다.

저압용은 건식 또는 몰드형, 고압용은 유입식으로 옥내외 공용이며 강판 유조를 사용하는 것과 애자 유조를 사용하는 것이 있다.

변류기를 사용하고 있을 때 계전기나 전류계가 고장이 나서 변류기의 2차 회로를 열 필요가 있을 경우는 우선 2차 회로를 단락해 놓은 다음에 회로를 열어야 한다. 즉, 사용중인 변류기의 2차를 절대로 무부하로 만들면 안되는 이유는 다음과 같다.

변류기의 2차 회로를 열면 I_2는 흐르지 못하여 1차 부하전류는 $I_1{}' = I_2/a = 0$ 이 되지만 1차 전류는 $I_1 = I_0 + I_1{}' = I_0$으로 계속 흐르고 있는 상태이므로 1차 전류가 전부 여자전류로 되어 2차 권선에는 매우 높은 전압이 발생되며 절연이 파괴되고 소손될 염려가 있다.

[그림 4-48]은 변류기의 접속도로 (a)는 단상 회로의 변류기 접속도, (b)는 3상 회로에서 변류기 3대를 Y로 결선한 접속도를 나타낸다.

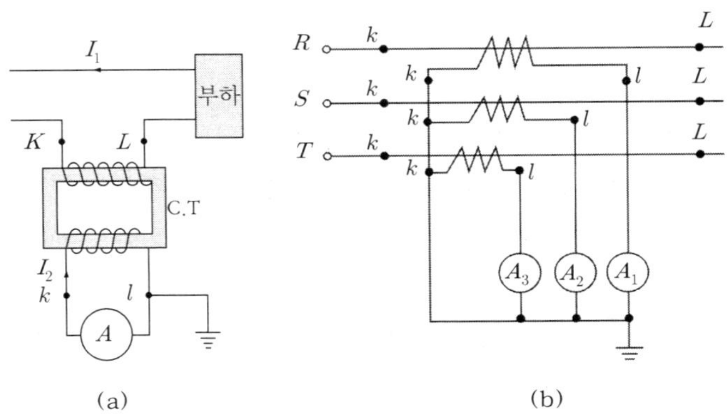

[그림 4-48] 변류기의 접속도

연습문제

1. 1차 권선수 400, 2차 권선수 800이며 철심의 횡단 면적이 40[cm^2]인 단상 변압기가 있다. 1차측에 60[Hz], 600[V]를 공급한다던 철심의 최대자속밀도 및 2차 유도전압은 얼마인가? 단, 임피던스 전압강하는 무시한다.

2. 20[kVA], 1200/120[V] 단상 변압기가 있다. 이 변압기가 역률 0.8인 부하에 12[kW]의 전력을 이송하고 있다면 1차 및 2차 전류는 얼마인가? 단, 여자전류는 무시한다.

3. 단상 변압기의 1차 및 2차 권선수가 180, 45이고 저항이 0.242[Ω]과 0.076[Ω]이다. 1차측 및 2차측으로 환산한 등가저항은 얼마인가?

4. 60[Hz]용 단상 변압기의 권수비는 8이다. 1차 및 2차측 저항은 0.9[Ω], 0.05[Ω]이고 리액턴스는 5[Ω], 0.14[Ω]이다. 단락시 2차 권선에 전부하전류인 180[A]가 흐르게 하기 위해 1차측에 인가해야 할 전압 및 이 상태의 경우 역률을 구하여라.

5. 1차측 권수가 150인 변압기의 2차측에 접속한 16[Ω]의 저항은 1차측으로 환산했을 때 400[Ω]이 되었다고 한다. 2차측 권수를 구하여라.

6. 5[kVA], 3000/200[V] 변압기의 단락시험에서 임피던스전압이 120[V], 동손 150[W]라 하면 백분율 저항은 얼마인가?

7. 2000/100[V], 10[kVA] 변압기의 1차 환산 등가임피던스가 $r_{e1} = 6.2$[Ω], $x_{e1} =$ 7[Ω]이라면 백분율 임피던스는 얼마인가?

8. 10[kVA], 2400/240[V] 변압기에 단락시험을 한 결과 $V_{sc} = 138$[V], $P_{sc} = 202$ [W], $I_{sc} = 4.17$[A]와 같은 값을 얻었다.
다음 값을 1차측으로 환산하여 구하여라.

1) r_{e1}, Z_{e1}, x_{e1} 2) 지상역률 0.866으로 전부하시 전압변동률

9. 전부하 2차 전압이 105[V], 전압변동률이 2[%]인 단상 변압기의 1차 단자전압은 약 몇 [V]인가? 단, 변압비는 30 : 1이다.

10. 50[kVA], 2400/240[V] 변압기가 전부하시 철손과 동손이 각각 680[W], 760[W]였다. 역률이 1인 경우 다음을 구하여라.
1) 전부하효율 2) 1/2부하효율 3) 효율이 최대일 경우의 부하

11. 24[kVA], 2400/120[V] 단상 변압기의 철손이 400[W]이고 전부하시 동손이 900[W]이다. 이 변압기가 지상역률 0.8로 80[A]의 전류를 부하에 공급할 때 효율을 구하여라.

12. △결선 변압기의 한 대가 고장으로 제거되어 V결선으로 공급할 때 공급할 수 있는 전력은 고장 전 전력에 대하여 몇 [%]인가?

13. 30[kW]의 3상 유도전동기에 전력을 공급할 때 2대의 단상 변압기를 사용하는 경우의 변압기의 표준용량은? 단, 전동기의 역률과 효율은 각각 84[%]와 86[%]라 한다.

14. 단상 변압기 3대를 연결하여 $\Delta - Y$, 12600/460[V] 3상 강압변압기를 만들어 부하에 지상역률 0.85로 55[kVA]의 전력을 공급하고 있다. 다음을 구하여라.
1) 변압비 2) 변압기 대당 [kVA] 및 [kW] 부하
3) 부하전류 4) 변압기 권선에 흐르는 전류

15. 200[V]의 배선전압을 220[V]로 승압하여 30[kVA]의 부하에 전력을 공급하는 단권변압기가 있다. 이 단권변압기의 자기용량 [kVA]은 얼마인가?

16. 20 : 5 CT(Current Tranformer)가 5[A]범위의 전류계에 4.45[A]의 값을 지시하고 있다. 실제 선전류는 얼마인가?

제5장

유도전동기

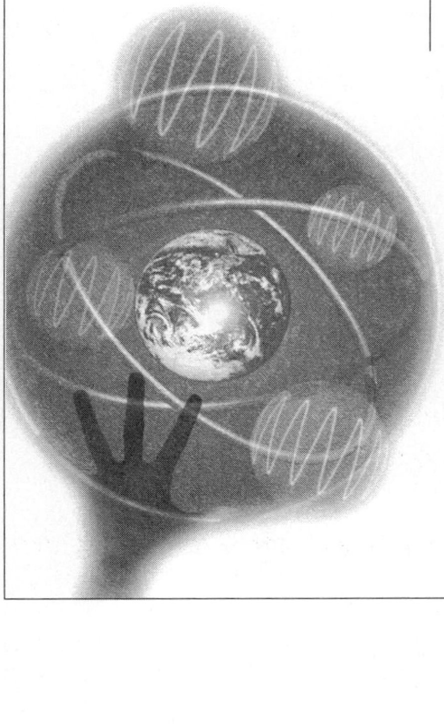

1. 유도전동기의 원리와 구조

1.1 유도전동기의 기본원리

유도전동기는 구조가 간단하고 튼튼하며, 가격이 싸고, 취급이 용이하며 운전이 쉽기 때문에 널리 사용되고 있다. 유도전동기의 기본원리는 1824년에 D.F.Argo에 의한 아라고 원판 실험에서 비롯되었다. 직선 도체를 균일한 자장 내에서 자속의 방향과 직각으로 이동시키면 직선 도체에는 기전력이 유도된다. 이 기전력은 플레밍의 오른손법칙이 가리키는 방향으로 발생한다.

또한 균일한 자장 내의 U자형 도체에 직류 전원을 접속하고 직선 도체가 자유롭게 이동하도록 한다. 이 경우 U자형 도체에 전류가 흐름으로써 직선 도체에는 플레밍의 왼손법칙에 의한 힘이 작용한다. 유도전동기는 이 두 가지 현상을 응용한 장치이며 [그림 5-1]은 유도전동기의 유래가 된 아라고의 원판 실험을 나타내고 있다.

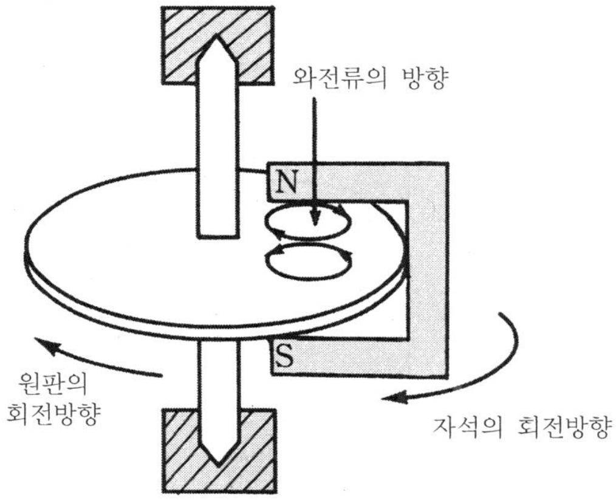

[그림 5-1] 아라고의 원판

자속밀도 B[T]인 자계내를 길이 l[m]인 도체가 자계와 직각방향으로 v[m/sec]의 속도로 운동하면 그 도체에는 기전력이 플레밍의 오른손법칙에 의해 유도되는데 이것이 발전기의 기본원리이다.

$$e = Blv[\mathrm{V}] \tag{5.1.1}$$

또한, B[T]인 자계내에 있는 길이 l[m]인 도체에 i[A]의 전류가 흐르면 이 도체에는 플레밍의 왼손법칙에 의한 방향으로 힘이 작용하는데 이것을 이용한 것이 전동기이다.

$$F = Bli[\mathrm{N}] \tag{5.1.2}$$

하지만 발전기나 전동기에 있어서 이 두 작용은 공존하는 것이다. 예를 들면 발전기의 경우 자계내를 운동하는 각 도체에 위에서 언급한 기전력 e가 유도되고 회로가 닫혀 있으면 전류가 흐르는데 이 전류가 흐르고 있는 도체가 자계내에 있기 때문에 위에서 언급한 힘 F가 도체의 운동방향과 반대방향으로 작용하여 원동기의 회전력과 평행되고 있다는 것을 알 수 있다.

유도전동기는 이 e와 F를 동시에 응용한 것이다. [그림 5-2]에서 N극과 S극을 화살표 방향으로 회전시키면 회전자 도체는 자속을 절단하게 되므로 그림에 표시된 바와 같이 N극 밑에 있는 도체에는 뒤에서 앞쪽 방향으로 기전력이 유도되고 S극 밑에 있는 도체에는 앞쪽에서 뒤쪽 방향으로 기전력이 유도된다. 그런데 이 회전자 도체들은 양단이 단락환(end ring)으로 연결되어서 완전한 회로를 이루고 있기 때문에 이 회전자 도체에는 유도된 기전력의 방향으로 전류가 흐르게 된다.

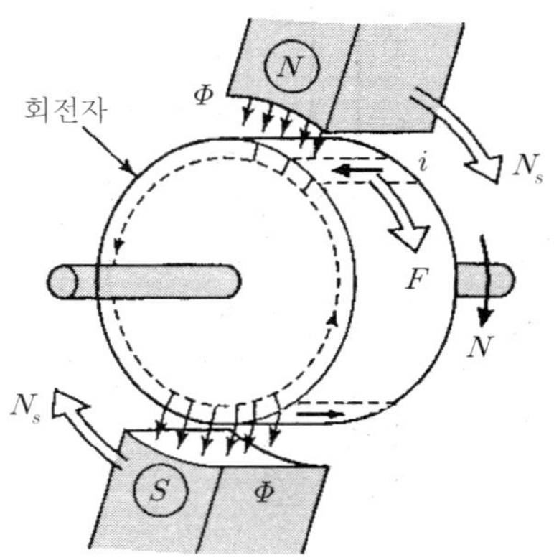

[그림 5-2] 유도전동기의 회전원리

회전자 도체는 N극과 S극이 만드는 자계내에 놓여 있고 전류가 흐르므로 플레밍의 왼손법칙에 의한 방향으로 힘이 작용하여 회전자에는 시계방향의 회전력이 발생한다. 이와 같이 N극과 S극을 회전축을 중심으로 회전시키면 회전자는 자극의 회전 방향과 같은 방향으로 회전하게 된다. 이것이 유도전동기의 원리인데 실제의 유도전동기에 있어서는 [그림 5-2]와 같이 N극과 S극을 회전시키는 대신에 3상 교류의 성질을 이용하여 자계만을 회전시키는 방법을 사용하고 있다.

1.2 3상 교류에 의한 회전자계

유도전동기의 회전자가 회전하려면 자계가 전기적으로 회전하는 회전자계(rotating magnetic field)가 반드시 필요하다. 회전자계는 [그림 5-3]과 같이 고정자 철심에 감겨 있는 권선에 3상 교류전원을 가해 줄 때 발생한다. 고정자 철심에 슬롯(slot)을 만들고 슬롯에 절연된 코일 aa', bb', cc'의 3개를 $2/3\pi$[rad] 간격으로 배치한다. 이 때 코일의 3단자 a', b', c'는 서로 접속시키고, a, b, c 단자에 3상 교류전압을 인가한다.

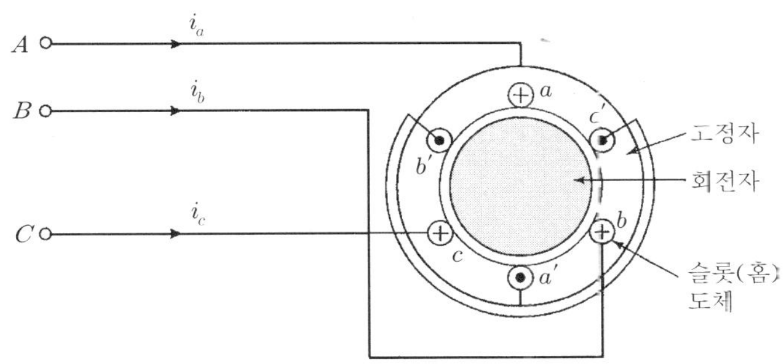

[그림 5-3] 고정자 3상 교류전원의 권선 배치

3상 권선에 대칭 3상 교류전류 i_a, i_b, i_c가 흘렀을 때의 기자력 변화는 [그림 5-4]와 같다. 여기서, 대칭 권선에 대칭 3상 교류전류를 인가하면 전류 위상의 순서와 일치하는 방향으로 크기가 일정한 동기속도로 회전하는 회전자계가 발생한다.

또한, 합성자계가 시계방향으로 1/2사이클 동안에 1/2회전, 즉 1사이클 동안에 1회전의 속도로 회전한다는 것을 알 수 있다. 이것은 2극 권선의 경우인데 4극 권선에 있어서는 2사이클 동안에 1회전, 6극 권선에 있어서는 3사이클 동안에 1회전을 하게 된다.

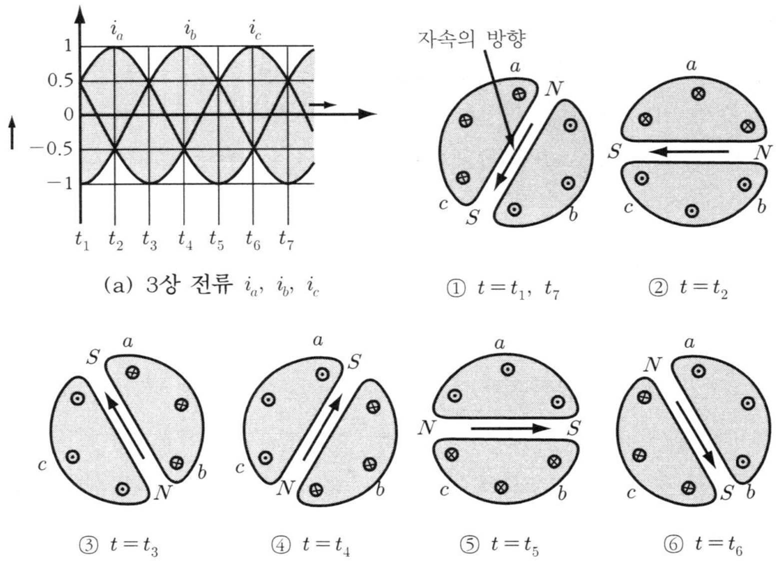

(a) 3상 전류 i_a, i_b, i_c ① $t=t_1$, t_7 ② $t=t_2$

③ $t=t_3$ ④ $t=t_4$ ⑤ $t=t_5$ ⑥ $t=t_6$

(b) 합성 자기장의 변화

[그림 5-4] 3상 교류에 의한 회전자계의 발생

이와 같은 회전자계의 회전속도를 유도전동기의 동기속도(synchronous speed)라고 하며 전원주파수 f, 극수 P 일 때 동기속도 N_0는 다음 식으로 표시된다.

$$N_0 = \frac{120}{P} f \,[\mathrm{rpm}] \tag{5.1.3}$$

1.3 3상 유도전동기의 종류와 구조

3상 유도전동기의 구조는 크게 고정자와 회전자 두 부분으로 나누어진다. 고정자에는 고정자 권선이 배치되며 전원으로부터 교류전력을 공급받아 회전자계를 형성하고 그 유도작용에 의해 전력을 회전자에 전달한다.

1.3.1 고정자

3상 유도전동기의 고정자(stator)는 전류가 흐르는 고정자 권선 및 자속이 통하는 고정자 철심, 그리고 이것을 지지하는 고정자 프레임으로 구성된다. [그림 5-5]는 유도전동기의 고정자이다.

[그림 5-5] 유도전동기의 고정자

고정자 권선은 고정자 내측의 슬롯(slot)에 삽입되는데, 슬롯 속에 들어가는 부분을 코일변(coil side)이라 하고 슬롯 밖으로 나오는 부분을 코일단(coil end)이라고 한다. 고정자의 슬롯에 1개의 코일변을 넣은 것을 단층권이라 하고, 2개의 코일변을 넣은 것을 2층권이라고 하는데 흔히 3상 유도전등기는 2층권을 사용한다. 코일의 권선은 다음 [그림 5-6]과 같이 권선틀을 이용하여 코일을 일정한 횟수만큼 감는다.

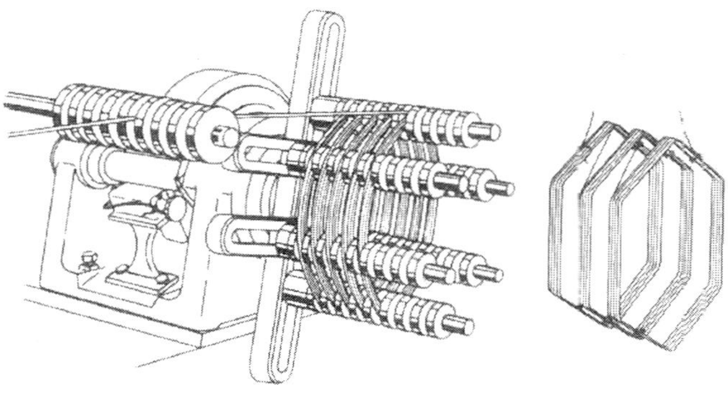

[그림 5-6] 권선틀에 의한 코일의 권선

[그림 5-7]은 고정자 권선을 고정자 프레임의 슬롯 속에 배치한 것을 나타낸 것이다.

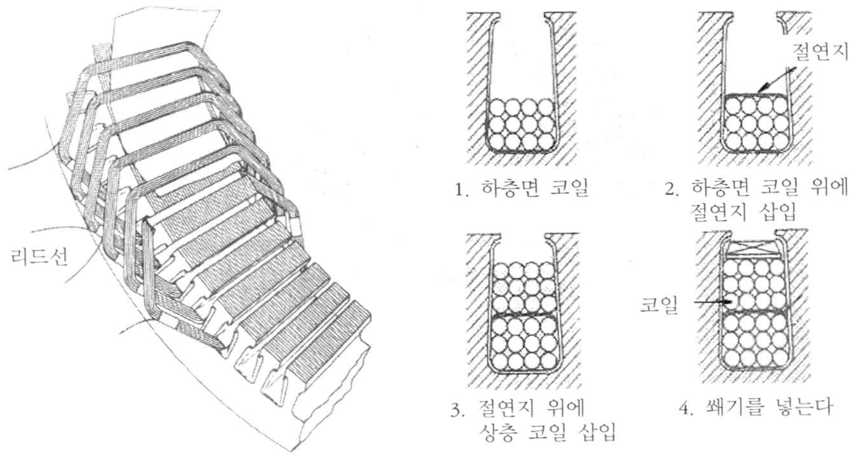

[그림 5-7] 고정자 권선의 배치

고정자 철심은 [그림 5-8]과 같은 0.35~0.5[mm] 두께의 규소강판을 성층하여 만든다. [그림 5-9]와 같이 고정자 철심의 슬롯에는 개방홈(open slot)과 반폐홈(semi-closed slot) 등이 있으며 반폐홈은 소형 전동기에 사용되며 개방홈은 대형 전동기에 주로 사용된다.

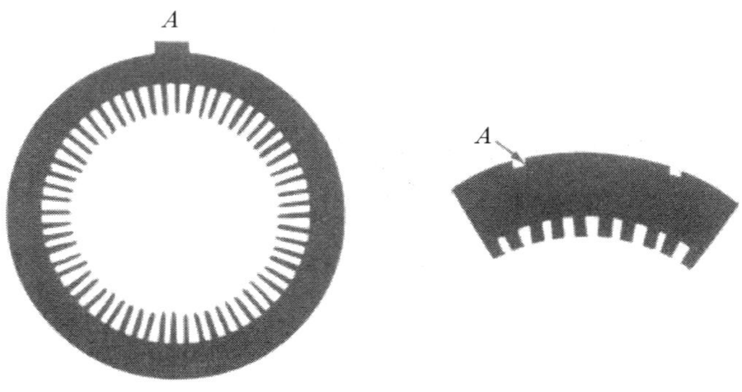

(a) 소형과 중형 고정자용 (a) 대형 고정자용

[그림 5-8] 고정자 철심

(a) 개방홈 (b) 반폐홈

[그림 5-9] 슬롯

고정자 프레임은 전동기 전체를 지지하며 내부에 고정자 철심이 부착되어 있다. 주철제로 하거나 대형에서는 중량을 감소시키기 위하여 압연강판으로 만들기도 한다.

3상 유도전동기의 고정자 권선은 3상 권선이며 2층권으로 배치하고 전동기의 극수는 4극이 보통이다. 고정자 권선의 접속은 *Y*결선과 △결선의 두 가지 방법이 있으며 중·대형 3상 유도전동기에서는 기동시 과전류에 의한 전동기의 손상을 방지하기 위해서 기동시는 *Y*결선을 이용하고 기동 후 정상운전시는 △결선을 사용한다.

*Y*결선은 [그림 5-10]과 같이 *A*상, *B*상, *C*상의 시작점은 전동기 밖으로 뽑아내어 전원을 연결하며, 각 상의 끝점을 하나로 연결하여 성형점을 만든다.

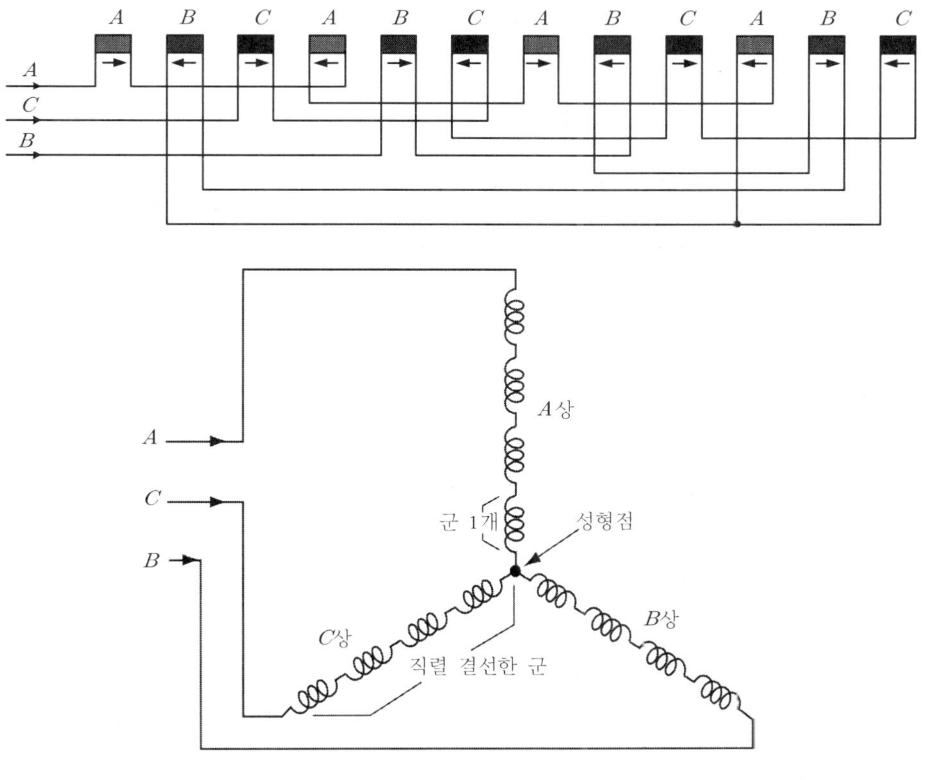

[그림 5-10] Y-결선

*Δ*결선은 [그림 5-11]과 같이 *A*상, *B*상, *C*상의 시작점을 밖으로 뽑아내어 전원을 연결하며, *A*상의 끝점을 *C*상의 시작점에 *C*상의 끝점을 *B*상의 시작점에 *B*상의 끝점을 *A*상의 시작점에 연결한다.

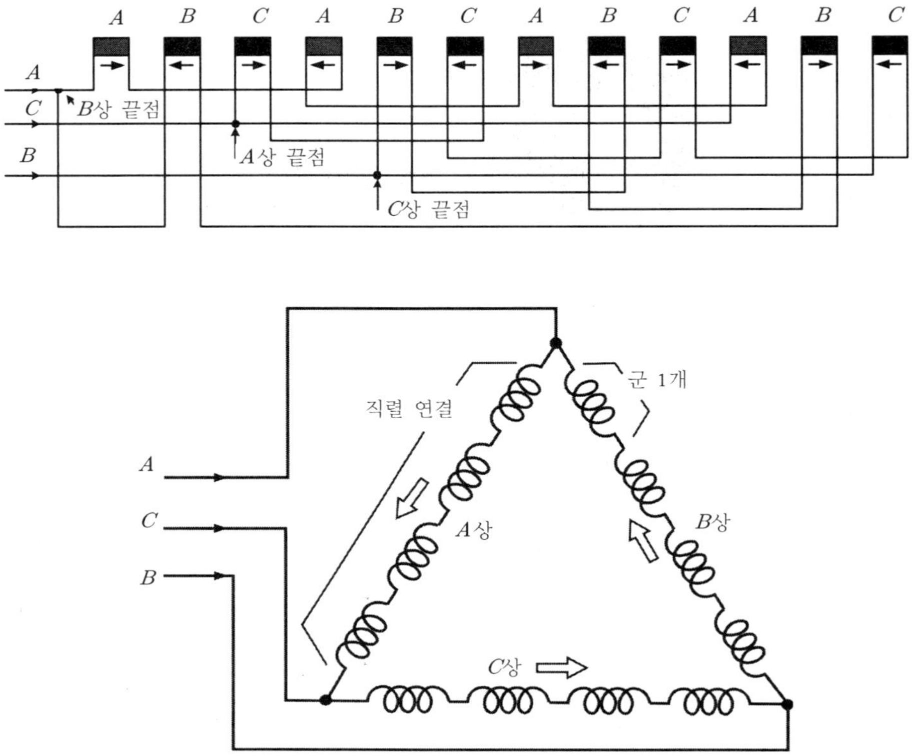

[그림 5-11] Δ결선

1.3.2 회전자

3상 유도전동기의 회전자(rotor)는 회전자 권선, 회전자 철심 및 축으로 구성되어 있으며, 회전자 권선의 구조에 따라 농형 회전자(squirrel cage type rotor)와 권선형 회전자(wound type rotor)로 나누어진다.

농형 회전자는 비교적 소용량의 전동기에 사용되고 권선형 회전자는 중용량 이상의 전동기에 사용된다. 하지만 경우에 따라 농형에도 상당히 큰 용량인 것이 있고 권선형에도 소용량인 것이 있다. 전동기 회전자의 철심은 [그림 5-12](a)와 같이 원형으로 바깥 둘레에 홈을 만든다. 중형은 주철제의 스파이더를 축에 끼우고 위에 철심을 성층하고 대형은 그림 (b)와 같이 부채꼴의 철심을 스파이더 위에 성층한다. 이와 같은 철심을 적층해서 회전자 철심을 만든다. 철판은 두께 0.35[mm]의 규소강판을 사용한다.

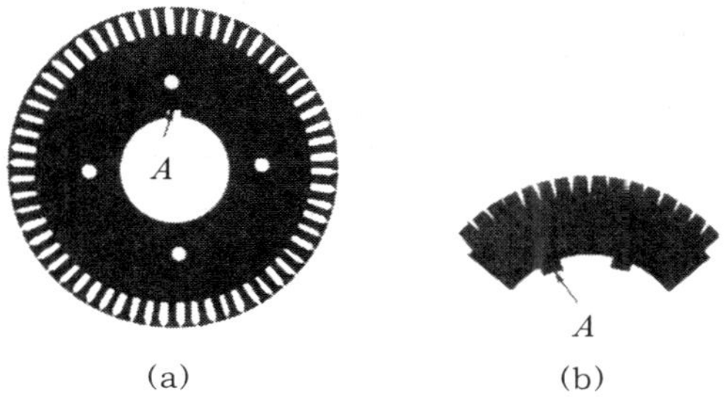

[그림 5-12] 회전자 철심

농형 회전자는 회전자 철심의 각 홈안에 한개의 굵은 도체를 절연을 하지 않은 채로 넣고 도체의 양단을 굵은 단락환(End ring)으로 연결한다. 농형 회전자는 도체, 단락환, 통풍날개를 하나로 주조하는 알루미늄 다이캐스트 방법도 사용된다. [그림 5-13]은 농형 회전자이다.

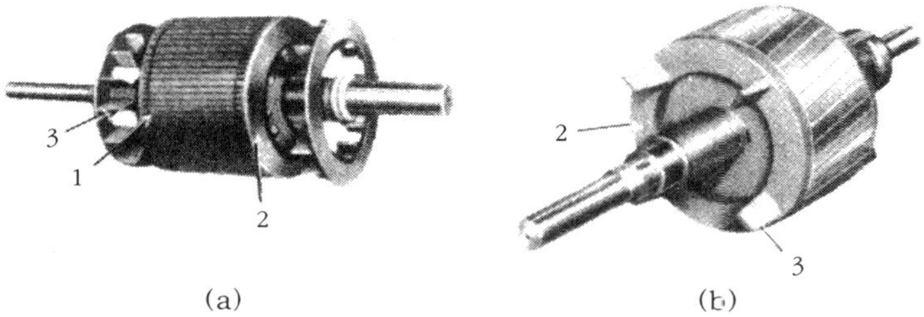

1 : 2차 도체 2 : 단락환 3 : 통풍날개

[그림 5-13] 농형 회전자

농형 유도전동기는 회전자의 구조가 간단하고 튼튼하며, 제작 및 취급이 용이하고, 운전시의 성능은 우수하나 기동시 큰 기동전류가 흘러 공급 전원에 영향을 미친다. [그림 5-14]는 농형 유도전동기의 내부구성도이다.

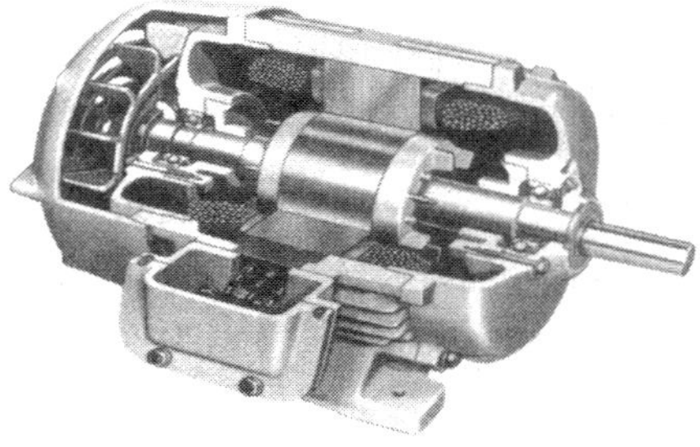

[그림 5-14] 농형 유도전동기 내부구성도

권선형 유도전동기의 회전자 권선은 고정자 권선과 같이 3상 권선을 Y결선하고 3개의 단자는 회전자 축상에 설치된 슬립링에 접속하여 브러시를 통해서 외부의 기동저항기에 연결된다. 회전자상의 밴드선(banding wire)은 코일이 원심력에 의해 손상을 입는 것을 방지하기 위한 것이다. 또한, 회전자 축에는 2개의 팬이 냉각을 위해서 설치된다. [그림 5-15]는 권선형 유도전동기의 회전자 권선과 슬립링이며, [그림 5-16]은 권선형 회전자이다.

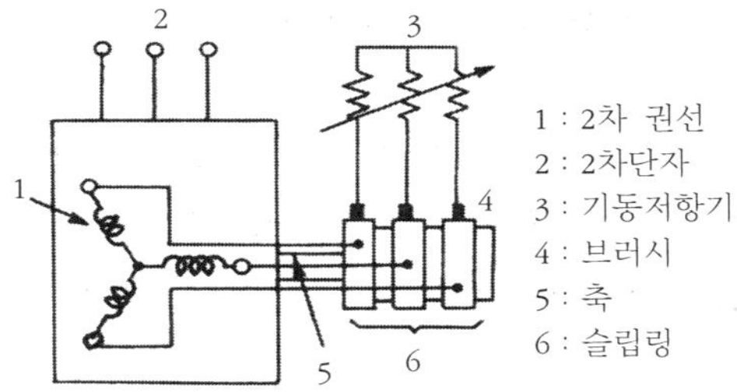

[그림 5-15] 회전자 권선과 슬립링

[그림 5-16] 권선형 회전자

또한, 다음 [그림 5-17]은 권선형 유도전동기의 내부구성도이다.

[그림 5-17] 권선형 유도전동기의 내부구성도

농형 회전자와 권선형 회전자 표면에 있는 홈의 방향이 축방향과 약간 비뚤어져 있는데 그 이유는 축방향과 직선으로 홈이 되어 있으면 고정자 홈수와 회전자 홈수의 여하에 따라서 공극의 자속분포에 고조파가 포함되어 회전력이 맥동하여 기동시 또는 저속 운전시에 회전력이 부족하거나 소음이 발생하는 등의 이상현상을 일으킬 수 있기 때문이다. 이와 같은 이상현상을 감소시키기 위한 방법으로서 회전자의 홈방향을 축과 평행으로 하지 않고 다소 비뚤어지게 해서 홈에 의한 자기저항을 전주에 걸쳐서 균등하게 분포시켜 주는 것이다.

2. 3상 유도전동기의 이론

2.1 변압기와의 비교

변압기에서는 1차 권선에 흐르는 전류에 의해서 생긴 교번 자속이 2차 권선과도 쇄교하기 때문에 전자유도작용에 의해서 2차 권선에 전압이 유기된다. 유도전동기도 이와 같이 1차 권선에 흐르는 전류에 의해서 성긴 회전자속이 2차 권선과 쇄교하고, 전자유도작용에 의해 2차 권선에도 전압이 유도되므로 2차 전류가 흐르고, 2차 전류와 회전자속 사이에 생기는 전자력에 의해서 토크가 발생한다.

이와 같이 유도전동기의 자속, 전압 및 전류의 관계는 변압기의 작용과 흡사하다. 따라서 그 이론도 변압기와 비슷한 점이 많다. 때문에 유도전등기의 고정자를 1차측, 회전자를 2차측으로 부르는 경우가 많다.

2.1.1 무부하상태

1차 권선에 전압을 가하면 변압기의 경우와 같이 여자전류가 흐르고, 그 기자력에 의해 회전자속이 발생되므로 이 자속에 의해서 1차와 2차의 각 권선에는 기전력이 유도된다. 2차 회로가 개로된 경우, 즉 무부하상태인 경우에는 2차 전류가 흐르지 않기 때문에 회전자는 회전하지 않는다. 따라서, 이때의 상태는 무부하때의 변압기와 같고 전압, 전류 및 자속의 관계를 나타내는 벡터도는 [그림 5-18]과 같이 표시된다.

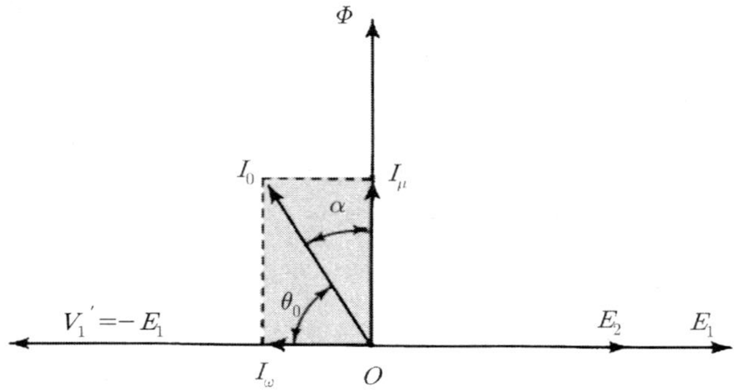

[그림 5-18] 무부하상태의 벡터도

[그림 5-18]에서 I_0는 1차의 여자전류이고 자속 Φ보다 α(철손각) 만큼 앞서 있다. 또한, 이 I_0는 회전자속을 만드는 자화전류 I_μ와 철손을 공급하는 철손전류 I_w와의 벡터합이다. E_1, E_2는 각각 1차와 2차 권선의 유도기전력이고 회전자속 Φ에의해서 유도되므로 자속 Φ보다 위상이 $\pi/2$ 뒤진다.

$V_1{}' = -E_1$은 I_0에 의한 1차 임피던스강하를 무시하면 1차 공급전압이 된다. 또 여 기서 $\cos\theta_0$는 이때의 역률이다.

2.1.2 부하상태

(1) 1차 전류

2차 회로를 단락한 경우, 2차 회로에는 그 회로의 임피던스를 통하여 2차 전류 I_2가 흐르고, 변압기의 경우와 같이 1차측에는 I_2에 의한 기자력을 감소시킬 1차 부하전류 $I_1{}'$가 흐른다. 이와 같은 경우는 변압기와 비슷하지만 전동기의 자로에는 공극이 있기 때문에 변압기에 비해서 I_1에 대한 I_0의 비율은 매우 크다. 일반적으로 전부하전류의 25~50[%]에 이른다. 또한 I_0의 값은 용량이 작은 것일수록 크고 같은 용량의 전동기에서는 극수가 많을수록 크다. 그리고 이 I_0의 대부분을 차지하고 있는 자화전류 I_μ는 $\pi/2$ 뒤진 전류이기 때문에 유도전동기는 역률이 비교적 낮고 경부하일 경우에는 더욱 낮아지게 된다.

(2) 2차 전류와 토크

회전자에 전류가 흐르면 이 전류와 회전자속과의 곱에 비례하는 토크가 발생하여 회전자는 그 회전자속과 같은 방향으로 회전을 시작한다. 회전자속의 속도는 일정하므로 회전자의 속도가 증가함에 따라 회전자계와 회전자 사이의 상대속도가 점점 작아져서 2차 도체를 끊는 회전자속이 감소하게 된다. 따라서 2차 회로에 유기되는 2차 전압의 크기와 주파수도 감소하고, 이에 따라서 2차 전류도 감소한다. 때문에 회전자에 발생하는 토크도 감소하여 부하토크와 평형을 이루는 속도에서 회전을 계속한다.

2.2 슬 립

유도전동기의 회전자가 동기속도로 회전하면 2차 도체와 회전자속과의 상대속도는 0이 되어 2차 도체가 자속을 끊을 수 없으므로 2차 전압이 유도되지 않는다. 때문에 2차 회로에는 전류가 흐르지 않고 토크도 발생하지 않으므로, 전동기가 토크를 발생하여 회전하기 위해 회전자의 속도는 반드시 동기속도 이하가 되어야 한다.

2.2.1 부하와 2차 전류

전동기가 무부하일 경우에는 마찰손, 풍손 등의 기계손을 이겨낼 만한 회전력을 발생하면 족하므로 그 속도는 동기속도와 거의 같다. 이 속도를 무부하속도라고 한다. 하지만 전동기에 부하를 걸면 회전자의 속도는 감소하고 회전자속에 대한 상대속도는 증가하여 2차 전류가 증가하게 되므로 부하의 토크와 평형하는 것만큼의 토크를 발생하는 회전속도에 이르게 된다. 따라서 부하가 증가할수록 유도전동기의 속도는 저하된다.

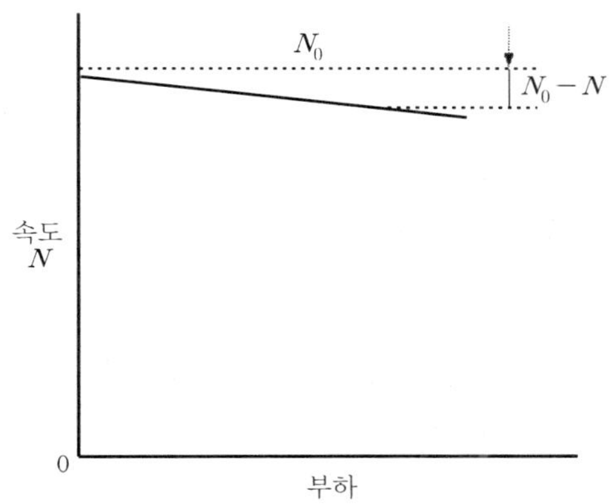

[그림 5-19] 속도와 부하의 관계

2.2.2 슬 립

회전자속의 속도, 즉 동기속도를 N_0[rpm], 유도전동기의 회전속도를 N[rpm]라고 하면 부하에 있어서의 속도감소의 동기속도에 대한 비율을 슬립(slip)이라고 한다.

$$s = \frac{N_0 - N}{N_0} \times 100[\%] \tag{5.2.1}$$

또한, 이때 회전자계의 회전자에 대한 상대속도는 다음 식과 같다.

$$N_0 - N = sN_0[\text{rpm}] \tag{5.2.2}$$

$$N = (1-s)N_0[\text{rpm}] \tag{5.2.3}$$

이 슬립의 크기는 $0 < s < 1$의 범위이고 무부하일 때는 $s \fallingdotseq 0$, 정지하고 있을 때는 $s = 1$이다. 일반적으로 유도전동기의 슬립은 매우 작고 전부하에서의 슬립은 소용량의 것은 5~10[%], 중용량 및 대용량의 것은 2.5~5[%] 정도이다. 또한 같은 용량에서는 저속도의 것이 고속도의 것보다 크다. 같은 정격일 때는 권선형이 농형보다 슬립이 약간 크다.

예제 60[Hz], 6극의 3상 유도전동기가 슬립 2[%]로 운전하고 있다. 이 때의 회전수는 얼마인가?

해설 동기속도 $N_0 = \frac{120}{P}f = \frac{120}{6} \times 60 = 1200[\text{rpm}]$이며, 유도전동기의 회전수 N은 식 5.2.3에 의해 $N = N_0(1-s) = 1200(1-0.02) = 1176[\text{rpm}]$이 된다.

2.3 유도기전력과 전류

2.3.1 전동기 정지시 1차 유도기전력

1차 권선에 흐르는 여자전류에 의해 생긴 회전자계는 1차 권선에 의해서 쇄교되므로 1차 권선 내에 공급전압의 주파수와 같은 주파수의 기전력이 유도된다. 이것을

1차 유도기전력이라고 하며, 이 기전력 E_1은 동기발전기의 경우와 같이 다음과 같다.

$$E_1 = 4.44 K_{w1} N_1 f \Phi [\mathrm{V}] \tag{5.2.4}$$

단, K_{w1}은 1차 권선계수, f는 1차 주파수, N_1은 1차 권선 1상분의 권수, Φ는 매 극당 자속

위의 전압 E_1은 전동기로서의 역기전력이므로 단자전압 V_1에서 1차 임피던스에 의한 전압강하를 벡터적으로 감한 것과 평형이 유지된다.

2.3.2 전동기 정지시 2차 유도기전력

회전자가 정지시 회전자속은 1차 권선을 쇄교하는 것과 같은 속도로 2차 권선을 쇄교하므로 2차 유도기전력은 다음과 같이 E_1과 같은 형으로 된다.

$$E_2 = 4.44 K_{w2} N_2 f \Phi [\mathrm{V}] \tag{5.2.5}$$

여기서, K_{w2}는 2차 권선계수, N_2는 2차 권선 1상분의 권수이다.

2.3.3 권선비

식 5.2.4와 식 5.2.5에 의하여 다음 식이 얻어진다.

$$\frac{E_1}{E_2} = \frac{K_{w1} N_1}{K_{w2} N_2} = a \tag{5.2.6}$$

따라서, 유도전동기의 1차와 2차 권선에 유도되는 기전력의 비는 그 권수와 권선계수와의 곱의 비와 같다. 이것을 권선비라고 한다.

2.3.4 전동기 회전시 2차 유도기전력과 2차 주파수

회전자가 슬립 s로 회전하고 있을 때에는 회전자도체가 회전자계를 절단하는 속도가 회전자 정지시의 $(N_0 - N)/N_0 = s$배가 되므로 이때의 2차 유도기전력 $E_2{}'$의 크기 및 주파수 f_2는 정지시의 s배로 된다. 즉,

$$E_2{}' = sE_2 = 4.44 K_{w2} N_2 \, s f \Phi [\mathrm{V}]$$

$$f_2 = sf \tag{5.2.7}$$

여기서, 2차주파수 f_2를 슬립주파수(slip frequency)라고 한다.

2.3.5 2차 전류와 2차 역률

유도전동기 2차 권선 1상의 저항을 r_2, 누설인덕턴스를 L_{l2}, 공급전압주파수를 f라 하면 정지시($s=1$)에 있어서 2차 권선 1상의 누설리액턴스 x_2, 임피던스 Z_2는 다음 식과 같이 된다.

$$x_2 = 2\pi f L_{l2}\,, \qquad Z_2 = \sqrt{{r_2}^2 + {x_2}^2} \tag{5.2.8}$$

슬립 s로 운전시의 2차 권선의 주파수는 $f_2 = sf$가 되므로 이때의 2차 권선 누설리액턴스 x_2' 및 2차 임피던스 Z_2'는 다음 식과 같이 된다.

$$x_2' = 2\pi f_2 L_{l2} = 2\pi s f L_{l2} = s x_2 \qquad Z_2' = \sqrt{{r_2}^2 + (s x_2)^2} \tag{5.2.9}$$

따라서 이 때의 2차 권선의 전류 I_2 및 역률 $\cos\theta_2$는 다음 식과 같이 된다.

$$I_2 = \frac{E_2'}{Z_2'} = \frac{sE_2}{\sqrt{{r_2}^2 + (sx_2)^2}}$$

$$\cos\theta_2 = \frac{r_2}{\sqrt{{r_2}^2 + (sx_2)^2}} \tag{5.2.10}$$

2.3.6 1차 전류

2차 권선에 2차 전류 I_2가 통하면 2차 권선은 다상 권선이므로 유도자계가 생기고 그 회전속도는 주파수가 $f_2 = sf$이므로 $120sf/P = sN_0$로 되고 회전방향은 회전자와 같은 방향이다. 그러나 회전자 자체가 $N = (1-s)N_0$의 속도로 회전하고 있으므로 2차 회전자계가 정지하고 있는 고정자에 대한 속도는 $N + sN_0 = (1-s)N_0 + sN_0 = N_0$로 되어 고정자의 여자전류에 의해 만들어진 회전자계와 같은 속도가 된다는 것을 알 수 있다.

그러므로 2차 권선에 2차 전류 I_2가 통하면 I_2에 의해서 고정자에 대해 동기속도 N_0로 회전하는 새로운 회전자계가 생기고 이것이 여자전류 I_0에 의해서 이미 생겨 있는 회전자계를 교란시키려고 하는데 1차 권선은 정전압 전원에 연결되어 있으므로 1차 유도기전력은 2차 전류에 관계없이 일정해야 하며 따라서 유도기전력과 일정관계에 있는 공극자속수 Φ도 일정해야 한다.

그러기 위해서 1차 권선에는 2차 전류 I_2에 의한 2차 기자력을 상쇄시킬 수 있는 전류가 흐르게 된다. 이 전류는 1차 여자전류와 같은 주파수의 전류인 바 이것을 1차 부하전류(Primary load current) 또는 1차 보상전류(Primary compensating current)라고 하며 이것과 여자전류를 합한 전류가 1차 전류(Primary current)이다.

지금 1차, 2차 권선의 상수, 권수 및 권선계수를 각각 m_1, m_2 ; N_1, N_2 ; K_{w1}, K_{w2}라 하고 1차 부하전류 및 1차 전전류를 각각 I_1', I_1라 하면 I_1'에 의한 1차 기자력과 I_2에 의한 2차 기자력은 크기가 같고 방향이 반대이므로 다음 식과 같이 구할 수 있다.

$$m_1 I_1' K_{w1} N_1 = m_2 I_2 K_{w2} N_2$$

$$\therefore \quad I_1' = \frac{m_2 K_{w2} N_2}{m_1 K_{w1} N_1} I_2 = \frac{1}{ab} I_2$$

$$I_1 = I_0 + I_1' \qquad (5.2.11)$$

단, $b = m_1 / m_2$를 상수비라고 하며 권선형에 있어서는 $m_1 = m_2 = 3$, $b = 1$이 되고 농형에 있어서는 $m_2 > m_1$, $b < 1$가 된다.

예제 전원전압이 400[V], 60[Hz]이고 극수 6, 권선비 $a=2$, 유도전동기 속도가 1,164[rpm]일 때 2차 유도전압과 2차 주파수는 얼마인가?

해설 $N_0 = \dfrac{120}{P} f = \dfrac{120 \times 60}{6} = 1{,}200[\text{rpm}]$

$$s = \frac{N_0 - N}{N_0} = \frac{1{,}200 - 1{,}164}{1{,}200} = 0.03$$

$$E_1 \fallingdotseq V = 400[\text{V}] \quad E_2 = \frac{1}{2} \times 400 = 200[\text{V}]$$

$$E_2' = sE_2 = 0.03 \times 200 = 6[\text{V}], \quad f_2 = sf = 0.03 \times 60 = 1.8[\text{Hz}]$$

2.4 벡터도

1차 유도기전력 E_1을 기준으로 한 유도전동기 1상의 벡터도는 [그림 5-20]과 같다. 1차 권선과 쇄교하고 있는 회전자속 Φ에 의해서 1차 권선에는 Φ보다 90° 위상이 뒤진 기전력 E_1이 유도되고 동시에 2차 권선에는 슬립 s에 비례하는 2차 유도기전력 sE_2가 유도된다. 2차 유도기전력에 의해서 회전자에는 2차 전류 I_2가 통하게 되는데 이 회로에는 누설리액턴스가 있기 때문에 I_2는 2차 유도기전력보다 $\theta = \tan^{-1}(sx_2/r_2)$ 만큼 위상이 뒤진다.

한편 고정자에는 I_2에 의한 2차 기자력을 상쇄시켜서 자계를 일정으로 유지하기 위한 1차 부하전류 I_1'가 I_2와 반대방향으로 통하여 이 전류와 여자전류 I_0와의 합성전류 I_1이 1차 전전류가 된다. 고정자에는 철손이 있기 때문에 I_0는 Φ 보다 위상이 철손각 α 만큼 앞서게 된다. V_1'는 E_1에 반대해서 1차 권선에 가해주어야 할 전압이며 이 전압을 1차 여자전압이라고 한다.

이 전압에 1차 권선에 있어서의 저항강하분 $r_1 I_1$과 누설리액턴스 강하분 $x_1 I_1$을 벡터적으로 가한 전압 V_1이 1차 단자에 가해준 공급전압이다. V_1과 I_1과의 상차각을 θ_1이라 하면 $\cos\theta_1$이 1차 역률이 되고 2차 역률은 $\cos\theta_2$이다.

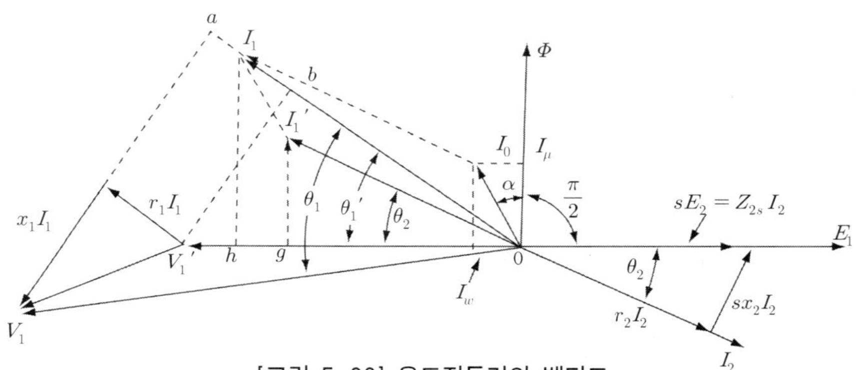

[그림 5-20] 유도전동기의 벡터도

통상 유도전동기의 역률이란 1차 역률을 말하며, 전부하시에는 80~85[%] 정도이며 경부하로 될수록 나빠지고 무부하운전시에는 50[%] 이하의 저역률이 된다. 이것은 부하가 작아질수록 1차 부하전류가 작아져서 여자전류의 1차 전전류에 대한 비율이 커지기 때문이다.

2.5 전류－속도특성곡선

운전중의 2차 전류 $I_2 = sE_2/\sqrt{r_2^2+(sx_2)^2}$ 는 슬립이 $s=1$에서 $s=0$까지 속도가 증가할 때 $I_2 = E_2/\sqrt{r_2^2+x_2^2}$ 에서 $I_2=0$까지 감소하게 되는데 이 2차 전류 I_2의 감소상태를 조사하기 위하여 $s=1$ 부근과 $s=0$ 부근에 대해서 고찰하기로 한다.

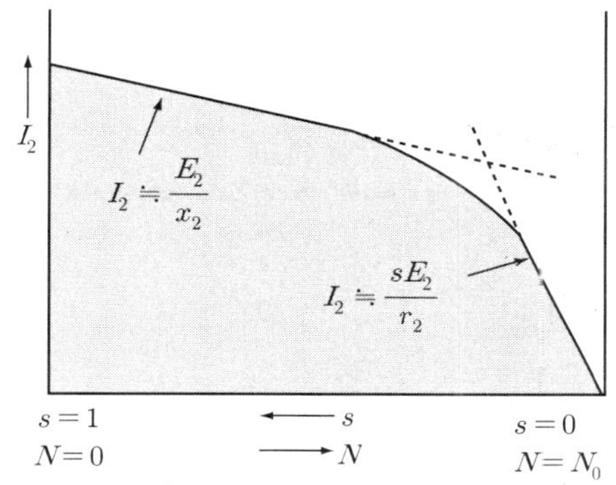

[그림 5-21] 2차 전류-속도특성

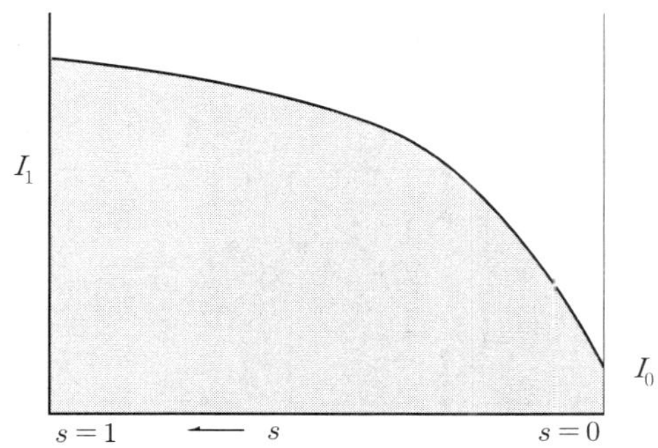

[그림 5-22] 1차 전류-속도특성

슬립 s가 1에 가까운 저속도로 운전하고 있을 때는 $r_2^2 \ll (sx_2)^2$로 간주할 수 있으므로 $(sx_2)^2$에 대해서 r_2^2 을 무시하면 $I_2 \fallingdotseq E_2/x_2$로 되어 I_2는 슬립 s에 관계없이 대략 일정으로 됨을 알 수 있다. 또 슬립 s가 영에 가까울 때, 즉 회전자가 동기속도에 가까운 속도로 운전되고 있을 때에는 $(sx_2)^2$은 대단히 작아서 r_2^2에 비하여 무시할 수 있으므로 $I_2 \fallingdotseq sE_2/r_2$로 되어 I_2는 대략 슬립 s에 비례해서 감소함을 알 수 있다.

[그림 5-21]은 이상과 같은 관계를 고려해서 2차 전류와 슬립과의 관계를 곡선으로 나타낸 것이며 이것을 2차 전류-속도특성곡선이라고 한다. 1차 부하전류도 식 5.2.11의 관계를 유지하면서 같은 모양으로 변화하므로 1차 전류와 속도와의 특성곡선은 [그림 5-22]와 같이 된다. 이 때에는 동기속도($s=0$)에 있어서도 여자전류 I_0에 상당하는 1차 전류가 통하고 있다.

3. 유도전동기의 등가회로

3.1 등가회로 변환

[그림 5-23]과 같은 변압기 등가회로는 그 특성을 살피거나 각종 물리량의 계산을 위해 매우 편리하였다. 유도전동기도 변압기와 같이 등가회로로 나타낼 수 있다. 다만 변압기는 그 출력이 전력이기 때문에 그 부하는 등가임피던스 Z로 표시되었으나, 회전하고 있는 전동기의 출력은 기계적 동력이기 때문에 그 동력에 알맞은 에너지를 소비하는 부하저항으로 바꾸어 놓아야 한다.

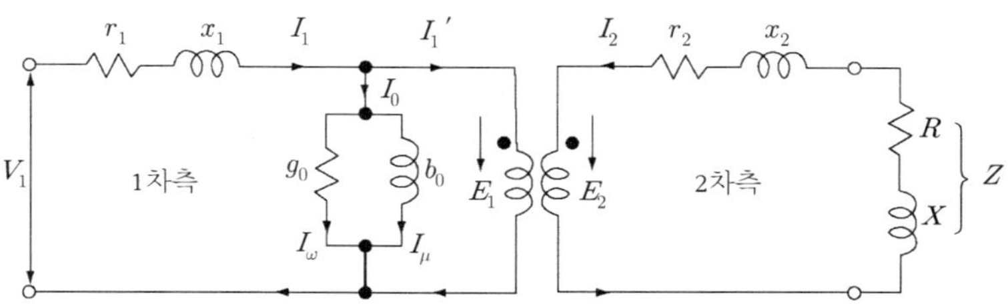

[그림 5-23] 변압기 등가회로

전원이 투입된 시점, 즉 기동시 유도전동기는 [그림 5-24]와 같이 변압기와 같은 회로로 나타낼 수 있다. 정지하고 있을 때는 $s=1$이므로 2차측에는 식 5.2.10으로부터 다음 식과 같은 2차 전류가 흐른다.

$$I_2 = \frac{E_2}{\sqrt{r_2^2 + x_2^2}} [\mathrm{A}] \tag{5.3.1}$$

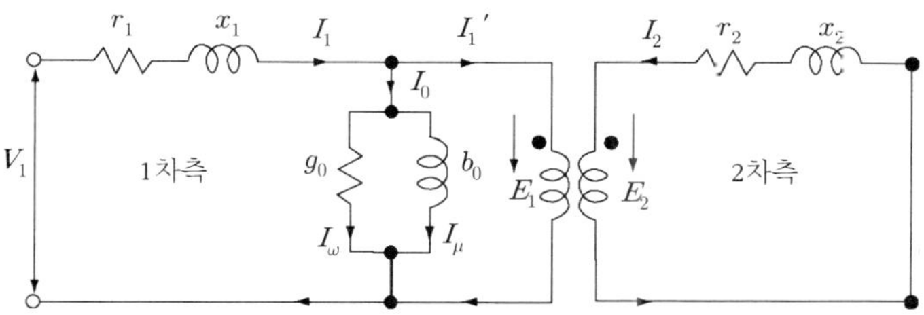

[그림 5-24] 기동시 유도전동기의 등가회로

이때 1차측에는 이에 대응해서 1차 부하전류 I_1'가 흐르고, 이 I_1'와 여자회로의 여자전류 I_0와의 합성이 1차 전류 I_1이 된다.

슬립 s로 운전중인 유도전동기의 2차 유도기전력은 sE_2, 2차 리액턴스는 sx_2, 2차 저항은 r_2이므로 이때의 회로는 [그림 5-25]와 같이 나타내어지고, 그 2차 전류 I_2는 식 5.2.10에 의해서 다음 식과 같이 된다.

$$I_2 = \frac{sE_2}{\sqrt{{r_2}^2 + (sx_2)^2}} = \frac{E_2}{\sqrt{\left(\frac{r_2}{s}\right)^2 + {x_2}^2}} [\mathrm{A}] \tag{5.3.2}$$

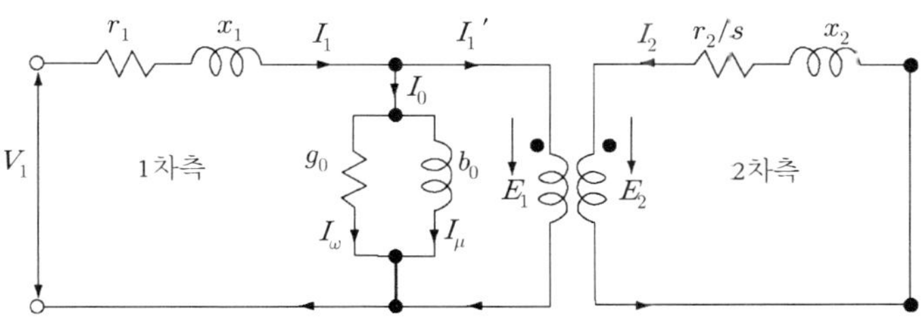

[그림 5-25] 운전중인 유도전동기의 등가회로(1)

이 식과 식 5.3.1을 비교하면 슬립 s로 회전하고 있는 유도전동기의 2차 회로는 전동기가 정지하고 있는 것으로 가정하고, 다만 그 2차 저항만을 r_2/s로 바꾸어 놓은 것과 같음을 알 수 있다. 따라서 2차측을 1차측과 같은 주파수의 회로로 취급할 수 있고, 그러므로 [그림 5-25]와 같은 결합회로를 얻을 수 있다.

유도전동기의 1차측에서 2차측에 공급되는 전력 중 그 일부는 2차 회로에서 손실로 소비되고 남은 대부분은 회전자에 의해서 기계적 출력으로 변환된다.

2차 입력을 P_2라 하고 2차 회로의 손실 중 2차 철손을 무시하면 2차 손실은 2차 저항손뿐이므로 P_2에서 이 저항손을 뺀 나머지의 전력이 전동기 내에서 발생된 기계적 출력 P_o가 된다. 따라서 $P_o = P_2 - I_2^2 r_2$이다. 그런데 $P_2 = (r_2/s)I_2^2$ 이므로 다음 식과 같이 표현된다.

$$P_o = \frac{r_2}{s}I_2^2 - I_2^2 r_2 = \left(\frac{1-s}{s}\right)I_2^2 r_2 = I_2^2 r \tag{5.3.3}$$

여기서, $r = r_2\left(\frac{1-s}{s}\right)$이다.

이 식에서 알 수 있는 바와 같이 기계적 출력 P_o는 $(1-s/s)r_2$라는 부하를 대표하는 하나의 저항 r의 소비전력으로 표시된다. 다만, 2차 회로의 손실 중 기계손은 전동기가 발생하는 기계적 출력 속에 포함되는 것이 보통이다.

따라서 부하를 걸고 운전하고 있는 유도전동기는 [그림 5-26]과 같이 나타낼 수 있고, 이와 같이 하면 변압기와 똑같이 다룰 수가 있다.

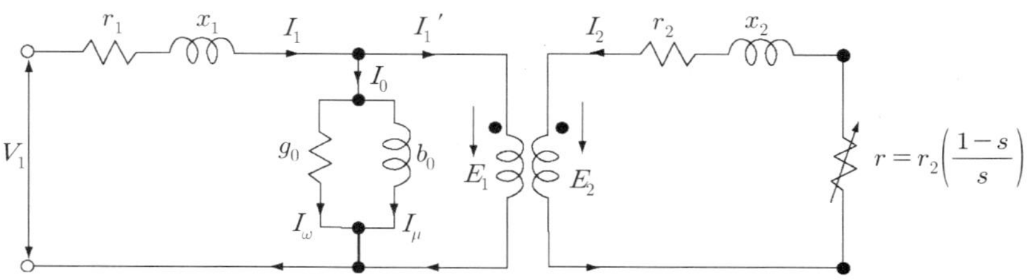

[그림 5-26] 운전중인 유도전동기의 등가회로(2)

3.2 실용적인 등가회로

[그림 5-26]과 같은 유도전동기의 등가회로가 보다 실용적이 되기 위해서는 변압기의 경우와 같이 2차측을 1차측으로 환산하여야 한다. 2차측 전압 E_2를 1차측으로 환산한 E_2'는 다음 식과 같다.

$$E_1 = \frac{K_{w1}N_1}{K_{w2}N_2}E_2 = aE_2 \quad \therefore E_2' = E_1 = aE_2[\mathrm{V}] \tag{5.3.4}$$

또한, 2차 전류 I_2를 1차측으로 환산한 것을 I_2'라고 하면 식 5.2.11에 의해서 다음 식과 같다.

$$I_1{}' = \frac{m_2 K_{w2} N_2}{m_1 K_{w1} N_1} I_2 = \frac{1}{ab} I_2$$

$$\therefore I_2{}' = I_1{}' = \frac{1}{ab} I_2 [\mathrm{A}] \tag{5.3.5}$$

그러므로 1차측으로 환산한 2차 임피던스 Z_2를 $Z_2{}'$라고 하면 다음 식과 같이 구할 수 있다.

$$Z_2{}' = \frac{E_2{}'}{I_2{}'} = \frac{aE_2}{\dfrac{I_2}{ab}} = a^2 b Z_2 [\Omega] \tag{5.3.6}$$

따라서 2차측 저항 r_2, 기계적 출력을 대표하는 부하저항 r 및 리액턴스 x_2를 1차측으로 변환하여 이것을 각각 $r_2{}'$, r' 및 $x_2{}'$라고 하면 다음 식과 같다.

$$r_2{}' = a^2 b r_2, \qquad r' = a^2 b r, \qquad x_2{}' = a^2 b x_2 \tag{5.3.7}$$

식 5.3.7을 이용하여 유도전동기의 2차측 값들을 1차측으르 환산하면 [그림 5-27]과 같다. 이것을 유도전동기의 1차 환산 등가회로라고 한다.

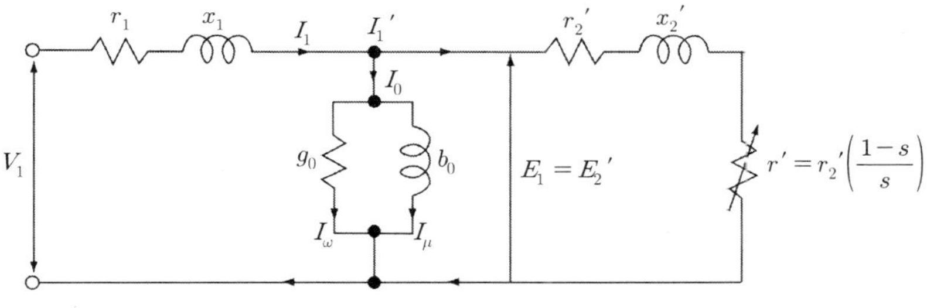

[그림 5-27] 1차측으로 환산된 유도전동기의 등가회로

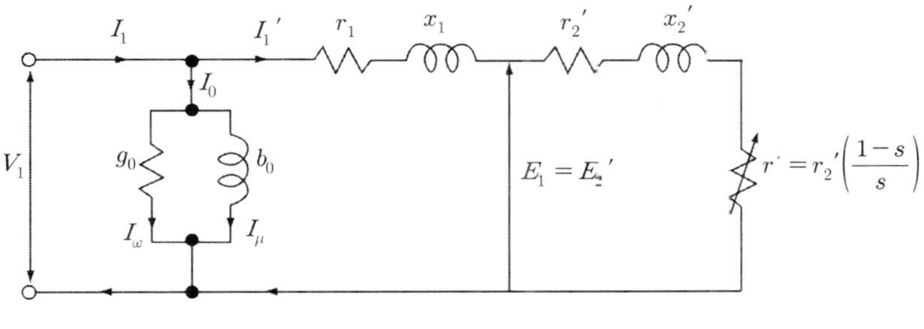

[그림 5-28] 유도전동기의 간이등가회로

이 등가회로에서 1차측의 누설임피던스 강하분을 무시하고 여자어드미턴스를 전원 쪽으로 옮기면 [그림 5-28]과 같은 간이등가회로가 된다. 이 간이등가회로는 계산이 간단하므로 특수한 경우를 제외하고 보통 계산에서 주로 사용된다.

3.3 출력특성

유도전동기에 있어서 1차 입력의 대부분이 2차 입력이 되며, 2차 입력은 권선의 저항에 의한 2차 저항손을 제외한 나머지가 기계적 출력이 된다.

[그림 5-20]의 운전중인 유도전동기의 전압, 전류, 자속의 벡터도를 이용하여 다음과 같이 유도전동기 출력특성을 유도할 수 있다.

3.3.1 1차 입력과 1차 역률

1차측 1상의 입력을 P_1, 1차측 전체입력을 P, 1차측의 상수를 m_1이라고 하면 다음 식이 성립한다.

$$P_1 = V_1 I_1 \cos\theta_1, \quad P = m_1 V_1 I_1 \cos\theta_1 \tag{5.3.8}$$

$$I_1 = \sqrt{(I_1' \cos\theta_2 + I_w)^2 + (I_1' \sin\theta_2 + I_\mu)^2} \tag{5.3.9}$$

V_1과 V_1' 사이의 위상차각은 대단히 작으므로 θ_1와 θ_1'는 거의 같다고 생각해도 지장이 없다. 따라서 1차측의 역률 $\cos\theta_1$은 다음 식과 같다.

$$\cos\theta_1 \fallingdotseq \cos\theta_1' = \frac{\overline{Oh}}{I_1} = \frac{I_1' \cos\theta_2 + I_\omega}{\sqrt{(I_1' \cos\theta_2 + I_\omega)^2 + (I_1' \sin\theta_2 + I_\mu)^2}} \tag{5.3.10}$$

I_0는 전부하전류의 25~50[%]까지 달하므로 각 θ_1은 상당히 크고 따라서 1차측 역률, 즉 유도전동기의 역률은 높게 되지 않는다.

3.3.2 2차 입력과 1차 출력

1상당 1차 입력 $P_1 = V_1 I_1 \cos\theta_1$ 이고, 1차 저항손 $P_{r1} = r_1 I_1^2$이므로 [그림 5-20]의 벡터도에 따라 다음 식이 얻어진다.

$$\begin{aligned} P_1 - P_{r1} &= V_1 I_1 \cos\theta_1 - r_1 I_1^2 \\ &= I_1 (V_1 \cos\theta_1 - r_1 I_1) = I_1 V_1' \cos\theta_1' \end{aligned} \tag{5.3.11}$$

그런데 1상당 1차 철손 $P_{m1} = V_1' I_\omega$이므로 1상당 1차 출력 P_{o1}은 다음 식과 같다.

$$\begin{aligned} P_{o1} &= (P_1 - P_{r1}) - P_{m1} = I_1 V_1' \cos\theta_1' - V_1' I_\omega \\ &= V_1'(I_1 \cos\theta_1' - I_\omega) = V_1' I_1' \cos\theta_2 \end{aligned} \tag{5.3.12}$$

식 5.3.12의 1차 출력은 2차 입력과 같다. 즉, 1차의 전출력이 2차 입력이 되므로 2차 입력 P_2는 다음 식과 같다.

$$P_2 = m_1 V_1' I_1' \cos\theta_2 \tag{5.3.13}$$

그런데 V_1', I_1' 는 식 5.3.4, 식 5.3.5에서 벡터의 방향을 고려하면 다음 식과 같이 된다.

$$V_1' = -E_1 = -E_2 \frac{K_{w1} N_1}{K_{w2} N_2} \tag{5.3.14}$$

$$I_1' = -\frac{m_2 K_{w2} N_2}{m_1 K_{w1} N_1} I_2$$

식 5.3.14를 식 5.3.13에 대입하면 2차입력 P_2는 다음 식과 같게 된다.

$$P_2 = m_1 \left(-E_2 \frac{K_{w1} N_1}{K_{w2} N_2}\right)\left(-\frac{m_2 K_{w2} N_2}{m_1 K_{w1} N_1} I_2\right)\cos\theta_2 = m_2 E_2 I_2 \cos\theta_2 \tag{5.3.15}$$

3.3.3 2차 입력 2차 저항손

1상당 2차 저항손은 $r_2 I_2^2$이므로 식 5.2.10에 의해 다음 식과 같이 된다.

$$P_{r2} = r_2 I_2^2 = r_2 I_2 \frac{sE_2}{\sqrt{r_2^2 + (sx_2)^2}} = sE_2 I_2 \frac{r_2}{\sqrt{r_2^2 + (sx_2)^2}} = sE_2 I_2 \cos\theta_2 \tag{5.3.16}$$

따라서 2차 전저항손 P_{c2}는 다음 식과 같다.

$$P_{c2} = m_2 s E_2 I_2 \cos\theta_2 = s m_2 E_2 I_2 \cos\theta_2 = sP_2 = \frac{N_0 - N}{N_0} P_2 \tag{5.3.17}$$

따라서 슬립 s는 다음 식과 같이 구해진다.

$$s = \frac{P_{c2}}{P_2} = \frac{2\text{차 전저항손}}{2\text{차 전입력}} \tag{5.3.18}$$

식 5.3.18에서 2차 전입력 P_2에 슬립 s를 곱한 만큼의 전력이 2차 전저항손으로 잃게 됨을 알 수 있다. 그리고 슬립 s는 2차 전저항손에 비례하므로 2차 권선의 저항이 작으면 슬립도 작게 된다.

3.3.4 2차 입력과 기계적 출력

2차 입력에서 2차측 손실을 뺀 것이 기계적 출력인데 이 손실 중 2차 저항손이 대부분이고, 2차 철손은 2차 주파수가 수 [Hz] 정도이므로 무시할 수 있다. 따라서 기계적 출력 P_o는 다음 식과 같이 나타낼 수 있다.

$$P_o = P_2 - P_{c2} = P_2 - sP_2 = (1-s)P_2 = \frac{N}{N_0}P_2 \tag{5.3.19}$$

출력 P_o와 2차 입력 P_2의 비를 2차 효율이라고 한다.

$$\eta_2 = \frac{P_o}{P_2} = \frac{N}{N_0} = 1 - s \tag{5.3.20}$$

이 기계적 출력 중에는 기계손도 포함되므로 이것을 뺀 것이 전동기의 축 출력이다.

예제 3상 Y결선, 220[V], 60[Hz], 6극 10[HP] 유도전동기의 1차측으로 환산한 전동기 상수는 다음과 같다.

$r_1 = 0.344\,[\Omega]$, $r_2' = 0.147\,[\Omega]$

$x_1 = 0.498\,[\Omega]$, $x_2' = 0.224\,[\Omega]$, $x_m (= \frac{1}{b_o}) = 12.6\,[\Omega]$

철손을 포함한 기계손이 262[W]로 일정하고 슬립이 2.8[%]일 경우 다음 값들을 구하여라.

1) 선전류 및 역률 2) 토크 및 출력 3) 효율

해설 고정자 권선이 Y결선이므로 상전압은 $220/\sqrt{3} = 127$ [V]이며 철손을 생략하면 등가회로는 다음과 같다.

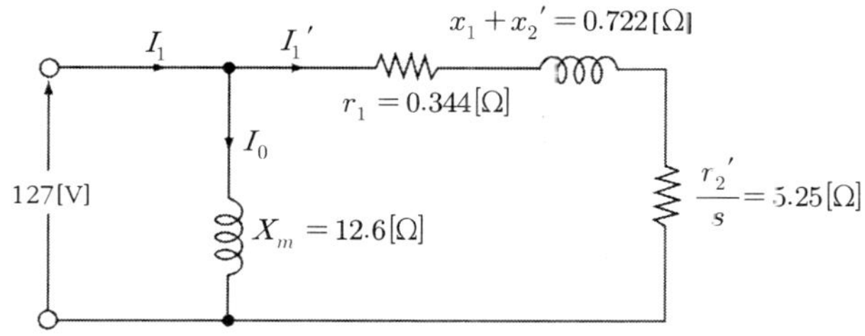

[그림 5-29] 등가회로

1) $I_1' = \dfrac{127 \angle 0°}{0.344 + 5.25 + j0.722} = 22.52 \angle -7.4° = 22.33 - j2.88\,[A]$

$I_0 = \dfrac{127}{j12.6} = -j10.08\,[A]$

선전류 : $I_1 = I_1' + I_0 = 22.33 - j(2.88 + 10.08) = 25.82 \angle -30.1°\,[A]$

역률 : $\cos(-30.1°) = 0.865$

2) $N_0 = \dfrac{120 \times 60}{6} = 1200\,[rpm]$

$N = 1200(1 - 0.028) = 1166\,[rpm]$

$\omega = \dfrac{2\pi \times 1166}{60} = 122.1\,[rad/s]$

2차 입력 : $P_2 = 3I_1'^2 \dfrac{r_2'}{s} = 3 \times 22.52^2 \times 5.25 = 7988\,[W]$

기계적 출력 : $P_o = P_2(1 - s) = 7988 \times (1 - 0.028) = 7764\,[W]$

기계적 출력에서 기계손을 제하면 전동기축 출력이 되므로 축 출력

$P_{out} = P_o - P_m = 7764 - 262 = 7502\,[W]$

$T = \dfrac{P_{out}}{\omega} = \dfrac{7502}{122.1} = 61.4\,[Nm]$

3) 기계손 : 262 [W]

회전자 동손 : $0.028 \times 7988 = 224\,[W]$

고정자 동손 : $3 \times 22.52^2 \times 0.344 = 523\,[W]$

전체 손실 : 1009 [W]

효율 : $\eta = \dfrac{7502}{7502 + 1009} \times 100 = 88.1\,[\%]$

전동기 입력을 사용하여 계산해도 동일한 결과를 얻을 수 있다.

전동기 입력 : $3P_1 = \sqrt{3}\,V_l I_l \cos\theta = \sqrt{3} \times 25.82 \times 220 \times 0.865 = 8510.5\,[W]$

$\eta = \dfrac{7502}{8510.5} \times 100 = 88.1\,[\%]$

예제 3상 유도전동기의 출력이 11[kW], 전부하시의 슬립이 3[%]라 하면 2차 입력, 2차 동손 및 전동기의 2차 효율은 얼마인가? 단, 기계손은 무시한다.

해설 식 5.3.19에서 2차 입력 P_2와 2차 출력 P_o와의 관계는 $P_o = (1-s)P_2$이므로

2차입력 : $P_2 = \frac{1}{1-s} P_o = \frac{1}{1-0.03} \times 11 = 11.34$[kW]

식 5.3.17에서 2차 동손 $P_{c2} = sP_2$이므로 $P_{c2} = 0.03 \times 11.34 = 0.34$[kW]가 된다.

전동기의 2차 효율은 식 5.3.20에 의해 $\eta_2 = \frac{P_o}{P_2}$ 이므로 $\eta_2 = \frac{11}{11.34} = 0.97$이 된다.

4. 토크와 비례추이

4.1 토 크

유도전동기는 고정자 권선이 만드는 회전자계와 2차 전류 I_2에 의해서 회전력이 발생한다. 회전자계가 공극에 따라서 정현파형으로 분포되어 있다고 하면 이 회전자계에 의해서 회전자권선에 유도되는 기전력 e_2'의 분포도 정현파로 되고 공간적으로 자속과 동상으로 된다. 그러나 2차 전류 i_2는 자속보다 위상이 뒤진다.

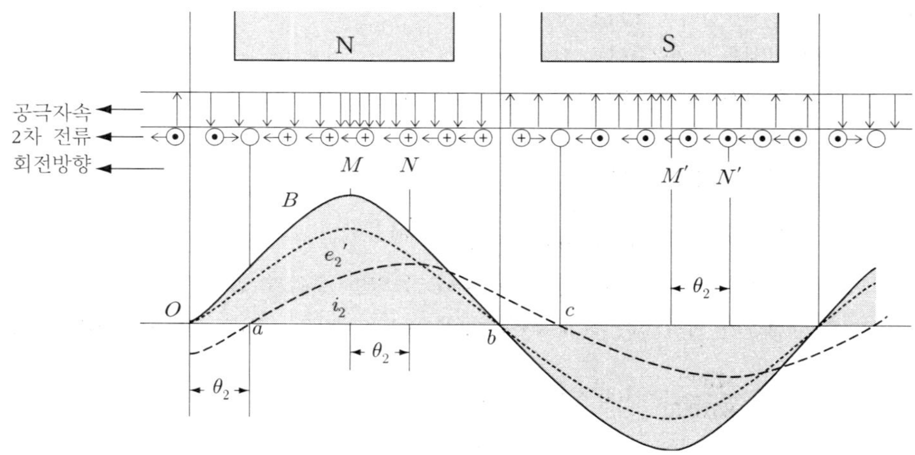

[그림 5-30] 공간자속과 2차 전류의 공간분포

2차 권선의 인덕턴스 때문에 위상이 기전력보다 뒤지므로 자속과 2차 전류는 위상차를 갖게 된다. 이 상차각을 θ_2라 하면 공극자속과 2차 전류의 분포는 [그림 5-30]과 같이 된다. [그림 5-30]의 M, M' 점에 있는 도체의 기전력이 최대로 되고 2차 전류는 이 기전력보다 위상이 θ_2만큼 뒤지그로 N, N' 점에 있는 도체의 전류가 최대로 된다. 즉 N, N' 점에 있는 도체의 전류가 최대로 되는 순간에 그 도체의 기전력은 이미 최대치를 통과했고, 회전방향으로 θ_2 만큼 위상이 앞서 있는 위치 M, M' 점에서 최대로 된다. 따라서 자속과 전류와의 곱에 비례하는 회전력은 Oa, bc 등의 각 구간에 있어서 부로 되고 그 분포는 [그림 5-31]의 곡선 t와 같이 되며 θ_2가 클수록 이 부회전력이 커지므로 일정자속과 일정 2차 전류에 대해서도 평균회전력은 작아진다.

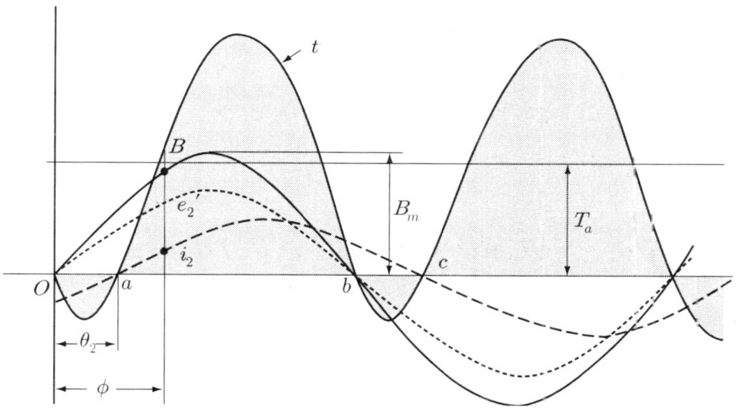

[그림 5-31] 유도전동기의 회전력 분포

[그림 5-31]에서 자속밀도 0인 점 O에서 전기각도 ϕ만큼 떨어진 점에 있는 유효길이 l[m]의 2차 도체에 작용하는 힘을 F[N]이라고 하면, 이 점의 자속밀도는 $B = B_m \sin\phi$[Wb/m^2]이고 2차 전류는 $i_2 = \sqrt{2} I_2 \sin(\phi - \theta_2)$이므로 이 도체에 작용하는 힘은 다음 식과 같이 된다.

$$F = B i_2 l = B_m \sin\phi \times \sqrt{2} I_2 \sin(\phi - \theta_2) \times l$$
$$= \sqrt{2} B_m I_2 l \sin\phi \sin(\phi - \theta_2) \ \text{[N]} \quad (5.4.1)$$

회전자 직경을 D[m]라 하면 한 개의 도체에 작용하는 토크 τ는 다음 식과 같이 된다.

$$t = F\frac{D}{2} = \frac{1}{\sqrt{2}}B_m I_2 l \sin\phi \sin(\phi - \theta_2) D \tag{5.4.2}$$

$$= \frac{1}{2\sqrt{2}} B_m I_2 lD \{\cos\theta_2 - \cos(2\phi - \theta_2)\}[\text{N} \cdot \text{m}]$$

t의 평균값 T_a는 다음과 같다.

$$T_a = \frac{1}{2\pi}\int_0^{2\pi} t\, d\phi = \frac{1}{2\sqrt{2}} B_m I_2 l D \frac{1}{2\pi}[\int_0^{2\pi}\cos\theta_2 d\phi - \int_0^{2\pi}\cos(2\phi - \theta_2) d\phi]$$

$$= \frac{1}{2\sqrt{2}} B_m I_2 l D \cos\theta_2 [\text{N} \cdot \text{m}] \tag{5.4.3}$$

회전자에 발생하는 전토크 T는 T_a에 2차 도체수 $2m_2N_2$를 곱한 다음 식과 같다.

$$T = 2m_2N_2 \frac{1}{2\sqrt{2}} B_m I_2 l D \cos\theta_2 = \frac{m_2N_2}{\sqrt{2}} B_m I_2 l D \cos\theta_2 \tag{5.4.4}$$

그런데 회전자계의 극수를 P, 매극당 자속수를 Φ, 평균자속밀도를 B_a라 하면 다음 식이 성립한다.

$$P\Phi = \pi l D B_a = \frac{2}{\pi} B_m \pi l D = 2B_m l D \qquad \therefore B_m l D = \frac{P\Phi}{2} \tag{5.4.5}$$

이 값을 식 5.4.4에 대입하면 다음 식과 같다.

$$T = \frac{P\Phi}{2\sqrt{2}} m_2 N_2 I_2 \cos\theta_2 = \frac{P m_2 N_2}{2\sqrt{2}} \Phi I_2 \cos\theta_2 = K\Phi I_2 \cos\theta_2 \tag{5.4.6}$$

단, $K = \dfrac{Pm_2N_2}{2\sqrt{2}}$ 정수로서 유도전동기의 토크는 [자속]×[2차 전류]×[2차 역률]에 의해서 표시되는데 전류의 위상각 θ_2가 커지면 [그림 5-31]의 부회전력이 커져서 같은 자속과 같은 2차 전류에 대해서도 토크는 작아진다.

식 5.4.6에 식 5.2.10을 대입하면 식 5.4.7이 된다.

$$T = K\Phi I_2 \cos\theta_2 = K\Phi \frac{sE_2}{\sqrt{{r_2}^2 + (sx_2)^2}} \cdot \frac{r_2}{\sqrt{{r_2}^2 + (sx_2)^2}} = K\Phi \frac{sE_2 r_2}{{r_2}^2 + (sx_2)^2} \tag{5.4.7}$$

식 5.2.5에서 $\Phi = \frac{E_2}{4.44K_{w2}fN_2} = K'E_2$이므로 이를 식 5.4.7에 대입하면 다음 식이 된다.

$$T = KK'E_2^2\frac{sr_2}{r_2^2 + (sx_2)^2} = K_0E_2^2\frac{sr_2}{r_2^2 + (sx_2)^2} \tag{5.4.8}$$

따라서 유도전동기의 토크는 슬립과 2차 저항에 의해 결정되는데 2차 저항이 일정할 때 토크는 슬립만의 함수가 되므로 식 5.4.8은 토크와 슬립과의 관계곡선을 구하는 데 이용된다.

4.2 동기와트

일반적으로 전동기의 기계적 출력은 각속도 ω와 토크 T와의 곱으로 표시된다. 따라서 토크 T[N · m], 회전수 n[rps](각속도 $\omega = 2\pi n$[rad/s])로 회전하고 있는 전동기의 기계적 출력 P_m[W]는 다음 식과 같다.

$$P_m = \omega T = \frac{2\pi}{60}NT[\mathrm{W}] \tag{5.4.9}$$

$$T = P_m/2\pi n = \frac{60}{2\pi} \cdot \frac{P_m}{N}[\mathrm{N \cdot m}] \tag{5.4.10}$$

그런데 $N = (1-s)N_0$, $P_m = (1-s)P_2$이므로 위 식은 다음 식과 같이 표현된다.

$$P_2(1-s) = \frac{2\pi}{60}NT \tag{5.4.11}$$

$$\therefore\ P_2 = \frac{2\pi}{60} \cdot \frac{N}{1-s}T = \frac{2\pi}{60}N_0T \tag{5.4.12}$$

$$T = \frac{60P_2}{2\pi N_0} = kP_2 \tag{5.4.13}$$

이와 같이 토크는 회전자 입력 P_2에 비례하므로 토크를 회전자 입력에 의해 표시하는 경우가 많다. 토크를 회전자 입력 P_2에 의해서 표시할 때에 P_2를 동기와트에 있어서의 토크 또는 동기와트(synchronous watt)라고 한다. 동기와트의 물리적 의의는 다음과 같이 말할 수 있다. 즉 유도전동기가 슬립 s로 회전하고 있을 때의 토크와 같은 토크를 가지고 동기속도로 회전한다고 생각할 때의 가상적인 기계적 출력을 동기와트라고 하며 동기속도에 있어서의 와트라는 뜻이다.

동기와트로 나타낸 토크 T'는 다음 식과 같다.

$$T' = P_2 = I_1'^2 \frac{r_2'}{s} = \frac{V^2}{(r_1 + \frac{r_2'}{s})^2 + (x_1 + x_2')^2} \cdot \frac{r_2'}{s} \tag{5.4.14}$$

또한, 2차 회로에서 생각하면 T'는 식 5.4.15가 되며, 토크는 전동기에 공급하는 전압 V의 2승에 비례한다는 것을 알 수 있다.

$$T' = P_2 = I_2^2 \frac{r_2}{s} = \frac{(sE_2)^2}{r_2^2 + (sx_2)^2} \cdot \frac{r_2}{s} = \frac{sE_2^2 r_2}{r_2^2 + (sx_2)^2} \tag{5.4.15}$$

4.3 토크와 회전수

유도전동기의 토크와 슬립의 관계는 여러 가지 특성을 조사하는데 있어서 중요하므로 식 5.4.15에 의한 토크곡선의 형상을 검토해 보기로 한다.

식 5.4.15에서 s가 작은 경우에는 분모 중 sx_2는 r_2에 비해서 대단히 작은 값이 되므로 이것을 무시하면 토크는 다음 식과 같이 된다.

$$T' = \frac{sE_2^2 r_2}{r_2^2 + (sx_2)^2} \fallingdotseq \frac{sE_2^2}{r_2} \tag{5.4.16}$$

이 식에 의해서 슬립 s가 작을 때의 토크는 슬립에 비례하며 이 관계를 나타내면 [그림 5-32]의 직선 T_1과 같이 된다.

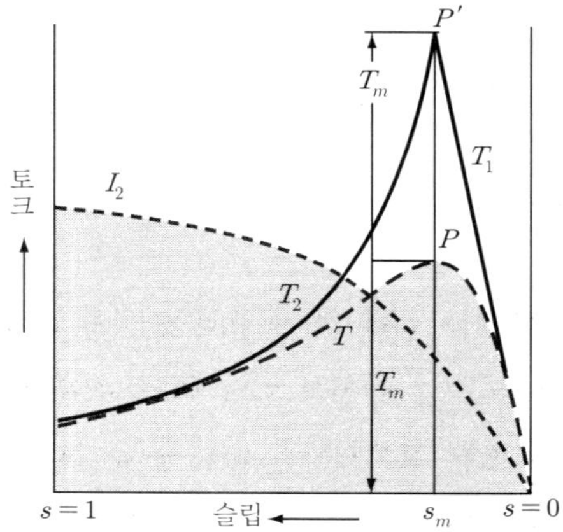

[그림 5-32] 토크곡선

다음에 기동가속중 s가 클 때에는 sx_2에 비해서 r_2는 무시할 수 있으므로 이 때의 토크는 다음 식과 같이 된다.

$$T' = \frac{sE_2^2 r_2}{r_2^2 + (sx_2)^2} \fallingdotseq \frac{E_2^2 r_2}{sx_2^2} \tag{5.4.17}$$

이 식에 의해서 슬립 s가 클 때의 토크는 슬립에 반비례하며 이것을 나타내면 [그림 5-32]의 T_2와 같은 곡선이 된다. 또한, s의 값이 그 중간에 있을 때의 토크에 대해서 알아보고자 한다. 이 경우 유도전동기의 토크는 다음 식과 같이 표현될 수 있다.

$$T' = \frac{sE_2^2 r_2}{r_2^2 + (sx_2)^2} = \frac{E_2^2 r_2}{\dfrac{r_2^2}{s} + sx_2^2} \tag{5.4.18}$$

위 식에서 분모 2항의 곱은 $r_2^2 x_2^2$로 일정하므로 $r_2^2/s = sx_2^2$일 때, 즉 $s(= s_m) = r_2/x_2$일 때 분모는 최소로 되고 토크는 최대가 된다. 그 최대토크 T_m은 식 5.4.15에 $s = r_2/x_2$를 대입하면 다음 식과 같이 된다.

$$T_m = \frac{{E_2}^2}{2x_2} \tag{5.4.19}$$

또한, $s = r_2/x_2$일 때 T_1및 T_2의 값은 다음 식과 같다.

$$T_1 \fallingdotseq \frac{sE_2^2}{r_2} = \frac{E_2^2}{r_2} \times \frac{r_2}{x_2} = \frac{E_2^2}{x_2} \tag{5.4.20}$$

$$T_2 \fallingdotseq \frac{E_2^2 r_2}{sx_2^2} = \frac{E_2^2 r_2}{x_2^2} \times \frac{x_2}{r_2} = \frac{E_2^2}{x_2} \tag{5.4.21}$$

식 5.4.20과 식 5.4.21의 값은 [그림 5-32]에 있어서 T_1직선과 T_2곡선은 P'점에서 일치한다. 그리고 그 값은 식 5.4.19의 최대토크 T_m의 2배이므로 $s_m P'$의 중점 P가 최대토크점이 된다.

이와 같이 토크는 슬립이 작은 구간에 있어서는 슬립이 증가함에 따라서 직선적으로 증가하고 큰 구간에 있어서는 슬립의 증가와 역비례해서 토크는 감소한다. 그리하여 그 중간에 최대토크가 존재하게 된다. 이상 설명한 바에 의해 유도전동기의 토크-속도곡선은 [그림 5-32]의 곡선 T와 같은 형상으로 되는 것을 알 수 있으며 보통의 전동기에 있어서는 $x_2 = (4 \sim 5)r_2$ 정도이므로 최대토크를 발생하는 슬립 s_m의 값은 $1/5 \sim 1/4$이 되며 기동토크 T_s는 식 5.4.15에 $s=1$을 대입하면 다음 식과 같이 된다.

$$T_s = \frac{E_2^2 r_2}{r_2^2 + x_2^2} \tag{5.4.22}$$

유도전동기를 기동시키면 토크는 최대토크를 발생하는 P 점을 지나 그 우측에서 그 때의 부하토크와 평형을 이루는 토크를 발생할 수 있는 슬립(회전수)으로 안정된 운전을 계속한다. 만약에 부하가 증가하면 슬립이 증가하여 새로운 부하토크에 대응하게 되는데 부하토크가 T_m을 초과한다면 전동기는 즉시 정지하게 된다. 그러므로 T_m을 정동토크(stalling torque)라고도 한다.

4.4 비례추이

유도전동기의 2차측 전류와 토크는 다음 식과 같이 표현된다.

$$I_2 = \frac{sE_2}{\sqrt{r_2^2 + (sx_2)^2}} = \frac{E_2}{\sqrt{\left(\frac{r_2}{s}\right)^2 + x_2^2}} \tag{5.4.23}$$

$$T = K_0 E_2^2 \frac{sr_2}{r_2^2 + (sx_2)^2} = K_0 E_2^2 \frac{\left(\frac{r_2}{s}\right)}{\left(\frac{r_2}{s}\right)^2 + x_2^2} \tag{5.4.24}$$

위 두 식을 보면 I_2와 T는 r_2/s의 함수이고 r_2와 s가 변해도 그 비만 일정하면 I_2와 T는 그 값이 변하지 않는다는 것을 알 수 있다. 즉 r_2를 m배하면 같은 크기의 I_2와 T는 슬립이 ms일 때 생기게 된다. [그림 5-33]은 2차 회로의 저항이 r_2와 mr_2일 때의 $I_2 - s$곡선 및 $T-s$곡선을 나타낸 것이다. 이와 같이 전압이 일정할 때 같은 전류 또는 같은 토크에 대한 슬립은 2차 저항에 비례해서 추이하므로 이 현상을 비례추이(proportional shifting)라고 한다. 2차 전류와 토크 이외에 1차 전류, 1차 입력 및 역률 등도 r_2/s의 함수로 표시되고 비례추이하게 된다.

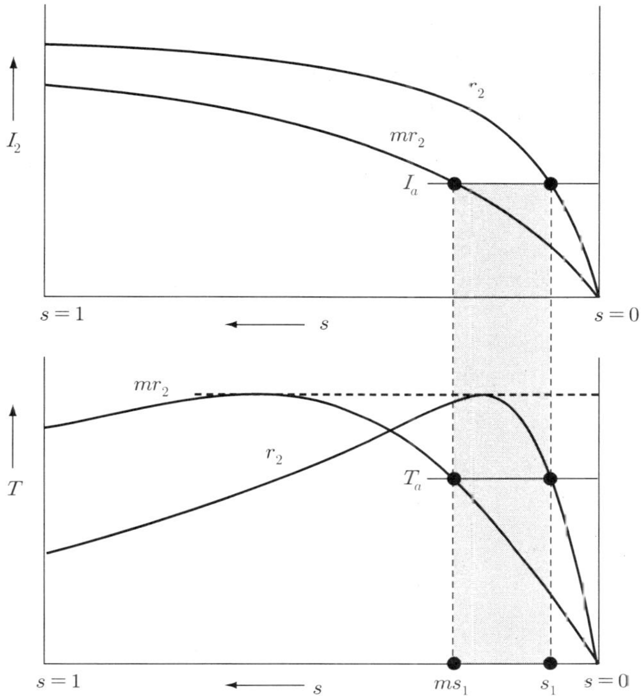

[그림 5-33] 비례추이

예제 전부하에 있어서의 슬립이 4[%]되는 권선형 유도전동기가 있다. 전부하 토크의 2배 토크로 기동시키기 위해서는 2차측에 몇 [Ω]의 저항을 삽입해야 하는가? 단 2차 권선저항은 0.2[Ω]이다.

해설 토크-속도곡선에 있어서 슬립이 작은 범위에 있어서는 슬립과 토크는 비례하므로 토크를 2배로 하기 위해서는 슬립을 2배로 해주어야 한다. 즉 전부하토크의 2배 토크는 슬립이 8[%]시에 생긴다. 따라서 이것과 같은 크기의 토크로 기동시키기 위해서 삽입해야 할 부가저항을 R[Ω]으로 하면 기동시의 슬립은 1이므로 비례추이의 원리에 의해서

$$\frac{1}{0.08}=\frac{0.2+R}{0.2} \qquad \therefore R=2.3$$

예제 50[Hz], 4극, 정격속도 1,450[rpm]인 권선형 유도전동기의 2차 1상의 권선저항이 0.02[Ω]일 때 다음을 구하여라.

1) 전부하 속도를 1,000[rpm]으로 하기 위해서는 2차측에 몇 [Ω]의 저항을 삽입해야 하는가?
2) 최대토크가 s_m =25[%]인 점에서 생긴다고 하면 최대토크와 같은 기동토크를 내기 위해서는 2차측에 몇 [Ω]의 저항을 삽입해야 하는가?

해설 1) $N_0 = \frac{120}{P}f = \frac{120 \times 50}{4} = 1,500[\text{rpm}]$

$$s_1 = \frac{N_0 - N}{N_0} = \frac{1,500 - 1,450}{1,500} = \frac{1}{30},$$

$$s_2 = \frac{N_0 - N}{N_0} = \frac{1,500 - 1,000}{1,500} = \frac{1}{3}$$

처음의 2차 저항을 $r_2[\Omega]$, 구하는 저항을 $R[\Omega]$이라 하면 비례추이의 원리에 의해서

$$\frac{r_2}{s_1} = \frac{r_2 + R}{s_2} \qquad \therefore R = r_2\left(\frac{s_2}{s_1} - 1\right) = 0.02\left(\frac{1/3}{1/30} - 1\right) = 0.18[\Omega]$$

2) 기동시의 슬립은 1이므로 비례추이의 원리에 의해서

$$\frac{r_2}{s_m} = \frac{r_2 + R}{1} \qquad \therefore R = r_2\left(\frac{1}{s_m} - 1\right) = 0.02\left(\frac{1}{0.25} - 1\right) = 0.06[\Omega]$$

5. 전동기의 상수측정

전동기의 특성은 r_1, x_1, r_2', x_2', g_0, b_0의 6개의 정수에 의해서 결정되므로 계산에 의해서 특성을 구하려면, 처음 제작된 기계에서는 다음과 같은 세 가지의 시험을 하여 그 결과에 의해서 산출된 기본량을 사용하여야 한다.

5.1 저항측정시험

고정자 권선 1상의 저항 r_1은 임의의 주위온도가 t[℃]인 경우에 [그림 5-34]과 같이 전동기 각 단자 사이의 저항 R_1을 측정하고 이것을 기준온도 T[℃]에 대한 저항값으로 환산해서 구한다.

$$r_1 = \frac{R_1}{2} \times \frac{234.5 + T}{234.5 + t} [\Omega] \tag{5.5.1}$$

T의 값은 A, B, E종 절연은 75[℃], F, H종 절연은 115[℃]로 한다.

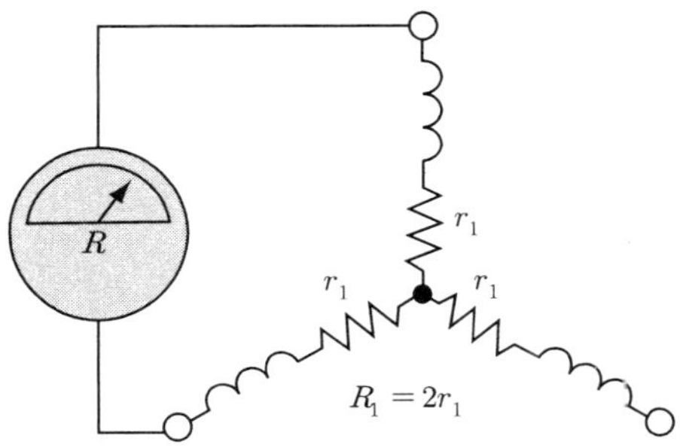

[그림 5-34] 저항 측정시험

5.2 무부하 시험

정격주파수 f_1[Hz]로 무부하 상태로 운전하면서 각 상의 전압 V_0, 전류 I_0, 전력 W_0를 측정한다. 무부하에서는 $s \fallingdotseq 0$의 상태로 회전하므로 간이등가회로의 2차단자를 개방한 상태인 [그림 5-35]와 같이 된다.

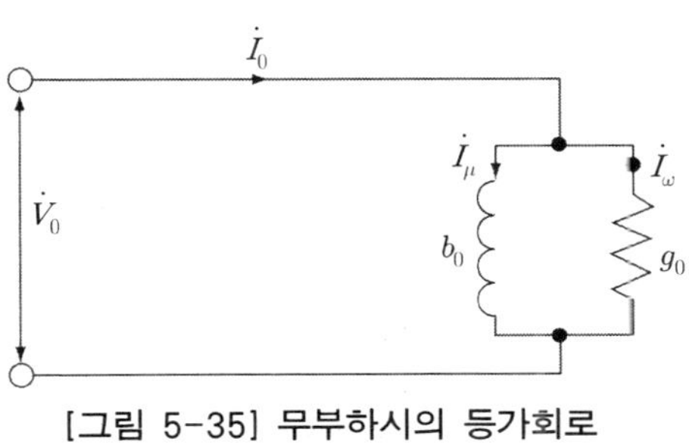

[그림 5-35] 무부하시의 등가회로

이 등가회로에 따라서 무부하 시험(no-load test) 결과로부터 여자회로의 회로정수 및 무부하 역률을 다음과 같이 구할 수 있다.

입력 W_0 중에는 철손 W_i 외에 기계손 W_m과 1차 권선의 동손 $I_0^2 r_1$이 포함되어 있으나, $I_0^2 r_1$은 매우 작으므로 무시할 수 있다.

$$Y_0 = \frac{I_0}{V_0}[\mho] \tag{5.5.2}$$

$$g_0 = \frac{W_i}{V_0^2} = \frac{W_0 - W}{V_0^2}[\mho] \tag{5.5.3}$$

$$b_0 = \sqrt{Y_0^2 - g_0^2}\,[\mho] \tag{5.5.4}$$

$$I_0 = I_\omega - jI_\mu, \quad I_\omega = \frac{W_0}{V_0}, \quad I_\mu = \sqrt{I_0^2 - I_\omega^2} \tag{5.5.5}$$

W_i 및 I_0는 전동기에 공급한 전압에 따라 변하지만, W_m은 회전속도의 함수로서 V_0에 의해 변하지는 않는다.

그래서 전동기의 단자전압을 정격값 부근에서 동기속도를 유지하는 최저값까지 변화시켜 V_0과 W_0의 관계를 [그림 5-36]과 같이 나타내어 곡선을 $V_0 = 0$점까지 보충해서 W_m을 구한다.

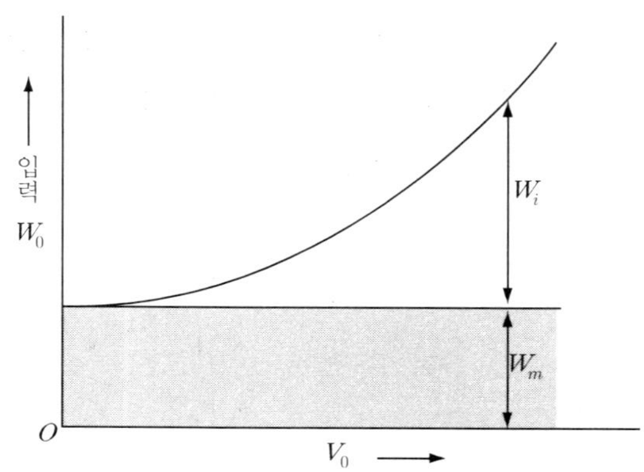

[그림 5-36] 철손과 기계손의 분리

5.3 구속시험

유도전동기의 회전자를 구속해서 인가전압을 조정하고 정격전류와 같은 구속전류 I_s[A]를 흘릴 때의 구속전압 V_s[V]와 손실 W_s[W]를 측정한다. 이 경우 구속전압은 보통 정격전압의 1/5~1/6 정도이기 때문에 여자전류는 구속전류에 비해서 극히 작아 무시한다.

이 때 $s=1$이기 때문에 등가회로는 여자회로를 두시해서 [그림 5-37]의 회로와 등가로 된다.

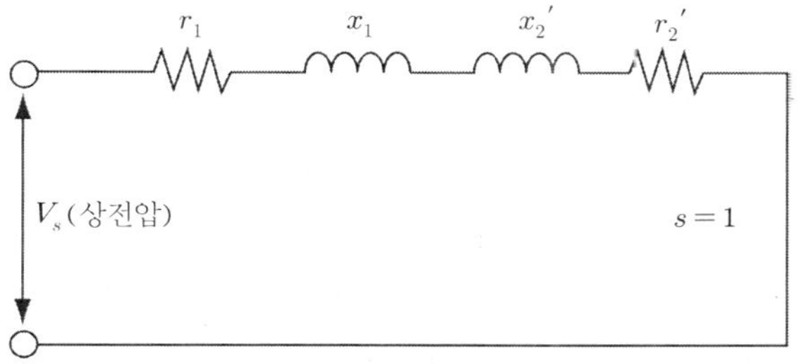

[그림 5-37] 구속시험의 등가회로

[그림 5-37]의 등가회로에서 알 수 있듯이 구속시험(locked test) 결과와 저항측정시험의 결과로 다음 식과 같이 r_2', x_1+x_2'의 값을 산정할 수 있다.

$$\frac{V_s}{I_s}=\sqrt{(r_1+r_2')^2+(x_1+x_2')^2}\,[\Omega] \tag{5.5.6}$$

$$r_1+r_2'=\frac{P_s}{I_s^2}, \qquad r_2'=\frac{P_s}{I_s^2}-r_1$$

$$x_1+x_2'=\sqrt{\left(\frac{V_s}{I_s}\right)^2-\left(\frac{W_s}{I_s^2}\right)^2}, \qquad x_1=x_2'=\frac{x_1+x_2'}{2} \tag{5.5.7}$$

6. 특수농형 유도전동기

6.1 개 요

농형 유도전동기는 시동시 기동전류가 크고 기동토크가 작다는 기동특성상의 결함이 있다. 이러한 단점을 개선하기 위해 권선형 유도전동기와 같이 회전자 회로에 직접 저항을 접속하지 않고 슬립주파수에 의한 표피효과(skin effect)를 이용해서 시동시에는 회전자 권선의 저항이 크게 되고 속도가 상승하게 되면 작게 되도록 한 전동기가 특수농형 유도전동기이다.

다시 말해서 유도전동기를 농형구조로 하여 운전시의 특성을 저하시키는 일이 없이 그 기동특성을 권선형의 기동특성에 접근시킬 수 있다면 이상적인 유도전동기가 될 것이며, 이와 같은 요구를 만족시키도록 고안된 것이 특수농형 유도전동기이다.

특수농형에는 이중농형 유도전동기(double squirrel cage induction motor)와 심구농형 유도전동기(deep slot gage induction motor)의 두 종류가 있다.

6.2 2중농형 유도전동기

2중농형은 [그림 5-38]과 같이 회전자의 슬롯을 2중 구조로 하여 외측의 슬롯에는 황동 또는 동니켈합금 등 고저항 재료의 도체를 이용하고, 내측의 도체에는 저항이 작은 전기동을 사용한다. 기동시 주파수가 높은 경우에는 슬롯 내측의 리

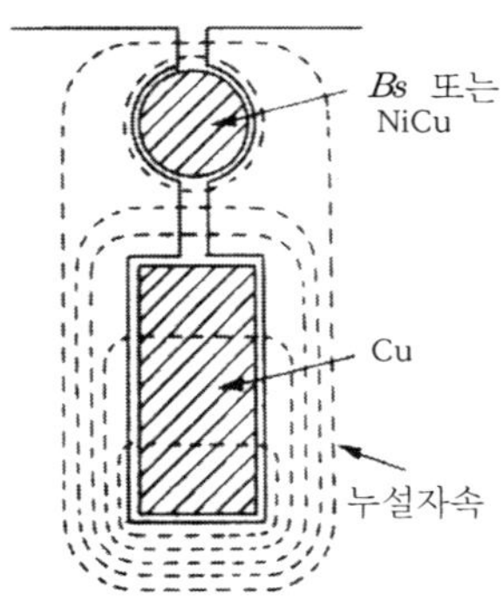

[그림 5-38] 2중농형 슬롯과 누설자속

액턴스가 크게 되므로 전류의 대부분이 외측의 도체에 흐르게 되며 고저항으로 된다. 하지만 속도가 상승하게 되면 더불어 주파수가 낮게 되기 때문에 리액턴스가 감소하고 전류의 대부분이 저항이 낮은 내측의 도체에 흐르게 된다.

[그림 5-39]와 같이 외측 도체에 의한 고저항, 저리액턴스 전동기와 내측 도체에 의한 저저항 고리액턴스 전동기의 복합전동기로 볼 수 있으며, 두 전동기의 특성을 합성한 것이 2중농형 유도전동기의 특성이다.

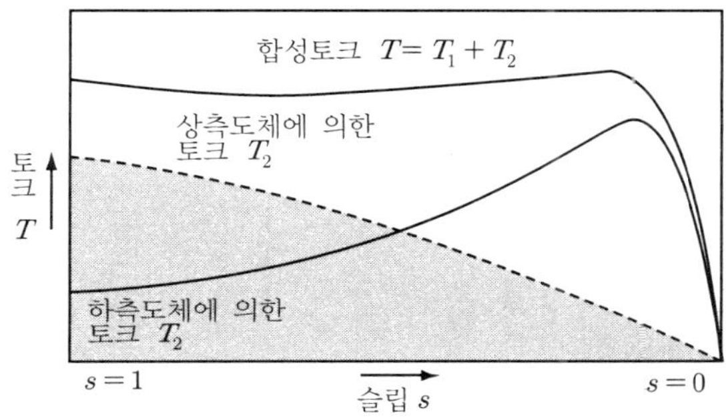

[그림 5-39] 2중농형 유도전동기의 속도토크특성

6.3 심구농형 유도전동기

2중농형 유도전동기는 시동시 외측 도체에 큰 전류가 흐르므로 열이 많이 발생한다. 또한, 외측 도체는 비교적 가는 도체가 사용되기 때문에 시등과 정지를 빈번하게 하면 팽창과 수축을 반복하여 금속피로가 발생하기 쉽다. 이러한 문제점을 개선하기 위한 것이 심구농형 유도전동기이다.

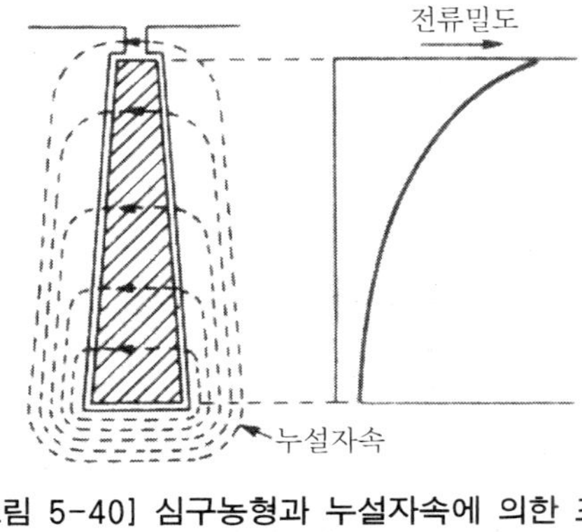

[그림 5-40] 심구농형과 누설자속에 의한 표피효과

심구농형은 단일홈이기는 하지만 폭이 좁고 깊이가 깊은 홈으로 [그림 5-40]과 같은 구조로 되어 있다. 기동시에는 2차주파수가 높기 때문에 누설자속은 그림과 같이 되어 홈 내측에 있어서의 자속쇄교수가 크게 되기 때문에 도체의 내측일수록 리액턴스가 크게 되므로 기동전류는 외측 도체에 몰려서 통하게 된다. 이 때문에 도체의 저항이 증가한 결과가 되어 전류는 작아지고 토크는 크게 된다.

그러나 속도가 상승하면 2차주파수가 작아지므로 내측 도체의 리액턴스작용도 없어지고 전류는 도체 단면에 고르게 분포되어 저항이 감소된 것과 같아진다. 따라서 운전특성이 좋아진다. 리액턴스와 저항의 슬립에 따른 변화를 나타내면 [그림 5-41]과 같다.

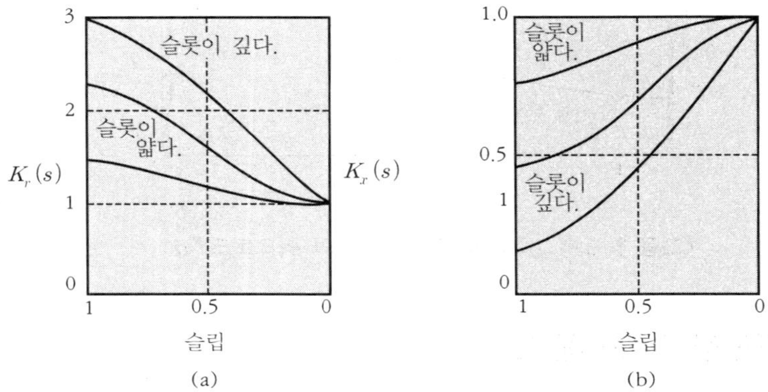

[그림 5-41] 심구농형의 슬립에 따른 저항과 리액턴스의 변화율

6.4 특수농형 유도전동기의 특성

[그림 5-42]는 보통농형, 이중농형 및 심구농형의 대표적인 속도-토크특성을 비교한 것이다. 보통농형은 운전시의 효율, 역률, 정동토크 등의 특성이 특수농형보

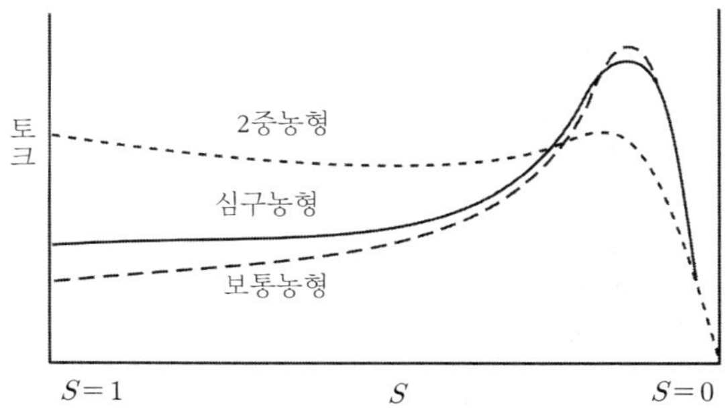

[그림 5-42] 속도-토크특성곡선

다 우수하나 기동전류에 비해서 기동토크가 작으며 기동전류는 전부하전류의 약 600[%]로 되고 기동토크는 전부하토크의 약 120~150[%]로 되는 것이 보통이다.

심구농형은 운전시의 특성은 보통농형보다 약간 못하나 기동전류는 전부하전류의 약 400~550[%]로 되고 기동토크는 전부하토크의 200[%] 이상이 된다.

이와 같이 이중농형과 심구농형 유도전동기는 기동전류가 전부하전류의 350~550[%]로 감소되므로 중용량의 전동기는 기동장치 없이 전전압으로 기동할 수 있다. 이와 같은 전동기를 직입전동기(line start motor) 또는 전전압기동 전동기(full voltage starting motor)라고 한다.

7. 유도전동기의 기동법

유도전동기가 정지하고 있을 때 정격전압을 가하면 전부하전류의 수배에 달하는 큰 기동전류가 통하여 기동시간이 길어지면 많은 열을 발생해서 전기자 권선이 과열될 뿐만 아니라, 역률이 좋지 못하기 때문에 전원전압이 크게 하강되어 다른 부하기기에 악영향을 끼치게 된다. 권선형에 있어서는 비례추이를 이용해서 기동전류를 감소시키고 기동토크를 증가시킬 수가 있으나, 보통 농형에 있어서는 구조상 2차 저항을 변화시킬 수 없으므로 기동전류를 감소시키기 위해서는 공급전압을 낮추어서 기동시키고 가속된 후에 정격전압을 가해주도록 하는 방법밖에 없다. 그러나 소출력의 농형 전동기는 그 기동전류가 타기기에 미치는 영향이 적고 또 특수농형은 기동전류가 작아 경부하에 있어서 전전압기동(full voltage starting)을 행할 수 있다.

7.1 농형 유도전동기의 기동법

7.1.1 전전압기동법

소형 농형 유도전동기에 보편적으로 사용되고 있는 기동법으로서 전동기 단자에 직접 정격전압을 가해서 기동시키는 방법이다. 기동순간에는 전부하전류의 400~600[%]의 기동전류가 통하는데 전류치 자체가 작아서 배전계통에 대한 영향도 적다.

특수농형 유도전동기를 전전압기동 또는 다른 기동방법을 사용하느냐는 전동기의 용량의 대소뿐만 아니라 전원용량과 기동시의 전압강하 여하에 의해서 결정된다. 육상에 있어서 전원용량에 여유가 있을 때에는 4,000~5,000[kW] 정도의 전동기까지 전전압기동을 할 수 있으나 선박과 같이 전원용량이 작을 때에는 15[kW] 정도가 한도이다. 그러나 자려 교류발전기를 전원으로 사용할 때에는 순시전압강하가 작으므로 100[kW] 또는 그 이상의 전동기까지 전전압기동을 할 수 있다. 전전압기동을 직입기동(across the line starting)이라고도 한다.

7.1.2 $Y-\triangle$ 기동법($Y-\triangle$ starting)

전동기용량이 5~37[kW] 정도의 저압 유도전동기의 경우 1차 권선을 운전시에는 $\triangle$로 접속하지만 기동시에는 Y로 접속하여 각 상전압을 전원전압의 $1/\sqrt{3}$으로 감압하여 기동하고 속도가 상승하면 $\triangle$로 접속하여 기동전류를 감소시킨다. [그림 5-43]과 같이 기동시에는 스위치 M과 S를 닫아서 기동하고 운전시에는 S를 개로하고 D를 닫아서 사용한다. 이와 같이 $Y-\triangle$ 기동법을 사용하면 기동시 선전류는 1/3로, 상전류는 $1/\sqrt{3}$로 감소한다. 또한, 기동토크도 상전압의 제곱에 비례하기 때문에 1/3로 감소한다.

	M	S	D
Y	ON	ON	OFF
$\triangle$	ON	OFF	ON

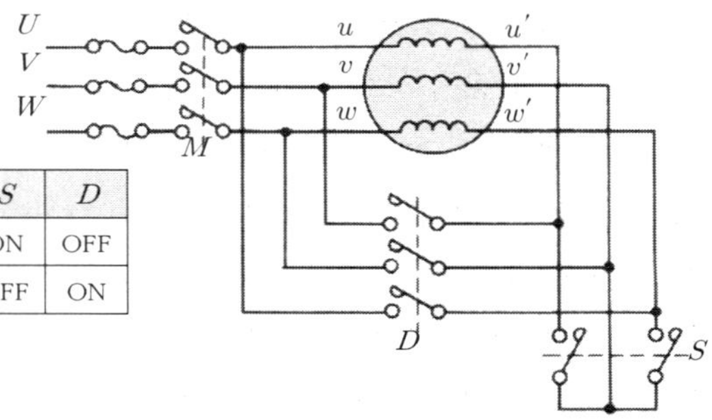

[그림 5-43] $Y-\triangle$ 기동법

7.1.3 기동보상기법

기동시 전동기에 공급하는 전압을 단권변압기에 의해서 일시 강하시켜서 기동전류를 제한하는 기동방법을 기동보상기법(starting compensator method)이라 하며 단권변압기로는 Y결선 또는 $\triangle$결선한 것을 사용하고 이것과 전환개폐기 등을 결합한 것을 기동보상기(starting compensator)라고 한다. [그림 5-44]와 같이 전자접촉기의 C와 S를 닫아서 유도전동기를 단권변압기의 2차측에 접속하여 기동하고 속도 증가 후 S를 열어서 단권변압기를 리액터로 해서 더욱 속도를 증가시킨다.

속도가 정상운전 속도에 가까워지면 M을 닫고 C를 열어서 전동기가 직접 전원에 연결된 상태로 해서 운전한다. 이 경우 단권변압기의 1차측과 2차측 권선의 권수비를 a라고 하면 기동보상기의 전원측 전류 I_1은 전전압기동인 경우의 $1/a^2$이 되며, 기동토크도 전전압 기동인 경우의 $1/a^2$로 된다.

기동보상기법에 있어서 개폐기를 기동측에서 운전측으로 전환할 때 기동기는 일시 전원에서 분리되는데 그 순간 자속이 감소하려고 하나 2차 회로가 닫혀 있기 때문에 자속의 감소에 반대하려는 방향의 전류가 통하여 자속이 유지되므로 1차 권선에는 유도기전력이 계속 존재하게 된다. 따라서 개폐기를 운전측에 전환하는 순간에 전원전압과 상기한 유도기전력이 같은 방향으로 작용하면 전전압 기동시보다도 큰 전류가 통하게 되는 수가 있다.

이와 같은 개폐기 전환순간의 과전류를 방지하고 원활한 기동을 할 수 있게 고안된 것이 콘돌퍼방식(Kondorfer system)이며 현재 기동보상기법은 모두 이 방식에 의하고 있다.

	C	S	M
기동보상기	ON	ON	OFF
리 액 터	ON	OFF	OFF
운 전	OFF	OFF	ON

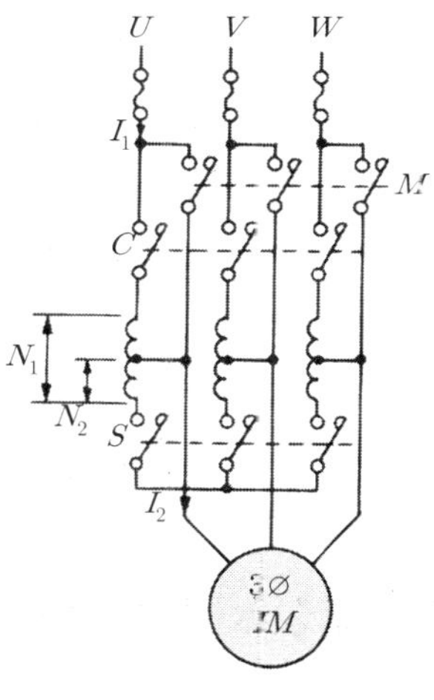

[그림 5-44] 콘돌퍼 기동방법

7.1.4 리액터 기동법

리액터 기동법(reactor starting)은 [그림 5-45]와 같이 전동기와 전원간에 리액터 L을 연결하여 기동전류가 리액터를 통함으로써 생기는 전압강하분 만큼 전압을 낮추어서 기동시키는 것이다. 가속된 후에 단락스위치 S에 의해서 리액터를 단락시키면 전동기는 전전압을 받아서 운전상태로 된다. 이 방법은 펌프, 송풍기용 전동기와 같이 기동토크를 별로 필요로 하지 않고 주로 기동전류를 제어하려고 할 때 사용되며 기동보상기법에 비교하면 간단하며 가격도 싸고 기동시에 소음도 작으므로 특히 자동기동이나 원격제어를 할 때에 편리하다.

이 때의 기동전류는 단자전압에 비례해서 감소되고 기동토크는 단자전압의 제곱에 비례해서 감소하므로 기동보상기법이 전류와 토크가 모두 중간 단자전압의 제곱에 비례해서 감소하는 것과 비교하면 같은 기동전류에 대한 토크의 저하율이 크게 된다. 즉 기동토크에 비해서 기동전류가 큰 것이 결점이다.

그러나 이 기동법은 기동전류에 의한 전압강하를 이용하고 있기 때문에 전동기의 속도가 상승해서 기동전류가 감소하면 전동기의 단자전압은 자동적으로 상승해서 토크도 전압의 제곱에 비례해서 상승하게 된다. 따라서 부하토크가 속도의 2승에 비례해서 변화하는 부하의 구동에 적합한 기동법이라고 말할 수 있다.

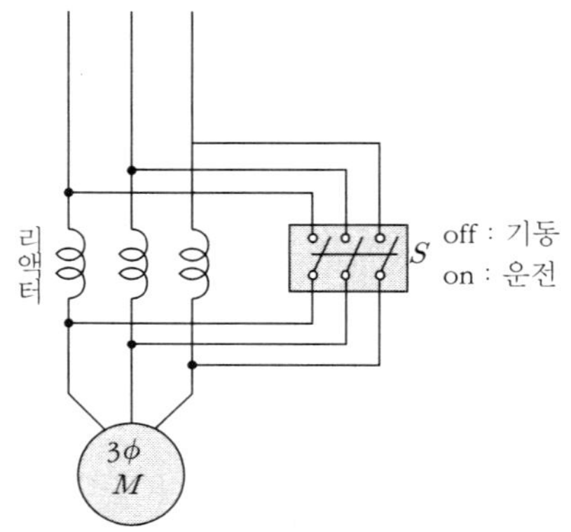

[그림 5-45] 리액터 기동법

7.2 권선형 유도전동기의 기동법

권선형 유도전동기의 기동법에는 유도전동기의 비례추이를 응용한 2차 저항기동법이 사용된다. [그림 5-46]과 같이 회전자 권선에 슬립링 및 브러시를 통해서 가변저항을 연결하면 기동전류를 감소시키고 큰 기동토크로 기동시킬 수 있다.

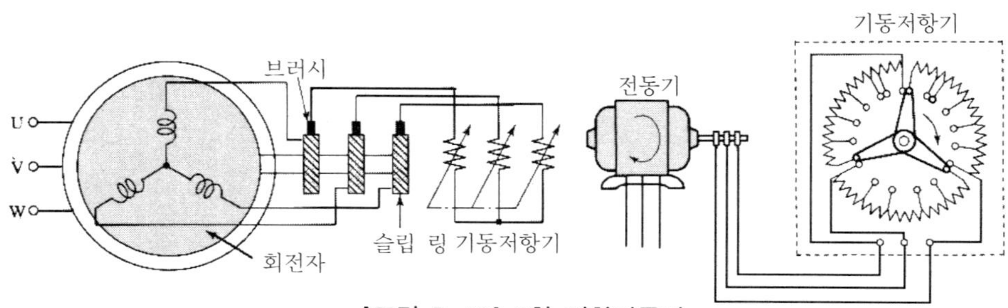

[그림 5-46] 2차 저항기동법

기동 후 슬립이 감소됨에 따라서 토크도 감소되드로 속도가 증가함에 따라서 차례로 저항을 감소시켜 최후에는 전저항을 단락시켜서 기동이 완료되고 운전상태로 들어간다. 이 방법은 기동저항의 선정방법에 의해서 기동시의 전류와 토크를 용이하게 제한할 수 있고 전부하토크와 같은 기동토크로 기동시킬 때에 있어서도 기동전류를 정격전류의 110~125[%] 정도로 억제시킬 수 있으므로 기동, 정지를 자주 행할 때나 관성이 큰 부하의 기동시에 적합하다.

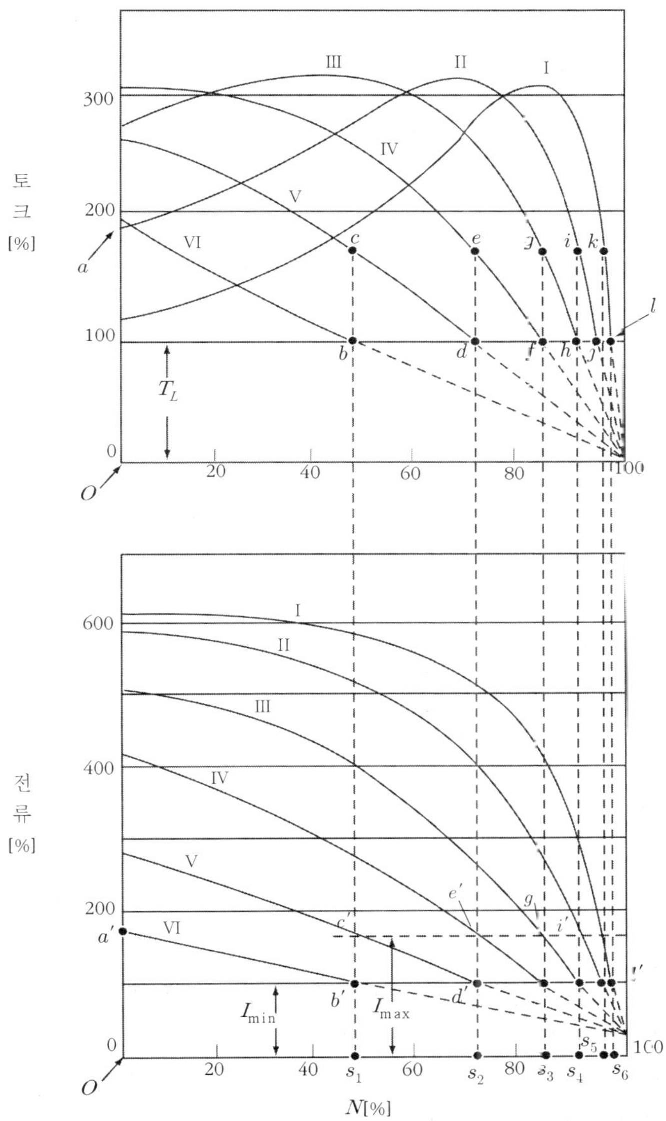

[그림 5-47] 기동저항의 변화와 기동특성의 변화

이미 기술한 바와 같이 권선형에 있어서는 2차 회로의 저항을 증가시키면 전류는 감소하고 최대토크를 발생하는 슬립이 $s_m = r_2/x_2$ 에 의해서 변화하므로 $r_2 = x_2$ 되게 하여 최대토크로 기동시킬 수도 있다. 보통 기동저항의 값은 2차 권선저항 r_2의 15~20배로 하고 가속중의 전류와 토크의 최대값을 적당한 값으로 억제하기 위해서 전저항을 몇 단계로 나누어 차례로 단락하게 되어 있다.

[그림 5-47]은 기동저항의 변화에 대한 기동특성의 변화상태를 나타낸 것이다. 지금 어느 크기의 기동저항을 연결했을 때의 토크와 전류의 특성곡선을 곡선 VI이라 하고 부하토크를 T_L이라고 하면 전동기는 기동토크 Oa(기동전류 Oa')로 기동하고 곡선 VI에 따라서 가속되며 발생토크가 부하토크와 같게 되면 그 이상은 가속되지 않으므로 슬립 s_1일 때 $s_1b' = I_{\min}$ 으로 된다.

다음에 기동저항을 감소시키면 토크가 곡선 V상의 c점으로 이동하여 곡선 cd에 따라서 d점에 올 때까지 속도는 가속된다. 전류도 기동저항을 감소시켰을 때 $s_1c' = I_{\max}$까지 증가하고 가속됨에 따라 곡선 $c'd'$에 따라서 감소한다. 이하 차례로 기동저항을 감해서 최후에 $R_s = 0$이 되게 하면 곡선 I상의 l점에서 운전상태에 도달하고 슬립 s_6으로 회전을 계속한다. 이때의 전류는 $s_6\, l' = I_{\min}$이다.

이와 같이 권선형은 기동특성을 마음대로 조절할 수 있을 뿐만 아니라 기동저항이 전동기의 밖에 있기 때문에 기동중의 발열이 기계온도에 영향을 끼치지 않으므로 권선형 유도전동기의 2차 저항기동법은 기동, 정지를 자주 행할 때 또는 관성이 커서 기동시간이 길어지는 부하의 기동시에 적합하다.

8. 제동법

운전중인 3상 유도전동기를 정지시킬 경우 지나치게 속도가 증가하는 것을 방지할 때 또는 역전시킬 때에 제동이 필요하게 된다. 이 제동법(braking)에는 크게 구분해서 마찰제동법(friction braking)과 전기제동법(electric braking)이 있다.

마찰제동법은 전동기에 직결된 제동륜(brake wheel)에 제동화(brake shoe)를 압착시켜 양자의 마찰력을 이용해서 전동기를 감속 또는 정지시키는 방법을 말하는 것인데 이 방법에는 제동화의 압착조작을 수동으로 하는 수동제동(hand braking)과 족동으로 하는 족동제어(foot braking) 및 전자력을 이용해서 하는 전자제동

(magnetic braking)의 세가지 방법이 있다. 전기제동법에는 회생제동, 발전제동, 역상제동, 단상제동의 네 가지 방법이 있는데 이들 제동법의 동작원리는 다음과 같다.

8.1 회생제동법

회생제동법(regenerative braking)은 케이블카나 양하기 등으로 하중을 내릴 때 사용하는 방법인데 유도전동기를 전원에 연결한 채 동기속도 이상의 속도로 운전하여 유도발전기로서 발생한 전력을 전원에 반환하면서 과속으로 되는 것을 방지하는 방법이다. 마찰제동과 같이 마모나 발열이 없고 다음과 같은 특징이 있다.

① 제동과 동시에 전력반환을 할 수 있으므로 전력이 경제적으로 이용된다.
② 전동기의 연결을 변경하지 않고 자동적으로 전동과 제동을 행할 수 있다.
③ 농형과 권선형의 어느 전동기에도 이용된다. 권선형의 경우 2차 회로에 큰 저항이 연결되어 있으면 발전기로서 운전할 때 토크-속도특성곡선의 경사가 완만하기 때문에 부하토크 변화에 대한 속도 변화가 크게 되어 슬립이 (−)방향으로 증가하여 과속으로 될 위험이 있으나 2차 저항이 작은 권선형이나 농형에 있어서는 안정된 제동을 행할 수 있다.
④ 이 방법만으로는 전동기를 정지시킬 수는 없으므로 전동기를 정지시키기 위해서는 역상제동이나 마찰제동을 겸용해야 한다.

8.2 발전제동법

운전중인 3상 유도전동기를 전원에서 분리하여 [그림 5-48]과 같이 1차측의 두 단자 V와 W를 연결하고 이것과 다른 단자 U간에 직류전압을 가하여 여자해 주면 1차 권선에 의해서 고정자극이 생기므로 전동기는 회전전기자형 교류발전기가 되며 그 발생전력이 권선형에 있어서는 2차 단자간에 연결된 가감저항기에서 소멸되고 농형에 있어서는 회전자도체내에서 소멸되면서 제동작용을 하게 된다.

이와 같이 전동기를 일시 발전기로 동작시켜서 제동작용을 일으키는 방법을 발전제동(dynamic braking)이라고 하며 제동력의 조절은 직류여자의 가감과 가감저항기(권선형)에 의해서 행할 수 있다. 이 방법은 직류전원을 필요로 하는 불편이 있고 또 농형회전자의 경우에는 2차 도체가 과열되므로 장시간의 제동에는 견디지 못하고 또 저속도로 될수록 제동의 효과가 적어지는 등의 결점이 있다.

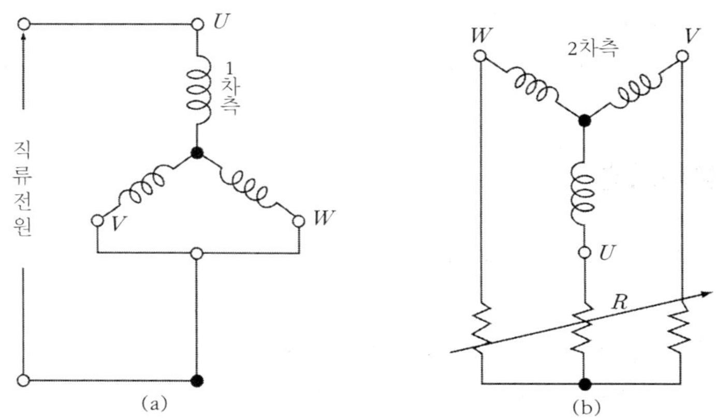

[그림 5-48] 발전제동법

8.3 역상제동법

전동기의 1차 3단자 중 임의의 2단자를 서로 바꾸어서 전원에 연결하면 상회전방향이 반대로 되어 전동기의 회전방향과 반대방향으로 토크가 작용하므로 전동기는 제동력을 받아 갑자기 감속하게 된다. 이 방법을 역상제동(plugging)이라고 하며 전동기를 갑자기 정지시킬 때 사용된다. 역상제동은 조작방법이 간단하며 장치도 비교적 저렴하기 때문에 널리 이용되고 있다. 역상제동은 상기한 이점 외에 다음과 같은 특징이 있다.

① 권선형 회전자의 경우에는 2차 회로에 큰 저항을 연결하면 비례추이의 원리에 의해 큰 제동토크를 얻을 수 있고 동시에 제동전류를 제한할 수 있는 이점이 있으나 농형 회전자는 부하의 관성이 커서 제동시간이 많이 걸릴 때 또는 서서히 제동을 행할 때에는 제동시의 전류에 의해 회전자가 과열될 염려가 있다.

② 이 방법은 정지하기 직전에 전동기를 전원에서 분리시켜야 한다. 그대로 두면 역전하기 때문이다. 그러므로 전동기축단에 역전방지계전기(plugging relay)를 장치하여 전동기가 정지함과 동시에 계전기접점이 동작하도록 하거나 또는 미리 설정된 시한으로 동작하는 한시계전기 등을 사용해서 전동기가 정지하였을 때 자동적으로 전동기를 전원에서 분리시키는 방법을 사용하고 있다.

8.4 단상제동법

단상 유도전동기는 2전동기설(two motor theory)에 의하면 [그림 5-49](a)와 같이 회전방향이 서로 반대인 2개의 회전자 A, B가 직결된 2상전동기라고 생각할 수 있다. 이때의 토크를 각각 τ_1, τ_2라 하면 합성토크 $\tau_0 = \tau_1 + \tau_2$ 는 (b) 그림과 같이 된다. 이 그림에서 전동기로서의 토크 τ_1이 제동토크 τ_2보다 크므로 합성토크 τ_0는 τ_1과 같은 방향으로 생기고 이것에 의해서 회전자는 A의 방향으로 가속된다.

지금 2차 저항을 증가하면 τ_1, τ_2는 τ_1', τ_2'와 같이 비례추이하고 그 결과 합성토크는 τ_0'와 같이 부의 토크부분이 생기게 된다. 2차 저항을 다시 증가하면 합성토크곡선은 [그림 5-50]의 곡선 c, d와 같이 변화하게 되므로 부의 토크가 증가하여 제동토크가 크게 된다.

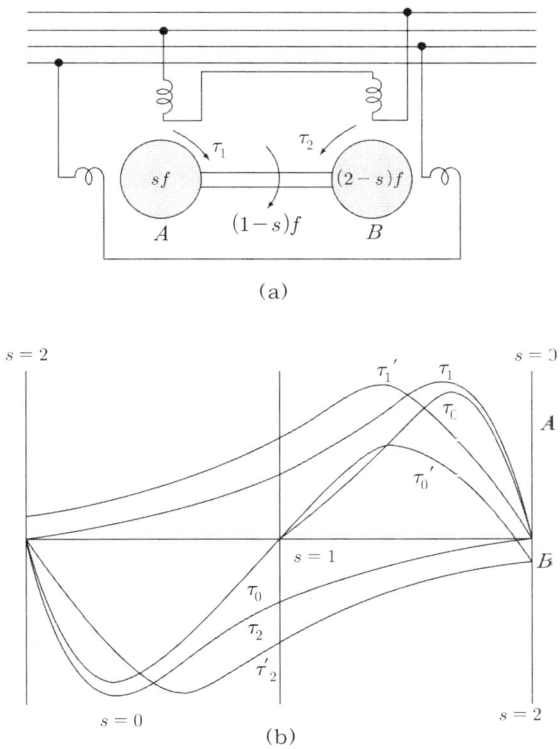

[그림 5-49] 단상 유도전동기의 토크곡선과 제동토크

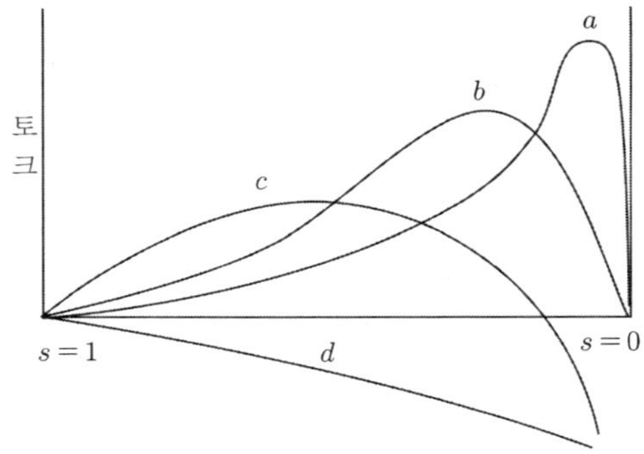

[그림 5-50] 제동토크

이와 같은 단상 전동기의 성질을 이용하기 위해서 권선형 유도전동기의 1차측 연결을 [그림 5-51]과 같이 변환하고 이것을 단상교류에 의해서 여자하면 이 전동기는 단상 유도전동기로 되어 제동회전력이 발생한다. 이때 2차측에 적당한 크기의 저항을 연결하면 제동토크가 크게 되어 전동기는 제동력을 받게 된다. 이와 같은 제동법을 단상제동법이라 하고 동기속도 이하의 제동에 유효하며 단상 유도전동기는 자력 기동성이 없으므로 역전할 염려가 없다.

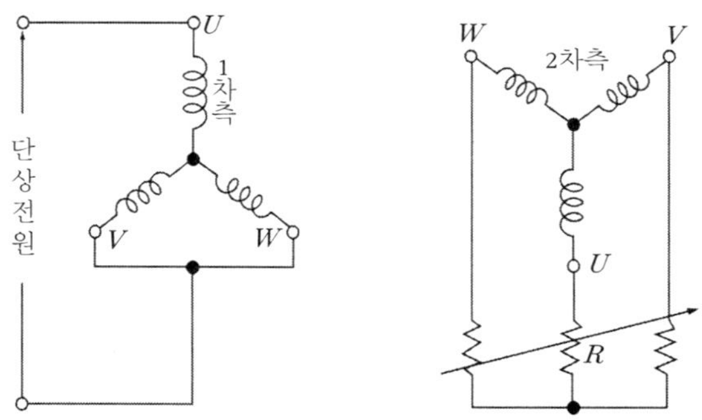

[그림 5-51] 단상제동법

9. 역률개선

유도전동기의 역률이 나쁘면 이에 전력을 공급할 때 같은 전력에 대해서도 선로전류가 크게 되므로 선로의 전력손실이 커지고 또 전압강하도 커지므로 역률을 개선해야 한다. 이를 위해서 전동기와 병렬로 콘덴서를 연결하면 전동기 자신의 역률은 개선되지 않지만 배전선로의 역률은 개선되고, 콘덴서와 전동기를 동일체로 생각하면 역률이 개선된 결과가 된다.

이 때 전동기의 여자전류 즉, 무효전류를 보상하는데 충분한 콘덴서용량을 선정하면 부하의 여하에 상관없이 역률을 95[%] 이상으로 유지할 수 있다. 이와 같이 하면 부하시의 역률을 개선할 뿐만 아니라 농형 유도전동기의 기동시 역률을 개선해서 기동시의 무효전력을 감소시키기도 한다.

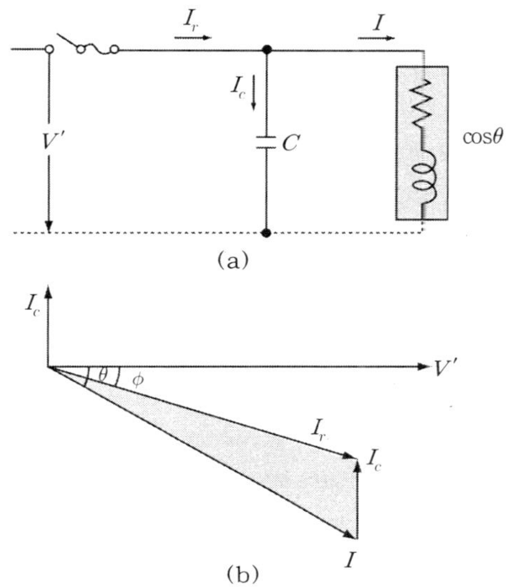

[그림 5-52] 콘덴서에 의한 역률개선

[그림 5-52]에서 3상 유도전동기의 소비전력 P[W], 공급전압을 V'[V], 전류를 I[A], 전동기의 역률을 $\cos\theta$라 하자. 이 때 전원측에서 본 합성역률을 $\cos\phi$로 개선해서 선로전류를 I_r로 감소시키려고 하면 콘덴서 전류 I_c는 다음 식과 같다.

$$I_c = I\sin\theta - I\cos\theta\tan\phi = I\cos\theta(\tan\theta - \tan\phi) \tag{5.9.1}$$

따라서 선간전압을 V[V]라 하면 콘덴서용량 Q[VA]는 다음 식과 같이 된다.

$$\begin{aligned} Q &= \sqrt{3}\,VI_c \\ &= \sqrt{3}\,VI\cos\theta(\tan\theta - \tan\phi) \\ &= P(\tan\theta - \tan\phi) \end{aligned} \tag{5.9.2}$$

이와 같이 콘덴서를 연결해서 부하의 합성역률을 개선하면 선로전류의 감소에 의해서 선로의 전압강하, 전력손실이 감소될 뿐만 아니라 감소량만큼 선로에 여유가 생기므로 배전전력을 더 증가시킬 수 있다. 역률개선용 콘덴서를 진상용 콘덴서라고 한다.

예제 효율이 88[%], 역률이 85[%], 출력이 50[HP]되는 3상 유도전동기가 있다. 이것에 병렬로 콘덴서를 연결해서 합성역률이 95[%]가 되도록 하려고 한다. 콘덴서의 용량을 구하여라.

해설 전동기의 입력 : $P=\dfrac{50\times 0.746}{0.88}=42.5\,[\mathrm{kW}]$

전동기의 역률 : $\cos\theta=0.85$, 합성역률 $\cos\phi=0.95$이므로

$$\tan\theta=\frac{\sin\theta}{\cos\theta}=\frac{\sqrt{1-0.85^2}}{0.85}=\frac{0.527}{0.85}=0.62$$

$$\tan\phi=\frac{\sin\phi}{\cos\phi}=\frac{\sqrt{1-0.95^2}}{0.95}=\frac{0.312}{0.95}=0.328$$

콘덴서용량 : $Q=P(\tan\theta-\tan\phi)=42.5(0.62-0.328)\times 10^3$

$$=42.5\times 0.292\times 10^3=12.4\times 10^3[\mathrm{VA}]=12.4\,[\mathrm{kVA}]$$

---

10. 유도전동기의 속도제어

10.1 주파수변화법

전동기의 회전수는 1차 주파수에 비례하는 것을 이용하여 속도제어를 행할 수가 있다. 전동기에서 회전자계의 자속 $\Phi=E_1/\ 4.44K_{w1}N_1f_1$이므로 1차 전압에 비례하고 주파수에 반비례한다. 따라서 주파수를 바꾸어서 속도제어를 하는 경우, 자속을 일정하게 유지하기 위해 주파수와 그 전압을 동시에 바꾸어서 V_1/f

를 일정하게 해야 한다. 이때, 전압을 일정하게 하고, 주파수만 낮추면 자속 Φ는 증가하고 그 자속 Φ를 만들기 위해 여자전류가 현저히 증가하게 된다.

주파수가 변화할 때 최대토크와의 관계가 어떠한지를 살펴보자. 최대토크의 식은 식 5.10.1과 같다. 이 식에서 r_1이 x_1 및 x_2'에 비하여 대단히 적기 때문에 생략하면 x_1, x_2'는 모두 주파수에 비례하므로 V_1/f가 일정하게 되도록 주파수와 전압을 변화하면, 최대토크 T는 [그림 5-53]과 같이 거의 일정하며 안정된 속도제어가 가능하다.

$$T = \frac{P_2}{2\pi n_0} \tag{5.10.1}$$

$$= \frac{m_1 V_1^{\ 2}}{4\pi n_0 [r_1 + \sqrt{r_1^{\ 2} + (x_1 + x_2^{\ '})^2}]} \fallingdotseq F\left(\frac{V_1}{f}\right)$$

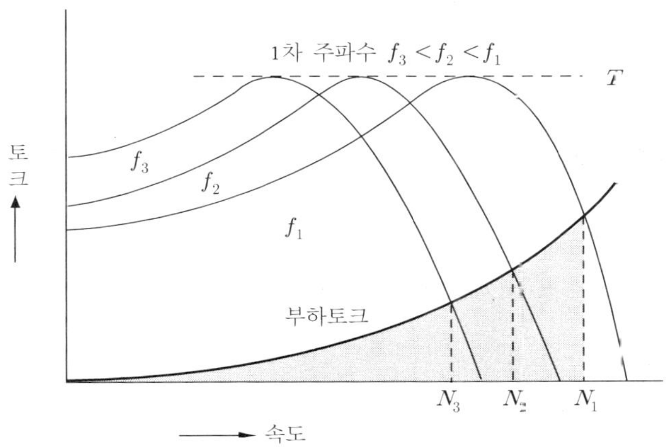

[그림 5-53] 주파수제어

이 방법은 가변주파수의 전원이 필요하므로 설비비가 많이 들지만 포트모터(pot motor)나 유도전동기로 선박을 전기추진시키는 경우에 사용한다. 가변주파수전원으로는 회전기를 이용하는 일도 있지만, 최근에는 사이리스터회로를 응용한 인버터가 많이 이용된다.

[그림 5-54]는 인버터회로이다. 사용주파수의 교류전압을 순변환부에서 가변의 직류전압으로 변환한 것을 다시 역변환부에서 다른 주파수의 교류전압으로 변환하는 것이다.

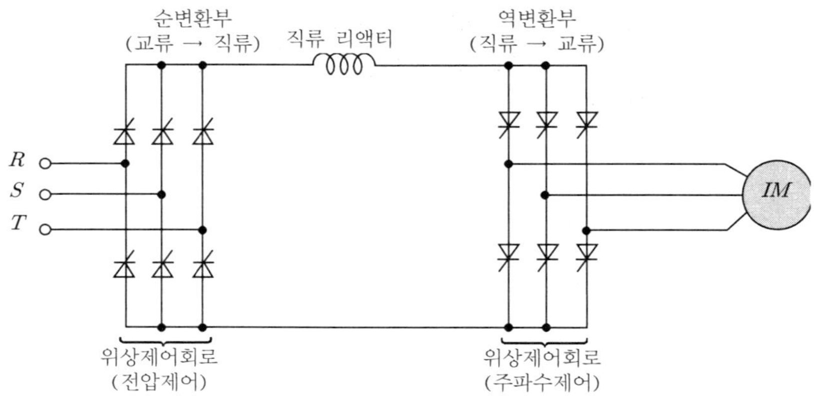

[그림 5-54] 인버터회로

이 교류전압으로 구동시키는 전동기의 속도제어는 속도검출용 발전기와 속도 설정기의 기준치와를 비교하여 그 속도차에 의해 순변환부의 위상을 변화하여 전압을 제어한다. 그리고, 속도검출용 발전기의 회전속도를 기준으로 하고, 슬립 주파수를 합한 값을 역변환부의 주파수로 정하고 있다.

10.2 극수변환법

유도전동기의 속도는 극수에 반비례하기 때문에 권선구성을 바꾸어서 극수를 바꾸면 단계적으로 속도를 바꿀 수가 있다. 극수의 변환에는 다음과 같은 방법이 있다.

① 고정자에 극수가 다른 2조의 권선을 설치하는 방법
② 고정자에 설치한 권선의 접속을 변경하는 방법
③ 상기 두 방법을 조합하여 극수를 3단으로 변환하는 방법

[그림 5-55](a)는 8극의 접속도에서, 전류는 A단자에 들어가서 4개의 코일을 직렬로 흘러 B로 나오기 때문에 자극은 N, S로 표시한 것과 같이 8개로 된다.

다음에 (b)와 같이, 단자 A와 B를 접속해서 단자 C로 하고 전류가 여기에서 들어가, 코일의 중간단자 D에서 나오면, 자극은 N, S로 표시한 것과 같이 4개가 되고, 전류회로는 두 회로가 된다.

극수를 바꾸는 경우, 동일 선간전압에서 코일에 가해진 전압이 크게 변화하므로 절연강도의 측면에서 문제가 발생할 수 있기 때문에 가능한 큰 차이가 나타나지 않도록 단자접속을 변경한다. 다만, 일정출력 또는 일정토크 등 부하의 종류에 따라 접속방식이 달라진다.

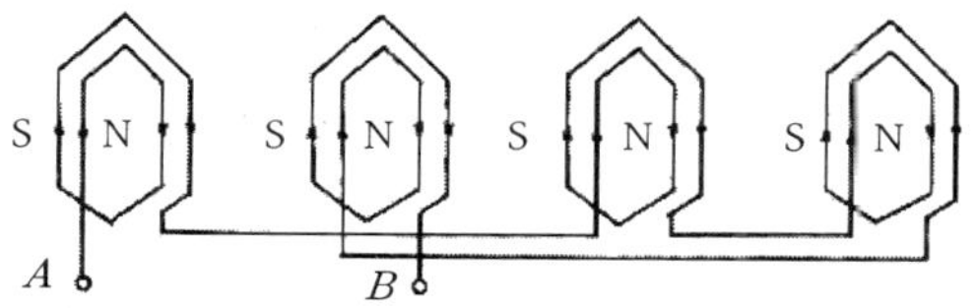

(a) 8극의 경우

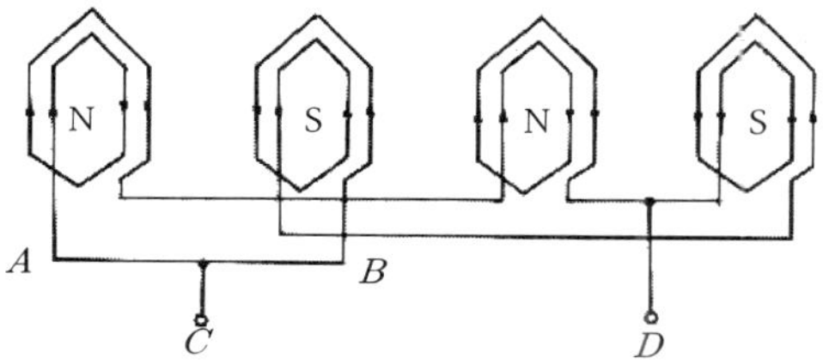

(b) 4극의 경우

[그림 5-55] 극수변환접속(8극→4극)

[그림 5-56]은 일정토크부하시의 극수 변환접속이며, [그림 5-57]은 일정출력부하시의 극수변환접속이다.

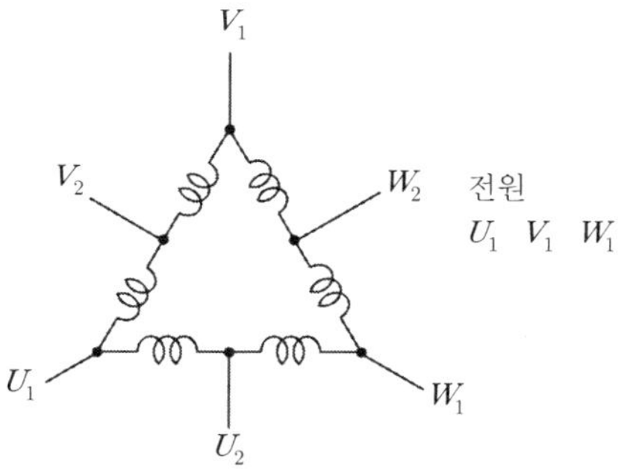

(a) 저속

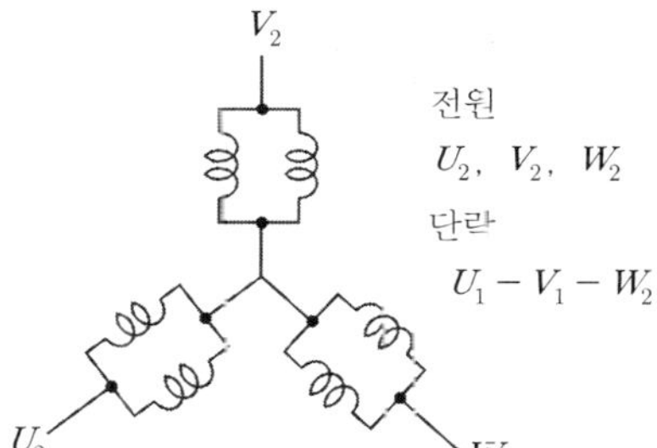

(b) 고속

[그림 5-56] 극수변환접속(일정토크부하)

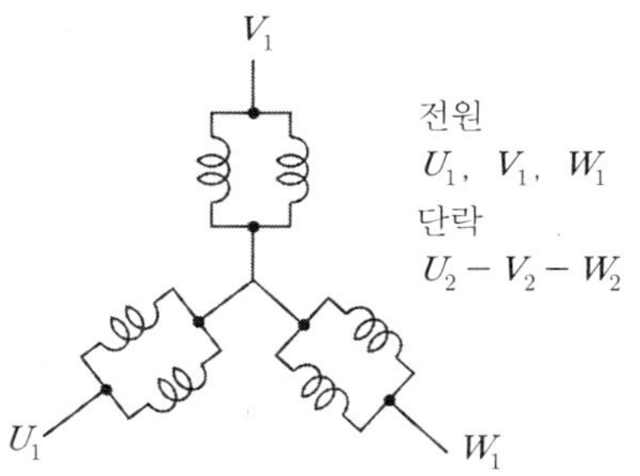

(a) 저속

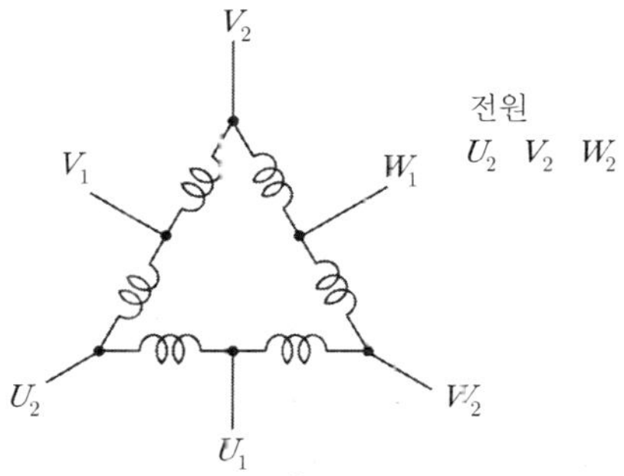

(b) 고속

[그림 5-57] 극수변환접속(일정출력부하)

극수변환방식에는 위와 같이 단일권선의 단자접속을 바꾸는 방식과 다중권선방식이 있다. 단일권선의 경우는 주로 2 : 1의 변속비로 사용되고, 그 이외의 변속비의 경우에는 다중권선방식이 사용된다.

이 다중권선방식은 각 극수마다 권선을 감는 방식으로서는 단일권선방식에 비해 전동기가 크게 되는 결점이 있지만, 극수의 조합을 자유롭게 할 수 있는 장점을 갖고 있다. 그러나, 사용할 수 없는 권선에 전압이 유도되어 순환전류가 흐르는 일이 있어서 주의가 필요하다.

극수변환은 주로 농형 전동기에 이용되며, 공작기계나 엘리베이터 또는 송풍기나 펌프 등에 사용된다. 만약 권선형 전동기에서 이용할 때에는, 1차 권선과 같이 2차 권선도 극수절환을 할 필요가 있다.

10.3 2차 저항제어법

2차 저항제어법은 권선형 전동기에 사용되는 방법으로 2차측에 슬립링을 부착하고 속도제어용 저항을 넣은 것이다. 비례추이에서 설명한 바와 같이 저항에 따라 발생토크와 부하토크의 교점을 변화시켜서 속도를 제어하는 방법이다.

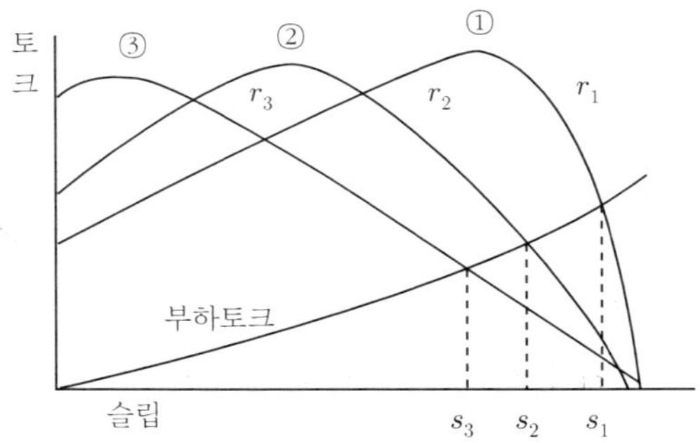

[그림 5-58] 2차 저항에 의한 속도제어

[그림 5-58]에서 슬립 s_1에서 운전할 때, 2차 저항을 r_1에서 r_2로 변화시키면 토크곡선은 ①에서 ②로 바뀌고 토크곡선 ②와 부하토크와의 교점 s_2에서 운전된다. 이와 같이 2차 저항을 조정함으로써 속도를 제어할 수 있다. 하지만 기동저항기는 단시간(30~60초 정도)만 사용하도록 설계되었으므로 장시간 연속 사용하는 속도제어에는 사용되지 않는다.

따라서 속도제어용에는 전류용량이 큰 저항기가 필요하드로 대형이 되고 가격도 비싸진다. 이러한 목적에 사용하는 저항기를 속도조정기(speed regulator)라고 하며, 기동기로도 쓰인다. 저항을 가감하기 위하여 제어기(controller)를 사용하는 일도 있으며, 제어기에는 회전방향을 제어할 수 있는 것도 있다.

10.4 1차 전압제어법

유도전동기의 발생토크는 공급전압의 2승에 비례해서 변화한다. 따라서 [그림 5-59]에 의해 알 수 있는 바와 같이 전압 V_1에 있어서는 속도 n_1으로 부하토크 T_L과 평형되었던 것이 V_1보다 낮은 전압 V_2에 있어서는 속도가 n_2로 저하되어 부하와 평형된다는 것을 이용해서 속도제어를 행할 수 있다.

이 방식에는 사이리스터의 점호위상을 변화시켜서 전압을 제어하는 사이리스터제어와 가포화리액터에 의해서 전압을 제어하는 리액터제어의 두 가지 방법이 있는데 어느 경우에 있어서도 전동기의 속도를 연속적이고도 무단계로 제어할 수 있고 동시에 이 방식은 순전자장치를 사용하는 것이므로 속응성이 있고 거의 보수를 필요로 하지 않는 등의 장점이 있다.

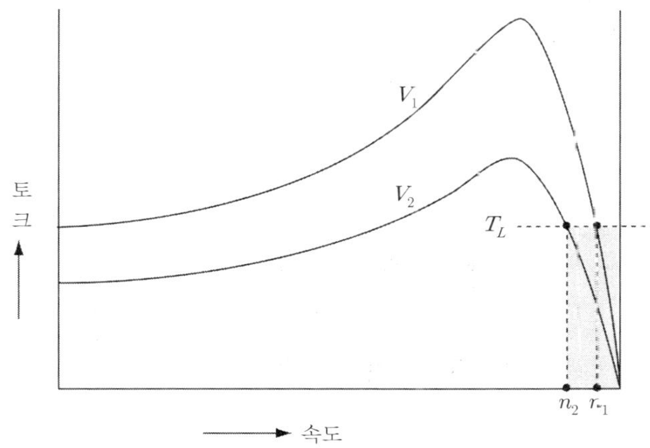

[그림 5-59] 1차 전압 변환시 토크-속드특성

10.4.1 사이리스터를 이용하는 방법

[그림 5-60]과 같이 유도전동기의 1차측에 사이리스터를 접속하고, 전압 1[Hz]의 주기마다 통전시간(제어각)을 변화시켜 전압을 바꾸는 방법이다.

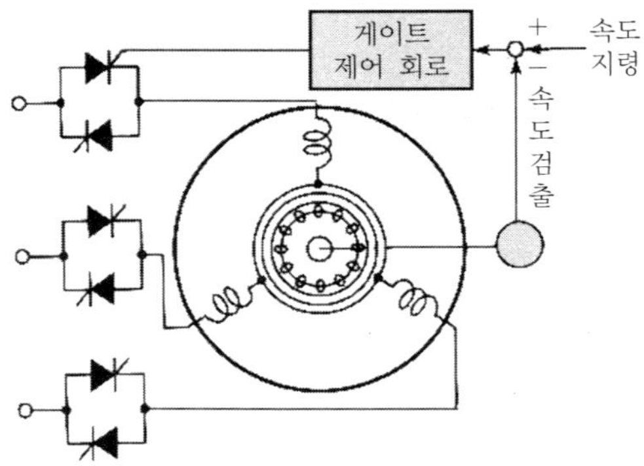

[그림 5-60] 사이리스터를 이용한 1차 전압제어

10.4.2 리액터를 이용하는 방법

전동기의 1차측에 리액터를 접속하고, 그 리액턴스를 변화시켜 1차 전압을 제어하는 방법이다. 리액터제어는 권선형 유도전동기의 일차측과 전원사이에 가포화리액터를 연결한 것인데 [그림 5-61]과 같이 두 쌍의 리액터 SR_1, SR_2 및 SR_3, SR_4를 가역접속한 브리지 방식이 많이 사용되고 있다.

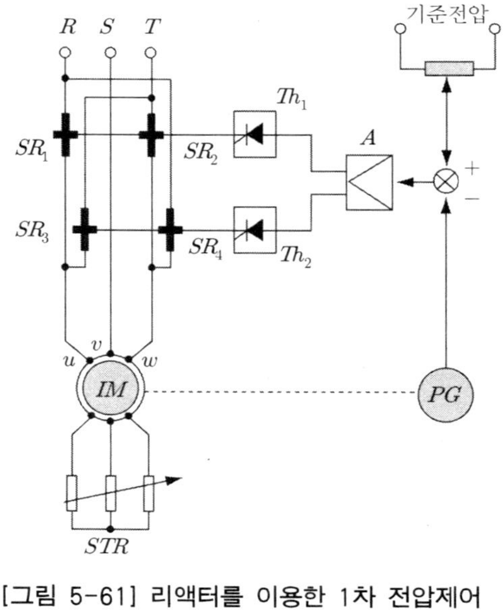

[그림 5-61] 리액터를 이용한 1차 전압제어

한 쌍의 리액터 SR_1, SR_2의 직류여자전류를 사이리스터 Th_1에 의해 제어함으로써 전동기에 공급되는 전압을 조정해 주면 정상토크(정상전류 $R\rightarrow U$, $S\rightarrow V$, $T\rightarrow U$에 의한 토크)가 변화하므로 연속적으로 전동기토크를 조정할 수가 있으며 가역기계인 크레인 등 넓은 분야에 응용되고 있다.

10.5 2차 여자에 의한 속도제어

유도전동기가 슬립 s로 운전하고 있을 때 2차 권선에는 주파수 sf 인 기전력 sE_2가 발생한다. 이 때 어느 방법으로 주파수 sf 인 기전력 E_2'를 발생시켜서 이것을 sE_2와 반대방향으로 슬립링을 거쳐 2차 회로에 인가해주면 2차 전류 I_2는 다음 식과 같이 된다.

$$I_2 = \frac{sE_2 - E_2'}{\sqrt{{r_2}^2 + (sx_2)^2}} \fallingdotseq \frac{sE_2 - E_2'}{r_2} \tag{5.10.2}$$

이 식에서 토크가 일정하며 따라서 2차 전류도 일정한 경우 E_2'를 변화시키면 s가 변하여 전동기의 속도를 제어할 수가 있다. 이와 같이 유도전동기의 2차 회로에 2차 주파수와 같은 주파수로 적당한 크기와 적당한 위상의 전압을 외부에서 가해주는 것을 2차 여자(secondary excitation)라고 한다.

식 5.10.2에서 E_2'를 크게 하면 I_2가 일정으로 되기 위해서는 s가 증가하여 속도가 강하하게 된다. 그런데 E_2'를 sE_2와 동위상으로 인가해 주면 식 5.10.2의 분자는 $sE_2 + E_2'$로 되므로 E_2'를 크게 해주면 s는 감소하여 속도는 증가하는데 E_2'의 어느 값에 있어서 $s=0$으로 되면 전동기는 동기속도로 회전하게 된다.

E_2'의 값을 이보다도 더 크게 해주면 s는 (-)로 되어 전동기는 동기속도보다 빠른 속도로 회전하게 된다. 이 제어방법은 권선형 전동기에 대해서만 가능한데 저항제어법과는 달리 전력손실이 적고 또 동기속도의 상하로 광범위한 속도제어를 할 수 있을 뿐만 아니라 전동기의 역률도 개선할 수 있다.

2차 여자법에는 2차 단자에서 출력되는 전력을 동력으로 바꿔서 유도전동기에 가하는 방식을 크레머 방식이라 하며, 전력으로서 전원에 되돌려 보내는 것을 세르비우스 방식이라고 한다.

10.5.1 크레머 방식

[그림 5-62]와 같이 유도전동기(IM)와 직류전동기(DM)를 기계적으로 직결하고 유도전동기의 2차 출력을 정류기(RF)를 통하여 직류전동기에 공급한다. 속도제어는 직류전동기의 계자전류(i_f)를 조정하면 된다.

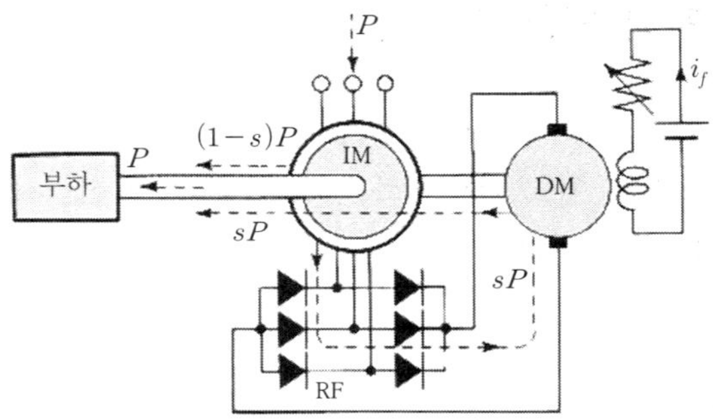

[그림 5-62] 크레머 방식

[그림 5-62]에서 유도전동기의 입력이 P이고 내부 손실을 무시하면 $(1-s)P$가 기계적 출력이 되고 sP가 2차 동손이 된다. 이 전력 sP를 직류전동기에 의해 기계적 출력으로 변환하면 부하로의 입력은 P가 된다. 이 경우 유도전동기의 1차 전류가 같으면 속도가 변화해도 역률은 크게 변화하지 않으므로 입력 P는 거의 같으며 출력 P도 같다. 따라서 1차 전류가 같으면 속도에 관계없이 출력도 같아지는 정출력 속도제어에 적합하다.

10.5.2 세르비우스 방식

[그림 5-63]과 같이 유도전동기(IM)의 2차출력을 정류기(RF), 인버터(INV)

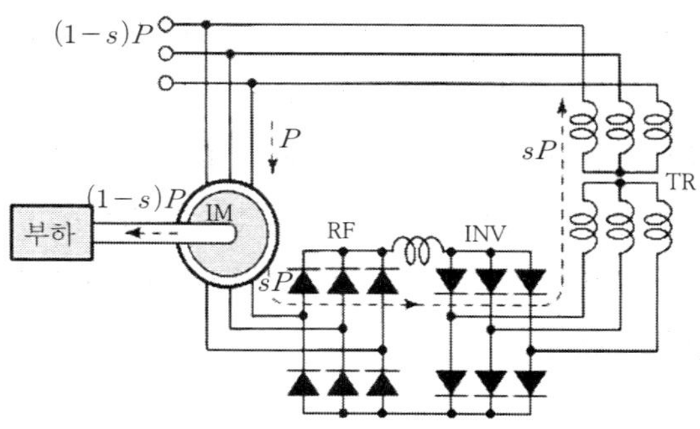

[그림 5-63] 세르비우스 방식

및 변압기(TR)를 통하여 전원에 반환하는 것이다. 속도제어는 인버터용 사이리스터의 게이트 점호위상을 조정함으로써 행한다.

[그림 5-63]에서 유도전동기의 입력이 P이고 내부손실을 무시하면 $(1-s)P$가 기계적 출력이 되고 sP가 2차 동손이 된다. 이 경우에 유도전동기의 1차 전류가 같으면 속도가 변화해도 역률은 크게 변화하지 않으므로 입력 P는 거의 동일하며 출력 $(1-s)P$는 속도에 비례하여 감소한다. 따라서 1차 전류가 같으면 속도에 관계없이 토크는 같아지며, 이 방식은 정토크 속도제어에 적합하다.

11. 단상 유도전동기

11.1 2전동기설

단상 유도전동기(single phase induction motor)의 회전자는 농형 3상유도전동기의 회전자와 같은 농형 회전자이고 고정자는 단상권선으로 되어 있으며 고정자권선에 단상교류가 통해서 생기는 자계는 교번자계가 된다. 이 교번자계는 서로 반대방향으로 회전하고 있는 2개의 회전자계로 분해할 수 있는데 이 회전자계의 값은 불변이며 모두 교번자계 최대치의 1/2과 같다.

[그림 5-64]는 교번자계 $H = H_m \cos \omega t$를 그 방향으로부터 각각 $-\omega t$와 ωt만큼 회전한 2개의 회전자계 $H_1 = 1/2H_m$ 및 $H_2 = 1/2H_m$으로 분해됨을 표시한 것이다. 회전전기기계의 공극자속 분포는 고조파성분을 포함하고 있지만 통상 정현파 분포로 되어 있다고 간주한다.

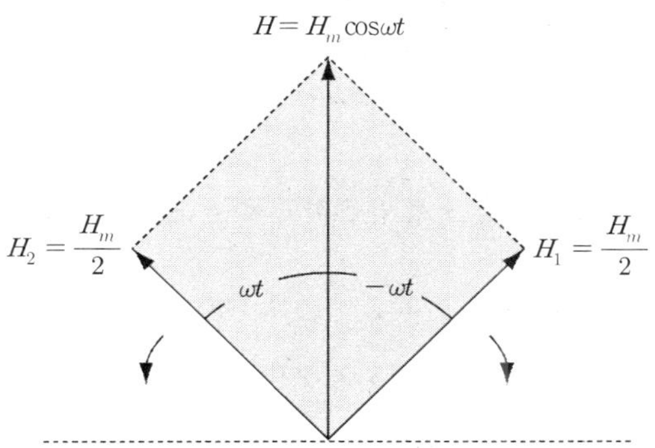

[그림 5-64] 교번자계를 2개의 회전자계로 치환

교번자계는 전술한 바와 같이 공간상에 정현파 분포로 되어 있으면서 서로 반대방향으로 회전하고 있는 2개의 회전자계로 생각할 수 있다. 즉, 단상 유도전동기는 동일회전자에 대해서 우회전하는 회전자계와 좌회전하는 회전자계가 동시에 작용한다고 볼 수 있다. 따라서 단상 유도전동기는 [그림 5-49](a)와 같이 회전방향이 서로 반대인 2단의 2상 전동기의 회전자 A, B를 직결한 것과 같다. 단상유도전동기를 이와 같이 등가화하는 것을 회전자계설(rotating field theory) 또는 2전동기설(two motor theory)이라고 한다.

11.2 2전동기설에 의한 단상 유도전동기의 고찰

[그림 5-65]와 같은 고정자 권선에 단상 여자전류가 통하면 $\Phi = \Phi_m \cos \omega t$로 표시되는 교번자계가 생기는데 이것을 2개의 회전자계 $\Phi_r = 1/2\Phi_m$, $\Phi_l = 1/2\Phi_m$으로 분해하고 Φ_r은 시계방향으로, Φ_l은 반시계방향으로 동일각속도 ω로 회전하고 있다. 지금 전동기가 동기속도 N_0에 대해서 속도 N, 슬립 s로 회전자계 Φ_r와 같은 방향으로 회전하고 있다면 회전자계 Φ_l에 대한 회전자속도는 $N_0 + N = N_0 + N_0(1-s) = N_0(2-s)$가 되므로 Φ_l에 대한 슬립은 $(2-s)$가 된다.

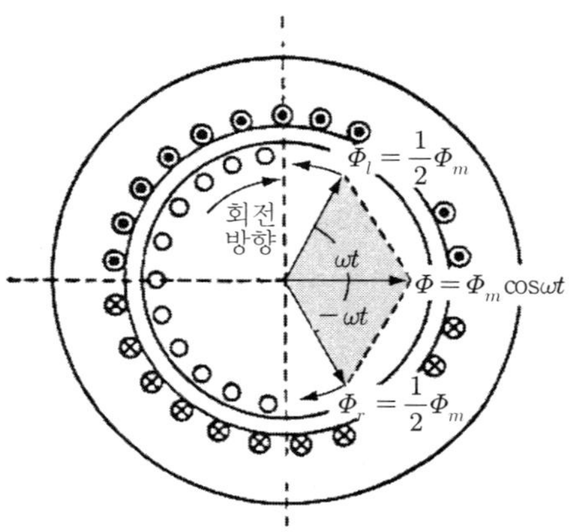

[그림 5-65] 슬립 s로 운전하고 있는 단상 유도전동기

회전자계 Φ_r에 의한 시계방향의 토크곡선 및 회전자계 Φ_l에 의한 반시계방향의 토크곡선은 각각 [그림 5-66](a)에 있어서 τ_r, τ_l곡선과 같이 된다. 그런데 τ_r, τ_l은 $s = 1$에 있어서 그 방향이 반대로 되고 그 값이 같게 되기 때문에 합성

토크는 영으로 되므로 기동토크는 영이 된다. 다음에 시계방향으로 외력을 가해서 전동기가 그 방향으로 회전하여 s가 1보다 작게 되면 시계방향의 토크 τ_r이 반시계방향의 토크 τ_l보다 크게 되므로 합성토크는 시계방향으로 작용하며 이것이 부하토크보다 클 때에는 점차 가속된다.

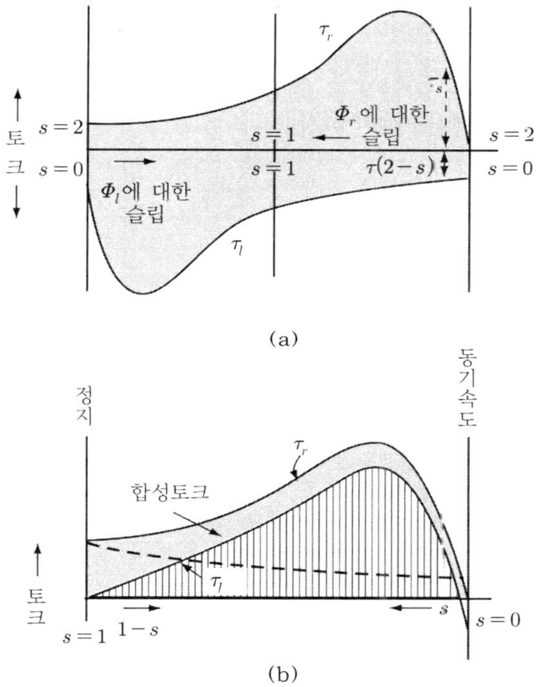

[그림 5-66] 단상 유도전동기의 토크특성곡선

[그림 5-66](b)에 있어서 사선을 그은 부분이 합성토크를 표시하며 이 합성토크는 $s=0$되기 직전, 즉 동기속도보다 약간 낮은 속도에서 영으로 된다는 것도 알 수 있다. 이상의 내용을 요약하면 다음과 같다.

① 정지상태, 즉 $s=1$일 때 토크는 영이다.

② 어느 방향으로 회전을 시작하여 슬립이 1보다 작게 되면 슬립이 작아짐에 따라서 그 방향의 토크가 증가한다.

③ s가 영으로 되기 직전, 즉 동기속도보다 약간 낮은 속도에서 발생토크는 영으로 된다. 따라서 전동기에 기계손이 전혀 없다고 해도 무부하속도는 동기속도보다 약간 낮다.

④ 다상 전동기와 같이 10~20[%]의 슬립에서 최대 토크가 발생한다.

⑤ 회전자를 권선형으로 하고 2차 저항을 투입하면 Φ_r 및 Φ_l에 의한 토크 τ_r, τ_l은 모두 비례추이 현상을 나타낸다.

따라서 [그림 5-67]과 같이 합성최대토크가 발생하는 점의 슬립은 커진다. 그러나 그 최대토크의 값은 2차 저항이 커질수록 감소하며 3상 유도전동기에 있어서의 비례추이와 같이 일정불변으로 되지는 않는다. 또한 $s=1$에 있어서의 토크는 항상 영이 되므로 2차 저항의 값을 어떻게 설정하여도 기동토크를 발생시킬 수는 없다.

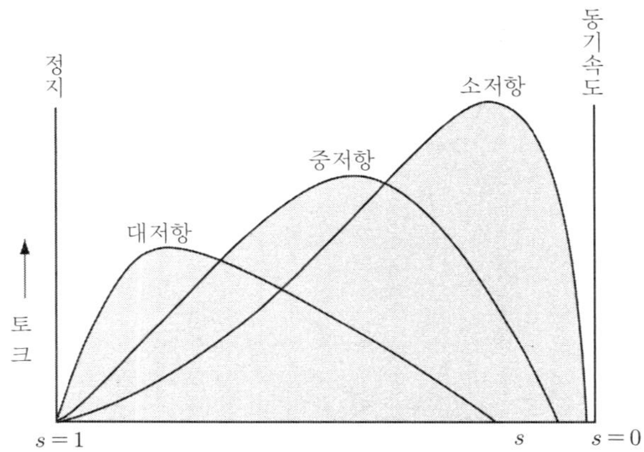

[그림 5-67] 2차 저항의 변화와 토크특성곡선

11.3 단상 유도전동기의 종류와 특징

단상 유도전동기는 자기기동능력이 없으므로 어떠한 기동장치를 해주어야 하는데 이 기동장치의 종류에 따라서 다음과 같은 종류로 분류된다.

11.3.1 분상기동형 단상 유도전동기(spilt-phase start single-phase induction motor)

[그림 5-68]에 2극전동기의 분상법의 일례가 나타나 있다. 운전권선은 인덕턴스가 크고 직접 전원에 연결되어 주극을 만들며 주극 사이에는 고저항을 직렬로 연결한 보조권선에 의해 만들어진 보조극이 있다. 보조권선에는 고저항이 직렬로 연결되어 있기 때문에 그 전류의 위상은 거의 선간전압과 일치하고 운전권선에 통하는 전류의 위상은 선간전압보다 위상이 상당히 뒤진다.

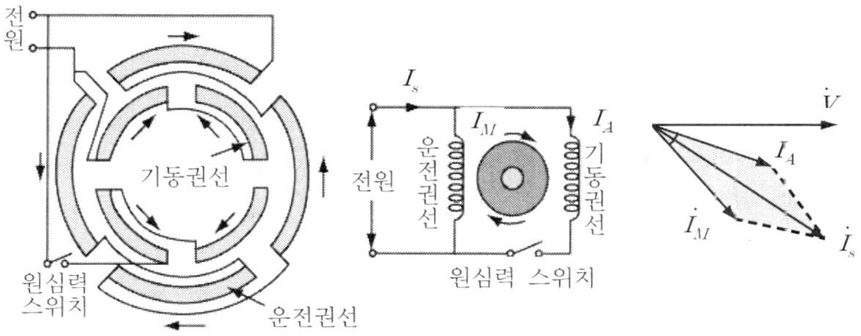

(a) 배치도 (b) 회로도 (c) 벡터도

[그림 5-68] 분상기동형 단상 유도전동기

기동권선에 흐르는 전류 I_A와 운전권선에 흐르는 전류 I_M은 90°의 위상차를 갖는 것이 가장 좋으나 이 관계는 용이하게 얻을 수 없으며 또 실제에 있어서 그렇게 할 필요도 없다. 이 두 권선에 흐르는 전류는 일종의 회전자계를 발생하고 전동기를 기동시킨다. 전동기가 가속되면 원심력 스위치를 개방하여 운전권선만 전원에 접속시킨다.

실제의 전동기는 [그림 5-68]과 같이 철극으로 되어 있지 않고 고정자내측이 원통형으로 되어 공극이 균등하고 권선은 홈에 분포권으로 되어 있는데 운전권선은 극간격의 약 2/3에 분포되어 있고 나머지 홈에 기동권선이 분포되어 있다. 이 기동기의 회전방향을 반대로 하려면 기동권선을 운전권선에 대해서 반대로 연결하면 된다.

이와 같은 분상기동전동기는 기동전류 500~600[%]에 대해서 기동토크는 125~200[%]로 작으나 구조가 간단하고 가격이 싸기 때문에 35~200[W]정도의 소출력 전동기로서 송풍기, 세탁기, 원심분리기, 소형연마기 등에 사용되고 있는데 이것을 저항분상기동전동기(resistance split-phase motor)라고 한다.

11.3.2 콘덴서 전동기

콘덴서 기동형(condenser-start type)은 콘덴서와 원심력 스위치 CS를 직렬로 연결한 기동권선과 운전권선을 병렬로 접속하여 기동전류 I_A와 운전전류 I_M과의 위상차로 회전 자기장을 만들고, 기동토크를 발생시키는 단상 유도전동기이다.

주권선과 보조권선의 전류는 대략 90°의 위상차를 갖게 되므로 이 전동기는 실제적으로는 2상 전동기이다. 이때 사용되는 기동용 콘덴서는 단시간 사용인 전해

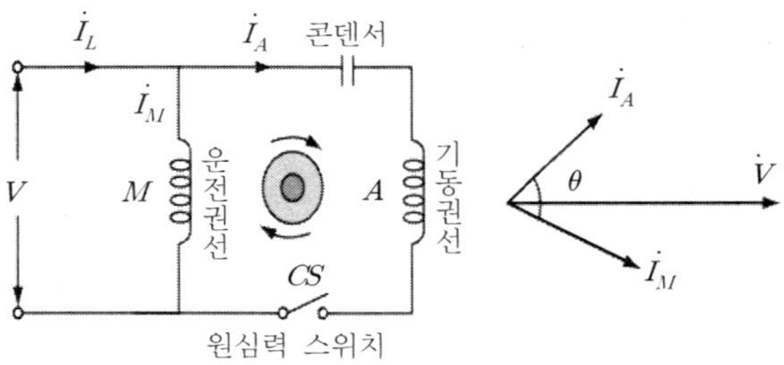

[그림 5-69] 콘덴서 전동기

콘덴서이며 그 정전용량은 80~250[μF] 정도이고 기동전류는 400~500[%]로 감소하며 기동토크는 250~350[%] 정도로 증가하고 약간 고가이다.

다른 단상 유도전동기는 역률이 45~75[%]인데 비해서 콘덴서 전동기(condenser motor, capacitor motor)는 70~100[%]이고 효율도 양호하며 진동과 소음이 적어서 운전상태가 좋으므로 200~400[W] 정도의 압축기, 선풍기, 세탁기, 급수펌프 및 소형공작기기 등에 널리 사용되고 있다.

또한, 영구 콘덴서형 유도전동기는 기동할 때나 운전할 때나 항상 콘덴서를 기동권선과 직렬로 접속하여 사용하는 전동기로서 콘덴서 기동형 유도전동기에서 원심력 스위치 CS를 제거한 것과 같은 구조의 단상 유도전동기이다.

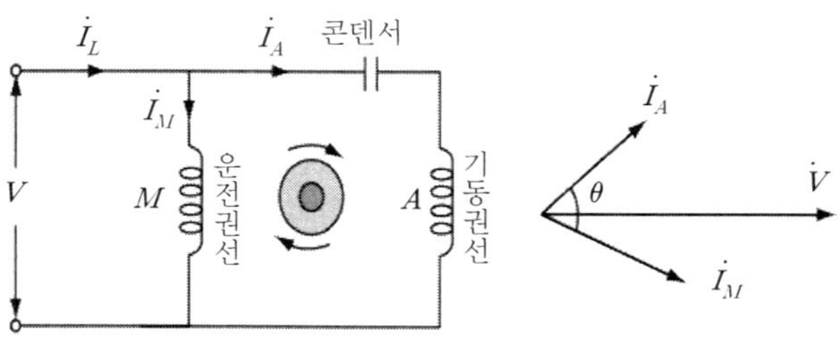

[그림 5-70] 영구콘덴서 전동기

11.3.3 세이딩코일형 전동기(shaded pole motor)

이 전동기는 [그림 5-71]과 같이 고정자에 몇 개의 철극자극을 설치하여 이에 1차 권선을 하고 각 자극의 일부에는 그림과 같이 동환 C(세이딩코일, shading

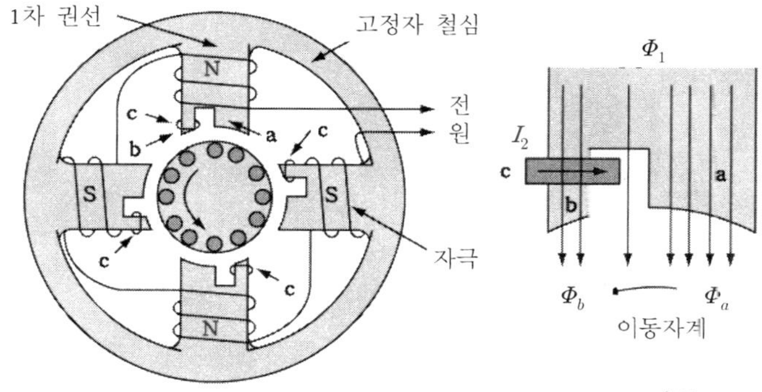

(a) 구조 (b) 자극

[그림 5-71] 세이딩코일형 전동기

coil)를 끼운 구조로 되어 있으며 회전자는 농형으로 되어 있다.

지금 1차 권선에 단상전압을 가하면 세이딩코일 C에는 단락전류 I_c가 통하며 이에 의해서 b부의 자속변화가 방해를 받기 때문에 Φ_b는 Φ_a의 변화보다 시간적으로 뒤져서 변화한다.

따라서 각 자극 밑에는 a부에서 b부로 향하는 이동자계(shifting field)가 생기므로 회전자도체는 자속을 절단하여 2차 전류가 통하게 되고 기동토크가 발생하게 된다. 이 이동자계의 이동방향은 일정하므로 전동기는 그 방향으로만 회전하고 회전방향을 반대로 할 수는 없다.

이 형의 전동기는 구조가 간단하지만 운전중에도 세이딩코일에 전류가 통하기 때문에 동손이 생겨서 효율과 역률이 낮고 기동전류 200~400[%]에 대해서 기동토크는 30~80[%] 정도로 대단히 낮으므로 65[W] 이하의 소출력전동기가 많으며 소출력의 천장선풍기, 냉온방용팬, 전축 등에 사용되고 있다.

11.3.4 반발기동형 전동기

반발기동형 전동기(repulsion start motor)는 단상직권정류자 전동기의 한 종류인 반발전동기의 기동토크가 큰 특징을 이용하여 [그림 5-72](a)와 같이 반발전동기의 정류자의 측면에 단락장치를 붙여서 반발전동기로서 기동하고, 동기속도 가까이 가속되었을 때 원심개폐기로 정류자편을 단락시켜서 회전자를 농형과 같이 접속함으로써 운전시에는 단상 유도전동기로 동작시키는 것이다.

[그림 5-72](b)의 R과 I는 각각 반발전동기와 유도기의 토크특성곡선으로 동기속도의 약 3/4인 속도에서 곡선 R로부터 I로 특성이 옮겨지는 것을 나타

내고 있다. 이 전동기의 결점으로는 기동시 정류자에 불꽃이 발생하며 단락장치에 고장이 발생하기 쉬운 점이 있다.

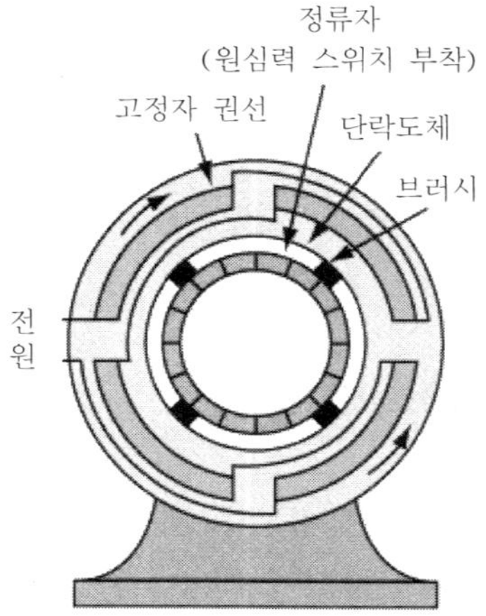

(a) 구조

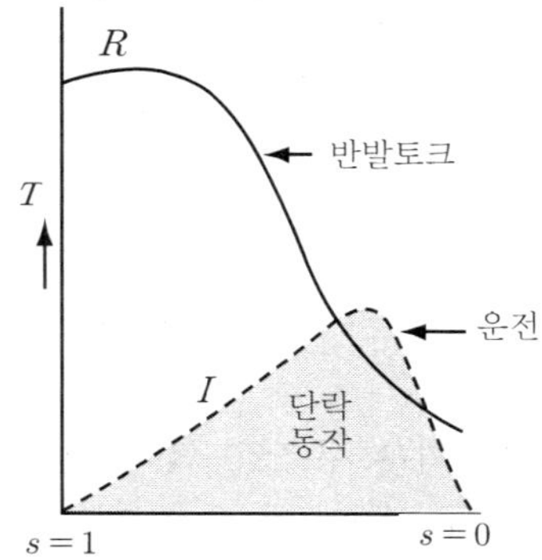

(b) 토크특성곡선

[그림 5-72] 반발기동형 전동기

연습문제

1. 주파수 60[Hz]의 유도전동기가 있다. 전부하에서의 회전수가 1,164[rpm]이면 극수는 얼마인가? 단, 슬립은 3[%]이다.

2. 4극, 50[Hz]의 3상 유도전동기가 1,410[rpm]으로 회전하고 있을 때 회전자 전류의 주파수[Hz] 얼마인가?

3. 6극 유도전동기에 주파수 60[Hz]의 전원을 인가하였더니 회전자 주파수가 2[Hz]이었다. 전동기의 분당회전수와 슬립을 구하여라.

4. 6극, 3상 유도전동기가 있다. 회전자도 3상이며 회전자 정지시의 1상의 전압은 200[V]이다. 전부하시의 속도가 1,152[rpm]이면 2차 1상의 전압은 몇 [V]인가? 단, 1차 주파수는 60[Hz]이다.

5. 유도전동기의 기판에 25[HP], 220[V], 3상, 60[Hz], 830[rpm], 64[A]와 같이 기재되어 있고 전부하시 전동기 입력이 20.8[kW]이었다. 다음 값들을 계산하여라.

   1) 슬립　　2) 역률
   3) 토크　　4) 효율

6. 어떤 유도전동기의 부하시 슬립 $s = 5[\%]$에서 상당 10[A]의 회전자 전류(I_1')를 흘리고 있다. 한 상에 대한 회전자 저항(r_2')이 0.1[Ω]일 때 3상 회전자 출력은 얼마인가?

7. 5[kW], 4극의 3상 유도전동기가 있다. 이 전동기를 60[Hz]의 전원에 접속하여 전부하 운전하면 1728[rpm]으로 회전한다. 이 전동기에 대해서 다음 문제에 답하여라.

1) 동기속도는 몇 [rpm]인가?
2) 전부하시의 슬립은 몇 [%]인가?
3) 전부하시의 2차 주파수는 몇 [Hz]인가?
4) 전부하시의 2차 효율은 몇 [%]인가?
5) 전부하시의 토크는 몇 [N·m]인가?

8. 3상, 125[HP], 440[V], 60[Hz], 8극, Y 결선 유도전동기의 고정자측으로 환산한 전동기 상수는 $r_1 = 0.068\,[\Omega]$, $x_1 = x_2{}' = 0.224\,[\Omega]$, $r_2{}' = 0.052\,[\Omega]$, $x_m\,(= \frac{1}{b_0}) = 7.68\,[\Omega]$이며, 기계손이 2400[W]이고 슬립이 3[%]인 경우 다음 값들을 구하여라.

1) 선전류 및 역률 2) 출력 및 토크 3) 효율

9. 권수비 $a = 2$인 기동보상기로 3상 유도전동기를 기동할 때 전원측의 전류, 전동기에 흐르는 전류, 전동기의 기동토크는 각각 전전압기동으로 한 경우에 비해 몇 배로 되는가?

10. 25[HP], 440[V] 농형 유도전동기의 기동토크는 112[Nm]이고 전부하토크는 83[Nm]이며 정격전압 인가 시 기동전류가 128[A]이었다. 다음에 답하여라.

1) 전압을 300[V]로 감소시켰을 경우 기동토크 및 기동전류
2) 전부하토크와 동일한 기동토크를 발생시키기 위해 인가해야 할 전압
3) 기동전류가 32[A]를 초과하지 않기 위해 인가해야 할 전압

11. 3상 유도전동기를 다음과 같은 방법에 의해 기동시킬 때 기동토크 및 기동전류값을 비교하여라.

1) Y-Δ 기동
2) 60[%]기동전압기에 의한 기동

12. 3상, 60[Hz], 6극 220[V] 권선형 유도전동기의 고정자는 Δ결선, 회전자는 Y 결선되어 있고 회전자의 권선수는 고정자의 1/2이다.
정격전압이 인가되고 다음과 같은 경우 회전자 전압과 주파수를 구하여라.

1) 회전자 정지시
2) 슬립 4[%]로 운전시
3) 회전자계와 반대방향으로 800[rpm]의 속도로 운전시

13. 10[kVA], 조정전압 200[V]인 3상 유도전압조정기의 2차 정격전류 [A]는 약 얼마인가?

14. 권선형 유도전동기의 기동법에 대해 간단히 설명하여라.

15. 3상 유도전동기의 속도제어방법 중 2차 저항제어법에 대하여 설명하여라.

16. 3상 유도전동기에서 비례추이란 무엇인가?

17. 단상 유도전동기의 기동법 중 콘덴서 기동법에 대해 설명하여라.

제6장

특수 전기기기

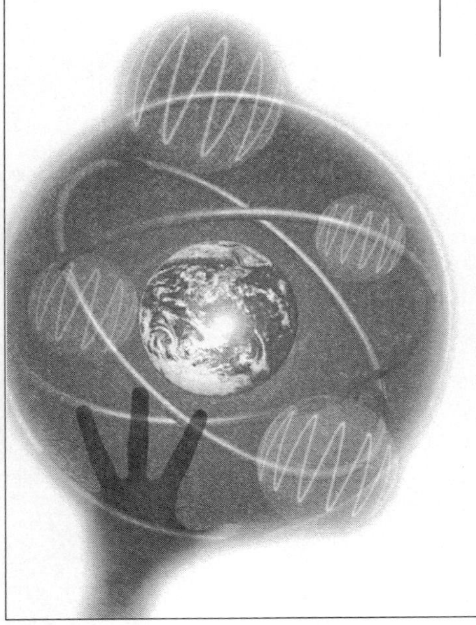

1. 영구자석 직류전동기

영구자석 직류전동기(permanent-magnet DC motors)는 [그림 6-1]과 같이 영구자석을 자극으로 사용하며 반원형의 자석들이 고정자 프레임에 취부되어 있다. 영구자석의 재료로는 세라믹, 알니코 또는 다른 희귀 금속들이 자주 사용되고 계자권선이 없으므로 크기가 작고 효율이 높다. 계자권선에 공급되는 전력 손실이 없으므로 냉각이 용이하여 밀폐형 구조의 제작이 가능하다. 특히 알니코계 영구자석은 고온에 의한 성능저하가 가장 적다. 그러나 계자제어가 불가능하다는 단점이 있고 속도-토크특성이 특이하다. 또한 영구자석 전동기는 과부하 상태로 운전되지만 않으면 공극자속의 감소현상은 유발되지 않으므로 토크-속도 특성은 선형관계가 유지된다.

즉, 토크 및 속도제어는 전기자 전압의 조정에 의해 가능하며 정격 이하의 부하상태에서는 운전특성이 선형적이며 [그림 6-1](b)와 같이 전기자 전압에 비례하는 특성을 나타낸다.

영구자석 전동기는 비교적 구조가 간단하고 신뢰성 및 효율이 높으며 선형적인 속도-토크특성을 가지고 있다. 또 다른 장점은 부피가 작고 밀폐된 구조에도 사용할 수 있다는 것이다. [그림 6-1]의 영구자석 직류전동기는 [그림 6-2](a)의 등가회로로 나타낼 수 있다. 역기전력과 전기자 전류는 다음 식과 같다.

$$E_c = k_c \omega \tag{6.1.1}$$

$$I_A = \frac{V_L - E_c}{R_A} \tag{6.1.2}$$

여기서 k_c 는 역기전력 상수([V/rad/s])이다.

전동기 발생토크는 다음 식과 같다.

$$\begin{aligned} T &= k_T I_A \\ &= \frac{K_T(V_L - E_c)}{R_A} = \frac{K_T(V_L - k_c\omega)}{R_A} \end{aligned} \tag{6.1.3}$$

여기서 k_T 는 토크상수([Nm/A])이다.

식 6.1.3에 의하면 속도-토크곡선은 직선이 된다. 이 식을 변형하면 다음 식과 같이 된다.

$$TR_A = K_T V_L - K_T K_c \omega \tag{6.1.4}$$

$$\omega = \frac{K_T V_L - TR_A}{K_T K_c} = \frac{V_L}{K_c} - \frac{R_A}{K_T K_c} T \tag{6.1.5}$$

이 속도-토크의 선형관계를 [그림 6-2](b)에 나타내고 있다.

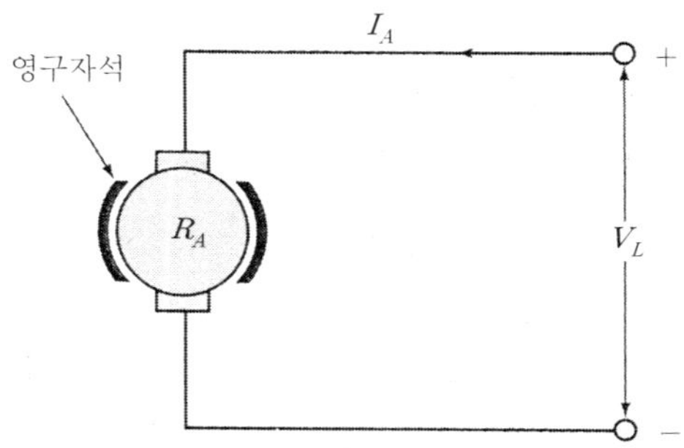

(a) 회로도

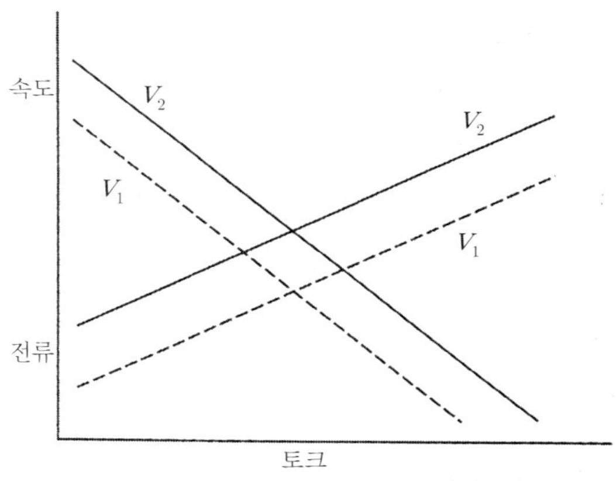

(b) 속도, 전류-토크곡선

[그림 6-1] 영구자석 직류전동기

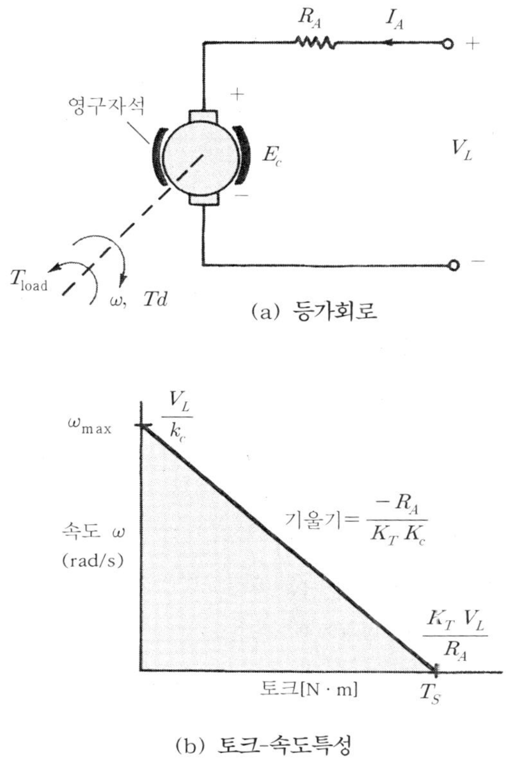

[그림 6-2] 영구자석 직류전동기 해석

정지시 $\omega = 0$ 이므로 식 6.1.5로부터

$$T = T_{start} = \frac{k_T V_L}{R_A} \tag{6.1.6}$$

이 되고 최대속도는 $T = 0$ 에서 발생되므로 다음 식이 된다.

$$\omega_{max} = \frac{V_L}{k_c} \tag{6.1.7}$$

기계적인 출력은 식 6.1.8이 되고 부하에 가해지는 출력은 식 6.1.9이다.

$$P_e = E_c I_A = k_c \omega I_A \tag{6.1.8}$$

$$P_d = \omega T = \omega k_T I_A \tag{6.1.9}$$

2. 서보모터

2.1 직류 서보모터

직류 서보모터(servo-motors)는 위치 및 속도제어에 많이 사용되고 있다.

카메라에 사용되는 1[A], 0.0023[Nm] 크기의 소형 전동기로부터 2[HP]의 안테나 구동용 전동기, 자동저장창고의 이동장치 및 로봇의 엑츄에이터용 전동기에 이르기까지 그 종류는 다양하다. 직류전동기는 전압이 일정하면 토크 및 속도가 거의 변하지 않는다. 서보모터가 타 전동기와 다른 점은 정류자편이 많아 보다 정밀하고 토크 리플(ripple)이 작다는 것이다.

또한 일정 전압원에 의해 구동되는 다른 전동기에 비해 가변 전압원에 의해 속도 및 토크가 제어된다. 위치제어에 사용되는 전동기는 일반적으로 토크가 크고 속도가 낮다. 정지 시에도 매우 큰 토크가 요구되고 고속에서는 비교적 작은 토크를 발생하므로 다른 전동기보다 토크-속도곡선이 훨씬 가파르다.

소형 영구자석 직류전동기를 고려해 보자. 2[HP] 크기의 직류전동기 특성을 [그림 6-3]에 나타내었다. 서보용으로 특수 설계된 직류전동기는 기어를 사용하지 않고 폭넓은 범위의 속도 및 토크제어에 적용될 수 있다. 이런 종류의 전동기는 1000[rpm]의 속도로부터 정지하는 데까지 3회전 이상 회전하지 않는다. 직류 서보모터는 다양한 속도와 전압에서 동작하므로 일정전압곡선은 의미가 없고 전동기의 최대출력을 규정할 필요가 있다. [그림 6-3]에 전동기가 구동될 수 있는 다음과 같이 3영역이 구분되어 있다.

① 연속운전영역(continuous duty zone)
② 안전가속영역(safe acceleration zone)
③ 단속운전영역(intermittent zone)

전동기가 영역II와 영역III에서 운전될 수 있는 조건은 제작사의 자료집(data sheets)에 명시되어 있다.

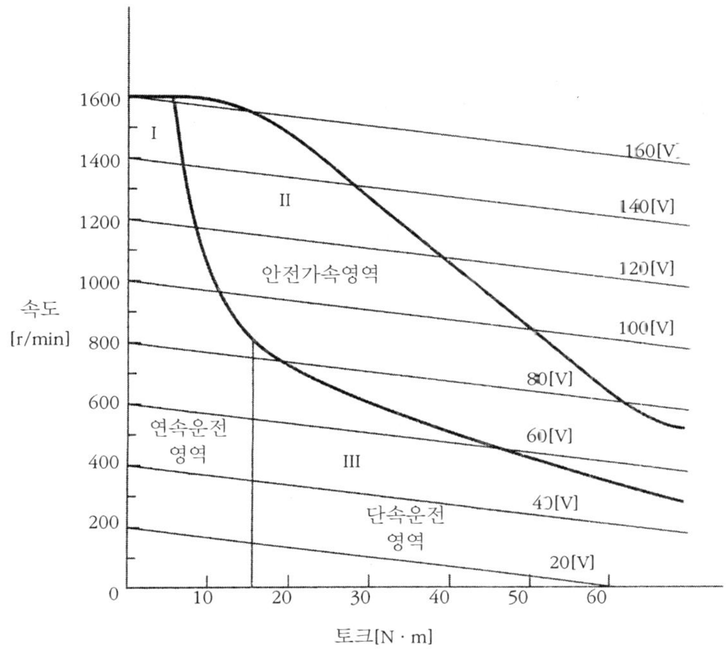

[그림 6-3] 2[HP] 직류 서보모터의 토크-속도특성

[그림 6-4]는 위치제어에 사용되는 직류 서보모터의 토크-속도특성을 보여주고 있다. 이는 매우 낮은 속도 또는 거의 정지상태에서도 운전이 가능해야 하는 경우이다. 반도체용 순수한 실리콘을 제작할 때 사용되는 크리스탈 풀링 머신(pulling machine)이 한 적용사례이다. 전동기 속도가 정확하게 제어되어야 하며 그 속도는 매우 낮다.

[그림 6-4]에 의해 영구자석 전동기의 상수들을 얻을 수 있다. 영구자석(세라믹)이 전기자반작용의 영향을 받지 않으므로 토크-속도곡선은 거의 직선이 된다. 보통 서보모터는 큰 토크를 발생시키기 위해 높은 전압이 인가되므로 다른 일반 전동기에 비해 권선저항이 크다.

반면에 냉각이 용이하지 않으므로 외부표면을 통해 열이 방출되도록 전동기 외형이 커야 한다.

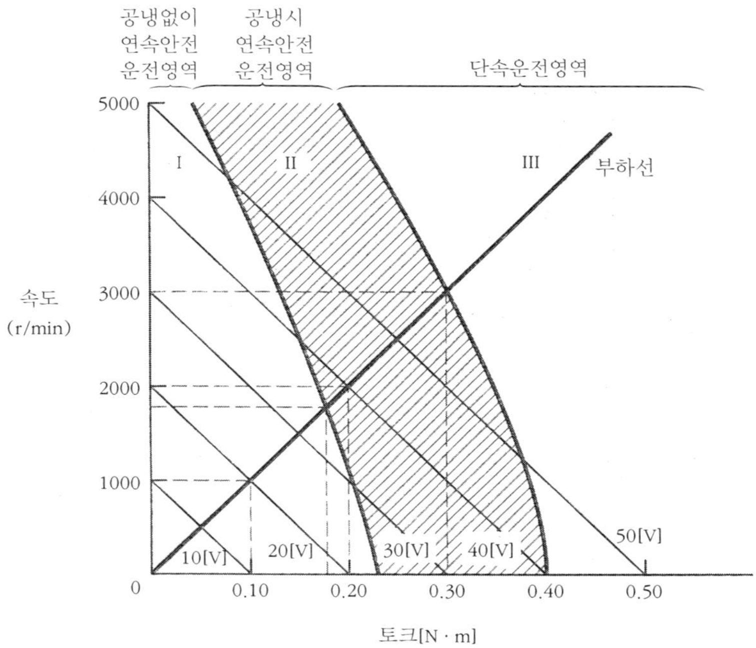

[그림 6-4] 위치제어용 서보모터의 토크-속도특성

예제 [그림 6-4]를 이용하여 다음과 같은 속도-토크특성을 나타내는 과정을 고려하여 각 물음에 답하여라.

$$T = k\,\omega$$

ω 는 각속도이고 $k = 10^{-4}$ [Nm/rad/s]이다.

1) 2000[rpm]시 전동기 전압

2) 1)에서 얻은 전동기 전압의 경우 기동토크

3) 공냉이 가능한 경우 부하에 가할 수 있는 최대토크

해설 [그림 6-4]에는 전동기 특성곡선에 부하곡선이 겹쳐있다.

1) 2000[rpm]시 부하토크는 0.2[Nm]이고 전압은 40[V]이다.
2) 그림에서 기동토크는 0.4[Nm]이다.
3) 영역II-영역III 경계에서의 공냉 최대토크는 0.3[N · m]이고 속도는 3000[rpm]이다. 이 상태에서 출력은 다음과 같다.

$$P = \frac{3000 \times 2\pi}{60} \times 0.3 = 94\,[\mathrm{W}]$$

2.2 교류 서보모터

위치제어시스템에 사용되는 교류 서보모터는 통상 2상 유드전동기이다. 고정자는 2개의 계자권선이 감겨있는 자극이고 회전자는 농형회전자이다. 고정자의 구조는 [그림 6-5]와 같다.

고정자 권선은 기준권선(reference winding)과 제어권선(control winding)이 있는데 각각 같은 주파수의 전압원에 연결된다. 두 전압사이에 위상차가 존재하면 회전자계가 만들어지고 회전자는 회전하게 될 것이다. 회전방향은 두 전압사이의 상대적인 위상차에 따라 달라진다. 이렇게 한 권선은 일정한 값으로 여자시키고 다른 권선의 위상을 제어함으로써 전동기속도와 토크를 제어할 수 있다. 전동기특성은 다른 전동기와 달리 속도-토크곡선이 거의 선형관계를 가진다.

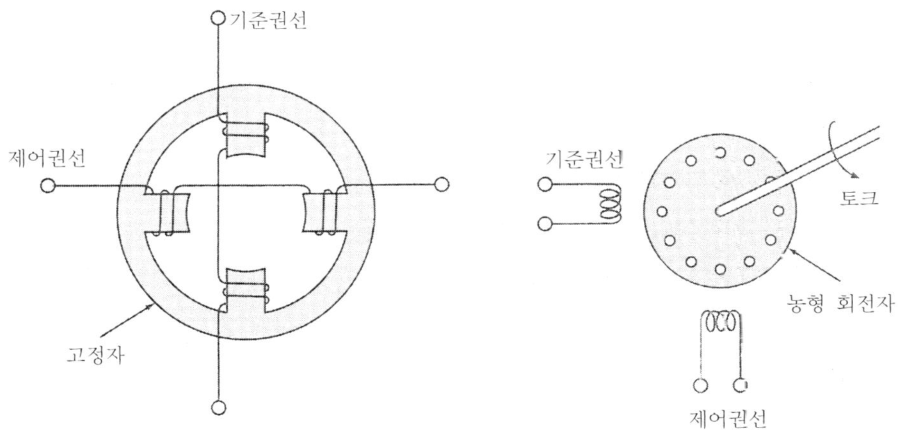

[그림 6-5] 2상 서보모터

제어권선 전압의 크기에 따라 [그림 6-6]과 같은 여러 가지 속도곡선을 얻을 수 있다. 높은 토크와 큰 가속력을 얻기 위해 회전자 길이가 직경에 비해 크고 제어권선 전압이 제로까지 감소될 때 전동기가 단상 운전되는 것을 방지할 수 있도록 회전자 저항을 크게 한다.

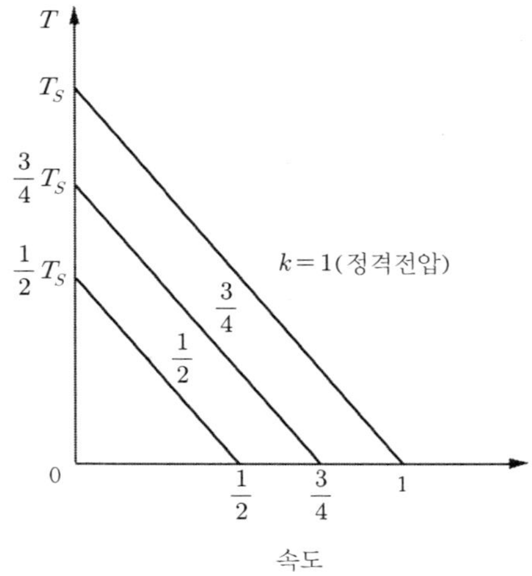

[그림 6-6] 2상 교류 서보모터의 이상적인 토크-속도특성($k = 1$시 최대 제어전압)

3. 브러시리스 직류전동기

직류전동기의 브러시와 정류자편 사이에서 발생하는 스파크가 위험요소가 되는 경우 그 대안으로 브러시리스 전동기가 등장하였고, 그 응용범위를 확장해 가고 있다. 하드디스크 드라이브와 같이 정속구동을 요하는 경우 이 브러시리스 직류전동기가 자주 사용된다. 브러시리스 직류전동기(brushless DC motors)의 회전자는 영구자석이고 고정자에는 전기자 권선이 감겨 있으며, 스위칭 장치에 의해 권선에 흐르는 전류의 방향이 제어된다. 고정자 권선의 회전자계는 전력변환소자를 사용하여 전기자 권선에 흐르는 전류의 방향을 순간순간 변화시킴으로써 발생한다. 회전자의 영구자석 자계와 고정자의 회전자계를 동기화시키기 위해 전동기축 위치를 감지하는 센서가 필수적이다. 따라서 브러시리스 직류전동기의 구동회로는 [그림 6-7]과 같이 매우 복잡하다.

[그림 6-7]에서 볼 수 있듯이 3상 브러시리스 전동기의 전기자 권선은 3군으로 구성되어 있고 위치센서에 의해 제어되는 전자 구동회로로부터 전류를 공급받아 여자된다. 브러시리스 직류전동기는 동기전동기와 구조가 비슷하고 자극수는 영구자석 개수에 따라 결정된다. 고정자 권선에 공급하는 전류의 크기와 주파

수를 제어함으로써 그에 해당하는 전동기의 토크-속도특성이 결정된다. 부하토크가 변하여도 속도가 일정한 브러시리스 직류전동기의 특징으로 인하여 기존 직류전동기와 경쟁할 수 있는 위치를 확보해 가고 있다.

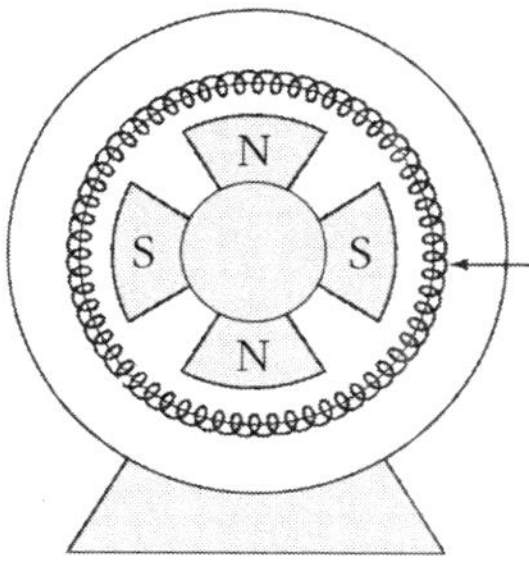

(a) 구조

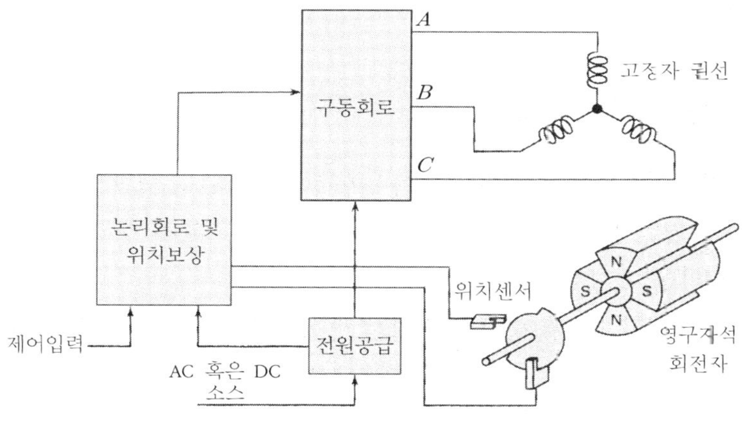

(b) 제어 및 구동회로

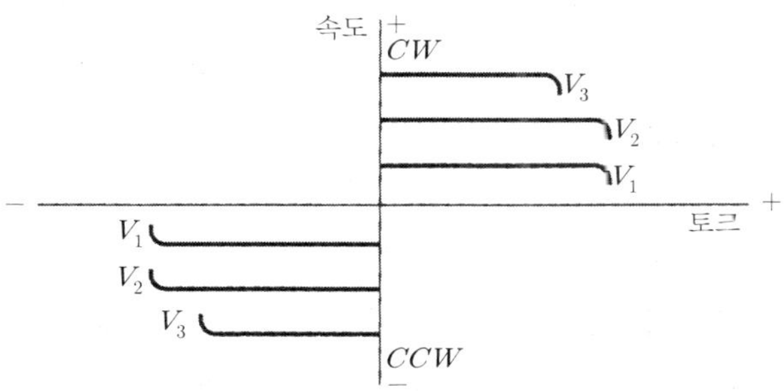

(c) 토크-속도특성

[그림 6-7] 브러시리스 직류전동기

4. 회전속도계

4.1 직류 회전속도계

직류 회전속도계(tachometers)는 각속도에 비례하는 전압출력을 발생하는 정밀도가 높은 소형 발전기이다. 회전속도계는 궤환 제어계통에 사용되어 폐루프 속도제어 시스템에 정확한 전압신호를 제공한다. 일반적으로 회전속도계는 정류자, 전기자코일 및 영구자석 등으로 구성되어 있다. 전기자는 적정 속도영역 내에서 출력전압에 유발될 수 있는 리플이 무시될 수 있도록 설계되어야 한다. 회전속도계는 연속적인 동작이 가능해야 한다.

4.2 교류 회전속도계

축의 각속도를 측정하기 위하여 영구자석이 부착된 소형 2상 발전기가 사용된다. 출력은 전압계에 의해 측정될 수 있는데 해당 속도에 상응하는 값이 되도록 조정해야 한다.

그러나, 불행하게도 이러한 장치의 출력전압이 속도에 따라 달라질 뿐 아니라 주파수도 속도에 따라 변한다. 서보시스템 등 여러 응용 분야에서 입·출력 변수의 주파수는 일정하고 전압만 변화한다. 따라서 교류 회전속도계의 출력이 AC 신호로써 직접 사용되기 위해서는 출력 주파수가 일정해야 한다. 주파수가 속도에 따라 달라지는 점을 극복하기 위해 [그림 6-8]과 같은 드래그컵(drag-cup) 발전기가 자주 사용된다.

이 회전속도계용 발전기는 입력권선이 하나 있는데 여기는 AC 전원이 공급된다. 그러나 이 권선에 흐르는 전류에 의해서는 출력권선에 전압이 유기되지 않도록 권선을 배열한다. 동 또는 알루미늄 슬리브와 드래그컵 회전자는 공극 내에서 회전하고 축에 의해 지지된다. 변압기 작용에 의해 회전자에는 와류(맴돌이전류)가 유발되므로 기준권선에 의한 자속과 직각으로 전기자 반작용에 의한 자속이 발생한다.

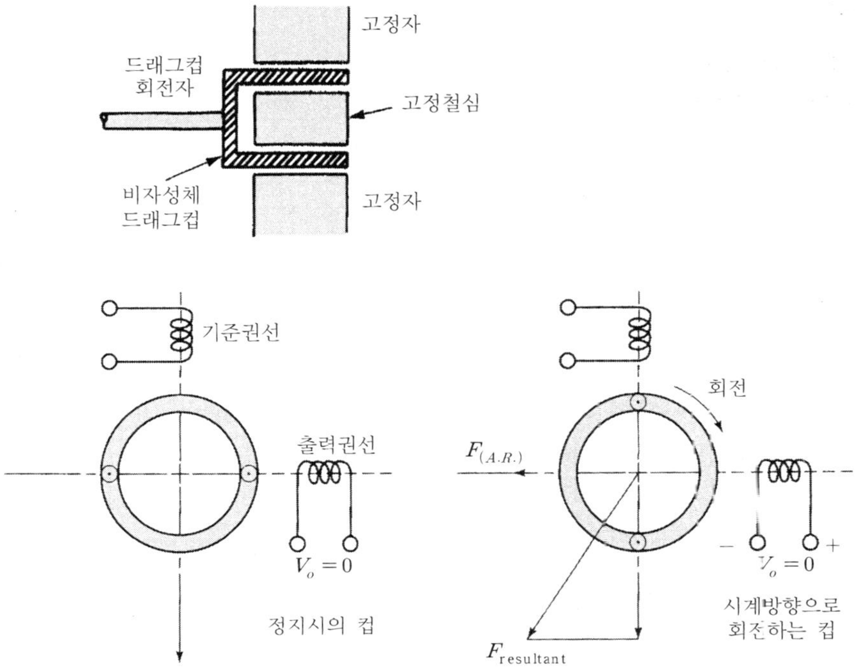

[그림 6-8] 드래그컵(drag-cup) 회전속도계

이 합성자계는 회전방향으로 공간 이동되어 출력권선에 전압을 유기한다. 기준권선으로 인한 자계가 일정하면 유도되는 전기자 전류 및 자속은 축의 회전속도에 비례할 것이다.

[그림 6-9]는 회전속도계의 전압-속도특성을 나타낸다.

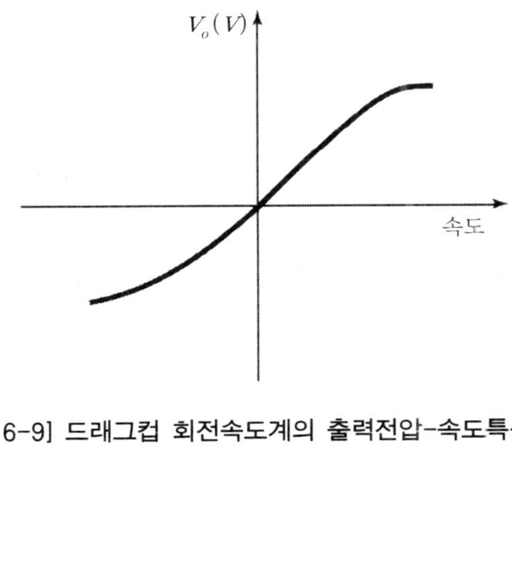

[그림 6-9] 드래그컵 회전속도계의 출력전압-속도특성

5. 스텝모터

스텝모터(stepper motors)는 전기입력신호(일반적으로 구형파 펄스)를 받아 축의 불연속적인 각 변위를 발생시키는 특수한 전동기이다. 양방향 회전이 가능하고 설정된 여러 위치에 정지하거나 해당 위치로부터 기동할 수 있다. 이 전동기는 구동장치로부터 전기적인 신호를 받을 때마다 특정 각 변위를 회전할 수 있도록 설계되어 있다. 입력되는 펄스수에 따라 전동기 축은 일정 각도만큼 회전한다. 입력 펄스당 축이 움직이는 각도를 스텝각(step angle)이라 한다.

스텝각은 1° 이하로부터 45° 이상까지도 가능하다. 스텝각이 작을수록 1회전당 스텝수는 많아지고 축 위치의 정밀도는 높아진다. 스텝모터의 출력도 분수마력으로부터 수마력까지에 이르고 그 응용분야도 다양하다. 또한 이 전동기의 특징은 구동전원에 따라 달라지는데 그 구동전원은 보통 마이크로프로세서 또는 컴퓨터로 제어한다. 스텝모터는 공작기계의 수치제어, 프린터나 X-Y플로터의 급지장치 구동, 자동드릴링장치의 작업대 위치제어, 비교적 부하토크가 작은 로봇 및 플로피디스크의 헤드 위치제어 등 상당히 널리 사용되고 있다.

스텝모터는 디지털 형태의 입력을 받아 기계적인 회전운동을 출력으로 내보내는 장치이므로 위와 같은 분야에 적합하며 위치, 속도, 변위 및 방향제어에 사용될 수 있다. 각 스텝은 축을 일정부분 회전시키며 오차가 축적되지 않으므로 이동거리에 관계없이 축 위치오차는 무시될 수 있다.

축의 1회전당 스텝수는 전동기의 형태에 따라 다르지만 1.5~30° 정도의 스텝각이 일반적이다. 스텝모터는 감속기어가 없고 저속인데 초당 500펄스에 의해 150[rpm] 정도의 속도로 구동되는 것이 전형적인 일례이다.

스텝모터로 이용되는 전동기로는 다음 3종류가 있다.

① 릴럭턴스 스텝모터(reluctance stepper motors)
② 영구자석 스텝모터(permanent-magnet stepper motors)
③ 하이브리드 스텝모터(hybrid stepper motors)

릴럭턴스 스텝모터와 하이브리드 스텝모터가 일반적으로 사용되는데 이는 영구자석 스텝모터에 비해 용적당 토크가 크고 스텝각이 보다 작기 때문이다.

5.1 릴럭턴스 스텝모터

[그림 6-10]은 릴럭턴스 스텝모터의 횡단면을 보여주고 있다. 6개의 고정자 자극에 3상이 공급되고 회전자에는 4개의 자극이 있다. 그림은 A B 및 C상이 순서대로 여자될 경우 회전자의 위치를 나타내며 스텝각은 30° 이다. 회전자는 릴럭턴스 토크에 의해 공극 주위를 회전하는데 릴럭턴스 토크란 자성체 회전자가 합성자계와 같은 방향으로 정렬하려는 경향에 의해 발생하는 토크를 의미한다. A, C, B, A와 같이 역순으로 여자시키면 회전방향을 바꿀 수 있다. 회전자를 최종 위치에 고정시키기 위해 마지막 상은 계속 여자시켜 주어야 하는데 이로 인해 회전자는 외력 등에 의해 더 이상 회전하지 않는다. 이 정지 상태에 전동기는 고정되는데 외부토크가 유지토크(holding torque)를 초과하지 않는 한 그 위치를 고수한다.

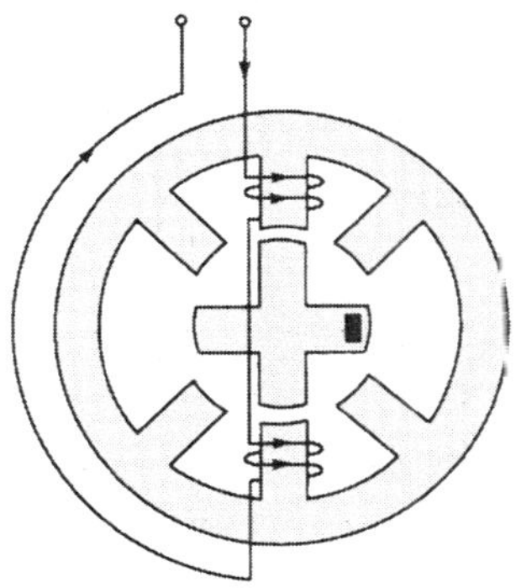

(a) A상 여자

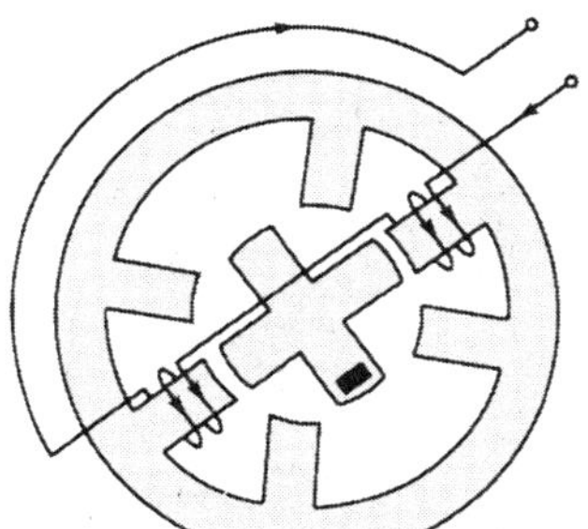

(b) B상 여자

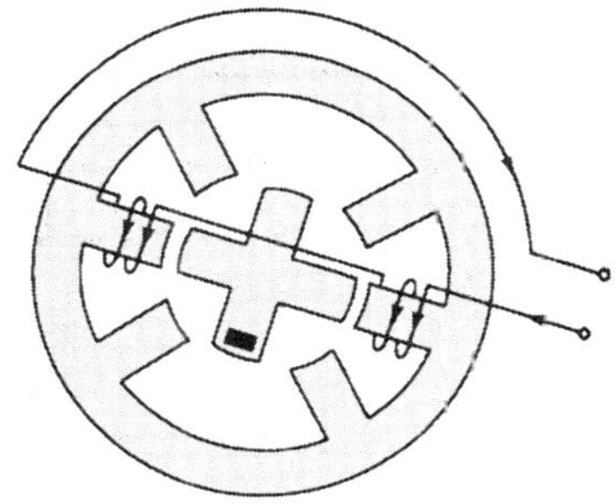

(c) C상 여자

[그림 6-10] 각 상 여자시 릴럭턴스 스텝모터의 움직임

고정자와 회전자 자극을 증가시키거나 멀티스택(multi-stack) 구조를 사용하든지 또는 마이크로 스테핑 모드, 즉 고정자 상들에 동시에 균일 전류를 인가함으로써 스텝각을 감소시킬 수 있다. 예를 들어 [그림 6-10](a)의 전동기에 A상과 B상에 동시에 동일 전류를 흘려주면 축은 15° 회전할 것이다. 그러나 이런 모드의 운전은 복잡한 구동회로가 요구된다.

5.2 멀티스택 스텝모터

멀티스택 릴럭턴스 스텝모터는 스텝각을 감소시키기 위해 폭넓게 사용되고 있다. [그림 6-11](a)에서 볼 수 있듯이 각 상마다 고정자와 회전자가 분리되어 있다.

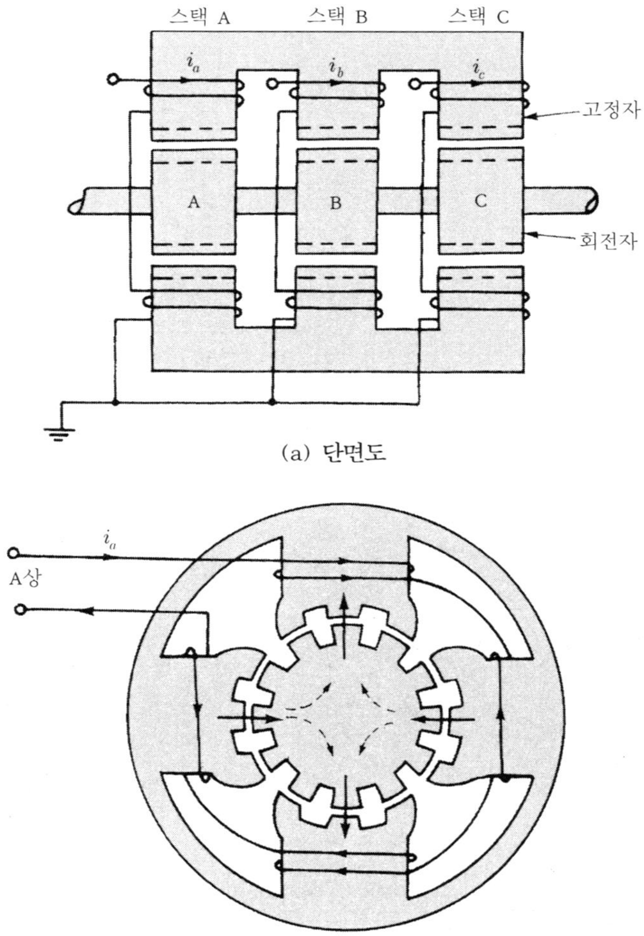

(a) 단면도

(B) A상 여자시의 위치

[그림 6-11] 3 스택 릴럭턴스 스텝모터

회전자는 돌극형 자극이나 톱니모양으로 기어장치와 유사하다. 고정자는 [그림 6-11](b)에 나타낸 바와 같이 자극면에 회전자 자극과 같이 톱니모양의 극면을 가진 4개의 자극으로 구성되어 있다.

A상 코일에 전류를 인가하여 여자시키면 그 스택의 모든 회전자 자극이 끌려 고정자 자극의 톱니와 일직선이 된다. 회전자들은 동일 축에 설치되어 있고 다음 스택의 고정자는 스텝각만큼 떨어져 있다. A상을 소자시키고 B상을 여자시키면 회전자 자극이 B상 고정자 자극의 톱니와 일직선으로 배열된다.

따라서 스택 A로부터 스택 B로 여자전류를 바꿔줌으로써 축이 1스텝 회전하게 된다. 스택 B로부터 스택 C로 여자전류를 이동시키면 시계방향 회전이 유발되며 그 후 다시 스택 A를 여자시키면 다시 한 번 스택 A의 회전자와 고정자가 일직선이 된다. 그러나 이 과정(A→B→C→A) 동안 회전자는 1피치, 즉 회전자 자극 사이의 각도만큼만 이동한다. 회전자 자극수를 x 라 하고 상수 또는 스택수를 N 이라 하면 자극피치 및 스텝크기는 다음 식과 같다.

$$\tau_p = \frac{360^\circ}{x} \tag{6.5.1}$$

$$\Delta\theta = \frac{360^\circ}{xN} \tag{6.5.2}$$

여기서 τ_p 는 자극피치이고 $\Delta\theta$ 는 스텝각이다.

멀티스택 릴럭턴스 모터의 스텝크기는 2~15° 정도이다. 이 전동기는 발생토크가 전류의 크기에 의해 좌우되며 전류의 방향과는 무관하다는 것이 장점이다. 따라서 전류가 "ON", "OFF"될 뿐 전류의 방향이 반전될 필요가 없으므로 구동회로가 간단하다.

5.3 하이브리드 스텝모터

릴럭턴스 토크를 증가시키기 위해 [그림 6-12]에 나타낸 바와 같이 영구자석을 사용할 수 있다. 이 전동기는 릴럭턴스 전동기와 영구자석의 특성을 병용하므로 하이브리드 스텝모터라 불린다. 릴럭턴스 스텝모터에 비해 보다 작은 스텝각을 얻을 수 있지만 가격이 비싸다.

고정자 구조는 릴럭턴스 전동기와 비슷하지만 회전자는 다르다. 이 전동기의 축방향 단면도를 [그림 6-12](a)에 나타내었다. 회전자는 두 개의 강자성체 기어형 회전자 사이에 삽입된 영구자석으로 되어 있고 두 회전자 톱니사이에는 각 변위가 존재한다([그림 6-12]에서는 20°).

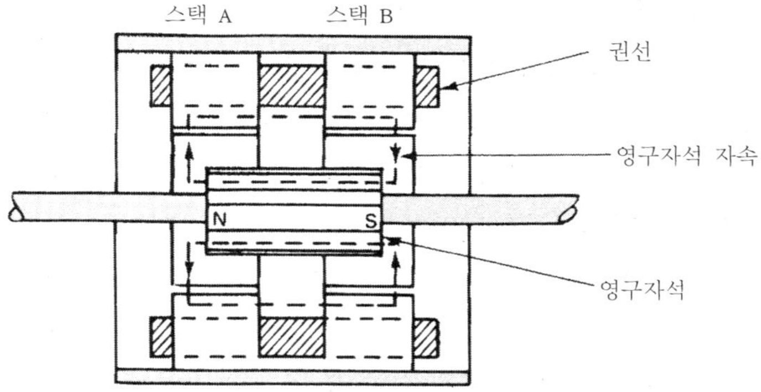

(a) 세로방향 단면도

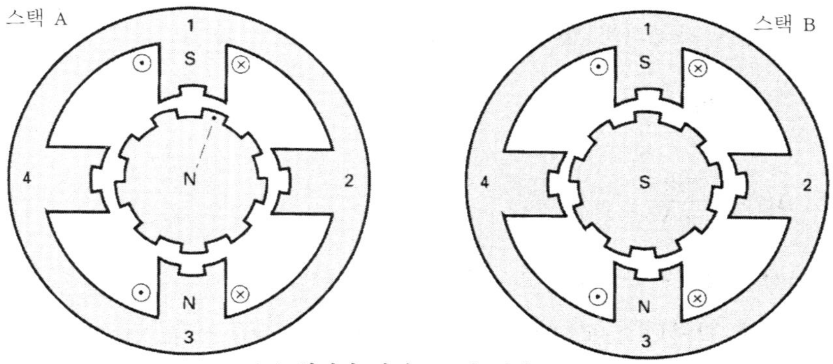

(b) 회전자 단면 : A상 여자

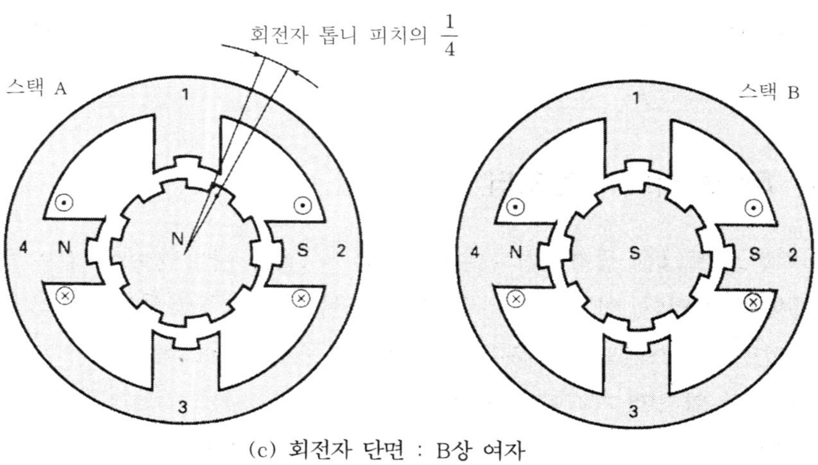

(c) 회전자 단면 : B상 여자

[그림 6-12] 하이브리드 스텝모터

스택 A와 스택 B의 단면을 [그림 6-12](b)에 나타내었다. 스택 A의 회전자는 N극으로 스택 B의 회전자는 S극 역할을 한다. 영구자석에 의해 발생한 자속은 [그림 6-12](a)에서 점선으로 표시된 경로를 갖는다. 고정자 자극 1과 3에 감겨진 권선은 A상 권선이고 2와 4는 B상 권선이다.

그림 (b)는 A상 전류가 양일 때의 회전자 위치를 나타낸다. A상 양의 전류에 의해 스택 A의 1번과 스택 B의 3번 갭(gap)에서 인력이 작용하고 스택 A의 3번과 스택 B의 1번 갭에서 척력이 작용하여 회전자는 고정자 자극과 일직선을 이룬다. B상을 여자시키면 회전자는 10° 회전할 것이고 회전방향은 B상에 흐르는 전류의 방향에 따라 달라질 것이다.

그림 (c)는 B상에 양의 전류를 인가한 경우를 나타내며 이전위치로부터 시계방향으로 10° 회전한 상태이다. 스택 A의 2번과 스택 B의 4번 갭에서 자극이 일직선을 이룬다. A상 음의 전류에 의해 스택 A의 3번과 스택 B의 1번 갭에 인력이 작용하고 반면에 B상 음의 전류에 의해 스택 A의 4번과 스택 B의 2번 갭에 인력이 작용한다.

따라서 +A → +B → −A → −B 순서로 전류를 인가해 주면 1톱니피치(40°)만큼 회전자를 회전시킨다. 2극 전동기의 일례는 고정자 극수는 8, 회전자 톱니수 50, 고정자 자극당 톱니수 5로서 스텝각은 1.8° 이다. 스텝모터의 고정자 극수는 회전자 극수와 같아서는 안 된다. 이러한 특징은 다른 전동기와는 다른 면인데 결국 이 특징에 의해 전동기가 스텝으로 움직일 수 있는 셈이다.

5.4 스텝모터의 특징

스텝모터가 기동-정지를 반복하면서 운전될 때 허용 가능한 속도상한선이 있다. 모터 권선에 전류를 공급하는 펄스의 속도가 지나치게 빠르면 회전자는 펄스를 정확하게 추종하지 못하게 되어 스텝을 상실하게 된다. 이 경우 모터의 위치와 펄스수가 상호 밀접한 관계인 스텝모터의 고유 특성이 사라진다. 회전자와 부하의 관성력이 클수록 스텝모터의 속도상한선은 감소한다.

[그림 6-13]의 풀인(pull-in)토크곡선은 스텝모터가 스텝을 놓치지 않고 운전될 수 있는 부하를 나타낸다. 빗금 친 부분내의 펄스속도는 해당 영역의 부하에 대해 운전 가능한 범위이다.

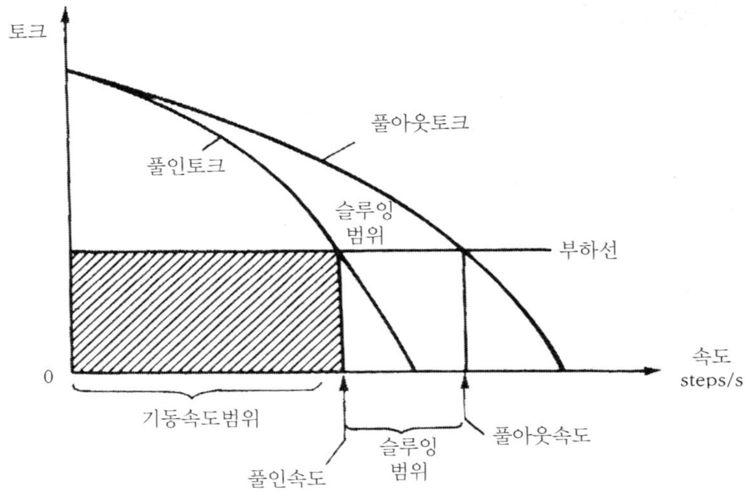

[그림 6-13] 전형적인 스텝모터의 토크-속도특성

스텝모터가 매 스텝 기동 및 정지를 하지 않고 일정한 속도로 회전하는 것을 슬루잉(slewing)이라 한다. 슬루잉시 전동기는 균일 속도를 가지므로 관성력의 영향이 없어져 보다 큰 부하를 감당할 수 있다. 그러나 부하토크가 점점 더 증가하면 전동기가 스텝을 상실하여 회전자의 위치가 권선에 전달되는 펄스수에 상응하지 않게 된다. [그림 6-13]의 풀아웃(pull-out)토크곡선은 전동기가 슬루잉 속도를 넘어 최대속도로 회전할 수 있는 허용 부하토크를 나타내고 있다. 전동기에 부하가 인가된 경우 정지상태에서 높은 속도까지 순간적으로 속도가 상승할 수는 없다. 마찬가지로 정지하는 것도 일순간에 이루어지지 않는다. 스텝모터의 속도를 증가시킬 때나 감소시킬 때 회전자 위치와 펄스수의 상관관계가 유지될 수 있는 범위 내에서 서서히 진행되어야 한다.

6. 전자클러치

전동기에 의해 구동되는 장치와 전동기를 신속히 연결시키거나 분리시켜야 하는 경우가 있는데 이 역할을 하는 것이 클러치이다. 클러치의 종류는 다양하지만 여기서는 가장 일반적으로 사용되는 두 종류만 언급한다.

6.1 마찰클러치

마찰클러치(friction disk clutches)의 원리를 [그림 6-14]에 나타내었다. 입력축과 축에 고정된 한 쪽 클러치판은 전동기에 의해 회전하고 다른 쪽 판은 출력축에 고정되어 구동장치에 연결되어 있다. 그림에서 볼 수 있듯이 두 판은 분리되어 있고 따라서 출력축은 회전하지 않는다. 두 판이 서로 압착되면 두 판 단면의 마찰로 인해 출력축은 회전하게 된다. 클러치판을 연결하는 방법은 여러 가지가 있는데 일반적으로 사용되는 것은 전자식(電磁式)이다. [그림 6-14]에서 볼 수 있듯이 두 판은 스프링에 의해 분리되어 있다. 코일에 전류를 인가하면 전류에 의해 발생한 자기력이 스프링 힘을 극복하고 한 쪽 클러치판을 다른 쪽 클러치판에 압착시킨다. 전류를 차단하면 스프링 힘에 의해 클러치판은 분리된다.

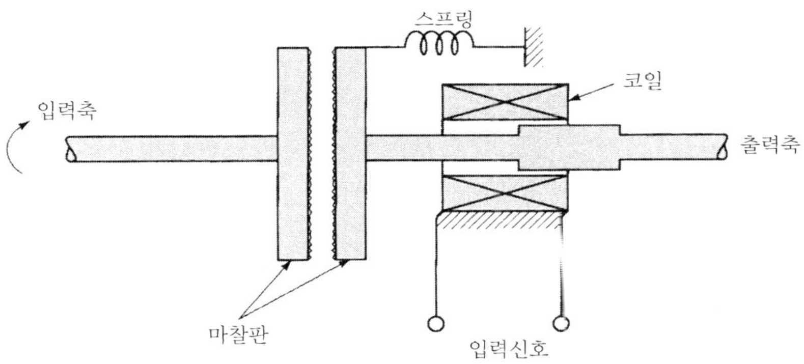

[그림 6-14] 여자시 연결되는 마찰클러치의 원리

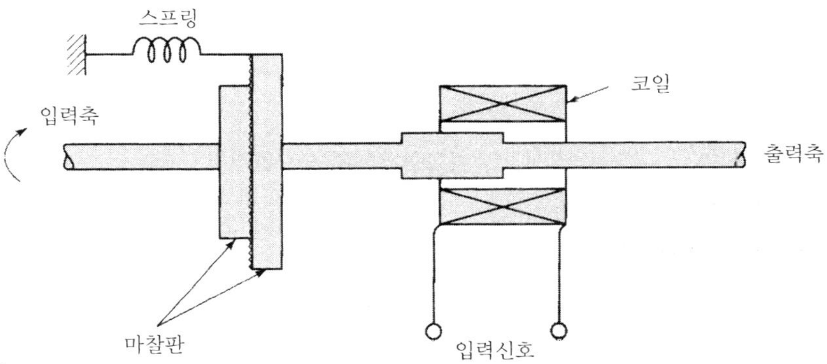

[그림 6-15] 여자시 분리되는 마찰클러치의 원리

[그림 6-15]는 [그림 6-14]와 반대되는 장치를 보여주고 있다. 코일이 여자되면 자기력에 의해 두 판이 분리되고 소자되면 두 판이 연결된다.

6.2 와류클러치

앞에서 언급된 전자클러치(electromagnetic clutches)는 ON-OFF 장치에 의해 연결 또는 분리라는 두 종류의 안정된 상태를 취할 수 있다. 즉, 연결되면 출력축은 입력축과 동일한 속도로 회전한다.

그러나 산업응용분야에서 구동장치의 속도가 적절히 조정되어야 하는 경우가 많은데 이는 마찰클러치에 의해서는 불가능하다. 이러한 기능을 가진 클러치가 몇 가지 있는데 그 중에 와류(맴돌이 전류 ; eddy current)클러치가 있다. 그 기본원리는 [그림 6-16]과 같다.

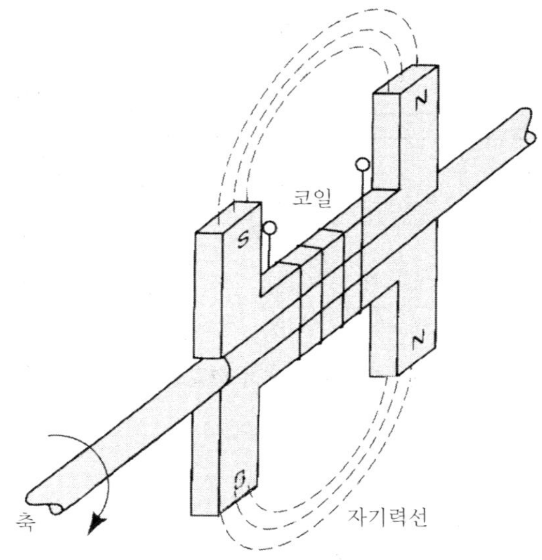

[그림 6-16] 와류클러치

[그림 6-16]은 U자형 철봉(iron bars) 두 개가 축에 고정된 간단한 전자장치를 보여주고 있다. 코일에 슬립링을 통해 직류전류를 가하면 그림과 같이 자극이 형성되어 자속의 흐름이 발생한다. 이 장치는 연철 슬리브나 드럼 내에 삽입되어 미소공극을 유지한 채 회전한다.

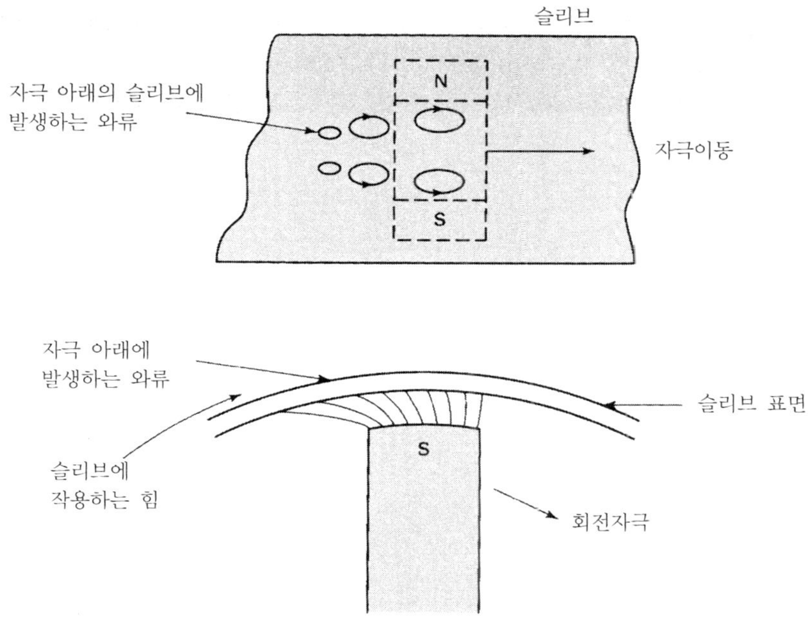

[그림 6-17] 와류클러치의 작동원리

자극이 움직여 회전자속이 드럼과 쇄교함으로써 드럼에 와류가 우발된다([그림 6-17] 참조). 이 와류는 2차 자기장을 형성하여 회전자기장과의 전자력에 의해 드럼이 자극의 회전방향으로 추종하려는 힘이 발생한다. 자극은 입력축과 드럼은 출력축과 연결되어 있고 입·출력축이 기계적으로는 연결되어 있지 않다.

자극과 와류의 상호작용에 의해 발생되는 토크는 코일에 인가하는 직류전류를 가감함으로써 조정이 가능하고 결국 드럼의 속도를 조절할 수 있다. 자극과 드럼의 상대운동에 의해 와류가 발생하기 때문에 근본적으로 출력축 속도는 입력축 속도와 같아질 수는 없다. 즉, 와류클러치는 슬립이 존재하는데 정격토크에서 5[%]를 초과하지 않는 것이 일반적이다.

와류클러치의 토크-속도특성은 유도전동기와 아주 유사하다. 순간적으로 큰 부하가 인가되더라도 최대 발생토크가 높아 실속하지 않고 운전될 수 있으며 특성곡선은 드럼 재질에 따라 다르다. 권선형 유도전동기의 회전자에 저항을 삽입한 것과 비슷하다.

연습문제

1. 소형 전동기가 회전속도 3050[rpm]에서 정격출력 10[W]를 내고 있다. 발생토크는 얼마인가?

2. 영구자석 직류전동기의 전기자에 12[V]를 인가하였더니 전류는 1[A], 속도는 600[rpm]이었다. 전기자 저항이 1[Ω]이라면 회전속도를 450[rpm]으로 감소시키기 위해서 전기자 회로에 직렬 연결해야 할 저항은 얼마인가? 단, 부하토크는 일정하다.

3. DC 서보모터의 $k_g=0.824$[V · s/rad], $k_m=0.0729$[Nm/A]이며 전기자 저항은 0.41[Ω]이다. 무부하시와 전부하시(1.2[Nm])의 정상속도를 구하여라. 공급전압은 36[V]이다.

4. 로봇 팔의 길이 1.22[m]인 로봇이 111.15[N]의 무게를 가진 물체를 초당 60°의 속도로 들어 올리고 있다. 로봇 팔의 무게를 무시하고 이 서보모터의 정격을 구하여라.

5. 싱글스택(single stack), 4상(고정자 극수 4)의 스텝모터의 스텝각이 18°가 되도록 하려면 회전자 극수는 얼마가 되어야 하는가?

부록 연습문제 정답

[제 1 장]

1. 2387
2. 1084[At]
3. 3.08×10^{-3}, 2.16×10^{-3}, 1.67×10^{-3}, 0.604×10^{-3}
5. 1.73[A]
6. 387[%]
7. 432[μWb], 1.10[A]
9. 2.29[kN], 2870[At]
10. 1.04[A], 51[N], 152[mA]
11. 0.44[mWb]
12. 0.62[mWb]
13. 2285[At]
14. 60[Hz] : P_h ; 536[W], P_c ; 324[W]
    25[Hz] : P_h ; 224[W], P_c ; 56[W]
15. 2.75[A]
16. 6.5[A]
17. 1.69[A]
18. 0.42[T]

[제 2 장]

1. 2880[V]
2. 396[Nm]
3. 3.125[mWb]
4. 391[V]
5. 387[V]
6. 236.1[V], 36[kW]
7. 전기자 동손 ; 698[W], 직권계자 동손 ; 150[W]
   분류가감기 손실 ; 75[W], 분권계자 동손 ; 579[W]
   공급전력 ; 34.5[kW]

8. 157.6[A]
9. 3.2
10. 197.3[V], 202.2[V]
11. 698.9[N], 83.9[Nm], 234.2[V]
12. 976[rpm]
13. 1) 2083[W] 2) 1843[W] 3) 14.7[Nm] 4) 78.8[%]
14. 3.67[Ω]
15. 2.45[Ω], 137.5[V]
16. 580[rpm]
17. 1152[rpm]
18. 1320[rpm]
19. 877[rpm]
20. 37.09[kW], 84.8[%]

[제 3 장]

1. 720[rpm]
2. 12[rps]
3. 2875[V]
4. 59.6[mWb]
5. 0.960
6. 0.957, 0.951
7. 2587[V]
8. 614[V]
9. 1025[V]
10. 20[Ω]
11. 63[%]
12. 93.6[%]
13. 1) 60극 2) 108[MW] 3) 4518[A] 4) 111340[kW] 5) 8860[kNm]
14. 166.2[V]
15. 16.7[A]
16. 149.4[A], 866.0[kW]

[제 4 장]

1. 1.4075[T], 1200[V]
2. 12.5[A], 125[A]
3. 1.458[Ω], 0.091[Ω]
4. 327.4[V], 0.28
5. 30
6. 3[%]
7. 2.34[%]
8. 1) 11.62[Ω], 33.1[Ω], 31.0[Ω]
   2) 4.5[%]
9. 3213[V]
10. 1) 97.2[%] 2) 96.6[%] 3) 94.6[%]
11. 93.4[%]
12. 57.7[%]
13. 24[kVA] 이상
14. 1) 47.4 2) 18.33[kVA], 15.58[kW]
    3) 69[A] 4) I_p(상전류) ; 1.46[A], I_l(선전류) ; 2.52[A]
15. 2.73[kVA]
16. 17.8[A]

[제 5 장]

1. 6극
2. 3.6[Hz]
3. 1160[rpm], 3.3[%]
4. 8[V]
5. 1) 7.8[%] 2)0.853 3) 214.6[Nm] 4) 89.7[%]
6. 570[W]
7. 1) 1800[rpm] 2) 4[%] 3) 2.4[Hz]
   4) 96[%] 5) 27.65[Nm]
8. 1) 148.4[A], 0.896 2) 92.09[kW], 1008[Nm] 3) 90.9[%]
9. 전류 ; 1/2, 토크 ; 1/4
10. 1) 52[Nm], 87.3[A] 2) 379[V] 3) 110[V]
11. 1) T_{st} ; 0.33[pu], I_{st} ; 0.58[pu]

2) T_{st} ; 0.36[pu], I_{st} ; 0.6[pu]

12. 1) 190.5[V], 60[Hz] 2) 7.63[V], 2.4[Hz],

3) 318[V], 100[Hz]

13. 28.87[A]

[제 6 장]

1. 0.313[Nm]
2. 2.75[Ω]
3. 417[rpm]
4. 142[W]
5. 5극

찾아보기

저자약력

■ 김성환(金成煥)

- 1979년 한국해양대학교 기관학과 졸업(공학사)
- 1990년 부경대학교 대학원 졸업(공학석사)
- 1998년 부산대학교 대학원 졸업(공학박사)
- 1987～현재 한국해양대학교 교수

■ 김종수(金宗洙)

- 1994년 한국해양대학교 기관학과 졸업(공학사)
- 1998년 한국해양대학교 대학원 졸업(공학석사)
- 2002년 한국해양대학교 대학원 졸업(공학박사)
- 2004～현재 한국해양대학교 교수

■ 오세진(吳世眞)

- 1996년 한국해양대학교 기관공학과 졸업(공학사)
- 2001년 한국해양대학교 대학원 졸업(공학석사)
- 2003년 한국해양대학교 대학원 졸업(공학박사)
- 2005～현재 한국해양대학교 교수

■ 김현수(金炫秀)

- 1993년 한국해양대학교 기관공학과 졸업(공학사)
- 1999년 목포해양대학교 대학원 졸업(공학석사)
- 2002년 한국해양대학교 대학원 졸업(공학박사)
- 2002년～현재 목포해양대학교 교수

실용전기기기

2016년 10월 10일 1판 2쇄 발행

저 자 김성환 · 김종수
오세진 · 김현수

발행인 남 승 우

발행처 도서출판 상尙 학學 당堂

서울시 동작구 사당로9가길 6(사당동)
TEL : 02) 595-1692~4
FAX : 02) 595-1394
E-mail : namdoo6@unitel.co.kr
신고 : 2-155호 (1968. 11. 29)

정가 27,000원

ISBN 978-89-6587-007-4 93560

〈디자인〉 편집 엄해숙 / 표지 토틀컴